*Dr. Hans Müller und*
*Dr. Maria Müller in*
*Verehrung und Dankbarkeit zugeeignet*

# Inhaltsverzeichnis


**Zum Geleit** ... 8

**Vorwort** ... 11

**Der Weg zum Ganzheitsdenken** ... 13
Kritik der Landbaulehre ... 14
Die Kunstdüngung und ihre Institutionen ... 16
Die Heilkunde der technischen Perfektion ... 18
Therapia Magna Sterilisans – Kampf der lebenden Umwelt ... 19
Chemotherapie der Nahrungspflanze ... 21
Prinzipien der biologischen Wirkung synthetischer Gifte ... 21
Nährstoffdenken und Ernährungslehren ... 23
Über einige Konsequenzen des Nährstoffdenkens ... 25
Kampf aller gegen alle ... 26
Dogma und Erneuerung ... 27

**Das biologische Ganzheitsexperiment** ... 30
Stoff oder Prinzip? ... 31
Die gegenwärtige Situation der Naturforschung ... 33
Physik und Biologie ... 34
Der toxisierte biologische Substanzkreislauf ... 37
Die Direktiven der biologischen Beobachtung ... 39
Die Testorganismen im biologischen Versuch ... 40
Der Umgang mit einem biologischen Ganzheitsexperiment ... 41

**Die lebendige Substanz** ... 45
Fruchtbarkeit – ein Urphänomen ... 45
Die Zelle als Urzeugungsmaschine ... 48
Über das Urphänomen Stoffwechsel ... 49
Von der Ordnung des Lebendigen ... 51
Das Gesetz von der Erhaltung der lebendigen Substanz ... 52
Der Kreislauf der lebendigen Substanzen ... 54
Erreger oder Nahrung? ... 56

**Biologische Begriffsmodelle** ... 58
Mineral und Humus ... 58
Die Urfunktionsbremsen der Organismen ... 60
Krankheit und Tod ... 61
Der Gott der Amöben ... 62
Fruchtbarkeit als Kriterium optimaler Funktion ... 64
Die biologische Einheit »Leben« ... 66
Anfänge der Ganzheitsbetrachtung ... 67
Das taugliche Begriffsmodell ... 68

**Die künstliche und die natürliche Fruchtbarkeit** ... 71
Entlebung der Erde und des Denkens ... 71
Die Dosierung der Pflanzennahrung ... 73
Aufwand und Ertrag ... 75
Bodenmüdigkeit ... 77
Der Gareschwund und seine Folgen ... 79

Vergleichende Übersicht Kunstdüngung – Humuswirtschaft .... 83
Wesen und Charakteristik natürlicher Bodenfruchtbarkeit .... 85
Das biologische Optimum .... 87
Humus – Biologisches Regulativ .... 89
Funktionelle Definition der Fruchtbarkeit .... 91

**GRUNDLAGEN DER NATÜRLICHEN BODENFRUCHTBARKEIT .... 93**
Der Humusbegriff .... 93
Bodenbildung und Bodenarten .... 94
Der Tonkristall und seine Bedeutung .... 97
Kalium – Phosphor – Calcium .... 99
Mineralanalyse und Humuswirtschaft .... 102
Tonkristall und biologischer Substanzkreislauf .... 104
Die natürliche Bodenfruchtbarkeit .... 105

**DAS WESEN DER BODENGARE .... 106**
Die Huminstoffe .... 106
Gare und Gareschwund .... 107
Die mikrobielle oder Zellgare .... 109
Die makromolekulare oder Plasmagare .... 111
Prinzipien des Bodenstoffwechsels .... 114
Fruchtbarkeit – eine biologische Potenz .... 117
Biologisches Gleichgewicht im Boden .... 118
Wasser, Luft und Wärme .... 120

**BESTIMMUNG DER ZELLGARE .... 124**
Das Ziel biologischer Tests .... 124
Der taugliche Test .... 126
Mikrobiologische Kasuistik und Ökologie .... 127
Die untaugliche Einzelbestimmung .... 129
Fruchtbarkeitsbestimmung an der Pflanze .... 130
Fruchtbarkeit und Zahl der Bodenmikroben .... 131
Technik ① der Zellzählung .... 134
Technik ① .... 136
Bewertung der Zellzahlen ① .... 136
Zellzahlen ① und Bodengare .... 138
Beziehung Dünger – Boden – Pflanze .... 139
Prinzip eines allgemeinen Versuchsmodells .... 141
Anatomie der Bodengarung .... 142
Resultate der Schichtenzählungen .... 144
Zellgare und Fruchtbarkeit .... 144

**BESTIMMUNG DER PLASMAGARE .... 146**
Beschaffenheit der Plasmagare .... 146
Messung des Makromolekulargehaltes .... 147
Rhizosphärensymbionten der Pflanze .... 149
Kultivierung der Wurzelflora .... 151
Einimpfen von Testorganismen .... 153
Technik ② .... 154
Die Bedeutung der Zellzahl ② .... 155
Zellzahlen, Düngung und Bodenart .... 156
Praktische Auswertung der Zellzahlen .... 158

Zellzahl und Rentabilität .161
Wirkung der Nährdecke und Flächenkompostierung .164
Das Verhalten leichter Böden .168
Das Verhalten schwerer Böden .169
Prinzip der Auswertung .170

**BESTIMMUNG DER BIOLOGISCHEN QUALITÄT .172**
Bedeutung der Bakterienfloren bei Mensch und Tier .173
Symbiose und Gesundheit .175
Verhalten lebender und toter Nahrung .176
Leben ohne Bakterien? .178
Die dreistufige Verdauung der Wiederkäuer .179
Floradiagnostik an Mensch, Tier und Pflanze .181
Die Analyse der Darm- und Wurzelflora .182
Der Charakter einer Flora und seine Darstellung .184
Symbionten, Schmarotzer oder Krankheitserreger? .185
Die Symbiontentherapie von Boden und Pflanze .186
Der taugliche Testorganismus .187
Gelenkte Verschiebung des Floracharakters .188
Technik ③ und ④ .189

**AUSWERTUNG DER BEFUNDE .192**
Bewertungsgrundsätze .198
Flora und elektrolytische Bodenreaktion .200
Anzeichen für Gifte bei Bodenproben .202
Die organischen Hemmstoffwirkungen .204
Der Regenwurm als Gütezeichen .206
Das Protokoll der Probenentnahme .207
Prüfung organischer Dünger und Komposte .210
Organische Handelsdünger und ihre Bewertung .211
Mikrobiologische Kontrolle der Stadtkompostherstellung .213

**RICHTLINIEN FÜR DIE HUMUSWIRTSCHAFT .217**
Die Prinzipien der Bodenbearbeitung .217
Die Nährdecke und Flächenkompostierung .219
Optimale organische Düngung .222
Die Unterscheidung von Kunst- und Naturdünger .224
Bodentausch, Urgesteinsmehl und Symbiontenimpfung .226
Krankheiten und »Schädlinge« .228

**RESULTATE DER HUMUSWIRTSCHAFT .231**
Entwicklung der Bodenwerte bei Umstellung .231
Vergleich der Boden- und Nutztierleistung .233
Die Kostensenkung in der Humuswirtschaft .236
Die Rentabilitätsstatistik .237
Das Wunder der Humuswirtschaft .237
Geistiges Rüstzeug .239
Über die Einheit der Wissenschaften .241

**NACHWORT .243**

**LITERATUR .250**

# Zum Geleit

»Das kommende Zeitalter
ist nicht mit Verfahrensvorschriften zu gewinnen,
sondern allein mit biologischem Denken;
das aber ist Sache des ganzen Menschen,
seiner Lebensauffassung, seines Charakters,
seines Geistes, seiner Seele...«

*Dr. Hans Peter Rusch*

Seit dem Erscheinen der 1. Auflage sind nahezu 40 Jahre vergangen. Dies entspricht einer bäuerlichen Generation, so dass es angebracht erscheint, einmal kritische Bilanz zu ziehen.

Zwei Visionäre und gleichzeitig »Quereinsteiger« sind die großen Impulsgeber für neue Landbaukonzepte gewesen: Der Philosoph *Dr. Rudolf Steiner* mit seinem »Landwirtschaftlichen Kurs« und der Arzt *Dr. Hans Peter Rusch* mit seinem Buch »Bodenfruchtbarkeit – eine Studie biologischen Denkens.«

Während in der biologisch-dynamischen Wirtschaftsweise das Vortragswerk *Steiners* immer Standardwerk geblieben und auch heute noch absolute Grundlage ist, hat das Buch von *Dr. Hans Petèr Rusch* keine Verwurzelung im organisch-biologischen Landbau gefunden. Leider! Beiden Persönlichkeiten muss zugute gehalten werden, dass sie immer betonten, kein vollendetes, abgeschlossenes Werk vorgestellt zu haben, sondern zu seiner weiteren Verbesserung und Praxisanpassung animierten.

Die herzliche Freundschaft *Dr. Ruschs* mit dem Ehepaar *Dr. Hans* und *Maria Müller*, die 1951 begann und sich im Kreise der Bauern der »Schweizerischen Bauernheimatbewegung« zu einer wahren »Forschungsgemeinschaft« entwickelte, begründete in mehr als 25 Jahren die praxiserprobte und ganzheitlich orientierte Methode des Organisch-Biologischen Landbaus. In dieser Zeit war die mikrobiologische Bodenuntersuchung, der so genannte »Rusch-Test«, ein fester Bestandteil der Beratung und Kontrolle im Schweizer Lebenskreis um *Dr. Müller*. Auch wenn *Rusch* selber einräumt, dass es naturgemäß bei diesen Untersuchungen zu vereinzelten Fehleinschätzungen kommen kann, so sind sie doch Grundlage für eine mikrobiologisch kontrollierte geschlossene Humuswirtschaft, wie sie als Ziel für jeden Bio-Betrieb formuliert worden ist. Dieser »Rusch-Test« fand in der wissenschaftlichen Öffentlichkeit keine Anerkennung und daher auch keine Verbreitung, trotz der zunehmenden Verwissenschaftlichung auch des ökologischen Anbaues. Das die nicht einfachen Testarbeiten nicht mehr fortgeführt wurden, liegt sicherlich in dem Ableben von *Dr. Rusch* und dem Ausscheiden der ausführenden Laborantin begründet. Erst in jüngster Zeit hat der österreichische Mikrokrobiologe *Gilhofer* diese Thematik von Neuem mit großem Elan aufgegriffen. In der »Fördergemeinschaft für gesundes Bauerntum« um Frau Gartenbau-Ing. *Helga Wagner* in Leonding gibt es nun wieder eine Gruppe von Praktikern, die den »Rusch-Test« erneut anwendet. Aber da war doch etwas mit der »Unwissenschaftlichkeit« des »Rusch-Test«? Ja, wer Bodenfruchtbarkeit und Nachhaltigkeit als etwas Statisches einfach Reproduzierbares und in Formeln Darstellbares sucht, wird mit dem »Rusch-Test« nichts anfangen können. Leben und Fruchtbarkeit sind in ihrem Sein naturwissenschaftlich nicht befriedigend definierbar, sondern nur in ihren Ausprägungen und ihrer Dynamik mit ganzheitlich interpretierbaren Merkmalen beschreibbar. Im Buch der Natur kann nur jener erfolgreich lesen, der auch den Mut hat, zwischen den Zeilen zu lesen, Tendenzen zu erkennen und zu werten! Es ist also für die Praxis nicht entscheidend, ob *Rusch* schon alle effizienten Bakteriengruppen richtig benannt und zugeordnet hat. Wichtig allein ist die Tatsache, dass im langjährigen horizontalen und vertikalen Betriebsvergleich mit einer einfachen, billigen und ganzheitlichen Methode die unterirdische Lebensumwelt unserer Kulturpflanzen unter Praxisbedingungen erfasst und charakterisiert werden kann. Denn die Logik sagt: Je artgerechter, je stressfreier der Wurzelbereich gestaltet werden kann, desto gesünder wird sich auch die Pflanze im Regelfall entwickeln, umso weniger künstliche Hilfestellungen durch den Menschen braucht sie und umso vollwertiger wird sie als Nahrung für Tier und Mensch sein. Das aber zu erreichen, muss Ziel jeder Landbewirtschaftung – insbesondere einer ökologisch orientierten Variante – sein.

*Dr. Müllers* Bauern lieferten hierfür einen deutlichen Beweis in den generationenlangen, guten, gesunden Pflanzen und Tieren in ihren Betrieben. *Rusch* hat uns dafür einen Grundstein im Fundament der Bodenfruchtbarkeit geliefert. Wenn wir erkennen, dass sein Bild noch ergänzungsbedürftig ist, dann müsste es unsere vornehmste Aufgabe sein, an diesem Puzzle weiterzubauen, statt es unvollkommen liegen zu lassen und eine unbewiesene »Unwissenschaftlichkeit« entschuldigend vor sich herzutragen. Solange die völlige Unbrauchbarkeit einer Methode nicht bewiesen ist, muss auch hier die juristisch praktizierte »Unschuldsvermutung« gelten dürfen. Eine Vielzahl von konsequenten Praxisuntersuchungen belegt aber, dass der »Rusch-Test« praxistaugliche Beratungshilfen liefert. Auch wenn er nach heutigen Erkenntnissen ergänzungsbedürftig ist, so ist er doch auch durch andere ganzheitliche Methoden ergänzungsfähig. Diese in Verbindung mit dem »Rusch-Test« zu nutzen ist in Verantwortung vor der künftigen Generation dem Biobauern ein Gebot der Stunde. Ist damit das so wertvolle Erbe von *Hans Peter Rusch* für den Landbau schon völlig verpufft? Aus Sicht der Wissenschaft muss dies leider heute festgestellt werden. Die Anbauverbände haben durch das jahrzehntelange Fehlen eines geeigneten Labors eine Fortführung der Arbeiten nicht vorgenommen. Auch wenn ständig mikrobiologische Arbeiten am Boden von diversen Institutionen durchgeführt und publiziert werden, sind in der Praxis die Vorstellungen von *Rusch* für einen mikrobiologisch optimierten und kontrollierten Betrieb leider nicht weiter verfolgt worden.

Natürlich hat *Rusch* Anstöße geliefert und Zeichen gesetzt, die heute noch wirksam sind. Das Ehepaar *Lübke*, Österreich hat sich durch die Fortführung und Weiterentwicklung der Arbeiten von *Dr. Ehrenfried Pfeiffer* (Deutschland und USA) um die mikrobiologisch optimierte und kontrollierte Kompostwirtschaft verdient gemacht. Der Landwirtschaftsmeister *Kemink* (Deutschland, Österreich, Großbritannien) hat die temperaturabhängige Mikrobenaktivität seinem »Kemink-System« zugrundegelegt. Es wird noch heute, von *Manfred Wenz* in Schwanau und von einigen Praktikern modifiziert, erfolgreich angewendet. Und schließlich hat der Landwirt und Erfinder *Ernst Weichel,* D-Heiningen, mit seinem Schichtengrubber konsequent das »Rusch-Konzept« einer schichtspezifischen Mikrobenaktivität technisch umgesetzt. Die Idee des Schichtengrubbers findet sich heute noch in den verschiedensten Ausführungsformen und Gerätekombmiationen in erfolgreichen Praxisbetrieben. Auch wenn sich heute die Flächenkompostierung einerseits und die Reifekompostierung andererseits in ihrer Anwendung widersprechen, aber mit gegenseitiger Erfolgsaufrechnung praktiziert werden, so fehlt in der Praxis doch vielfach das mikrobiologische Bewusstsein um die vielfältigen Vorgänge bei Zell- und Plasmagare, wie es *Rusch* sensibel vermitteln wollte. In unserer Zeit, die durch zunehmende Konkurrenz um Marktanteile, Kosteneinsparungen und Risikominderung im Produktionsbereich gekennzeichnet ist, erscheint es sehr sinnvoll, sich sowohl auf Verbands- als auch Praktikerebene wieder auf die Fundamente ökologischen Handelns zu besinnen – eben auf die Bodenfruchtbarkeit im Sinne von *Hans Peter Rusch*. So gesehen ist es sehr begrüßenswert, dass dieses Standardwerk des ökologischen Landbaues in einer 7. Neuauflage einer neuen Generation von ganzheitlich denkenden Landwirten wieder zugänglich gemacht wird. Es sollte aber nicht nur als Literatur die Bücherschränke bereichern, sondern Anlass für neue Forschungs- und Entwicklungsaktivitäten darstellen, um einen krisenfesten Landbau mit einer mikrobiologisch optimierten und kontrollierten geschlossenen Humuswirtschaft auf den Betrieben zu etablieren.

Weidenbach, im Frühjahr 2004

*Prof. Dr. Manfred Hoffmann*

# Vorwort

In einer Zeit, die vom Spezialisten geprägt ist, mag es merkwürdig scheinen, wenn sich ein Arzt mit dem Problem der Bodenfruchtbarkeit abgibt. Es geschieht im Bewusstsein einer tiefen Not des Menschen in der Hochzivilisation, die ihm vielleicht heute noch nicht, gewiss aber morgen erschreckende Realität sein wird. Es ist ärztliche Berufung, die Flamme des Lebens zu hüten dort, wo sie zu verlöschen droht; das Leben aber erblüht aus der »Mutter Erde«, und wenn es erlischt, so dort zuerst. Der Spezialist von morgen wird der Ganzheitsbiologe sein; er wird die Direktiven für die Gestaltung der menschlichen Kultur und Zivilisation auszugeben haben. Auch dieses Buch versucht, dazu ein Anfang zu sein, nicht mehr - und nicht weniger.

Noch fehlen die Begriffe, noch die Worte, um auszudrücken, was gedacht werden muss, um der biologischen Wahrheit zu entsprechen. Noch nennt die Lebensforschung »Stoff«, was keiner ist, »Substanz«, was schöpferische Idee ist und nichts sonst. Es ist nicht leicht, verständlich zu sein in einer Welt, die sich angewöhnt hat, die waltenden Urkräfte als stoffliche Zwangsreaktionen zu begreifen. Wir kommen nicht umhin, ganz von vorne anzufangen.

Der Spezialist wird kaum auf seine Kosten kommen; er wird es schwer haben anzuerkennen, dass man seine Deutungen verwerfen, sein Wissen als relative Nebensache behandeln muss, wenn man die Bausteine für ein biologisches Zeitalter sucht, ja er wird entrüstet konstatieren, mit welch geringer Ehrfurcht zuweilen mit den mühselig errungenen Früchten seiner Arbeit umgegangen wird. Es steht aber die Ehrfurcht vor dem Leben über aller Anbetung unvollkommenen Menschenwerkes; sie verlangt auch, dass verhängnisvolle Irrwege als das entlarvt werden, was sie sind: ein Vergehen an der Gesundheit der Menschen und an der Reinheit der ganzen lebendigen Schöpfung.

Wer gewöhnt ist, Erkenntnisse durch Sektion und Analyse des Lebendigen zu sammeln, kennt kaum die Kräfte, die wirksam werden, wo das Leben unversehrt und ungestört bleibt; sie offenbaren sich nur dem, der bescheiden den Wundern der Natur zuzuschauen versteht, demütig glaubend, es sei alles so zum Besten. Nur wer das weiß, nur wer es tätig erlebt hat, ist der fruchtbaren Kritik fähig, sie ist anders nur hinhaltende Selbstverteidigung, mit der man kein neues Land gewinnen kann; und das wahrhaft gültige Urteil spricht, wie immer, einzig und allein die Nachwelt.Wer hier nach Rezepten für eine bessere Land- und Gartenbautechnik sucht, wird zumeist enttäuscht werden. Das kommende Zeitalter ist nicht mit Verfahrensvorschriften zu gewinnen, sondern allein mit dem biologischen Denken; das aber ist Sache des ganzen Menschen, seiner Lebensauffassung, seines Charakters, seines Geistes, seiner Seele; allein diese seine Kräfte werden den Menschen befähigen, die destruierende Macht der technischen Perfektion, die ihm in einer kurzen Spanne der Erdgeschichte erlaubt war, zum Segen der lebendigen Schöpfung zu gebrauchen, nicht mehr zum selbstmörderischen Vernichtungskampf gegen die lebende Umwelt. Darin liegen, so glaube ich, die Zukunft des Menschengeschlechtes, sein Glück und seine Gesundheit beschlossen. Wenn es gelingen sollte, dies Bewusstsein erwecken zu helfen, dann war die Arbeit am Problem »Bodenfruchtbarkeit« nicht umsonst; das Einzelne kann man getrost der Zukunft überlassen.

Was hier geschrieben steht, ist wohl zum geringsten meine Leistung; es ist vor allem das Werk der beiden Vorkämpfer für die Errettung des Bauerntums, denen ich dieses Buch in Dankbarkeit widme. Sie tun den schwersten und wichtigsten Teil der Arbeit, ohne die alle Wissenschaft graue Theorie bleibt, ohne die auch unsere Mühe um die Deutung mikrobiologischer Befunde vergeblich wäre. Beginnend mit einer kleinen Schar wahrer Eidgenossen haben sie, die Berner Bauernkinder, ungeheurem Widerstand zum Trotz, fremdes Joch abzuschütteln gelehrt und ein lebensfähiges Werk geschaffen, das die Wirrnis einer irregeleiteten Gegenwart überdauern wird; ihnen ist es auch zu danken, dass sie unsere Arbeit am Mutterboden entdeckten, die seitdem ein Teil des Ganzen geworden ist. Noch weiß die Mitwelt nicht, welch leuchtendes Beispiel da geschaffen wird, sie wird es erkennen müssen, wenn sie nicht an sich selbst zugrunde gehen will.

Nicht minder Dank gebührt meiner treuen Mitarbeiterin *Lotti Hoerning*; nur mit ihrer fachlichen Kunst, wissenschaftlichen Exaktheit, sachlichen Kritik und instinktsicheren Bewältigung fachtechnischer Probleme konnte die immense Arbeit geleistet, konnten die Hunderttausende von Befunden erhoben werden, die wir neben täglichen Pflichten, ohne jede öffentliche Hilfe in vielen »Überstunden« tun mussten; mir werden die ersten, harten Jahre im selbstbeschafften, notwendig unvollkommenen Laboratorium, bar jeden Komforts chromblitzender Industrielabors, unvergesslich bleiben. Nur wer solche Mitarbeiter hat, vermag, in dunkelsten Stunden einsamer Suche auf sich allein gestellt, den schweren Weg zu neuer Erkenntnis durchzustehen.

Dank sei auch meinem verewigten akademischen Lehrer, Prof. *Dr. Rudolf Theodor von Jaschke*, dessen einfach klare Art wissenschaftlichen Denkens und praktischer Realisation ich versucht habe, mir zum Vorbild zu nehmen, und der schon seit Anfang dieses Jahrhunderts bemüht blieb, ganzheitlich-biologischen Konzeptionen zum Durchbruch zu verhelfen.

Die ersten, tieferen Einblicke in die bakteriellen Symbiosen und die Wunderwelt mikrobiellen Lebens verdanke ich meinem 1952 verstorbenen, bakteriologischen Lehrer *Dr. Arthur Becker*, in dessen Geist und zu dessen Lebzeiten auch unsere ersten Arbeiten am Mutterboden getan wurden.

Und schließlich danke ich den vielen, unbekannten Helfern, voran den Jungbauern, die als biologische Landbauberater die vielen Tausende von Bodenproben gezogen und *Dr. Hans Müller* beigestanden haben, wenn es galt, die Testprotokolle in die normale, bäuerliche Sprache zu übersetzen; ohne ihre Mitarbeit an den Entnahme-Protokollen wäre keine wahrheitsentsprechende Befunddeutung möglich gewesen.

Möge dies Buch dazu beitragen, dem ganzheitlich-biologischen Denken zum Durchbruch zu verhelfen und die Schar der Kämpfer um Glück und Gesundheit der Menschen weiter zu vermehren!

La Croix-Valmer (Var)
Domaine de Barbigoua
am 3. Mai 1964

*Hans Peter Rusch*

# Der Weg zum Ganzheitsdenken

Die Fruchtbarkeit ist die höchste Leistung, deren ein Lebewesen fähig ist; sie ist zugleich der sichtbarste Ausdruck der Gesundheit. Wo die Gesundheit schwindet – aus welchen Gründen auch immer es sein mag –, da schwindet auch die Fähigkeit, vollkommenes Leben zu gebären.

In der Natur ist kein Ding um seiner selbst willen, es ist nur um des Ganzen willen. Ein Organismus ist nicht schon deshalb fruchtbar, weil er Nachkommen hat; er ist es erst dann, wenn auch seine Nachkommen fruchtbar sind bis ins letzte Glied, von dem wir wissen können. Fruchtbarkeit ist nicht um des Individuums willen, sondern für die Erhaltung der Art notwendig.

Aber das nicht allein: Die Fruchtbarkeit der Mutter Erde setzt sich fort in den Organismen, die von ihr leben, den Pflanzen, und die Pflanzenfruchtbarkeit setzt sich fort in jenen Lebewesen, deren Dasein nicht mehr an die Verhaftung mit dem Boden gebunden ist, den Tieren und Menschen. Von allen diesen ans Licht gestiegenen Gestaltungen des Lebens kehrt schließlich die Fruchtbarkeit zurück dorthin, von wo sie kam, zur »Mutter Erde«.

So ist die Bodenfruchtbarkeit kein Ding an sich, sondern Teil eines Ganzen, dem sie dient wie alles, was lebt. Dieses Ganze, die Gemeinschaft alles Lebendigen muss nicht nur philosophisch, sondern erst recht naturwissenschaftlich als biologische Funktionseinheit gesehen werden, wenn man den Versuch unternimmt, die Bodenfruchtbarkeit zu messen, um dem Menschen zu dienen.

Die Gemeinschaft alles Lebenden zwingt zur Symbiose, zum befruchtenden Miteinanderleben. Dic Funktion der einzigartigen Naturerscheinung »Leben« ist nicht anders vorstellbar denn als eine schicksalhaft verbundene, sich selbst korrigierende und regulierende Einheit, auf einem einzigen Prinzip aufgebaut, in ungeheuerlichem Ausmaße spezialisiert und doch durch die Pflicht der Symbiose unlösbar zu einer Ganzheit vereinigt.

Jedes Lebewesen muss sich so verhalten, dass es dem Ganzen nützt, auch der lebendige Organismus »Mutter Erde«; ihre Fruchtbarkeit ist nur an ihrem Wirken zu erkennen, nicht an ihren Bestandteilen. Um die Bodenfruchtbarkeit messbar zu machen, bedarf es der höchsten Anstrengung, deren die Wissenschaft fähig ist.

Es gibt noch keine Naturwissenschaft, die den Aufgaben der Ganzheitsforschung gewachsen wäre; es gibt bisher nicht einmal ein einziges Ganzheitsexperiment, und wo Anfänge gemacht waren, sind sie ungenutzt geblieben, weil dem Spezialisten ihr Wesen und ihre Bedeutung für die Lebensforschung nicht aufgegangen sind und nicht aufgehen konnten in einer Zeit, da die wissenschaftliche Neugier genug zu tun hatte, um täglich neue Kleinigkeiten zu entdecken. Der Blick für das Ganze, für das biologisch Wesentliche ging damit verloren, der Horizont des Denkens wurde nicht weiter, sondern zu primitiver Enge gezwungen.

Es wird deshalb, um verständlich zu sein, nicht erspart werden können, von einer Kritik der naturwissenschaftlichen Vergangenheit auszugehen. Es wird darzustellen sein, wie man bisher gedacht hat, um der Natur ihre Geheimnisse abzulauschen, und welcher Art die Konsequenzen dieses Denkens sind; erst dann werden wir wagen können, in die biologische Ganzheitsbetrachtung der lebendigen Schöpfung einzutreten.

Man hat die Bodenfruchtbarkeit früher nicht als wissenschaftliches Problem betrachtet; dazu war kein Anlass. Was die Erde gab, reichte aus; wo sie ausgeplündert war und zur Wüste wurde, konnte man sie liegen lassen und neues Land roden. Niemand ahnte damals, als man die Wälder ganzer Provinzen wegschlug, wie sehr heute die Völker darunter zu leiden haben; es wäre ein Leichtes gewesen, ihre Fruchtbarkeit zu erhalten. Wenn man Wasser brauchte, fand man es reichlich; eine Abwasserfrage gab es noch nicht. Der Mensch war nicht imstande, die Urkräfte des Lebens zu erschöpfen; erst mit der technischen Zivilisation ist das anders geworden, zum ersten Mal in der Menschheitsgeschichte. Die Natur ist erschöpfbar geworden. Das Wachstum der Menschheit, bedingt durch die ungeheuren Fortschritte der Hygiene, Chirurgie und Geburtshilfe, beginnt an die Grenzen dessen zu führen, was die Erde und ihre lebendige Schöpfung leisten können. Jeder Quadratmeter Boden wird wertvoll und unentbehrlich, und nun erst werden die Wüsten und Halbwüsten des ungehemmten Raubbaues als schmerzhaft teure Hypothek empfunden.

Trotzdem sind die Zeiten des Raubbaues nicht überwunden; der Raubbau hat nur andere Formen gefunden. Es ist genug darüber gesprochen und geschrieben worden, dass die Luft »verpestet« sei, dass die »Dunstglocke« der dichten Siedlungsgebiete unerträglich werde, dass man die Flüsse als Abwasserkanäle missbrauche und ihre natürliche Reinigungskraft endgültig erschöpfe, dass man die radioaktive Strahlung unverantwortlich vermehre – und was der »Zivilisationsschäden« mehr sind. Der Raubbau ist modernisiert, beendet ist er nicht. Offenbar vermag der Mensch seine eigene, selbst geschaffene »Ordnung« noch nicht so zu handhaben, dass ihm die Grundelemente des Lebens – Licht, Luft und Wasser – erhalten bleiben. Die Diskrepanz zwischen Erkenntnis und Wirklichkeit ist für die Situation kennzeichnend. Man spricht täglich von den Unvollkommenheiten der Lebensordnung, von biologischen Notwendigkeiten, von den Gefahren, die die Menschheit bedrohen; man handelt aber, als gebe es das alles nicht. Die Wissenschaften – von der Philosophie bis zur Chemie – wären heute imstande, die Leitmotive für eine lebensgesetzliche Umgestaltung der Zivilisation auf allen Gebieten abzugeben; gehandelt aber wird, als habe sich die Wissenschaft seit 100 Jahren kaum entwickelt.

## Kritik der Landbaulehre

Der Arzt *Albrecht von Thaer* gründete die erste Landbauschule und rief die Vorstellung wach, dass die Bodenfruchtbarkeit nicht unerschöpflich sei; der Begriff »Düngung« nahm Gestalt an. Als Dünger galt das, was die Lebewesen als Abfall produzieren, also das, was wir heute »organische Düngung« nennen würden.

Der Einbruch der Chemie in die Bereiche des Lebens durch *Wöhler*, *Liebig* und andere lenkte die Handhabung der Düngung in eine ganz andere Richtung; die Elementaranalyse deckte die mineralische Zusammensetzung der Pflanzen auf, in der die Stoffe Calcium, Kalium, Phosphor und Stickstoff an Menge bei weitem überwiegen. Tatsächlich gelang es, die Pflanze experimentell durch das »Düngen« mit mehr oder minder löslichen Mineral- und Stickstoffsalzen unmittelbar zum erheblich gesteigerten Wachstum zu bringen.

Man muss sich vorstellen, wie begeistert die Welt von dieser Entdeckung war: Die Düngung mit organischen Materialien nach *Thaer* war eine unaufgeklärte, dunkle, geheimnisvolle Sache; was da wirklich geschah, vermochte niemand zu sagen. Nun kam die wissenschaftliche Aufklärung, die Exaktheit. Ein Mineralmangel ließ sich leicht feststellen, indem man eine Bodenprobe chemisch analysierte, und wenn man Elementverbindungen zum Düngen auswählte, die jede Pflanze alsbald aufnehmen kann (Salze), so ließ sich ad oculos demonstrieren, wie man damit auch auf unfruchtbaren Böden, ja sogar ganz ohne Mitwirkung des Bodens, auf Kies, Sand und Wasser ein erstaunliches Pflanzenwachstum hervorzuzaubern vermag. Nun konnte man in beliebigen Mengen »Pflanzennahrung« in Fabriken herstellen, der Hunger schien gebannt, die Ernährung der ständig wachsenden Menschheit gesichert. Es begann der Siegeszug der Agrikulturchemie: die Kunstdüngung war geboren, sie eroberte sich die ganze Welt. Der Zauberlehrling hatte die Meisterformel gesprochen.

Der Meister selbst, *Justus* von *Liebig*, dessen jugendlich-leichtsinnige Äußerungen benutzt werden, um ihn zum Kronzeugen der künstlichen Fruchtbarkeit zu machen, hat diese Entwicklung geahnt und gefürchtet; er war nicht genug »Spezialist«, um zu ignorieren, dass es sich bei der Kenntnis des Mineralstoffwechsels nur um eine kleine Teilerkenntnis handelt, dass vielmehr die Fruchtbarkeit ein Ereignis ist, das nur in biologischen Kreisläufen zustande kommt; sein Modell des »Liebig-Ozeans«, einer Gemeinschaft von Boden, Wasser, Pflanze und Tier, war schon das erste naturwissenschaftliche Modell für die Erforschung biologischer Erscheinungen, dem man auch heute nichts mehr hinzuzufügen braucht. *Liebig* warnte ganz besonders vor dem Versuch, der Pflanze Stickstoff in künstlicher Form anzubieten, und sagte wörtlich, dass »die Natur der Pflanze hundert-, ja tausendmal mehr Stickstoff zur Verfügung stellen« könne; er war also kein Befürworter, sondern ein entschiedener Gegner jeder künstlichen Düngung. Das ist die historische Wahrheit, nichts anderes.

Es ist für angebliche Naturgesetze typisch, dass sie gerade da versagen, wo sie am meisten gültig sein müssten, zum Beispiel das so genannte Minimum-Gesetz auf den fruchtbarsten Böden, die wir kennen (zum Beispiel Ukraine, Rumänien); *Liebig* selbst hat das bereits bemerkt. Es ist auch längst bekannt, dass es nicht einmal die direkte Beziehung »Bodenmineral – Pflanzenmasse« gibt, geschweige denn irgendeine qualitative Beziehung zwischen Mineralvorrat und Fruchtbarkeit, ja es ist sogar nachgewiesen worden, dass die Pflanze kein anorganisches Molekül annimmt, wenn sie nicht muss; sie bevorzugt die Nährstoffe aus dem organischen Kreislauf. Versuche mit markierten Elementen haben gezeigt, dass die Pflanze auf fruchtbaren Böden zuweilen kaum fünf Prozent der künstlichen Nährstoffe aufnimmt; sie kann wohl nicht deutlicher demonstrieren, dass es sich bei der Kunstdüngung nicht um eine normale, physiologische und natürliche Pflanzenernährung handelt.

Die in der Praxis der Agrikulturchemie üblichen Handelsdünger bringen nicht einmal eine vollwertige mineralische Nahrung aufs Land, sondern nur eine willkürliche Auswahl, meist nur einige wenige Elemente. Es ist ganz unmöglich, das Mineralbedürfnis der Pflanze, die mindestens fünf Dutzend Elemente benutzt, künstlich zu erfüllen. Eine ganze Reihe von gesicherten Beobachtungen weist darauf hin (zum Beispiel die Beobachtung von Kali-Mangelkrankheiten auf kalireichen Böden – *Schweigart*), dass die so genannten Spurenelemente für die Fruchtbarkeit mindestens ebenso wichtig sind wie die »Kernnährstoffe«; wenn man mit wenigen Gramm eines Elementes größere Wirkungen erzielen kann als mit vielen Zentnern von K, P oder Ca, dann ist die übliche Art der Kunstdüngung unsinnige Verschwendung; will man sie trotzdem beibehalten, so müsste man sie korrigieren. Man müsste für jeden Boden, für jede Kultur, ja für jeden Augenblick des Geschehens das einzig richtige Mineralgemisch zusammenstellen, man müsste hier dieses und dort jenes Spurenelement hinzufügen, und das Ganze dürfte man auch nur im einzig richtigen Moment an die Pflanze bringen, um ihrem Mineralbedürfnis zu entsprechen. Niemand sollte heute noch bezweifeln, dass es einfach unmöglich ist, die Pflanze künstlich richtig zu ernähren, ganz abgesehen davon, dass sie auch noch andere Bedürfnisse hat.

Die Minerallehre widerlegt sich selbst: Wer ein einziges Mineral in »pflanzenverfügbarer« Form verabreicht, löst einen Rattenschwanz von mineralischen Bedürfnissen aus; die N-Düngung beispielsweise setzt in ihren wirksamen Formen Säureradikale frei, und um das Säure-Basen-Gleichgewicht wiederherzustellen, muss man Kalk zuführen, und zwar in einer chemisch wirksamen, unmittelbar dissoziierbaren Form. Damit wird wieder die Wirksamkeit anderer Ionen beeinträchtigt, wie die der Kaliumionen, und man muss, um diesen Effekt zu verhindern, folglich auch andere Ionen zuführen, auch dann, wenn ihrer genug im Boden – in anorganisch oder organisch fixierter Form – vorliegen. Nun kommen die Magnesium-, Mangan-, Kupfer- oder irgendwelche anderen Ionen funktionell in Verzug, gewisse Spurenstoffe werden »festgelegt« und unwirksam gemacht, andere Ionen treten in unlösliche Formen über und bilden »Ortstein«, andere wieder fließen in Seen und Flüsse ab – das Chaos ist unvermeidbar.

So kommt man zu dem Eingeständnis, dass jeder Eingriff in den natürlichen Mineralhaushalt bekannte oder leider meist unbekannte Verschiebungen in den mineralischen Gleichgewichten bewirkt, die man beim besten Willen nicht verhindern kann.

Damit soll nicht gesagt sein, die Erforschung der Mineralhaushalte sei nutzlos und überflüssig, ganz im Gegenteil. Es war für die Biologie höchst interessant zu erfahren, dass es im Bereich der häufigsten Pflanzenmineralien Relationen gibt (wie die K-Mg-Relation oder das Ca-K-Verhältnis), bei denen man geradezu von einem »Antagonismus« sprechen kann, wie er bei den lebenden Substanzen selbstverständlich ist. Es ist auch sehr bemerkenswert, zu erfahren, dass die Stickstoffdüngung das Bedürfnis des Bodens an Kupfer offenbar abnorm steigert; nach *Voisin* glaubt man dies künstliche Defizit mit Kupfersalzen in recht beachtlichen Mengen (bis zu 8 kg/ha) ausgleichen zu können, um die degenerativen Mangelfolgen beim Tier zu verhindern (Sterilität, Lähmungen, Knochenentkalkung und anderes). Man hat gefunden, dass ein Magnesiummangel bei Tier und Mensch durch die Kalidüngung bewirkt werden kann, und man glaubt dies verhindern zu können, indem man, wie meist üblich, dem Dünge-Kali gleich Mg mitgibt (Kalimagnesia, Patentkali). Ähnliche Beispiele gibt es dutzendweise. Es ist für unsere Naturerkenntnis außerordentlich nützlich, von allen solchen Relationen zu erfahren, nur darf man nicht den Schluss ziehen, man sei imstande, einen geregelten, organischen Substanzenkreislauf einfach dadurch in Ordnung zu bringen, dass man irgendein Mineral, dessen Fehlen zufällig bemerkbar ist, hinzufügt. Wo es einen Cu- oder Mg-Mangel gibt, dort gibt es zahlreiche andere Mängel, die man nicht unmittelbar bemerkt, und in Wirklichkeit hat die agrikulturchemische Forschung nicht die Kunstdüngung bewiesen, sondern gezeigt, dass es eine vollkommene Kunstdüngung nicht gibt und niemals geben wird. Künstliche Ernährung ist menschenunmöglich. Wo sie zu funktionieren scheint, da täuschen uns die Organismen Vollkommenheit vor, wo keine ist.

Es geht um das Eingeständnis, dass sich die Minerallehre selbst widerlegt hat. Nur dies Eingeständnis kann die Agrikulturchemie auf einen Weg führen, auf dem sie vollgültig an der Lebensforschung im Allgemeinen und an der Erforschung der Voraussetzungen zur natürlichen Fruchtbarkeit im Besonderen teilnehmen kann.

## Die Kunstdüngung und ihre Institutionen

Die Kunstdüngung wurde zu einem wesentlichen Bestandteil der »technischen Perfektion«, sie ist dazu wie geschaffen. Ein schwieriges, undurchsichtiges biologisches Problem, die Bodenfruchtbarkeit, wird mit Hilfe der Minerallehre simplifiziert und eignet sich dann vorzüglich für eine industrielle Organisation. Die Umwandlung eines Bauernhofes in einen »Industriebetrieb« bietet sich von selbst an.

Es ist unmöglich, eine solche Entwicklung aufzuhalten, wenn sie einmal angefangen hat; sie löst sich, ursprünglich ein Kind der Wissenschaft, ganz von ihr ab, macht sich selbstständig und bildet die dienliche Zweckwissenschaft aus. Es ergibt sich ein Lehrsystem, das für die Massenbildung tauglich ist, weil es komplizierteste Lebensvorgänge auf einen Nenner bringt. Der Stoff wird in die Breite erforscht, zu den »Kernnährstoffen« kommen andere Mineralien, schließlich die Spurenelemente, das Ganze wird immer umfangreicher, die Versuche Legion, die Literatur unübersehbar, die Versuchsstationen immer zahlreicher, bis niemand mehr auf den Gedanken kommt, dass es sich da nicht um neue Wahrheiten handelt, sondern nur um die gleiche Nährstoff-Weisheit, die schon der Kronzeuge *Liebig* alsbald widerrief. Dann merkt niemand mehr, dass eigentlich jede Weiterentwicklung ausgeblieben ist, dass vielmehr nur der gleiche Gedanke, der gleiche Irrtum in tausendfacher Variation wiedergekaut und umgewälzt wird.

So ist es auch kaum jemandem aufgefallen, dass mit der Erfindung der Stickstoffsynthese diese Stoffgruppe stillschweigend unter die Mineraldünger eingereiht wurde, obwohl sie dort nicht hingehört. Wer heute »Mineraldüngung« sagt, meint eigentlich »Treibdüngung«, eine wirksame Treibdüngung ohne synthetischen Stickstoff gibt es aber nicht; die Düngung mit Stickstoff ist das Kernstück der Kunstdüngung, ohne ihn ist sie undenkbar. Wer denkt schon noch daran, dass die Stickstoffverbindung kein Mineral ist, sondern ein wesentlicher Bestandteil des organischen Kreislaufs? Wer denkt überhaupt noch darüber nach? Es ist alles eingerichtet; der Markt ist organisiert, das Amt setzt seinen Stempel darunter, der Staat selbst verteilt die Kunstdünger – die Institution funktioniert, sie ist über die Wissenschaft, über den einzelnen Menschen längst hinausgewachsen und hat sie zu ihren Dienern gemacht. Die Institution steht, sie reicht bis ins kleinste Dorf hinein, und sie hat die Macht für sich.

Es gehört zum Wesen menschlicher Großorganisationen, dass sie gezwungen sind, jede echte Weiterentwicklung der Naturwissenschaft zu hemmen. Es gehört nämlich zum Wesen der Wissenschaft, dass sie heute widerruft, was sie gestern geglaubt hat, und die Wahrheit von heute kann morgen schon Irrtum genannt werden. Wer irgendeine These aus den ersten Anfängen der Lebensforschung zur Maxime für Riesenorganisationen macht, sie also voreilig in unwiderrufliche Realitäten umsetzt, muss sich schließlich dagegen wehren, dass die These als falsch bewiesen wird, sie muss wenigstens verhindern, dass der Widerruf bekannt wird. Auf diese Weise kommt es zustande, dass mit amtlichem Ausweis lebendige Beispiele vernichtet werden, weil sie den Glauben an das eingespielte System untergraben, weil sie sogar beweisen, dass es Landbaumethoden gibt, die einfacher, rentabler, besser und gesünder sind als das Kunstdüngersystem; solche Beispiele würden zeigen, dass man eigentlich der vielen, industriellen Hilfsmittel nicht bedarf, um seine Aufgabe als Bauer oder Gärtner zu erfüllen. Die »NPK-Mentalität«, von der *Sir Albert Howard* sprach, würde als Unwahrheit aufgedeckt, wenn das biologische Beispiel Schule machen würde, wenn sich eine Forschung seiner annähme. Der echte Fortschritt ist der natürliche Feind menschlicher Institutionen. Er entzieht ihnen das Fundament. Die technische Perfektion aber schafft industrielle Großanlagen und erfordert langfristige Investitionen; man kann nicht heute eine Riesenfabrik bauen und morgen erklären, es sei falsch, was sie herstellt.

Die Elementaranalyse, auf der die Minerallehre und ihre Institutionen aufgebaut sind, ist nicht eine qualifizierende, sondern eine quantifizierende Methode. Nach diesem Bilde sind die gegenwärtigen Ordnungen gemacht; es ist die Ordnung der Quantität, der Masse. Man bezahlt dem Bauern ungeachtet aller Komplizierungen, die eine Entscheidung nach biologischen Qualitäten nur vortäuschen – seine Landbauprodukte nach dem Gewicht; wer die dicksten Kartoffel hat, bekommt das meiste Geld. Die dicksten Kartoffeln, so sagt man, bekommt man mit der »Mineraldüngung«, und der Erlös wird nicht dadurch geschmälert, dass diese Knollen durch die Treibdüngung mit Stickstoff das bekommen, was man medizinisch »Wassersucht« nennt; das Wasser und billige Mineralstoffe werden genau so teuer bezahlt wie das, was daran noch echt ist, der Verbraucher kann das nicht unterscheiden. Auch den Virusbefall merkt der Käufer nicht, und es ist auch nichts davon bekannt, dass etwa eine viruskranke Kartoffel billiger wäre als eine gesunde, obwohl doch im Ernst niemand bestreiten würde, dass sie weniger wert sei.

Es wäre ganz leicht gewesen, die qualifizierenden Methoden ebenso zu entwickeln wie die quantifizierenden. Es wäre ein leichtes gewesen, nachzuweisen, dass die simple Methode, mit »verfügbar« gemachten Naturstoffen und künstlich hergestellten Stickstoffverbindungen Pflanzenmasse zu produzieren, die biologischen Gleichgewichte und damit die Qualität gefährden muss, ja dass sie schließlich den Organismus »Mutter Erde«, den Organismus »Pflanze« und damit alle anderen Organismen um ihre Substanz bringt. Es wäre nicht schwierig, den Zusammenhang zwischen Fehlernährung und Krankheit aufzudecken, und es ist keineswegs übertrieben, wenn die historische Betrachtung feststellt, dass es schon vor 100 Jahren möglich gewesen wäre, die Wahrheit über die künstliche Pflanzenernährung zu erfahren. Man hätte nur den Weisungen *Liebigs* zu folgen brauchen, der sich selbst schwerste Vorwürfe gemacht hat, er habe »sich als kleiner Erdenwurm angemaßt«, er könne die Schöpfung verbessern; jetzt erwarte er dafür seine gerechte Strafe. *Liebig* vermochte sich schon damals nicht mehr durchzusetzen; er könnte es heute um so weniger. Jetzt regiert die Zahl, die Quantität, die Statistik der Massen; was ihnen dient, wird realisiert, was sie hindert, vernachlässigt.

Die letzte Ursache der Fehlentwicklung ist wohl, dass man mit den großen Entdeckungen der Physik und Chemie die leblose Materie zu beherrschen lernte und technische Wunder vollbrachte; sie sind unbestreitbar. Wer das kann, dem traut man zu, er könne auch das Lebendige in seinem

Sinne lenken und beherrschen; man sah keinen Grund, jener Wissenschaft zu misstrauen, die das Lebendige ebenso behandelt wie die tote Materie. Die Fehlentwicklung war zwangsläufig; wer sich näher dafür interessiert, mag es bei den Philosophen nachlesen (*Burkhardt*, *Ortega Y Gasset*, *Meyer-Abich* und andere). Die Entwicklung der industriellen Massengesellschaft und die unaufhörliche Anhebung des technischen Lebensstandards sind so schnell gekommen, dass die Lebensforschung damit nicht Schritt halten konnte. Nichtsdestoweniger hat man die Direktiven der technischen Perfektionierung unbedenklich auf das Lebendige übertragen zu einer Zeit, die dafür noch nicht reif ist; in einer Zeit, da die Naturwissenschaft überhaupt noch nicht in der Lage ist, die Richtlinien für die Technisierung lebendiger Abläufe anzugeben. Nun aber steht die Institution, und es wird übermenschliche Kräfte erfordern, sie zu überwinden.

## Die Heilkunde der technischen Perfektion

Die historische Entwicklung der Heilkunde offenbart die gleichen Züge wie die des Landbaues. Auch da ist ein Riesenexperiment im Gange, das mit dem Einbruch der kausal-analytischen Naturwissenschaft in die Bezirke des Lebendigen zustande kam. Die ganzheitlich intuitive, meist empirische Heilkunst früherer Zeit wurde durch die chemisch-physikalische Aufklärung verdrängt. Fortan war der Organismus nicht mehr ein Ganzes – Leib, Seele und Geist zugleich –, sondern ein komplizierter Mechanismus, eine Summe chemischer Fabriken, eine raffiniert ausgeklügelte Maschine, nur eben bedeutend komplizierter als ein Automobil. Wenn solch eine Maschine »krank« ist, so kam es nur darauf an, herauszubekommen, wo der Fehler sitzt.

So begann die Ära der Organ-Diagnosen, die Suche nach dem kranken Einzelteil. Man war nicht mehr krank an sich, man war höchstens »magen-« oder »leberkrank«, sonst aber ganz gesund; die Ärzte haben lediglich die Aufgabe festzustellen, wo der Fehler sitzt, ihn zu beseitigen oder, wenn das nicht möglich ist, zu überlegen, ob man die Krankheit nicht wegschneiden kann. (Mandeln, Polypen, Wurmfortsatz, Gallenblase, Nierensteine, Krebsgeschwulst, Magenresektion und vieles andere)

Zugleich trat die Chemie in Tätigkeit, um Stoffe zu erfinden, die auf destruierte Lebensvorgänge im Organismus einzuwirken imstande sind, angefangen von einfacher Salzsäure für den schwachen Magen bis zum Breitbandantibiotikum, vom Gurgelwasser bis zur Kunstdroge, die das »Seelenleben« reguliert. Krankheit ist nicht mehr Schuld und Schicksal des ganzen Menschen, es ist eine chemische Fehlleistung, die man chemisch reparieren kann; eine apparative Unvollkommenheit, die man beseitigen muss, um »gesund« zu machen. Die totale Medianisierung des medizinischen Denkens ging ursprünglich so weit, die Existenz der Seele zu leugnen, weil man bei der Sektion einer Leiche keine Seele fand (*Virchow*). Es schien alles materiell, mechanisch-automatisch und analytisch zu offenbaren.

Dieses Denkprinzip ist bis heute noch nicht verlassen worden, und es hat sich daran auch nichts geändert, als schon vor langer Zeit erste Zusammenhänge der Organe untereinander aufgedeckt wurden. Es gab dann eben nicht eine Diagnose, sondern mehrere, und nicht eine Medizin, sondern Kombinationen von Mitteln. Und schließlich erschienen auf dem Medikamenten-Markt allgemeingültige Mischungen chemischer Substanzen, die ausdrücklich für die Behandlung spezifischer Organschäden gedacht sind und die praktisch-medizinische Arbeit erheblich simplifizieren; war erst die »Diagnose« gestellt, für die es nun höchst kostspielige Apparaturen und Institutionen gibt, so war auch das zuständige »Medikament« gefunden.

Dem Laien leuchtete dies vereinfachte Verfahren ein, er hat es heutzutage meist selbst übernommen. Wenn man Kopfweh hat, nimmt man eine Schmerzpille, hat man Verstopfung, ein Abführmittel mit garantierter Wirkung, ist man müde, ein Putschmittel, und kann man dann nicht schlafen, ein Schlafmittel. Wir erinnern uns: Fehlt im Boden Kupfer, so fügt man es zu, tritt eine

Kalium-Mangelkrankheit an der Pflanze auf, gibt man Kali – das Prinzip ist dasselbe. Der unmittelbare Erfolg scheint zu beweisen, dass man Recht hat, das Verfahren ist einfach und einleuchtend.

Inzwischen aber hat sich diese Denkweise im Umgang mit lebendigen Organismen schon selbst widerlegt. Sofern ein kranker Organismus sich nicht selbst hilft, erzielt man auf solchen Wegen keine echte Heilung, sondern bleibt von der Behandlung der Symptome abhängig, man bleibt auf den künstlichen Ersatz angewiesen; die Schlaflosigkeit wird nicht durch Schlafmittel geheilt, im Gegenteil sie wird größer, die Verstopfung erfordert immer stärkere Abführmittel.

Ganz ähnlich, wie sich in der Landbaulehre eine Kombination von Mineral- und Humuslehre herausbildete, nahm man in der Heilkunde das in die Lehre auf, was gut schien, um die offenbaren Fehler mechanistischer und analytischer Betrachtung auszugleichen, ohne das Prinzip an sich aufzugeben. Man nahm beispielsweise aus der Außenseiter-Heilkunde eine ganze Reihe von Verfahren in die klinische Praxis hinein (Fasten, Kost nach *Bircher-Benner*, homöopathische Heilmittel und andere), ohne zu bedenken, dass solche Methoden keineswegs in das Denkschema der chemisch-physikalisch ausgerichteten Medizin passen, so wenig wie die Humuslehre in das Denkschema der Minerallehre passt. Hier wie dort weicht man der eigentlichen Problematik aus.

## Therapia magna sterilisans – Kampf der lebenden Umwelt

Die historische Betrachtung offenbart im Einzelnen zahlreiche Korrelationen zwischen landwirtschaftlichem und medizinischem Denken. Einige davon sind besonders aufschlussreich und seien hier betrachtet:

Als *Robert Koch* und *Louis Pasteur* begannen, in die Welt des Unsichtbaren einzudringen, wurden die Grundlagen für die Bezwingung der großen menschlichen und tierischen Seuchen geschaffen. Man entdeckte die Mikroorganismen als Krankheitserreger und fand die Methoden, sie zu beherrschen. So, wie der Mensch gelernt hat, andere Naturkräfte – Kälte, Hitze, wilde Tiere und andere – unter Kontrolle zu bringen und sich vor ihnen zu schützen, so verfuhr er nun auch mit Bakterien und Viren. Das wertvollste Ergebnis dieser Forscher-Arbeit ist die allgemeine Hygiene, die durch die Isolation von Erregern und Erkrankten, die Beobachtung von »Dauerausscheidern«, die Beseitigung mikrobieller Brutstätten, die Rettung der Infizierten durch Seren und Impfstoffe und vieles andere die meisten Seuchen unter Kontrolle gebracht hat.

Und nun schoss man wiederum über das Ziel weit hinaus: Da sich in irgendeiner Weise Bakterien oder Viren grundsätzlich als »Schädlinge« erweisen, denn selbst bei einer einfachen Halsentzündung kann man »spezifische Erreger« nachweisen, wurde das Vernichtungsprinzip aus der Seuchenlehre übernommen auf die allgemeine Heilkunde, und *Ehrlich*s Prinzip der »Therapia magna sterilisans« wurde bei allen Krankheitssymptomen angewandt, an denen in irgendeiner und oft nicht erkennbaren Weise Bakterien mitwirken. Das aber ist auch bei allen »Heilreaktionen« des Organismus der Fall, von denen inzwischen bekannt ist, dass sie nicht die eigentliche Krankheit darstellen, sondern den aktiven Versuch des Organismus, die Krankheit zu überwinden (Fieber, Durchfall, Husten, Schnupfen usw.). Bei allen solchen Heilreaktionen, die ganz von selbst zu einer Besserung der Grundgesundheit, des Abwehrvermögens, der Resistenz des Körpers führen, spielen gewisse, »unspezifische«, aber sehr verbreitete Bakterien-Arten eine Rolle insofern, als sie vom Organismus selbst benutzt werden, um seine Abwehr auszubilden und zu üben. Dabei erhöht er seine Körpertemperatur zum Fieber, weil er so imstande ist, seine Abwehrstoffe um das Mehrfache rascher auszubilden, und er produziert eine »Entzündung« der Schleimhäute im Bereich seiner »inneren Umwelt« (*Kollath*), das heißt in Mund, Nase, Rachen, Bronchien oder Verdauungsschlauch, weil deren vermehrte Durchblutung für den Abwehrvorgang, und die Abscheidung unerwünschter Substanzen erforderlich ist.

Behandelt man nun das Symptom an sich, so bemüht man sich, das Fieber zu beseitigen, den Schnupfen zu stoppen, den Husten zu stillen, den Durchfall zu hemmen. Man fällt dem Organismus damit in den Rücken, im gleichen Moment, da er sich anschickt, die eigentliche Krankheit zu überwinden. Gewiss – Nothilfe muss gegeben werden, sobald es sich nicht um eine offenbar erfolgreiche »Abwehrschlacht« des Körpers handelt, sondern der organische Befund beweist, dass diese Schlacht verloren gehen wird, sobald also ein lebensbedrohender Zustand entsteht. Unter 100 Krankheiten ist höchstens eine dieser Art – es wird gehandelt, als seien es alle 100.

Bei den Heilreaktionen sind die Bakterien, auch und gerade weil sie als pathogene Erreger auftreten, aktiv dadurch beteiligt, dass sie der Körper benutzt, um seine Abwehrwaffen zu schmieden; werden sie inaktiviert oder getötet – und das geschieht ja mit Hilfe der Chemotherapeutica –, so wird zwar die Abwehrhandlung unterbrochen und die »Krankheit« verschwindet im Augenblick; sie kehrt aber konsequent so lange wieder, bis der Organismus den Versuch aufgibt, sich selbst zu heilen.

Inzwischen ist es allgemein üblich geworden, schon die ersten Symptome einer »Grippe«, einer Angina, einer Enterokolitis zu unterdrücken, auch ohne ärztliche Beratung; dienliche Mittel bekommt man in jeder Apotheke, ihre Namen erfährt man durch Presse, Illustrierte, Rundfunk und Fernsehen. Das Prinzip ist wiederum primitiv, einfach und einleuchtend, deshalb wird es so leicht akzeptiert. Die Mittel wirken, die Reklame wird bestätigt, und die industrielle Massengesellschaft hat keine Zeit zur biologischen Vernunft.

Unterdessen bemüht sich eine Außenseiter-Heilkunde, den Begriff der »echten Heilung« herauszuarbeiten; sie muss dabei Vorstellungen benutzen, denen meist noch jede »exakte«, kausalanalytisch bewiesene Grundlage fehlt, die aber aus der heilerischen Erfahrung entwickelt und biologisch durchdacht sind. Da gilt der »Organschaden« als spätes und oft nicht mehr heilbares Zeichen einer lang dauernden Fehlentwicklung unter widernatürlichen Lebensbedingungen und chemo-therapeutischen Behandlungen akuter »Ersterkrankungen«, mit denen der Organismus aus Unfähigkeit oder wegen der chemotherapeutischen Behinderung nicht fertig geworden ist. Solche »Ersterkrankungen« sind Heilreaktionen 1. Ordnung und spielen sich an der »Oberfläche« des Organismus ab (Schleimhaut, Haut); werden sie nicht vom Organismus bis zur echten Heilung durchgeführt, so gibt er sie allmählich auf und verlegt sie in eine tiefere »Abwehr-Schicht« (zum Beispiel in die Anhangsorgane der Schleimhäute wie Mandeln, Blinddarm, Lymphsystem). Am Ende dieser Entwicklung steht der Organschaden und die chronische Krankheit, gekennzeichnet durch Abwehrschwäche, Fieberlosigkeit, Regulationsstörungen und Verbildungen der spezifischen Organgewebe, die den »biologischen Schnitt« (Reckeweg) schließlich überschreiten und endgültig unheilbar werden. Auf solche Weise wird deutlich, wie lange der Körper versucht, seine natürlichen Abwehraufgaben zu erfüllen, obwohl er üblicherweise daran fortlaufend gehindert wird; er bringt es fertig, auch dann noch am Leben zu bleiben, wenn jede Heilreaktion chemotherapeutisch unterdrückt wird, und opfert eine Abwehrstellung nach der anderen, bis er schließlich den letzten Rest von »biologischer Ordnung« verloren hat und der Bankrott des ganzen Systems unvermeidlich wird. Folgerichtig bemüht sich der biologische Arzt, möglichst wenig in den Ablauf akuter Heilreaktionen einzugreifen, begrenzt die Chemotherapie auf die ganz wenigen Notfälle, lässt die »Selbstheilung« ungestört ablaufen und vergewissert sich lediglich durch sorgfältige Beobachtung, dass er nicht schadend einzugreifen braucht.

Freilich ist es viel bequemer, in jedem Falle »vorzubeugen« und schon zu den fiebersenkenden, bakterientötenden, reaktionshemmenden Medikamenten zu greifen, ehe überhaupt eine echte Notlage entstanden ist – und sie entsteht zunächst niemals; von jetzt an aber stirbt die Krankheit nicht mehr aus, denn jeder Organismus versucht den Kampf von neuem. Nun kommt erst die folgenschwere biologische »Unordnung«, die Fehlfunktion fundamentaler Gesundheitszeichen (Appetit, Lebensfreude, Schlaf, Gleichmut, körperliche und geistige Leistungsfähigkeit, Verdauung usw.), das Abgleiten in die chronische Krankheit; und jetzt treten erst die unzählig vielen synthetischen

Wundermittel in Kraft, die dazu gemacht sind, die Fehlregulationen eines in Unordnung geratenen Organismus zu normalisieren; eine Art von »Kunstdüngung« oder künstlicher »Ernährung« mit kompliziertesten Substanzen, die man gewöhnlich im Tierversuch auffindet und ausprobiert. Solche Stoffe, oft verteufelt ähnlich den natürlichen Produkten lebender Substanzen, sollen hier den Blutdruck senken, ihn dort heben, hier die »Kreislaufstörungen« und dort die »Drüsenstörungen« beseitigen und was der genau definierten, spezifischen Medikamentwirkungen mehr sind. Alle solche Bemühungen haben mit einer echten Heilung nichts mehr zu tun, hier wird ein Organismus bei einer künstlichen Scheingesundheit gehalten; er fristet sein Leben, so lange es geht, und wartet auf die Katastrophe. Die Lebensangst wird zum ständigen Begleiter.

## Chemotherapie der Nahrungspflanze

Die Chemotherapie nennt man im Landbau »Pflanzenschutz«; er ist allmählich so kompliziert geworden, dass laufende Schulungen und detaillierte Tabellen nötig sind, um Schritt zu halten. Der »Pflanzenschutz«-Fachmann erfährt eine Art von Apothekerausbildung, denn da wird mit großen Mengen stärkster Gifte gearbeitet, wenn die Chemotherapie lückenlos durchgeführt werden soll; da der Giftkampf selbstverständlich die Resistenz der »Schädlinge« steigert, die Resistenz der Pflanzen dagegen vermindert, wird der »Schädling« zur Allgemeinerscheinung, er tritt »seuchenhaft« auf.

Man ist in der Medizin hier und da schon einige Schritte weiter; man gibt beispielsweise ganz offen zu, dass es »unschädliche Medikamente« nicht gibt. Als man ein Corticosteron synthetisierte, das keine so genannte Nebenwirkungen hat, erwies es sich als therapeutisch unwirksam; ein Insulin, das frei von Nebenwirkung ist, ist unbrauchbar. Ein Antibiotikum, das keine Zellen zu schädigen vermag, ist auch nicht imstande, Bakterienzellen zu destruieren. Der Kliniker *Hoff* scheut sich nicht, offen zu bekennen, dass heutzutage schätzungsweise vierfünftel der Patienten wegen »Therapieschäden« zur Behandlung kommen. Es war nicht anders zu erwarten; wo die Medikamente, ursprünglich als Nothilfe und Ausnahme gedacht, zum täglich umgesetzten Konsumartikel werden, wo grundsätzlich die Selbstheilung ausgeschaltet wird, da tritt die schleichende, unmerklich fortschreitende Dystrophie, die Destruktion des Lebendigen (*Fudalla*), der Schwund der Grundgesundheit an ihre Stelle. Der Selbstbetrug wird zum Prinzip erhoben.

## Prinzipien der biologischen Wirkung synthetischer Gifte

Die »toxische Gesamtsituation« (*Eichholtz*) nimmt allein pharmakologisch bedrohliche Gestalt an. Am Beispiel des DDT ist nachzuweisen, dass es unmöglich ist, sich der Giftwirkung zu entziehen, denn es wird offenbar im gesamten biologischen Substanzkreislauf automatisch weitergeschleppt und verbreitet. Das ist in zahlreichen Einzelfällen nachgewiesen. Es wurde beispielsweise berichtet, dass Menschen, die sich aus irgendeinem Anlass einer Heilfastenkur unterzogen, an einer akuten DDT-Vergiftung erkrankt sind; als man der Sache näher nachging, fand man, dass das DDT – ähnlich wie das radioaktive Strontium-Isotop in den Knochen und Fischgräten – sich im menschlichen Fettgewebe ablagert; schmilzt das Gewebe beim Heilfasten oder einer Entfettungskur ein, so wird es plötzlich in ausreichend toxischen Mengen frei, erscheint im Blut und produziert eine akute Vergiftung. Seitdem die Aufmerksamkeit darauf gelenkt ist, findet man DDT bis in die entlegendsten Gebiete des Lebens verbreitet, so auch in Ozeanfischen, und es dürfte schwer fallen, exakt nachzuweisen, wie es dorthin gekommen ist; da die Natur kein DDT herstellt, muss man schon zugeben, dass die stabilen synthetischen Gifte jedes einzelne Lebewesen gefährden, ob es nun selbst mit DDT behandelt wird oder nicht.

Inzwischen beeilt man sich zu versichern, dass weitaus die meisten Pflanzenschutz- und Therapiegifte alsbald abgebaut werden, also nicht schädlich sein können. Der Behauptung liegt in jedem Falle der Versuch zugrunde, Giftreste chemisch nachzuweisen. In Wirklichkeit ist ein negativer Giftbefund kein Beweis dafür, dass die Wirkung etwa erloschen ist, dass also nun nichts weiter zu befürchten sei, ganz abgesehen davon, dass man oft genug zu hören bekommt, in diesem oder jenem Substrat seien »keine nennenswerten Mengen« mehr vorhanden. Angesichts des heutigen Wissens über lebendige Vorgänge muss der Versuch, mit so primitiven Methoden die Gefahren der synthetischen Gifte zu bagatellisieren und die öffentliche Unruhe zu beschwichtigen, als unzulässig bezeichnet werden. Es steht durchaus fest, dass diesen Giften eine Allgemeinwirkung zukommt, die sämtliche Lebensvorgänge, und nicht nur im Bereich des Menschen, beeinflusst.

1. Der chemische Nachweis von »Giftfreiheit« besagt lediglich, dass eben das Gift selbst nicht mehr in nachweisbarer Menge vorhanden ist. Auch der Nachweis, dass irgendwo die berüchtigten »Toleranzgrenzen« nicht erreicht beziehungsweise nicht überschritten werden, ist recht unerheblich. Entscheidend ist, dass gleichzeitig sehr viele verschiedene Giftstoffe angewandt werden, die im Einzelnen nicht mehr nachweisbar sein mögen, in ihrer Gesamtheit aber wirksam sind und bleiben. Nicht die Gefahr einer akuten Vergiftung durch Überschreiten der »Toleranzdosis« eines einzelnen Stoffes ist entscheidend, sondern die chronische Vergiftung der Substanzkreisläufe; und diese lässt sich mit chemisch-analytischen Methoden nicht nachweisen.

2. Der chemische Giftnachweis kann versagen, wenn das Gift mit organischer Materie in Kontakt kommt, und das geschieht ja grundsätzlich. Sowohl die extra- wie die intrazellulär lebenden Großmoleküle des Organischen sind imstande, Giftmoleküle an sich zu reißen und in ihr Gefüge einzubauen, um sie auf diese Weise aus dem Verkehr zu ziehen und biologisch unwirksam zu machen. Das wäre harmlos, wenn sich dabei nicht die biologisch-funktionellen Eigenschaften der lebenden Substanzen ändern würden, und zwar stets im Sinne von Verlustvarianten; der Vorgang ist irreversibel, wie sich zuerst anhand krebserregender Mutagene nachweisen ließ, die bewirken, dass die für den Sauerstoffumsatz verantwortlichen Makromoleküle die Fähigkeit verlieren, Sauerstoff für die Zellatmung zu vermitteln. Geht nun diese Veränderung an einem intrazellulären Mikrosom vor sich und kommt dessen Zelle aus irgendeinem Anlass zur Autolyse, so gelangt das mutierte Mikrosom in die Substanzkreisläufe und wird von jeder zugeordneten Zelle aufgenommen, als ob es normal sei. Auch das Modell dieses Vorganges ist dargestellt worden; meines Wissens gelang es zum ersten Male in England, mittels der »Warburgischen Methodik« anhand autolysierter Leberkrebszellen das Einströmen mutierter lebender Substanzen direkt nachzuweisen. Das Cancerogen ist dann nicht mehr selbst nachweisbar, sondern nur noch die von ihm veranlasste Mutation, an der höhere Organismen, soweit man bisher weiß, offenbar nichts ändern können. Bei der Anwendung irgendwelcher Gifte an irgendeiner Stelle des Substanzkreislaufs kann man also niemals wissen, welche Veränderungen zum Negativen damit bewirkt werden, denn der chemische Giftnachweis versagt, und die biologisch-funktionellen Qualitäten lebender Substanzen kann man nur ganz ausnahmsweise und nur bezüglich primitivster Lebensäußerungen testen.

3. Biologische Giftwirkungen kann man zur Not noch am einzelligen Lebewesen, zum Beispiel am Bakterium, direkt nachweisen, nicht aber im vielzelligen oder gar höheren Organismus; sie verschwinden in der Masse der Stoffwechsel, der inneren wie der äußeren. Man kann sich das deutlich vor Augen führen, wenn man bedenkt, dass ein großer Organismus viele Möglichkeiten hat, untaugliche Substanzen hin und her zu schieben und unmittelbar bemerkbare Schäden zu verhindern. Es ist im Einzelfall ganz unmöglich, irgendwelche Symptome auf bestimmte Mutationen durch bestimmte Zellgifte zu beziehen; man darf aber sicher sein – es wäre unvernünftig, etwas anderes anzunehmen –, dass die biologisch-funktionelle Entwertung eines Organismus sicher ist, wenn man ihm laufend Spuren verschiedenster Zellgifte zuführt; und diese Wirkung teilt sich auf jeden Fall auch anderen Organismen mit. Die Verlustvarianten lebender Substanzen, vor deren Wirkung sich der Einzelne vielleicht lange Zeit beschützen kann, geraten ebenso in den biologi-

schen Kreislauf wie ein pathogenes Virus und ein radioaktives Isotop, und es resultiert auf jeden Fall eine fortlaufende Minderung der biologisch-funktionellen Leistungen der umlaufenden Wertigkeiten, die im gesamten Kreislauf wirksam wird.

4. Die jedem Organismus mitgegebene Schutzeinrichtung gegen Angriffe aus der Umwelt ist seine natürliche »Resistenz«, wie zum Beispiel die Resistenz gegen Angriffe von Bakterien oder Insekten; sie bedingt Hochleistungen lebendiger Systeme und die Produktion spezifischer Abwehrstoffe. Es besteht ein unmittelbarer Zusammenhang zwischen Angriff und Resistenz in dem Sinne, dass der spezifische Angriff stets eine spezifische Abwehr hervorruft, das spezifische Gift ein spezifisches Gegengift; ihre Wirksamkeit ist streng begrenzt, ja zuweilen dienen sie nur der Abschreckung und treten kaum jemals in Funktion. Selbst dort, wo ein Tier oder eine Pflanze ein Gift benutzt, um eine Beute einzubringen, erfüllt das Gift nur eben gerade diese Aufgabe und wird alsbald unschädlich. Die Chemie benutzt im Gegensatz dazu die unspezifischen Gifte, sie bemüht sich ausdrücklich um ihre Breitenwirkung; sie hemmen nicht nur das, was man hemmen will, das krankmachende Prinzip, sondern auch das gesunde. Der Synthetiker ist dazu gezwungen; nur die Organismen haben die Möglichkeit, alsbald Abwehrmaßnahmen gegen spezifische Gifte zu treffen (spezifische »Allergie«, Giftresistenz der Insekten, antibiotika-resistente Bakterien usw.), und man muss demnach die Gifte immer unspezifischer, allgemein wirksamer, also giftiger machen. Das ist eine Schraube ohne Ende. Das Prinzip widerlegt sich selbst.

5. Wer grundsätzlich in natürliche Abwehrhandlungen eingreift, um einem Organismus zu Hilfe zu kommen, sei es in der Heilkunde, sei es im Landbau, muss damit rechnen, dass er schon allein damit einen biologisch-funktionellen Schaden setzt, weil er eine antagonistisch gegenwirkende, aktivierende, lebenswichtige Funktion überflüssig macht. Dann hat man nichts anderes zu erwarten als eine fortlaufende Abnahme der natürlichen Resistenz. Es fällt nicht schwer festzustellen, dass der allgemeine, unbedingte und unspezifische Giftkampf gegen »Krankheit« und »Schädling«, letzten Endes in jeder Beziehung das Gegenteil dessen erreicht, was er erreichen will – es müsste denn gelingen, sämtliche Insekten, Bakterien und Viren auszurotten; das ist natürlich unmöglich und absurd, es würde alles Leben auslöschen. So aber macht man den vermeintlichen »Feind« nur stärker, zahlreicher und mannigfaltiger, sich selbst aber immer wehrloser und abwehrschwächer. Die spezifischen Krankheiten werden seltener, die unspezifischen häufiger. Der Anfangserfolg ist eine Täuschung. Die Natur weicht nur vorübergehend aus und schlägt später um so härter zurück.

Der grundsätzliche Kampf des Menschen gegen seine lebendige Umwelt ist ein Bumerang, der ihn selbst trifft. Er ist als hoch spezifiziertes Wesen wesentlich empfindlicher als die Insekten, Bakterien und Viren, die er zu bekämpfen versucht; sie werden den Menschen in jedem Falle überleben. Keine naturwidrige Handlung bleibt ohne Folgen; kein natürliches Prinzip kann man ungestraft verletzen, keine natürliche Ordnung beseitigen ohne Gefahr für sich selbst. Die Einordnung des Menschen in die Ordnungen der Schöpfung sind unabdingbare Voraussetzung für sein Leben. Der Giftkampf gegen Krankheit und »Schädling« ist nicht nur gefährlich, er ist primitiv und dumm; er muss nicht nur vorsichtig gehandhabt, sondern vollständig und radikal aufgegeben werden. Wer ihn fortsetzt, wird sich einstmals vor seinen Kindern und Enkeln, vor der lebendigen Schöpfung verantworten müssen.

## Nährstoffdenken und Ernährungslehren

Die historische Entwicklung der medizinischen und tiermedizinischen Ernährungslehren ist in gleichen Bahnen verlaufen wie die der landwirtschaftswissenschaftlichen Düngelehren; sie unterscheiden sich nur dadurch, dass die Pflanzen angeblich geringere Ansprüche stellen als der tierische und menschliche Organismus. Was bei der Pflanze, so schien es, Stickstoff, Kalium, Calcium,

Phosphor, Mangan, Magnesium usw. heißt, das ist beim Menschen und Tier Aminosäure, Kohlehydrat, Fett, Vitamin; was dort die Düngertabelle aussagt, das zeigt hier die Vitamin- und Kalorientabelle.

Abermals wird ein ungeheuer komplizierter Lebensvorgang, die Ernährung lebendiger Organismen, simplifiziert und scheinbar unter Kontrolle gebracht; es wird ein Vorgang als durchschaut und aufgeklärt ausgegeben, den man nur in seinen nebensächlichen Einzelheiten kennt. Es kann keine Rede davon sein, dass etwa der Brennwert einer Nahrung irgendeine Aussage über ihren biologischen Wert machen könnte; nicht einmal der Vitamingehalt sagt aus, was wir wissen müssten, um die Qualität einer Nahrung zu bestimmen. Freilich war es vorzeiten einmal wichtig festzustellen, dass die Nahrung neben ihren Betriebsenergien auch vielerlei Hilfsstoffe enthält, die für den Stoffwechsel unentbehrlich sind; solche analytischen Kenntnisse haben sich durchaus segensreich ausgewirkt insofern, als sie allmählich zu dem eigentlichen Problem hinführen, nämlich zur Betrachtung der Nahrung als biologische Potenz, als Vermittler von Gesundheit und Fruchtbarkeit, und die Kenntnisse der Vitamine haben beispielsweise auch gelehrt, dass der Mensch seine Nahrung allzu oft »denaturiert« und misshandelt. Das eigentliche Problem der biologischen Nahrungsqualität aber hat man auf diesem Wege nicht gelöst und wird es so auch niemals lösen. Man verführt nur wieder einmal die Menschen, das biologische Denken zu verlernen, den gesunden Menschenverstand aufzugeben.

Das Denken in »Nährstoffen« kommt natürlich der weit verbreiteten Abneigung gegen großräumiges, biologisches Denken sehr entgegen. Es wird beispielsweise von beinahe jedermann geglaubt, wenn behauptet wird, das Geheimnis der Fruchtbarkeit sei das Vitamin E, denn man finde es immer dort, wo Fruchtbarkeit sei, und könne nachweisen, dass es fruchtbar mache – und das ist keineswegs falsch. Dem Kausalanalytiker scheint der Schluss logisch, das Vitamin E synthetisch herzustellen und als Fruchtbarkeitsdroge zu substituieren, wie es geschah. In Wirklichkeit ist dieses auf allen Gebieten praktizierte Verfahren nicht mehr als eine moderne Alchemie; es lenkt vom Kern der Sache ab: Es ist nicht damit getan, dort, wo die Fruchtbarkeit ausbleibt, nach Stoffen zu suchen, die sie wiederbringen könnten; das biologische Problem ist vielmehr, die Lebensvorgänge aufzusuchen, die hier versagt haben, und meist findet man sie nicht im gleichen Organismus, sondern in seinen biologischen Vorgängern. Der Stoff selbst, der in irgendeiner Weise daran beteiligt ist, vermag die fehlende biologische Ordnung nicht herbeizuzaubern, er ist sekundärer Bedeutung.

Ebenso bezeichnet man gewöhnlich diejenige Feldfrucht als die biologisch bessere, die vergleichsweise den höheren Vitamin-C-Gehalt, mehr Chlorophyll oder reichlich essentielle Aminosäuren besitzt. Solche Befunde können sehr wohl im Rahmen ganzheitlicher Versuchsanordnungen wertvoll sein, sind aber in jedem Falle zweitrangig. Ich bin nicht sicher, ob jeder Forscher, der diese Tests anwendet, sich immer darüber Rechenschaft ablegt, dass die Resultate nur im Blick auf das Ganze verwertbar sind, weil sich die biologische Güte einer Nahrung nur im Lebensvorgang selbst dokumentiert.

Es ist erwiesen, dass der einzelne Stoff, so notwendig er an sich auch ist, kein Kriterium für die Güte einer Nahrung ist. Die Summe der stofflichen Wirkungen ist etwas ganz anderes als die Summe der Stoffe selbst. Es gibt für die biologische Nahrungsqualität keine analytischen Methoden, sondern nur biologisch-funktionelle. Die Brauchbarkeit einer Nahrung kann man nur am Lebensvorgang selbst ablesen, den sie ernährt; die Stoffanalyse führt auf falsche Wege, weil man niemals beurteilen kann, wie sich ein biologisches Substrat in Wirklichkeit verhält.

Wenn es überhaupt einen wesentlichen Zusammenhang zwischen dem Stoffgehalt einer Nahrung und dem gesundheitlichen Zustand eines Organismus gäbe, dann müsste der hoch zivilisierte Mensch, der im Vergleich zu jeglicher Kreatur die stofflich vollkommenste, reichhaltigste Nahrung zur Verfügung hat, auch den leistungsfähigsten Organismus haben, den es auf Erden gibt. Es wird wohl niemand bestreiten, dass man das vom Hochzivilisierten nicht gerade behaupten kann. Wohlgemerkt: Es handelt sich nicht darum, zu bestreiten, dass man Beri-Beri und Skorbut mit Vitaminen verhindern kann, dass es Rachitis in früheren Formen bei uns nicht mehr gibt, dass sich »unterentwickelte Völker« manchmal grobstofflich so falsch ernähren wie früher die Hochzivilisierten. Wir Ärzte haben aber in zwei Weltkriegen reichlich Gelegenheit gehabt, über die Unvollkommenheit unserer Ernährungslehren nachzudenken. Wir haben bei Völkern, die sich nach unseren Kalorien- und Vitaminbegriffen höchst unvollkommen ernähren, biologische Hochleistungen gesehen; wir haben Völker kennen gelernt, die bei knappster Kost den Einwirkungen von Hitze und Kälte widerstanden in einem für uns unbegreiflichen Ausmaß, und wir wissen, dass uns kein Nahrungschemiker erklären kann, wieso man bei »unvollkommener« Kost ein lückenloses, blendendes Gebiss haben kann, während wir Hochzivilisierten fast ausnahmslos unter Karies und Parodontose leiden. Der Spezialist hat gewiss dafür bereits seine Diagnosen und Thesen, aber nicht eine einzige hat ihn bisher instand gesetzt, zu verhindern, dass wir unsere Zähne verlieren; es macht offenbar nicht die frühzeitige Kariesprophylaxe, die Zahnpasta und die Überwachung, das eigentliche Problem ist nicht gelöst worden. Offenbar kann eine nach Stoffbegriffen sehr knappe und unvollkommene Nahrung unter Umständen mehr biologische Leistung ermöglichen als eine Nahrung, von der man nur sagen könnte, dass sie nach Nährstoffbegriffen alles enthält, wessen der Organismus bedarf.

## Über einige Konsequenzen des Nährstoffdenkens

Es war zuzeiten, als man noch nichts über die Betriebsstoffe und den Energiehaushalt der Organismen wusste, eine bedeutsame Neuigkeit, zu erfahren, wie es der Körper anstellt, um seine Temperatur zu erzeugen, Kohlehydrate in Muskelkraft zu verwandeln und mittels unzähliger Stoffwandlungs-Zyklen seinen Organzellen die nötige Energie zu beschaffen. Es war aber offensichtlich falsch, daraus den Schluss zu ziehen, er sei einer Energiemaschine vergleichbar, die bei der Zufuhr bestimmter Energiemengen chemisch-physikalischer Natur bestimmte Leistungen abgibt.

Um das zu wissen, brauchen wir nicht einmal den Vegetarier zu bemühen, der fastend einen mehrwöchigen Gewaltmarsch vollbringt (es war ein Schwede), ohne viel an Gewicht zu verlieren, oder den chinesischen Kuli, der bei 700-800 Kalorien und einigen wenigen Lebensmitteln tägliche Marschleistungen vollbringt, dabei eine Zentnerlast trägt und auch noch fröhlich singend des Weges einherzieht. Man darf dem Kollegen, der es beobachtet hat, nicht übelnehmen, wenn er mir erklärte, unsere »Ernährungslehren« seien barer Unsinn. Gäbe es nur diese wenigen Beispiele – es gibt deren Tausende –, so würden sie ausreichen, um mindestens die Nährstofflehre über den Haufen zu werfen und sie als Regel für stark vermindert leistungsfähige Hochzivilisierte zu kennzeichnen, die nur noch am Leben bleiben, wenn man ihnen alles an Stoffen anbietet, was man je in Nahrungen gefunden hat.

Wissenschaftlichen Wert hat eine Regel nicht, die unter anderen Bedingungen versagt; wenn die gleiche Leistung im einen Falle mit 1000, im anderen mit 3000 Kalorien erzeugt wird, so sind eben nicht die Kalorien entscheidend, sondern etwas ganz anderes. Inzwischen wird die Anwendung des »Nährstoffdenkens« in der praktischen Realisation weiter betrieben. Was im Großen organisiert wurde, lässt sich nicht von heute auf morgen aus der Welt schaffen. Einige Beispiele: Nach der Nährstoffthese ist diejenige Feldfrucht die bessere und wertvollere, die viele Nährstoffe produziert. Das heißt die stärkehaltigste Kartoffel, das mehlreichste Weizenkorn. Was den stofflichen Anforderungen nicht entspricht, verschwindet vom Markt und vom Acker; wertvolle Kartoffelsorten sind allein aus diesem Grunde untergegangen, und Roggen, Buchweizen und Hirse sind angeblich nicht mehr tragbar, man baut fast nur noch Weizen an. Jahrzehntelange Züchtungsarbeit wäre erforderlich, um solche Fehllenkungen rückgängig zu machen.

Gleichzeitig hat man die übrig gebliebenen, für die technische Perfektion des Landbaues tauglichen Nahrungspflanzen systematisch auf einen maximalen Umsatz an synthetischem Stickstoff

»dressiert«, diese Bemühung steht in der gesamten Saatgutzüchtung an erster Stelle und wird als selbstverständliche Voraussetzung betrachtet. Da das seit Jahrzehnten geschieht, gibt es kaum noch Sorten, die sich nicht auf die Kunstdüngung eingestellt haben, und man kann oft genug erleben, dass irgendeine Saat oder Pflanzung in lebendigem Boden einfach deshalb nicht angeht, weil sie den Boden nicht verträgt; sie ist gewöhnt, künstlich ernährt zu werden. Wir haben derartige Beobachtungen in großer Zahl machen können, und oft genug misslingt der Versuch, Gesundheit und Fruchtbarkeit spezieller Züchtungen (Kartoffeln, Gemüse- und Wurzelarten, Tulpen und anderer) wiederherzustellen, weil die verfügbaren Züchtungen für den biologischen Substanzkreislauf ungeeignet geworden sind. Auch das ist nicht in wenigen Jahren zu ändern.

Ein weiteres Beispiel bietet die Geschichte der Zuckerrübe und des Zuckerrohres. Für die Nährstoffspezialisten ist natürlich der so genannte Fabrikzucker ein ideales Nährmittel, geballte Energie, eine Unmenge von Kalorien für wenig Geld; also wurden Fabriken gebaut, die Rüben auf hohen Zuckergehalt gezüchtet, an die Kunstdüngung gewöhnt – auch der Mensch gewöhnte sich an den Zucker und hält ihn heute für unentbehrlich. Inzwischen ist längst erwiesen, dass gerade der Hochzivilisierte den Fabrikzucker am wenigsten verträgt, dass ihm die natürlichen Zuckermischungen aus dem Obst, der Weintraube, dem Salat und dem echten, reinen Bienenhonig besser bekommen. Die Produktion aber läuft, die Institution steht, und sie hat es bisher immer noch verstanden, dem Laien klarzumachen, dass »Zucker zaubert«, ganz ebenso, wie sich ein staatliches Ernährungsinstitut nicht scheut zu verkünden, die Menschheit verlange nach Weißbrot, also sei es besser.

## Kampf aller gegen alle

Unter der Wirkung zeitbedingter, naturwissenschaftlicher Dogmen der Physiologie, der Stoffwechsel-, Ernährungs- und Düngelehren musste eine Mentalität entstehen, die die Stellung des Menschen in der Gesamtheit der lebendigen Schöpfung von Grund auf verändert. Eine Kritik der Entwicklungen in den letzten 100 Jahren wäre unvollständig, wenn wir den Einfluss der materialistisch orientierten Wissenschaften auf die Denkweise des modernen Menschen ignorieren.

Es hat eigentlich damit angefangen, dass die Naturwissenschaft unter dem Eindruck der elementaranalytischen Befunde eine Hypothese aufgestellt und bestätigt hat, u. z. Lebendige Zellen, Zellverbände und Organismen seien, um ihr Dasein zu fristen und alle ihre biologischen Aufgaben zu erfüllen, lediglich auf die regelmäßige Zufuhr chemisch nachweisbarer, mikromolekularer Stoffe angewiesen; alle anderen benötigten Lebensstoffe bilde jeder Organismus selbst, kraft der ihm vererbten Zellkerne.

Es entspricht dem Wesen des Menschen, dass er diese Lehre zunächst ganz auf sich selbst bezog. Er folgerte, dass er selbst, dass jeder einzelne also einen autarken, selbstherrlichen Zellenstaat darstellte, der lediglich auf leblose Nährstoffe angewiesen sei, und da solche Nährstoffe keinerlei biologisch-funktionellen Charakter haben, der den Menschen an seine lebendige Umgebung binde, so komme es, um vollkommen zu leben, nur darauf an, sich die Nährstoffe anzueignen, wo immer man sie findet. Dabei spielt es keine Rolle, welches Schicksal die andere Kreatur dabei erleidet, sie muss nur soweit erhalten bleiben, wie sie zur Lieferung von Nährstoffen nötig und unentbehrlich ist. Freilich hat der Mensch immer so gedacht und auch danach gehandelt, wenn er die Macht dazu hatte; nun aber war dieser Wesenszug wissenschaftlich begründet, er war keine »Sünde« mehr, sondern physische Notwendigkeit.

So ist es zu erklären, dass kaum jemand ernstlich protestierte, wenn Käfer, Schmetterling-Raupen und tausenderlei unnützes oder nützliches Getier der Giftspritze anheim fiel, um die Nährstoffe zu retten, und so kommt es, dass man jahrzehntelang darüber nachdachte, wie man auch die Bakterien und Viren vernichten könne, die die Nährstoffproduktion und das Leben der Menschen gefährden. Eine der letzten Konsequenzen dieses Denkens sind die seit Jahrzehnten mit großer

Energie betriebenen Versuche, Massen von Nährstoffen ganz ohne Mitwirkung der Pflanze zu beschaffen, die Pflanze als Nahrungslieferant also ganz überflüssig zu machen, und man bewies allen Ernstes, dass die Natur überaus unökonomisch verfahre, das könne man viel besser machen. Man wird auch sehr enttäuscht gewesen sein, als man von den Erfindern der Chlorophyllsynthese erfuhr, dass der synthetisierte grüne Farbstoff keineswegs in die Lage versetze, Kohlehydrate zu produzieren.

Fruchtbarkeit erschien fortan als reines Nährstoffproblem, Krankheit als Mangelerscheinung stofflicher Art, Gesundheit als Gelegenheit, sich alles anzueignen, dessen man bedürfe. Die Menschen begannen, die Nährstoff- und Vitamintabellen nachzulesen, wenn sie ihre Mahlzeiten planten, und man aß eigentlich nicht mehr Brot, Apfel, Gemüse, Milch und Käse, sondern Aminosäuren, Kohlehydrate, Fette, Spurenstoffe und Vitamine. Langsam wurden die Begriffe von Gesundheit, Fruchtbarkeit, Glück, Ehrfurcht vor der Schöpfung aus den Bereichen von Geist und Seele weggeführt und auf die niedere Ebene des mikromolekularen »Stoffs« gebracht, und es ist nur konsequent, wenn es Leute gab, die auch die Liebe nur für einen chemischen Prozess, für eine Stoffwechselfrage erklärten und Beifall bekamen.

Niemand soll sich darüber wundern, wenn die allen Lebewesen eigene »Innerlichkeit« (*Portmann*), Gemüt, Moral, Gewissen, Verantwortungsgefühl und alle anderen Kräfte des Geistes und der Seele, auch die Fähigkeit des Denkens und Empfindens verkümmern zugunsten einseitigen Gewinnstrebens, da man das rein physische Aneignen von lebloser Materie ja für die Grundlage der Existenz erklärt hat.

Es hat keine Wirkung gehabt, dass sich das biologische Gewissen von Anfang an bis heute gegen die Anerkennung eines simplifizierten Weltbildes gesträubt hat, weil es gedanklich und tatsächlich die ganze lebendige Schöpfung in Einzelteile auflöst, jeden Organismus nur seinem eigenen Gesetz unterstellt und glaubt, »bei genügend Aufwand sei alles erforschbar« – also auch zu beherrschen. Dieser Meinung entstammen die Direktiven für die Gestaltung des menschlichen Daseins in der »technischen Perfektion«; nach ihr haben sich die Lehrsysteme dieses Zeitalters gebildet, ihr dient die Politik und die Wirtschaft, die soziale Ordnung, Landbau, die Heilkunde; und schließlich haben sich nach ihr Lebensart, Charakter und Denkweise jedes einzelnen Menschen geformt. So haben wir die Dinge als folgerichtige Abläufe zu sehen, und nur dann, wenn wir sie richtig sehen, werden wir fähig sein, sie zu überwinden.

## Dogma und Erneuerung

Es hat schon vor der Ära der technisch perfekten Zivilisation Naturwissenschaftler gegeben, die versucht haben, die biologische Forschung auf die rechten Wege zu führen; sehr typisch für alle solchen Bestrebungen ist die Farbenlehre *Goethes*; er ist so wenig verstanden worden wie *Liebig*, den bis zu seinem Tode die Sorge begleitet hat, er habe dazu beigetragen, die Menschheit auf Irrwege zu führen. *August Bier*, Arzt mit Leib und Seele, schien der Mitwelt wunderlich geworden, als er versuchte, die Homöopathie hoffähig zu machen, als er mit seinem »Wald von Sauen« zum ersten Male nachzuweisen versuchte, dass man die natürlichen Abläufe besser von selbst regulieren lässt, wenn man Gesundheit haben will. Als *Carl Ludwig Schleich* nicht nur epochale chirurgische Erfindungen machte, sondern auch von einem »Kreislauf lebendiger Zellstrukturen« sprach, da nahm fast jeder Zeitgenosse an, das sei nur das Zeichen für phantasierende Senilität.

Man spricht öfters von einer »Krise der Naturwissenschaft«; wer genauer hinsieht wird bemerken, dass es sich nicht eigentlich um eine Krise handelt, sondern um eine konsequente Entwicklung, um das Fortschreiten zur besseren Erkenntnis. Dass dabei die Vergangenheit Kritik erfährt, ist selbstverständlich. Die Physik brachte ihre eigene Vorstellungswelt ins Wanken, als sie ihre angeblich absoluten Maße und Begriffsmodelle für nur relative Wahrheiten erklärte. Die Chemie der Makromoleküle hat längst an die Grenzen analytischen Erkennens geführt. Was der Laie für eine »Krise« hält, ist nichts anderes als der normale Fluss der Weiterentwicklung. Man kann hier, bei der eigentlichen Wissenschaft, weder von einer dogmatischen Erstarrung, noch von der Notwendigkeit einer Erneuerung sprechen, sondern nur von normaler Evolution; sie entwickelt sich wie seit jeher nach ihrem eigenen Gesetz, stetig, langsam und oft unbemerkt.

Es ist für den Fachmann nicht leicht, zwischen der echten und der Pseudowissenschaft zu unterscheiden – wie wollte man das vom Laien verlangen? Und so finden wir hier die Erklärung für das Wort von der »Krise der Wissenschaft«; sie ist eine Krise der Zweckwissenschaften und war durchaus vorauszusehen. Deshalb gibt es mitten in einer Zeit der allgemeinen Aufklärung auf allen Gebieten der Kultur und Zivilisation jene »Außenseiter«, nicht zuletzt in Heilkunde und Landbau, und deshalb kommt der Protest gegen die Vergewaltigung der lebendigen Umwelt, gegen die Verkünstelung und Entartung des Lebens viel weniger vom Fachmann als vom Laien. Die Vertrauenskrise, die den Zweckwissenschaften mehr und mehr zu schaffen machen wird, darf zu Recht als gesunde und natürliche Reaktion gewertet werden.

Vorerst allerdings ist diese Reaktion, der Protest des »kleinen Mannes« gegen die Pseudowissenschaften, nicht wesentlich wirksam; sie stößt auf den erbitterten Widerstand der absolut herrschenden, industriell-kommerziellen Institutionen. Vielleicht wäre dieser Widerstand noch zu überwinden, denn schließlich lebt sogar die allmächtige Industrie nur von den Groschen des »kleinen Mannes« und produziert, was ihr abgekauft wird. Den Bedarf aber pflegt man in der Moderne künstlich zu wecken, ebenso künstlich, wie man Nahrungen beschafft, ja selbst das, was man heute »Aufklärung« nennt, ist zum größeren Teil gewöhnliche Reklame, für den wissenschaftlichen Laien praktiziert, der kaum zwischen echt und unecht zu unterscheiden vermag. Und schlussendlich hat der Staat als solcher, bis in seine kleinsten Ämter hinab, die Sache der Industrie zu seiner eigenen gemacht – was wollte er auch anderes tun? – und Gesetze, Verordnungen und Vorschriften geschaffen, die die Ansprüche der Zweckwissenschaften zementieren. Je höher die industrielle Entwicklung, um so lückenloser ist die amtliche Verwaltung und – um so stärker der Widerstand gegen einen echten Fortschritt, eine wahre Erneuerung der Lebensordnung.

Der Widerstand ist sehr wirksam. Dabei denke ich weniger an die Schwierigkeiten, die jedem gemacht werden, der sich auf ungewöhnliche Weise zum Beispiel ungespritztes Obst anbauen will und dem man von Amts wegen das Gift in den Obstgarten spritzt; ich meine auch weniger die unverfrorene Art, in der sich amtliche Institutionen einmischen, wenn irgendwo biologischer Landbau praktiziert wird. Ich meine etwas viel wirksameres: Zur Lebensforschung gehört Geld, sehr viel Geld; das Geld aber haben vornehmlich die Zweckwissenschaften und ihre Einrichtungen; der moderne Industriestaat (und durchaus nicht nur der autoritär regierte) versteht es sehr gut, die Forschungsgelder dorthin zu lenken, wo sie der Selbsterhaltung seiner Institution dienen. Die Freiheit der Forschung ist dahin, entgegen allen Beteuerungen der Beamten und Kaufleute, die nicht wissen können, was freie Forschung ist und die sogar oft ehrlich davon überzeugt sind, dass die Wissenschaft den menschlichen Institutionen dienen müsse, nicht umgekehrt. So fließt der Ausdruck menschlicher Leistungen, das Geld, in jene Kanäle, die das Bestehende nicht gefährden können; die eigentliche Weiterentwicklung aber verläuft am Rande und hat keine realen Konsequenzen.

Die Hemmung des Fortschritts durch die technisch perfektionierte Moderne betrifft allein die Biologie als die zuständige Wissenschaft vom Leben. In einer Zeit, da dem Spezialisten der Zweckforschung schier unermessliche Mittel zur Verfügung stehen, muss der Biologe seine Probleme mit unzulänglichen Werkzeugen angehen oder sie auf die lange Bank schieben; so begnügt er sich noch heute damit, kleine Teilprobleme zu lösen, ja er weiß meist nicht, dass sein eigentliches Experimentierfeld der intakte, biologische Substanzkreislauf einer unversehrten Lebensgemeinschaft von Organismen ist; zu ihrem Gegenstand gehören Mensch, Tier und Pflanze ebenso wie der Organismus »Mutter Erde«, gehören Medizin, Tiermedizin, Landbauwissenschaft ebenso wie Bodenbiologie, Botanik, Zoologie, Mikrobiologie, Geologie und viele andere Zweige, der

Bauernhof ebenso wie Laboratorium, ärztliche Praxis und viele andere Gelegenheiten zur Beobachtung von Lebensvorgängen. Aber diesen Zukunftstyp des Ganzheitswissenschaftlers gibt es noch nicht, und die moderne Zivilisation sieht sich noch nicht veranlasst ihn zu schaffen.

Es mag manchen Leser erstaunen, solche Bemerkungen in einem Buch über die Bodenfruchtbarkeit zu finden. Auch das wäre nur ein Zeichen dafür, wie sehr wir uns alle spezialisiert und das ganzheitliche, biologische Denken abgewöhnt haben. Wir werden aber anders keine echten und allgemeingültigen Wahrheiten mehr finden, es bleibt uns nicht erspart, das biologische Denken wieder zu erlernen. Die Bodenfruchtbarkeit ist die Basis allen Lebens, sein Ursprung und die Stätte seiner steten Erneuerung; ihre Betrachtung zwingt dazu, die Dinge im Ganzen zu sehen, sie wird anders nicht durchschaubar. Nirgend sonst sind die Zeichen der vergangenen Zeit so deutlich erkennbar wie am Beispiel der lebendigen Mutter Erde, die der Agrikulturchemiker zum unwichtigen »Pflanzenstandort« degradiert hat; nirgendwo sonst ist die Entwurzelung der Moderne tiefer begründet. Das muss man sehen, wenn man dem Fortschritt dienen will.

Dem echten Fortschritt steht aber auch die Tatsache im Wege, dass die kausal-analytische Lebensforschung auf allen Gebieten eine schier unübersehbare Menge von Einzelbefunden hinterlassen hat, die zwar mit ungeheurem Aufwand, aber ohne Kontrolle durch die biologische Ganzheitsforschung zustande gekommen ist. Dieses riesenhafte Material aus vielen kleinen Richtigkeiten – und Unrichtigkeiten – ist ein schweres Hindernis auf dem Wege zur Erneuerung des Denkens und Forschens. Er verführt kleinere Geister allzu leicht zum ewig wiederkehrenden Zweifel an einfachsten biologischen Wahrheiten, die oft nicht einmal eines naturwissenschaftlichen Beweises bedürfen. In Wirklichkeit stehen wir vor der erschütternden Tatsache, dass unzählige Befunde, während eines ganzen Jahrhunderts erhoben, für die biologische Forschung unwichtig, ja oft genug unbrauchbar und irreführend sind.

Die Naturwissenschaft, wo sie auch immer als Zivilisations-Richtschnur angewandt wurde, hat die Einheit des Lebendigen ignoriert; sie kennt vieles Einzelne und nicht das Ganze. Gesundheit ist für sie eine Individualität, die persönliche Eigenschaft eines Menschen, die Tauglichkeit eines Nutztieres, die Brauchbarkeit einer Nahrungspflanze; und die Bodengesundheit kennt sie überhaupt nicht. Sie weiß noch nicht, dass die Gesundheit unteilbar ist, dass die Fruchtbarkeit, so sehr sie auch biologisch-funktionelle Leistung des Einzelwesens ist, doch gemeinsames Eigentum alles Lebendigen ist. Da sie vom Einzelnen ausgeht, von dort her aber niemals zur biologischen Ganzheit gelangen kann, bleibt der zukünftigen Naturforschung die undankbare Aufgabe, ihre Befunde dem biologischen Ganzheitsdenken unterzuordnen. Dass dabei viele ihrer Deutungen »eingestampft« werden müssen, lässt sich nicht vermeiden – wohlgemerkt: nicht die Befunde an sich, sondern ihre Deutungen! Wer Wissenschaft betreibt, muss stündlich bereit sein, sich selbst zu widerrufen. Woran aber soll sich nun der Forscher am Einzelnen, der Spezialist der »kleinen Richtigkeiten« orientieren? Wie findet er hin zu der Deutung an der biologischen Ganzheit, und was ist das überhaupt, diese Ganzheit?

Wir alle haben gelernt, analytisch zu denken; wenn uns irgendein Phänomen begegnet, wenn an einer Pflanze Blattflecken auftreten, wenn ein Rind unfruchtbar ist, dann fangen wir alsbald an, den Vorgang zu zergliedern, ja die meisten von uns suchen nach diesem oder jenem Stoff, der da fehle und also ergänzt werden müsse. Ganz ebenso denkt auch der Naturwissenschaftler der »kleinen Richtigkeiten«; und seine Erfolge scheinen ihm recht zu geben, wenn er glaubt, nur seine Art zu forschen führe zu Wahrheiten, wenn er die Philosophie für ein interessantes Hobby, aber nicht für »Wissenschaft« hält, wenn er vollends das Ganzheitsdenken für eine phantasierende Spielerei hält, so ist das in der Linie seines Denkens nur logisch und konsequent – und bis jetzt haben wir dem nichts Entscheidendes entgegenzusetzen. Einstweilen steht doch nur fest, dass die Realitäten des zivilisierten Lebens nicht auf den Höhen angelangt sind, die dem so hohen Stand der analytischen Forschung, entsprechen würden.

# Das biologische Ganzheitsexperiment

Im zivillsatorischen Machtbereich des Menschen gibt es keine biologischen Ganzheiten mehr. Das einzige Prinzip, das allen menschlichen Handlungen an seiner lebendigen Umwelt gemeinsam ist, ist der rücksichtslose Egoismus, mit dem die menschlichen Augenblicks-Interessen durchgesetzt werden, um jeden Preis. Die Kreatur ist zu unserem Sklaven geworden, sie dient uns in Ketten und sinnt auf ihre Befreiung. Wir werden sie befreien müssen, ehe sie uns vernichtet. Die Naturwissenschaft hat einstmals gelehrt, wie der Mensch sich die Kreatur untertan zu machen imstande ist; sie wird nun lehren müssen, wie man sie zum gleichberechtigten Partner gewinnen kann. Das aber kann sie nur, indem sie die Einheit alles Lebenden wiederherstellt; es wird eine Aufgabe von vielen Jahrzehnten sein.

Solche Gedanken sind für den Naturwissenschaftler der vergangenen Zeit philosophisch-spekulative Erörterungen; für den Naturforscher der Zukunft sind sie oberste Maxime, das Prinzip, von dem er nicht nur gedanklich, sondern auch methodisch auszugehen hat. Die Mitarbeit alles Lebendigen werden wir nur gewinnen können, wenn wir jede einzelne Handlung an uns selbst und an der lebendigen Kreatur dem Bewusstsein unterordnen, dass nichts, was da geschieht, ohne Bedeutung ist, ohne Folgen für das Ganze und letzten Endes ohne Rückwirkung auf uns selbst. Wir sind damit methodisch von vornherein festgelegt. Und da wir nicht imstande sind und es auch nie sein werden, die Wirkung des Einzelnen auf das Ganze vom Einzelnen her abzuschätzen, bedürfen wir des allgemeingültigen Bildes der lebendigen Schöpfung, um das Einzelne am Ganzen ermessen zu können. Das Ganze aber kann man nur »im Ganzen« erforschen, und das einzig taugliche Experimentierfeld ist die unversehrte, unzivilisierte, spontan funktionierende Natur selbst; hier werden wir das ursprüngliche, eigentliche biologische Weltbild gewinnen können, das der Arbeit die methodische Grundlage gibt.

Für den Naturwissenschaftler wäre damit alles definiert, was er zu tun hätte, wenn nicht im Wirkbereich des Menschen alles anders wäre. Wir sind keine Urmenschen mehr, in den Schoß der Natur eingebettet; wir leben in Beton und Stahl,brauchen Hygiene und Lebensmittelindustrie und ziehen unsere Nahrung auf Kulturflächen. Der Wissenschaft ist also von vornherein die Aufgabe gestellt, etwas Unnatürliches nach natürlichen Gesetzen zu ordnen. Man mag bezweifeln, ob es überhaupt möglich ist, ein solches Objekt den biologischen Grundgesetzen unterzuordnen; man bezweifelt es besser nicht, denn es bleibt nichts anderes übrig: Es muss unter allen Umständen der Versuch gemacht werden, die menschliche Lebensordnung so vollkommen wie möglich nach den biologischen Ganzheitsprinzipien umzugestalten; deshalb muss man sie zuerst kennen lernen.

Dem Wesen eines Ganzheitsprinzips entspricht es, dass wir es nur am Ganzen erkennen können. Dass die Ganzheit »menschliche Zivilisation« heute und für alle Zukunft nicht mehr natürlich und ursprünglich sein kann, muss hingenommen werden. Es wird sich erweisen müssen, ob uns die Natur die Chance lässt, trotzdem ihrer Einheitlichkeit und ihrer Harmonie teilhaftig zu werden, obwohl wir anders zu leben gezwungen sind. Das festzustellen ist Sache des Experimentes und seiner Beobachtung, und dem Wesen der Aufgabe entsprechend kann es sich nur um ein biologisches Ganzheitsexperiment handeln. Wenn wir da, wie es geschehen ist, den Begriff »Fruchtbarkeit« als gemeinsame Eigenschaft alles Lebendigen und zuverlässigstes Zeichen der Gesundheit zum Forschungsgegenstand wählen, dann dürfen wir sicher sein, zu exakten Direktiven für die Gestaltung menschlicher Ordnungen zu gelangen. Und so erwächst uns die Aufgabe klarzustellen, welche Voraussetzungen erfüllt sein müssen, um die natürliche Fruchtbarkeit in einem von Menschen gestalteten biologischen Substanzkreislauf studieren zu können.

Das ist leichter gesagt als getan. Es gibt keine biologischen Ganzheiten mehr in der Zivilisation. Wer sich in der verwirrenden Vielfalt der Erscheinungen zurechtfinden will, muss biologisch denken lernen, um im Chaos der Hochzivilisation die Körnchen biologischer Wahrheiten herauszufinden. Es bleibt uns deshalb nicht erspart, die Prinzipien biologischen Denkens am negativen wie am positiven Beispiel aufzusuchen, um die praktische Methodik unseres Arbeitens verständlich zu machen.

## Stoff oder Prinzip?

Die Deutung des Lebendigen durch die Naturwissenschaft der letzten 100 Jahre begann mit einer Hypothese. Man nahm an, dass ein jeder Organismus, Boden wie Pflanzen, Tiere wie Menschen, substantiell mit der Umwelt nur in Form eines Abtausches einfacher, mikromolekularer »Nährstoffe« in Beziehung stehen, biologisch-funktionell aber nur durch Vermittlung der Sinnesorgane und der durch sie ausgelösten inner-organismischen Vorgänge. Das wirksame Prinzip des Lebendigen ist aber nicht der mineralische, leblose, chemisch nachweisbare Stoff, sondern die Organisation dieser Stoffe, die Ordnung des Ungeordneten, das sinnvolle und doch verwirrend vielgestaltige und wandelbare Prinzip, das uns als »lebendige Substanz« durch das Mikroskop erschlossen wurde. Dieses Prinzip ist im Einzelnen und in allen seinen Bildungsformen zwar vielleicht auch »Substanz«, sichtbar und materialisiert, ist aber eigentlich ein rein geistiges Prinzip, die Substanz nur sein sinnlich wahrnehmbarer Ausdruck.

Wenn wir eine lebende Zelle betrachten, so ist das meiste daran Wasser, Eiweiß, Kohlehydrat, Enzym, Salz und anderes, vergleichbar den Bausteinen eines Hauses. Alles daran ist auswechselbar und wird auch fortlaufend ausgewechselt. Die lebende Zelle besteht aus »Bausteinen«, aber die Bausteine ergeben noch keine lebende Zelle. Der Gedanke »Zelle« war vorher, wie das Bild des Hauses vorher war; ohne den Architekten ergibt sich ein Haufen von Material, aber kein Haus. Das Eigentliche ist nicht der Stoff, nicht die Substanz, auch nicht die lebende Substanz; sie ist sekundär.

Die gesamte Substanz eines Großorganismus wird, wie man heute weiß, in wenigen Monaten ausgetauscht, auch die Bausteine von Knochen und anderen Geweben, die wir bisher für einmalig gehalten haben. Im Laufe eines Lebens gibt der Körper hundertmal und mehr alle seine Atome und Moleküle ab und ersetzt sie durch andere; trotzdem bleibt es immer derselbe Mensch, mit denselben körperlichen, seelischen und geistigen Eigenschaften, ein unverwechselbares Individuum, ja mit denselben Fehlern, körperlichen und charakterlichen; das Prinzip »Mensch«, ja das Prinzip »Individuum« ist nicht aus »Stoff«. Es ist nicht der Stoff, der das lebende Gebilde macht, der es uns sichtbar macht, sondern das ordnende Prinzip, und das ist nicht stofflicher Art.

Im Bereich des Lebens kommen wir offenbar mit Begriffen, wie sie die klassische Physik und Chemie entwickelt haben, nicht aus. Wenden wir sie an, so führt sie uns zu Täuschung und Irrtum. Es ist für unsere Frage sehr wesentlich, wenn wir uns davon freimachen. Die Ordnung von Stoffgemischen durch das Prinzip »Leben« führt nicht zu irgendeiner Addition stofflicher Wirksamkeiten, sondern zu einem Neuen mit neuen Gesetzen. Es erfordert Forschungsmethoden, die ganz anderer Art sind als die, die man in der stofflichen Forschung anwenden kann und anwenden muss.

Das gilt nicht nur für die »lebende Substanz« an sich, sondern für alle lebendigen Gebilde, die sie aufzubauen versteht, bis hin zum individuellen Großorganismus. Es gilt aber darüber hinaus auch für Familien, Gattungen, Völker, die ganze Menschheit, für tierische und pflanzliche Gesellschaften, ja es gilt für alles Lebendige überhaupt, von der winzigen Amöbe bis zum Menschen.

Das Lebendige ist nicht eine Anhäufung von Einzelwesen, sondern eine Gemeinschaft mit lebensnotwendigen Bindungen; eine Einheit, bei der das Prinzip »Leben« gleicherweise verwirklicht ist, ob es sich nun um eine Amöbe, einen Menschen oder die gesamte lebendige Schöpfung handelt. Jedes Glied dieser Einheit ist gleichwertig und gleichberechtigt. Die Loslösung aus dieser Gemeinschaft bedeutet den Tod des Individuums, und dieser Grundsatz wird konsequent durchgeführt. Es lohnt sich, diesen Gedanken genau zu betrachten, weil es sich um ein Urprinzip, um eine der fundamentalen Grundsätze des Lebendigen handelt: Wenn die lebendige Schöpfung imstande sein will ihre Einheit zu erhalten, so muss sie auch imstande sein, jedes Individuum, jede Art und Gattung, die sich aus ihrem Gesamtverband zu lösen versucht, die nicht mehr der »biologischen Norm« entspricht und deshalb das Ganze gefährdet, weil es unlösbar mit ihm verbunden ist, rücksichtslos und wirksam auszutilgen. Wäre es nicht so, dann wäre der Gedanke »Einheit der lebendigen Schöpfung« eine metaphysische Phrase ohne naturwissenschaftlichen Wert.

Die Natur hat zu diesem Zweck jene Einrichtungen, deren Funktion uns Menschen in der Zivilisation so sehr zu schaffen machen, nämlich die »Krankheit« und den »Schädling«. Was wir als individuelles, vielleicht sogar als persönliches Missgeschick, als »Laune der Natur«, als unverdientes Unglück, als gefährlichen Feind des Menschen oder als ungeschickte Natureinrichtung zu betrachten gelehrt wurden, ist nichts anderes als ein »Regulativ der Urnatur« (*F. Caspari*), das ihr seit Anfang eigen ist. Wenn es dieses Vernichtungsprinzip nicht gäbe, so gäbe es auch keine Einheit des Lebendigen; die Natur benutzt es, um das Leben und alle ihre Geschöpfe stets und ständig zu kontrollieren, um die Ordnung aufrechtzuerhalten, sie im Sinne des Ganzen zu lenken und an die wechselnden Lebensbedingungen anzupassen.

Nehmen wir ein Beispiel: Ein Kiefernwald wird durch den Borkenkäfer nicht deshalb vernichtet, weil hier ein »Erreger« eingeschleppt wurde, und man kann den Wald nicht retten, indem man ihn fern hält oder vernichtet; das sieht nur im Augenblick so aus. Der Wald bietet dem Borkenkäfer nur deshalb, weil ihm eine Lebensbedingung, zum Beispiel das nötige Grundwasser entzogen wurde oder weil eine erzwungene Monokultur nicht den natürlichen Gegebenheiten entspricht, die Möglichkeit zur seuchenhaften Vermehrung mit dem Ergebnis, dass der Wald vernichtet wird. Man hat versäumt, irgendwelche Lebensbedingungen zu beachten, irgendeine Gegebenheit, die bestimmt, welche Organismen an diesem Ort Lebensrecht genießen und zu leben vermögen, ohne aus der biologischen Ordnung zu geraten; dann kommt mit absoluter Sicherheit irgendein Insekt, ein Bakterium, ein Virus und beginnt seine Vernichtungsarbeit, wenn nicht dieses, dann jenes.

Ein anderes Beispiel: Der seuchenhafte Schädlingsbefall, die Generalisierung der Viruskrankheiten und vieles andere tritt nicht deshalb auf, weil zum Beispiel die Reblaus aus dem Süden oder der Kartoffelkäfer aus Colorado eingeschleppt worden ist, sondern nur deshalb, weil diese Gewächse aus einem offenbar sehr wichtigen Grunde von der lenkenden Schöpfung nicht gewünscht und also vernichtet werden müssen. Ein massenhafter Schädlingsbefall, eine bakterielle oder Virusseuche ist zunächst nur ein Zeichen dafür, dass die Natur eingedenk ihrer Existenzgrundlagen, mit der Vernichtungsabsicht dokumentiert, dass sie die befallenen Organismen für wertlos, abartig, destruiert und schädlich hält und sie vernichten muss, um das Ganze zu retten, ehe es überhaupt gefährdet wird. Was hier schädlich ist, ist nicht der »Schädling«, sondern das, was er vernichtet.

Wenn das Prinzip »Schädling« oder »Krankheit« im Wirkbereich des Menschen um ein Vielfaches häufiger auftritt als in der unberührten Natur, so beweist das schlüssig, dass in der Natur die Voraussetzungen für die Vernichtung einer Spezies seltener sind, im Bereich des zivilisierenden Menschen aber ungleich häufiger.

Man kann dieser biologischen Konsequenz nicht dadurch entgehen, dass man die Erreger und »Schädlinge« vernichtet; es wird damit nicht das Geringste geändert, eher werden die Voraussetzungen für Vernichtungsaktionen der Natur vermehrt, und es ist eigentlich ganz banale Weisheit, wenn man sagt, solche Versuche seien von vornherein als unsinnig zu betrachten. Es nützt nichts, wenn wir den Vernichtungsgedanken immer wirksamer und allgemeiner zu gestalten versuchen. Eine Fehlfunktion kann man nur verhindern, wenn man das Prinzip im Auge hat; das Prinzip ist die Urfunktion, nach der sich alle Einzelfunktionen ausrichten. Wer es begriffen hat, wird ganz von selbst nicht auf den Gedanken kommen, mit Gewalt und Gift etwas am Leben zu erhalten, was lebensuntüchtig ist und niemandem nützt, auch nicht dem Menschen; da wir ohnehin niemals mehr »natürlich« leben werden, haben wir sehr nötig, die Urfunktionen des Lebendigen zu kennen, um ihnen einigermaßen gerecht zu werden.

Mit dem biologischen Denken fängt es an, an ihm haben wir uns zu orientieren, wenn wir uns das Leben so einrichten wollen, wie es sein muss, um in der Ordnung der lebendigen Schöpfung zu bleiben; an ihm haben wir uns insbesondere dann zu orientieren, wenn wir unsere Beobachtungen an lebendigen Abläufen richtig deuten und einordnen wollen, wenn wir Experimente machen, um die Urfunktionen im Einzelnen wiederzufinden . Wir werden uns bei solcher Arbeit immer wieder darauf besinnen müssen, dass das Einzelne als Teil des Ganzen gesehen werden muss, wenn wir es richtig deuten wollen. Wir werden uns auch hier nicht ersparen können, immer wieder darauf zurückzukommen. Es kann vorkommen, dass wir diesen und jenen Befund falsch einschätzen; wenn wir uns aber bemühen, stets an das Ganze, an das Prinzip des Lebendigen an sich, das heißt biologisch zu denken, so werden wir niemals in die Gefahr kommen, die Situation des Menschen falsch zu sehen.

## Die gegenwärtige Situation der Naturforschung

Um die Voraussetzungen biologischer Ganzheitsforschung sichtbar zu machen, betrachten wir die Sache einmal von einer anderen Seite. Wir befinden uns gegenwärtig ohne jeden Zweifel in einer Zeit wissenschaftlichen Umbruches, einer Besinnung auf die Grundlagen, gesunden Lebens. Diese Entwicklung, gedanklich seit langem vorbereitet, kommt nicht von ungefähr.

Nachdem die Reichweite unserer Sinnesorgane durch Hilfsapparate ungeheuer vergrößert wurde, kommt man allenthalben an die Grenzen dessen, was rechnerisch und experimentell exakt erfassbar ist; man muss mit Hilfsvorstellungen, mit »Modellen« zu begreifen versuchen, was »über den Verstand« geht. So ist es gekommen, dass die fingierten Grenzen zwischen einer Wissenschaft, die sich selbst »exakt« nennt, und der Philosophie, Theologie und Metaphysik unter den Händen des »Exakten« schwinden – die Welt stellt sich dar als eine Realität, die mit unseren Realitäten nicht begriffen werden kann. Die Physik, die heute die Relativität ihrer klassischen Begriffe erkannt und die Konsequenzen gezogen hat, erwies der Biologie einen unschätzbaren Dienst: Es ist erlaubt, Experimente anzustellen und auszuwerten, ohne die stofflichen Vorgänge im Einzelnen zu kennen, ja ohne sie überhaupt zu beachten. Es ist wieder erlaubt, Wahrheiten allein durch die Beobachtung von Lebensabläufen zu erforschen, deren stoffliche Dokumentationen unbekannt sind, allein aufgrund der Beobachtung denkerisch die kausalen Zusammenhänge zu erschließen, ohne sie analytisch zu bestätigen, wenn das nicht möglich ist. Das braucht die Biologie, um beim gegenwärtigen Stand des Wissens wahrheitsgemäße Aussagen machen zu können.

Wir nehmen wieder ein Beispiel: Wenn früher jemand behauptet hätte, ein unfruchtbarer Boden brächte auch unfruchtbare Pflanzen, Tiere und Menschen hervor, wie es *Howard* seinerzeit tat, so hat man das früher bestenfalls als erlaubte, philosophische oder metaphysische Spekulation betrachtet, nicht aber als »exakte Wissenschaft«, nicht als naturwissenschaftlich vertretbare Maxime. Ein solcher Zusammenhang erschien als stofflich unbewiesen, unbeweisbar und von vornherein unwahrscheinlich. Es hat sich deshalb auch niemand die Mühe gemacht, den Dingen nachzugehen, kein Amt sich veranlasst gesehen, dafür Mittel zu bewilligen.

Nun ist inzwischen längst bewiesen worden, dass unfruchtbarer Boden auch unfruchtbare Organismen hervorbringt, dazu ist kein Experiment und kein Befund mehr nötig. Die Natur gab die Antwort ganz von selbst; sie hat uns bewiesen, dass die von der kausal-analytischen Forschung entwickelte Agrikulturchemie ganz offenbar keine echte Bodenfruchtbarkeit zustande bringt, denn sonst wäre es unmöglich, dass die vom Menschen kultivierten Organismen erheblich unfruchtbarer sind als die wilden. Wenn nun vollends eine auf andere, ebenfalls exakt definierte Weise zustande kommende Bodenfruchtbarkeit die Fruchtbarkeit der vom Menschen kultivierten Organismen wiederherstellt, so kann die These, dass unfruchtbarer Boden auch unfruchtbare Organismen produziert, nicht mehr bezweifelt werden, so unwahrscheinlich sie für den Analytiker auch klingt;

er hat offenbar zu viel von sich verlangt, als er glaubte, seine Stoffwechselkenntnisse für eine Imitation des biologischen Substanzkreislaufs auszunützen, und er muss sich mit *Justus von Liebig* sagen, dass eben doch immer die Natur recht hat, wenn ihre Äußerungen mit seiner Theorie im Widerspruch stehen.

Ganz offenbar wird hier ein biologischer Zusammenhang im Ganzen dokumentiert, ohne dass man imstande wäre, ihn beim gegenwärtigen Stande unseres Wissens auch stofflich zu dokumentieren; und dieser Zusammenhang ist offenbar für die menschliche Lebensordnung ungeheuer viel wichtiger als die Kenntnis einzelner stofflicher Vorgänge beim Zustandekommen des Ereignisses. Man darf eben von der Stoffanalyse im Augenblick nicht verlangen, dass sie imstande ist, wesentliche biologische Abläufe, höchst wichtige Ereignisse im Bereich der Organismen und ihrer lebenden Substanzen substantiell begreifbar und messbar zu machen; diese Methoden der Naturforschung sind für den Biologen bestenfalls wertvolle Hilfen, ihre Resultate aber leicht missdeutbar und nur mit großer Vorsicht auszuwerten dort, wo es um die Deutung und Messung von Lebensvorgängen und ganz besonders dort, wo es um das Erfassen biologisch-funktioneller Zusammenhänge geht.

Man muss der Biologie zugestehen, dass sie eigene Methoden braucht, um die wichtigsten Menschheitsprobleme zu lösen, auch Methoden, die man in der stofflichen Forschung ablehnen muss. Es ist trotzdem nicht erlaubt, ihr »Spekulation« oder »metaphysisches Denken« vorzuwerfen, denn sie vermag ja mit ebenso realen, reproduzierbaren Erkenntnissen aufzuwarten wie Chemie und Physik. Erkenntnisse, die aus der bloßen Naturbeobachtung oder aus dem Experiment mit Unbekannten stammen, sind nicht allein deshalb unwahr, weil man sie nicht analytisch erfassen kann, ja, im Bereich des Lebendigen ist es kaum zu erwarten, dass man mehr gewinnen kann als »Modelle« und »Hilfsvorstellungen«, um selbst ganz lebenswichtige Ereignisse einigermaßen begreifbar zu machen.

Wenn das zu beweisen war, so hat es die Chemie selbst bewiesen. Mit der Darstellung der Nukleoproteide, der Viren, der Gene hat sie ganz offenbar diejenigen »Stoffe« entdeckt, an die das Leben gebunden zu sein scheint; nachdem aber nun feststeht, dass diese Substanzen keineswegs vom Stoffwechsel ausgeschlossen sind, dass sie auf verschiedene Weise nicht nur in lebende Zellen, sondern sogar in das Allerheiligste des Erbsubstanz-Komplexes einzudringen vermögen, ist es nur noch ein kleiner Schritt bis zum Beweis der biologischen Beobachtung, dass ein Zusammenhang besteht zwischen den funktionellen Leistungen der verschiedenartigsten Organismen, also beispielsweise ein Zusammenhang zwischen der Fruchtbarkeit des Organismus »Mutter Erde« und der Fruchtbarkeit des Organismus »Tier« oder »Pflanze« – das will besagen, dass nur noch ein kleiner Schritt nötig ist, um diesen Zusammenhang, der längst biologisch bewiesen ist, auch stofflich zu beweisen. Es hat sich also bei der Behauptung von *Howard* gar nicht um einen Glaubenssatz, eine gedankliche Konstruktion, eine philosophische Spekulation oder einen metaphysischen Begriff gehandelt, sondern um eine sehr richtige Beobachtung, um einen realen, reproduzierbaren Ablauf, der eigentlich nicht nötig hat, auch stofflich bewiesen zu werden.

## Physik und Biologie

Eingangs haben wir die exakte Definition des Funktionsbegriffes »Fruchtbarkeit« verlangt, um dem Versuch näher treten zu können, sie messbar zu machen. Wir haben gesagt, man dürfe einen Boden nicht allein deshalb fruchtbar nennen, weil er viel Pflanzenmasse produziert. Wenn wir aber das Urteil nach Gewicht und Stoffgehalt im chemisch-energetischen Sinne ablehnen, so muss der Begriff »Fruchtbarkeit« weiter gefasst werden als bisher.

Wir müssen verlangen, dass ein Boden erst dann als fruchtbar bezeichnet werden darf, wenn es durch die biologisch-funktionelle Wirksamkeit erwiesen ist, wenn der Boden dem ans Licht steigenden Lebewesen »Pflanze« und schließlich den vom Boden gelösten Lebewesen »Tier« und »Mensch« ein vollkommenes Leben in Gesundheit und Fruchtbarkeit, nötigenfalls sogar die echte Heilung und biologische Regeneration durch die Nahrung vermittelt.

Diese Forderung geht weit über das hinaus, was man bisher für erforderlich gehalten hat; sie wird selbstverständlich in einer Zeit, die alljährlich neue Nachweise für die schicksalhafte Abhängigkeit der Organismen von Boden und Nahrung erbringt.

Es sind, wie wir im Einzelnen noch zu erörtern haben, nicht die exakt erforschbaren, mikromolekularen »Nährstoffe« die eine absolute Abhängigkeit des Einzelwesens vom Ganzen dokumentieren, sondern die lebenden Substanzen und ihre biologisch-funktionellen Eigenschaften; sie sind das lebendige Bindeglied. Zwar kennt man einzelne dieser Eigenschaften, hat aber keinerlei Hoffnung, sie jemals alle zu kennen, auch nicht annähernd. Man wird beispielsweise niemals in die Lage kommen, auszusagen, welche spezielle biologische Potenz einer lebenden Substanz nötig ist, um Fruchtbarkeit zu übertragen. Man wird also den stofflichen Vorgang niemals nachweisen können. Das kann man nur im biologischen Ganzheitsexperiment, in einer geschlossenen Lebensgemeinschaft von Mutterboden, Pflanzen, Tieren und Menschen; hier lässt sich nachweisen, dass der wirklich fruchtbare Boden auch fruchtbare Tiere und Pflanzen hervorbringt, ja, hier muss nachgewiesen werden, dass die Unfruchtbarkeit mit einer Nahrung von fruchtbarem Boden geheilt wird, soweit es sich um Fehlfunktion und nicht um anatomische Fehler durch verletzenden Unfall handelt.

Nun sind aber die biologisch-funktionellen Eigenschaften von Organismen nicht beliebig wandelbar, weder zum Positiven noch zum Negativen. Die Erbsubstanz ist konstant und vor äußeren Einflüssen beschützt, auch die Kernsubstanz jeder einzelnen Zelle. Man hat daraus bisher den Schluss gezogen, dass es unmöglich sei, die maßgeblichen lebenden Substanzen auszutauschen; es muss trotzdem möglich sein, denn sonst wäre keine Nahrung imstande, etwas an den biologisch-funktionellen Eigenschaften einer Zelle, geschweige denn eines Organs oder gar eines Organismus zu ändern, das aber ist unzweifelhaft möglich. Wo etwas nicht erklärbar ist, fehlen die Begriffe. Um zu neuen Begriffen zu kommen, brauchen wir neue Methoden, nicht des Handelns, sondern zuerst des Denkens.

Auf diesem Weg ist die moderne Physik vorangegangen. Der Versuch, die Beschaffenheit der lebenden Substanzen physikalisch zu deuten, führte zu der These (*E. Schroedinger*), dass es sich bei ihnen um »aperiodische Kristalle« handeln müsse; tatsächlich gibt es ja lebendige Substanzen, die sich kristallisieren lassen, und umgekehrt finden sich Kristalle, die sich wie lebende Substanzen verhalten (auch der Fall des »wachsenden periodischen Kristalls« verführt dazu, sich bezüglich der Selbstvermehrung lebender Substanzen analoge Vorstellungen zu bilden). Es wird jeder Physiker ohne weiteres bekennen, dass seine Kenntnisse über die periodischen, festen Körper nicht ausreichen, um sie exakt zu berechnen, geschweige denn, um Rückschlüsse auf den Fall des »wachsenden, aperiodischen Kristalls« zu ziehen. Der Physiker, den wir hier bemühen, wird also nicht zögern zu empfehlen, man möge in der Biologie doch jeden anderen möglichen Weg gehen, um zu ausreichenden, naturwissenschaftlichen Begriffen über die Eigenschaften lebender Substanzen zu kommen.

Die Physik selbst hat ihre Grenzen längst ins Metaphysische hinein erweitert, um Unerklärliches auf die Ebene des Begreifbaren herabzuziehen. Wir Biologen dürfen dort recht klare Vorstellungen registrieren; Modelle, die die sichtbaren Grenzen exakter Erkenntnismöglichkeiten ignorieren. Früher galt es als ausgemacht, dass dort die Wissenschaft aufhöre, wo die exakt beweisbare Kausalität aufhöre; im Bereich des Atoms hört diese Kausalität auf, dort herrscht eine andere. Dort muss man den Teilen eines Atoms sogar die »Freiheit der Wahl« zugestehen (*Pascual Jordan*), die man bisher nur den lebenden Substanzen zugestand, das heißt die Fähigkeit, zwischen verschiedenen Möglichkeiten zu wählen, wenn ein äußerer Anlass – der Biologe würde sagen: ein Reiz – eine Entscheidung verlangt. Nun wird der Vorgang zu einem weder vorausschaubaren noch berechenbaren Ereignis – es kann so gehen oder auch so, und nun muss man zum »unexakten« Prinzip der Wahrscheinlichkeitsrechnung greifen, denn das erwartete Ereignis lässt sich nur anhand der statistisch erfassten Häufigkeiten vorausberechnen.

Von den Bausteinen des Atoms nun zu den Bausteinen des Lebendigen: Das Verhalten lebendiger Substanzen ist ebenso wenig vorauszusehen, das anscheinend unmotivierte Reagieren wird hier zur Regel. Das begreiflichste Beispiel ist der Vorgang, den man »Mutation« nennt, diese sprunghafte, markante, aber ganz unberechenbare Abänderung einer Erbsubstanz, die ja immerhin für den Ablauf von Lebensvorgängen verantwortlich ist. Es soll hier nicht die Rede davon sein, ob man sich die durch *Darwin* verkündete Evolutionslehre auf der Basis der Mutationen vorzustellen hat, wir wollen uns nur den Unterschied im Verhalten der Organismen selbst und dem ihrer lebenden Substanzen deutlich machen:

Es kommt nicht vor, dass sich eine Kuh in ein Pferd verwandelt oder eine Zwiebel in eine Mohrrübe; es kommt nicht vor, dass eine Leber sich in eine Milz verwandelt. Es kommt aber auch nicht vor, dass eine Leberzelle in eine Milzzelle verwandelt wird oder ein Bakterium in ein anderes, obwohl hier die Grenzen nicht mehr ganz so klar sind. Es kommt aber offenbar täglich und stündlich vor, dass eine lebende Substanz sich in eine andere verwandelt, ja es kommt sogar vor, dass sich eine Erbsubstanz verwandelt.

Wir bemerken eine Analogie zwischen physikalischen und biologischen Gegebenheiten, zwischen dem Geschehen im atomaren Bereich und dem der lebenden Substanzen: Im Makrophysikalischen gibt es keine »Mutationen«, es gibt sie nur im Atomaren; analog gibt es keine Mutationen bei Organismen, Organen oder Zellen, sondern nur bei den lebenden Substanzen, den Urstoffen des Lebens.

Diese Feststellung ist sehr wesentlich für das Problem der Fruchtbarkeit, wie wir es hier sehen wollen, und wir wollen deshalb noch einen Augenblick bei dem Vergleich zwischen physikalischen und biologischen Ereignissen bleiben: Die *Planck*sche Quantenphysik hat begreifbar gemacht, dass die »Mutationen« im Atomaren (etwa die Entstehung von Isotopen oder die Verwandlung eines Elementes in ein anderes) in »Quantensprüngen« vor sich gehen – Zwischenstufen oder allmähliche Übergänge gibt es nicht. Das aber ist zugleich das Kennzeichen der Erbsubstanz-Mutation; sie erfolgt sprunghaft von einem typischen Merkmal zum anderen, das heißt irgendeine Eigenschaft fällt vollkommen aus oder erscheint ganz neu; allmähliche Übergänge gibt es nicht.

Beim Atom weiß man, dass seine »Mutation« durch bestimmte »Wirkungsquanten« ausgelöst wird, die von außen das Atomgefüge treffen (und *Jordan* hat schon 1932 daraus seine Quantenbiologie entwickelt). Es ist den Genetikern durchaus bekannt, dass die Mutation lebender Substanzen unter der Wirkung ebensolcher »Quanten« zustande kommt, und man erklärt so ihre Sprunghaftigkeit; wir dürfen uns vorstellen, dass die jeweils ausfallende oder neu hinzukommende Eigenschaft an einen organischen Komplex, an eine bestimmte lebende Substanz gebunden ist, die entweder vollkommen funktioniert oder ganz ausfällt – »alles oder nichts«.

Besonders interessant ist die Tatsache, dass sowohl der Physiker als auch der Genetiker zur Auslösung künstlicher Mutationen gliederweise Röntgenstrahlen, Alphastrahlen, Neutronenstrahlen ebenso benutzen wie die Lichtquanten des Ultraviolett. Man kann aber auch – und das ist für uns sehr wichtig – Mutationen lebender Substanzen durch chemische Stoffe auslösen, die als »Gifte«, »Cancerogene«, »Mutagene« und andere bekannt sind, das heißt durch künstlich synthetisierte oder künstlich konzentrierte oder isolierte Substanzen, die zum Beispiel als »Pflanzenschutzmittel«, als Medikament, als Prophylaktikum, als Desinfektionsmittel und unter vielen anderen Bezeichnungen ausdrücklich dazu benutzt werden, um auf den Ablauf von Lebensvorgängen einzuwirken und sie so zu mutieren, dass sie in einer gewünschten Richtung verlaufen. Zu diesem einen Zweck werden mutagene Wirkstoffe an die lebenden Substanzen herangeführt und bewirken jene »Ein-Treffer-Reaktion«, die als Mutation funktionell in Erscheinung tritt. Sie ist auch hier im Einzelfall nicht determiniert, denn man kann nicht voraussagen, ob sie eintritt, welche Eigenschaften sie betrifft und wie viel lebende Substanzen zugleich mutiert werden. Das lässt sich nur im Ganzen, anhand der Summe vieler Abläufe wahrscheinlich machen.

## Der toxisierte biologische Substanzkreislauf

Die mutagene Wirksamkeit der künstlich hergestellten oder künstlich massierten Energien und Substanzen ist für unser Problem außerordentlich bedeutungsvoll, weil auf diese Weise alle Giftwirkungen, die durch chemische Substanzen ausgeübt werden, kreislaufartig im menschlichen Lebensbereich verbreitet werden. Wir haben schon erwähnt, dass es nicht auf das einzelne Gift ankommt; seine Wirkung am System der lebenden Substanz ist, soweit man bisher weiß, nicht reversibel, sie teilt sich also unter Umständen jedem Organismus mit, ganz gleich, ob die Mutation nun im Erdboden, an einem Wurm, einem Bakterium, einem Käfer, einem Säugetier oder am Menschen stattfindet.

Zwar ist diese Auffassung bisher noch nicht viel mehr als eine Hypothese, aber immerhin an Einzelheiten bewiesen; wie man sich die Wirkung vorzustellen hat, konnte zuerst bekanntlich von *Otto Warburg* am Beispiel des Krebszellstoffwechsels gezeigt werden, und wer den direkten Giftnachweis verlangt, mag die neuere Literatur über die Verbreitung des DDT bis in die entlegendsten Lebensbereiche nachsehen.

Es gibt also nicht nur einen Kreislauf lebender Substanzen, sondern auch einen Kreislauf von Mutanten. Wenn man das Modell »biologischer Substanzkreislauf« darstellen will, so muss man erreichen, dass alle Fremdwirkungen ausgeschaltet werden, bis unnatürlich-mutagene Einflüsse erlöschen. Wir werden nicht eher einen intakten, natürlichen, wahrheitsentsprechenden Substanzkreislauf und alle seine gesundheitlichen Wirkungen zu sehen bekommen.

Die Forderung ist schwer erfüllbar; wo gibt es Kulturböden, die frei wären von Insektiziden und Herbiziden, wo organische Abfälle ohne Mutagene, wo noch Tiere und Menschen, die nicht mit den Syntheseprodukten der Chemie in Berührung kommen? Der uniform realisierte Gedanke des Giftkampfes gegen die vermeintlich feindliche Umwelt macht es dem Einzelnen unmöglich, sich aus der »toxischen Gesamtsituation« (*Eichholtz*) herauszuhalten. Niemand kann verhindern, dass fortlaufend mutierte und variierte lebende Substanzen zu ihm kommen, auch wenn er keine Mutagene bei sich oder in seinem Lebenskreis duldet. Man hat wenig Hoffnung, das biologische Original der organismischen Wechselbeziehungen darzustellen, wenn man die Sachlage so betrachtet.

In Wirklichkeit ist es trotzdem möglich, sonst wäre dieses Buch nie geschrieben worden. Wir dürfen also annehmen, dass uns die Natur entgegenkommt, wenn wir unseren guten Willen beweisen und anfangen, in einem einigermaßen geschlossenen Lebenskreislauf die mutagenen Einflüsse auszuschalten, wo immer es möglich ist. Offenbar gibt es an irgendeiner oder irgendwelchen Stellen des Kreislaufs die Möglichkeit der biologisch-funktionellen Regeneration, und offenbar wird sie wirksam, sobald man Einfluss auf den Substanzkreislauf vermeidet. Da es für eine solche These wenig exakte Unterlagen in der Fachliteratur gibt, müssen wir uns damit befassen.

Vielleicht geht man am besten vom pathologischen Fall aus: Echte Krankheit eines Organismus – gemeint ist nicht die »Heilreaktion«, sondern die »chronische« Krankheit! – ist mikrobiologisch dargestellt durch ein Versagen eines oder mehrerer Gewebsarten, und ihr Versagen geht zurück auf das Versagen der Gewebszellen; eine Zelle versagt aber nur, wenn ihre dirigierenden lebenden Substanzen versagen. Selbst dort, wo die einzelnen Gewebszellen rasch ausgewechselt werden, wird offenbar nur das Gehäuse gewechselt, nicht seine Bewohner, denn eine mutierte Zelle teilt sich in zwei mutierte, nicht in zwei gesunde Zellen (es sei gestattet, die Dinge des Verständnisses halber auf so einfache Nenner zu führen), während die gesunde Zelle normalerweise auch nur ihresgleichen, also gesunde Zellen auszubilden vermag. Demgemäß könnte ein gesunder Organismus nicht krank, ein kranker nicht gesund werden. Da aber beides möglich ist, muss man annehmen, dass ungeachtet der Konstanz der Substanzgarnituren von Zellen physiologische Substanzen in pathologische verwandelt werden können (zum Beispiel durch ein chemisches Mutagen); nur ist der umgekehrte Fall, dass nämlich mutierte Substanzen in physiologische zurückverwandelt werden, innerhalb der Zelle selbst wenig wahrscheinlich. Aber auch darüber lässt sich nichts aussagen; da man die lebenden Substanzen selbst nicht prüfen, nicht identifizieren, nicht biologisch-funktionell testen kann, können wir nirgendwo, bei keinem Organ, keiner Zelle und keiner Zellsubstanz sagen, ob sie nun der biologischen Norm entsprechen, ob sie physiologisch oder pathologisch wirksam sind, ob sie normal geprägt oder mutiert sind.

Die analytische Ursachenforschung muss die Frage nach dem Mechanismus der biologischen Regeneration offen lassen, und es ist die Frage, ob sie sie jemals beantworten kann. Das einzige was feststeht ist die Tatsache, dass die Regeneration möglich ist, sobald man darauf verzichtet, auf den Ablauf kettenartig aneinander gereihter Lebensvorgänge Einfluss zu nehmen; es ist aber ebenso Tatsache, dass sie nur so stattfindet, nicht durch irgendwelche Manipulationen an den Lebensbedingungen des Einzelorganismus. Voraussetzung ist ohne jeden Zweifel die optimale, physiologische Funktion einer Lebensgemeinschaft. Dann aber muss angenommen werden, dass das wirksame Agens von Organismus zu Organismus übertragen wird; in welcher Form, ist dabei zunächst nicht entscheidend. Nur so ist es denkbar, dass diejenige Bodenfruchtbarkeit, die unter der Wirkung eines intakten biologischen Substanzkreislaufs zustande kommt, sowohl auf die Pflanzen wie auf die Tiere übertragen wird, und das allein ist für unsere Belange wesentlich, nicht die Einzelheiten.

Nehmen wir als Beispiel die Unfruchtbarkeit eines Nutztieres: Es kann unfruchtbar sein, weil es grobanatomische Veränderungen an den generativen Organen hat; der Fall ist selten und unerheblich, weil man solche Tiere ausscheidet. Es ist aber auch unerheblich, ob die Unfruchtbarkeit in Form einer spezifischen Krankheit, wie der *Bang*schen Seuche erscheint; der Erreger existiert nur dort, wo ihm der Boden bereitet ist, und es gibt Unfruchtbarkeit auch ohne ihn; letzten Endes beruht sie immer auf einem Versagen einer oder mehrerer Zellarten, auf dem Abweichen lebender Zellsubstanzen von der biologischen Norm, sie tritt deshalb in den verschiedensten Formen auf, beispielsweise auch als Frühsterben der Früchte, als Stillunfähigkeit oder nur als Verweigerung des Begattungsaktes. Es lässt sich, wie man sieht, in keinem Fall genau abgrenzen, wie viel auf das Konto spezifischer Einzelheiten, wie viel auf das der allgemeinen biologischen Situation des Tieres innerhalb des Substanzkreislaufes geht. Wenn es aber möglich ist, mit der Regeneration der allgemeinen biologischen Situation auch die Unfruchtbarkeit zu beheben, ohne den spezifischen Schaden zu berücksichtigen, ja ohne ihn überhaupt zu diagnostizieren, so muss das wirksame Agens nicht am Tier gesucht werden, sondern an seinen biologischen Vorgängern und im gesamten Substanzkreislauf.

Wenn wir also die Beobachtungen an einem biologischen Ganzheitsexperiment richtig deuten wollen – und das ist nicht zu umgehen, wenn man zu irgendwelchen Maßstäben kommen will –, so dürfen wir uns nicht scheuen, zunächst die Einzelheiten außer acht zu lassen. Es ist nicht wesentlich, ob nun dieses oder jenes Gift diese oder jene Mutation bewirkt; es ist nur wesentlich, dass sie es jederzeit bewirken kann. Es ist auch nicht wesentlich, ob nun diese oder jene Gewebsfunktion eines Organismus versagt, diese oder jene spezifische Krankheit diagnostizierbar ist. Es ist entscheidend zu wissen, dass man Fremdeinflüsse aus dem biologischen Substanzkreislauf ausschalten muss, wenn man die Gesamtsituation zur biologischen Norm zurückführen will; erst wenn das geschieht, wird das Einzelergebnis unwesentlich, und unter unseren Augen entsteht, im Einzelnen nicht fassbar, ein neues Etwas, eine lebendige Wirksamkeit, eine optimale biologische Potenz, nämlich das Wunder der Gesundheit und Fruchtbarkeit.

## Die Direktiven der biologischen Beobachtung

Der Arzt *Max Bircher-Benner*, sprach von der »Ordnung des Lebendigen« und erwählte diesen Gedanken zum Segen seiner Patienten als Richtschnur für sein ärztliches Handeln; und der Physiker *Erwin Schroedinger*, zog in der Denkweise der modernen Physik aus nüchternen Beobachtungen der Organismen den logischen Schluss zog, sie könnten nur dann »in der Ordnung« bleiben, wenn sie Gelegenheit hätten, »Ordnung« aus der Umwelt in sich aufzunehmen. Man kann nun freilich schon ein Kohlehydrat als »geordnete Materie« betrachten, soweit es sich um die Ernährung von Mensch und Tier handelt; wie aber bei der Pflanze, die sie selbst herstellen muss, ohne angeblich fähig zu sein, irgendwelche »Ordnung« im biologisch-funktionellen Sinne in sich aufzunehmen, und wie vollends bei gewissen Mikrobien, die ganz von ungeordneter Materie leben?

Es gibt für die »biologische Ordnung« noch keine allgemein gültigen, naturwissenschaftlichen Begriffe; die kausal-analytischen Denkschemata reichen für die Deutung ganzheitlicher Ereignisse beim Lebendigen nicht aus, sie lassen uns im Stich dort, wo es um umfassende biologische Probleme geht. Damit soll nicht gesagt sein, die Deutungsversuche der Genetiker, der Virologen, der Biochemiker und Biophysiker seien nutzlos – im Gegenteil: Wir werden reichlich Gebrauch von ihren Befunden zu machen haben, wenn wir die Ereignisse im intakten Substanzkreislauf zu deuten versuchen, ganz besonders bei der Deutung des Ereignisses »Fruchtbarkeit«. Allerdings wird uns das ganzheitliche Ereignis selbst vor den Konsequenzen bewahren, die eine Beschränkung auf exakt determinierte Kausalitätsbegriffe wie die der Mineral- und Ernährungslehren mit sich brachte; Konsequenzen, die mit der einfachsten Art biologischer Ganzheitsbetrachtung vorauszusagen und zu verhüten gewesen wären. Es kommt darauf an, dem biologischen Gesamtbild die erste und letzte Entscheidung in der Deutung von Beobachtungen und Befunden einzuräumen; erst dann, wenn das Bild »angelegt« ist – wie der Maler sagen würde –, lassen sich die Details mit Hilfe der naturwissenschaftlichen, exakten und gesicherten Einzelbefunde ausfüllen.

Das Ganzheitsexperiment fordert andere Methoden wie das kausal-analytische Verfahren. Man muss der Biologie dort, wo es um aktuelle Probleme, um menschliche Lebensinteressen, um geistige, seelische und körperliche Gesundheit und Fruchtbarkeit geht, alle Methoden erlauben, die auch nur entfernt tauglich sein könnten. Wir können es uns nicht mehr leisten, in der augenblicklichen Situation der menschlichen Kultur, auf die Erforschung ihrer naturwissenschaftlichen Grundlagen nur deshalb zu verzichten, weil wir noch nicht imstande sind, sie auf die niedere Ebene des stofflich und kausal Begreiflichen herabzuziehen. Man kann dabei biologische Begriffe nicht entbehren, die noch weit über die stofflich begrenzten Horizonte hinausgehen und die man zuweilen noch heute in den Bereich des Metaphysischen und Okkulten verweist; wir werden gewärtigen müssen, dass gerade die so genannten Fachleute unseren Schlüssen nicht zu folgen vermögen, weil sie sich manchmal vom »Exakten« entfernen – das lässt sich nicht ändern.

Der Umgang mit scheinbar metaphysischen Begriffen bringt freilich immer die Gefahr uferloser Spekulation, der ungehemmten Phantasterei mit sich; wenn man vollends versucht, Großorganisationen der Zivilisation auf metaphysische, transzendentale und mystische Begriffe zu begründen, dann darf man sich nicht wundern, wenn auch tolerante Ganzheitsbiologen dafür kein Verständnis haben. Es ist und bleibt die ureigene Aufgabe der Naturwissenschaft, das Wirken der kosmischen Kräfte unserem logischen, rationalen Denken begreiflich zu machen, und das geht, so sehr man auch von Denkmodellen und Arbeitshypothesen Gebrauch macht, doch nur auf der Basis der uns Menschen zugänglichen, klaren und eindeutigen »Richtigkeiten«. Man soll nicht bestreiten, dass es jenseits eines großzügig erweiterten Horizontes Dinge gibt, von der sich auch die Ganzheitsweisheit nichts träumen lässt; davon aber macht sich jeder sein eigenes Bild, das man ahnen und glauben, aber nicht erforschen kann – hier hört die Wissenschaft wirklich auf. Freilich haben die Versuche, auf mystisch-okkulten Grundlagen zum Beispiel Landbau oder Heilkunst zu betreiben, in vielerlei Gestalt realisiert, als gegenpolige Reaktion auf die einseitig stofflich-mechanisch orientierte Naturwissenschaft ihre historische Bedeutung und quasi biologische Berechtigung; sie enden aber notwendig im Dogma, wenn ihre Grundlagen unerforschlich bleiben, oder sie werden zum Tummelfeld endloser Phantasterei, die sich gegen jede wissenschaftliche Durchleuchtung sperren muss – beides ist gleich untauglich für den Aufbau zivilisatorischer Großorganisationen.

Andererseits handelt es sich bei dem biologischen Ereignis »Fruchtbarkeit« als gemeinsame Eigenschaft einer Kette organismischer Individuen um eine Naturerscheinung, die noch nicht exakt zu deuten ist; das Einzige was feststeht ist das Ereignis an sich; es tritt entweder ein oder es bleibt aus. Immerhin handelt es sich um ein Prinzip, ohne das es kein Leben gäbe, und man muss sich daran gewöhnen, dass dieses Ereignis überall dasselbe ist, ob es nun im Mutterboden oder in einem anderen Organismus vor sich geht. Man wird es anders nicht begreifen und in den Machtbereich der Naturwissenschaft aufnehmen können. Es muss der Versuch gewagt werden, auszumachen, welches Denkmodell der Beobachtung entspricht, und man muss alsdann versuchen, diesem Modell greifbare, organische und substantielle Bestätigungen zu verschaffen.

Das hat seine Schwierigkeiten; das biologische Ganzheitsexperiment setzt fundierte Kenntnisse auf allen Gebieten der Lebensforschung voraus, um das Ganze überblicken zu können, ohne den Zusammenhang mit den begreifbaren Einzelnen zu verlieren. Es kann kein biologischer Ganzheitsgedanke richtig sein, der den gesicherten Befunden analytischer Naturforschung nicht entspricht; nur die Deutungen dürfen ignoriert werden, nicht die Befunde. Dazu ist aber wiederum der Spezialist nicht tauglich; der Ganzheitsforscher muss jenem Ideal der Allgemeinbildung entsprechen, die früher der Stolz der »universitas« war, und das ist schwer geworden in einer Zeit, in der die Degradation der Universitäten zu Fachschulen allzuweit fortgeschritten ist, so weit, dass das universelle Denken verrufen und als »Dilettantismus« bezeichnet wird. Man muss damit rechnen; in einer Zeit der »Umwertung aller Werte« – ohne Zweifel leben wir in einer solchen Zeit – ist nichts anderes zu erwarten; man muss wissen, dass der Spezialist nicht den weiteren, sondern den engeren Horizont hat.

Ordnet man den Spezialisten aber an die Stelle eines Ganzheitsexperimentes ein, an die er gehört und stellt ihn unter die Kontrolle eines ganzheitlichen Denkmodells, wie es bei gewissen, naturwissenschaftlichen Problemen schon geschieht, so sind die Vorraussetzungen für eine fruchtbare Arbeit gegeben. Wenn es sich dabei um das biologische Ereignis »Bodenfruchtbarkeit« handelt, so muss man nicht nur den Bodenbiologen, den Biochemiker, den Mikrobiologen, den Botaniker, oder Zoologen hinzuziehen, nicht nur den Arzt, Tierarzt und Landbaufachmann, sondern auch den Bauern selbst, sonst wäre das »Team« unvollständig.

## Die Testorganismen im biologischen Versuch

Biologische Funktionsgrößen sind nur am lebendigen Objekt abzulesen; insbesondere biologische Qualität drückt sich nicht in analytisch erfassbaren Stoffquantitäten aus, sondern kann nur am Verhalten der Organismen registriert werden. Um Fruchtbarkeiten zu messen, hat man als einzig verwertbare Größe das biologische Resultat selbst, das Fruchtbarkeit als biologische Qualität hervorbringt.

Die Bodenfruchtbarkeit ist nur dann echte Fruchtbarkeit, wenn sie unter der Wirksamkeit der Beziehung »Boden-Pflanze« als Pflanzenfruchtbarkeit in neuer Gestalt zum Ausdruck kommt. Die Pflanze ihrerseits ist nur dann als fruchtbar zu bezeichnen, wenn ihre Fortpflanzungsorgane gesund sind, wenn sie keine Abbauerscheinungen zeigt und unaufhörlich fortgezüchtet werden kann, ja man darf sie nur dann als fruchtbar betrachten, wenn sie diese ihre biologischen Aufgaben ohne fremde Hilfe zu erfüllen vermag und imstande ist, sich auf natürliche Weise in der lebendigen Umwelt durchzusetzen. Die Pflanze muss außerdem fähig sein, als Nahrungslieferant für Tier und Mensch deren Fruchtbarkeit – und damit deren Grundgesundheit – zu erhalten.

Wir haben uns die Aufgabe gestellt, diesem Begriffsmodell fassbare, naturwissenschaftliche Nachweise zu verschaffen. Wer sich das Modell zu eigen macht wird verstehen, dass es ganz auf die Wahl derjenigen Organismen ankommt, die der Testung der biologischen Funktionsqualität »Fruchtbarkeit« dienen. Biologische Ganzheiten gibt es zur Zeit im Bereich des Menschen nicht; sie müssen aufgebaut werden. Das hat zwar Nachteile, aber auch einen unschätzbaren Vorzug: Wir beginnen im Negativen und versuchen, den Vorgang der biologischen Regeneration darzustellen und die Verwandlung des negativen Beispiels in das positive mit allen greifbaren Anzeichen der Regeneration ist allemal glaubhafter als jeder Befund am vollendeten Modell selbst. Es fragt sich nur, ob es die Möglichkeit der Regeneration gibt – nun, es gibt sie, wie wir sehen werden.

Andererseits ist die Darstellung biologischer Gesundung eines Organismus eine Sache von mehreren Generationen; nähme man den Menschen als Testorganismus – und das wäre ideal –, so hat man nicht nur mit erheblichen technischen Schwierigkeiten zu rechnen, sondern würde für einen einzigen Ganzheitsversuch etwa hundert Jahre brauchen. Wer die Bodenfruchtbarkeit an der Pflanze allein messen wollte, hätte nicht nur technische Schwierigkeiten, sondern kein gültiges Ergebnis, denn die Pflanze kann sowohl äußerlich wie bezüglich ihres analytischen Charakters untadelig sein, ohne ihre biologische Aufgabe als Nahrung zu erfüllen. Die Funktionsqualität »Bodenfruchtbarkeit« aber an ihren eigenen Erscheinungen selbst zu messen, ist bei unserem Vorhaben von vornherein indiskutabel. Wo findet sich ein geeigneter Testorganismus, den man in absehbaren Zeitspannen zu einer wahrheitsentsprechenden Aussage über die Fruchtbarkeiten veranlassen könnte?

Der einzige »Organismus«, der allem Lebendigen gemeinsam ist, ist die so genannte Bakterienflora, eine symbiotische Kultur bestimmter physiologischer Bakterien-Arten. Er hat unmittelbare biologisch-funktionelle Beziehungen zu jedem Organismus, der Beziehungen zu Bakterien unterhält und einen Organismus ohne Bakterienflora gibt es nicht. Auch der Organismus »Mutterboden« hat eine geregelte Bakteriensymbiose. Die biologischen Ordnungen einer Bakterienflora sind heutzutage mit Sicherheit darzustellen.

Ein Bakterium vermehrt sich rund 50 000-mal schneller als der Mensch; während man beim Menschen die 10. Generation in bestenfalls 250 Jahren beobachten kann, bekommt man sie beim Bakterium in wenigen Stunden zu Gesicht. Gewisse Bakterien reagieren sehr empfindlich auf die verminderte, biologische Nahrungsqualität, und zu unserem Glück handelt es sich bei solchen Mikroorganismen gerade um diejenigen Arten, die als Symbionten des Lebendigen auftreten. Wir haben da neben den Testorganismen Mensch, Tier und Pflanze einen schnelllebigen Organismus zur Verfügung, der schon innerhalb kürzester Zeit Antworten gibt.

Freilich darf man bei der Deutung solcher Befunde niemals vergessen, dass gültige Aussagen nur im Zusammenwirken aller Organismen zustande kommen; die Aussage eines einzelnen ist in keinem Fall für sich allein verwertbar, sondern nur im Rahmen des Ganzen, als kleines Teilstück eines intakten biologischen Substanzkreislaufs. Das Bakterium ist im Vergleich zum Großorganismus bescheiden und anspruchslos, von den Umweltbedingungen ganz wesentlich unabhängiger, seine Aussage also nur dann zu verwerten, wenn man es nicht als Individuum betrachtet, sondern als Mitglied einer natürlichen Kette von Lebensvorgängen, zu denen es in Beziehung steht.

## Der Umgang mit einem biologischen Ganzheitsexperiment

Bei *Johannes Müller*, dem Physiologen und Zeitgenossen *Goethes*, finden wir, lange vor den großen technischen Erfindungen, die Warnung von der leichtfertigen Deutung eines gewaltsamen Experimentes am lebenden Objekt. Seine Warnung ist nicht beachtet worden; wir alle kennen die Versuche, an der hydrokultivierten Pflanze und am aufgeschnallten Kaninchen Lebensforschung zu betreiben, ein Gebaren, bei dem man von der misshandelten, gequälten Kreatur wahrhaftig keine gültige Aussage erwarten darf. Gäbe es nicht andere Methoden biologischer Forschung, so sollte man die Bemühung um die Naturerkenntnis einstellen.

Das wesentliche Forschungsinstrument der Biologie ist und bleibt die sorgfältige, vorurteilslose, geduldige Beobachtung spontaner, unbeeinflusster Lebensvorgänge und ihre Auswertung durch das vergleichende, analogisierende, biologische Denken. Um das Lebendige zu beobachten, muss man bereit sein, alles hinzunehmen, was da geschieht; wenn es mit unseren Vorstellungen nicht übereinstimmt, so haben nicht wir recht, sondern die Natur, wie *Liebig* sagt. Die Bedingungen haben nicht wir zu diktieren, sondern sie sind gegeben; sie sind es aber nur dann, wenn wir von vornherein versuchen, die unvermeidliche Einflussnahme so gering wie möglich zu halten. Damit sind die Voraussetzungen für ein biologisches Ganzheitsexperiment bereits gekennzeichnet.

Wie man es nicht anstellen darf, mag an einem einzigen Beispiel erläutert werden, das für viele Tausende zu stehen hat. Es hat jemand nachweisen wollen, dass kunstgedüngte Kulturpflanzen nicht schlechter, sondern eher besser seien als »organisch« gedüngte; das ging folgendermaßen vor sich: Auf zwei gleichartigen Parzellen wurden die gleichen Kulturen angelegt, einmal kunstgedüngte, einmal stallmistgedüngte. Die abgeernteten Produkte wurden vergleichsweise an zwei Gruppen von Kindern eines Sanatoriums verfüttert und die Kinder während einiger Wochen anhand von Blutbildtesten kontrolliert. Es ergab sich, dass sich die Blutbilder der »kunstgedüngten« Gruppe günstiger entwickelten als die der »organischen«. Dies Beispiel geisterte zwei Jahrzehnte lang durch die Zweckliteratur und wurde sogar von maßgeblichen Landbauwissenschaftlern zitiert; ich kenne genug Leute, die es geglaubt haben.

Ein solches »Experiment« enthält so viele methodische und Denkfehler, dass man schon sehr naiv sein muss, um es zu glauben; nicht eine einzige, exakte Versuchsbedingung ist da erfüllt worden. Zunächst sind die so genannten Ausgangswerte unbekannt; der Funktionswert der benutzten Böden ist unbekannt, und es kann durchaus sein, dass im vorliegenden Falle die mineralische Düngung zufällig das Mineralgleichgewicht verbessert hat, wie es hin und wieder vorkommt, während es durch die Stallmistdüngung vielleicht noch mehr gestört wurde. Wer außerdem annimmt, dass eine Stallmistdüngung unmittelbar und innerhalb der gleichen Vegetationsperiode wirksam wird, und einen Vergleich überhaupt zuzulassen, kennt seinen Forschungsgegenstand nicht.

Und weiter: Die Düngung mit untergepflügtem Stallmist – auch über seinen Zustand ist nichts bekannt – ist keine organische Düngung, sondern eine pflanzenschädliche Handlung, wie wir noch sehen werden; sie führt zur Faserwurzelerkrankung und damit zur Stoffwechselstörung. Man muss schon etwas vom biologischen Landbau verstehen, wenn man darüber arbeiten will oder gar Vergleichsversuche anstellt; man sollte dann wenigstens vorher einen unserer Bauern fragen. Was man hier »organische« Düngung nennt, hat nicht das Geringste damit zu tun, und man dürfte sich nicht wundern, wenn die Produkte solcher »Düngung« noch schlechter sein sollten als die kunstgedüngten.

Aber das ist nicht einmal mit diesem oder ähnlichen Versuchen zu beweisen; an einem Lebewesen, das zur echten Heilung mehrere Generationen, zu den ersten Regenerationssymptomen aber mindestens viele Monate braucht, kann man biologische Qualitäten nicht in wenigen Wochen testen. Ein Ansteigen des Hämoglobingehaltes im Blut lässt sich auf vielerlei Weise erzielen; keine dieser Möglichkeiten ist irgendwie definiert worden. Es handelt sich in Wirklichkeit um eine Unternehmung, die man überhaupt nicht als Experiment, geschweige denn als ein biologisches bezeichnen darf, und ihr Resultat ist nicht einmal negativ auswertbar – es ist überhaupt nicht auswertbar.

Ähnlich zu beurteilen sind alle die Tausende und Abertausende von Bemühungen, anhand der quantitativen Ernteerträge biologische Qualität zu beweisen; es ist ganz unwesentlich, ob man von einer Frucht mengenmäßig ein oder zwei Kilogramm zu sich nimmt, es kann durchaus vorkommen, dass ein Mensch mit einem Kilogramm einer Frucht besser ernährt ist als mit zwei Kilogramm einer anderen, ja es kann vorkommen, dass eine Frucht, die weniger Vitamin C oder weniger essentielle Aminosäuren enthält, biologisch-qualitativ besser ist als eine andere; entscheidend ist allein die Funktion. Wer die biologische Güte in ihrem Wesen erfassen oder gar messbar machen will, muss aufhören, in Stoffquantitäten zu denken, und lernen, in biologischen Funktionsqualitäten zu denken.

Es ist grundsätzlich gefährlich, einem Urteil über biologische Funktionsqualitäten analytische Einzelbefunde zugrunde zu legen, auch dann, wenn man der Meinung ist, sie seien unfehlbare Anzeichen; sie sind es fast niemals. Man muss sich dessen im Umgang mit biologischen Ganzheiten immer bewusst bleiben. Es ist sehr verführerisch, sich vorzustellen, man könne doch vielleicht die Wirkung der Bodenfruchtbarkeit auf Lebewesen anhand irgendeines greifbaren, simplen Befundes, zum Beispiel am Alkaloid- oder Chlorophyllgehalt einer Pflanze, nachweisen. Stoffliche Anzeichen biologischer Qualität mögen vielleicht später verwertbar werden, sobald wir im Besitz ganzheitlicher Grundlagen sind, um sie zu kontrollieren, anerkennen oder verwerfen zu können. Das Ganzheitsexperiment aber kann sich vorerst nur an ganzheitliche Kriterien halten; da ist es nicht wichtig, ob man mit irgendeiner Form von Bodenfruchtbarkeit nun mehr oder weniger Vitamine, Enzyme oder Eiweißbausteine produziert, ja es ist nicht einmal entscheidend, ob man damit viel oder wenig lebendige Substanz produziert. Allein entscheidend ist das biologisch-funktionelle Resultat, die volle und optimale Funktion der lebendigen Beziehung zwischen Boden, Pflanze, Tier und Mensch.

Unsere Aufgabe ist damit in groben Zügen gekennzeichnet, die wir summarisch etwa folgendermaßen ausdrücken können:

a) Als Forschungsobjekt für die Darstellung der Funktionswertigkeiten lebendiger Abläufe ist nur ein in sich geschlossener, vollständiger biologischer Substanzkreislauf geeignet, ein System, das Boden, Pflanze, Tier und Mensch zugleich einschließt.

b) Als gültiges Kriterium hat nur die Gesundheit und Fruchtbarkeit jedes einzelnen Gliedes der Kreislaufkette zu gelten, und als Testorganismus ist nur ein solcher geeignet, der nachweislich mit allen diesen Gliedern in Beziehung steht.

c) Man muss anstreben, möglichst viele solcher Objekte zugleich beobachten zu können, um die lokalen von den allgemeingültigen Bedingungen unterscheiden zu können, das heißt um den Aussagen Allgemeingültigkeit zu verschaffen.

d) Irritierende Umwelteinflüsse und die Wirksamkeiten von mutagenen Fremdstoffen müssen ausgeschaltet werden, um das Modell des intakten, spontanen biologischen Substanzkreislaufs darzustellen, dessen Aussage allein als gültig betrachtet werden kann.

e) Für die Beobachtung eines jeden Mitgliedes der Lebensgemeinschaft muss ein Zeitraum angesetzt werden, der durch die biologische Regenerationsfähigkeit des Lebewesens selbst bestimmt wird und im Allgemeinen mindestens drei Generationen umfasst.

f) Die Auswertung kann erst beginnen, wenn die Versuchsbedingungen wirklich hergestellt sind, das heißt wenn die bekannten Voraussetzungen für das Anlaufen des Lebenskreislaufs erfüllt sind.

Man wird zugeben, dass es nicht leicht ist, alle die aufgezählten Bedingungen gleichzeitig zu erfüllen. Soweit ich sehe, sind daran alle bisher unternommenen Versuche – mit Ausnahme der Versuche von *Sir Albert Howard** gescheitert. Wir dürfen vorwegnehmen, dass wir glauben, dank der Mitarbeit vieler einsichtiger und aufgeschlossener Kräfte, die Prämissen eines biologischen Ganzheitsexperimentes erfüllt zu haben, von deren ersten Ergebnissen wir berichten dürfen.

Wir haben zu definieren versucht, was man unter »Fruchtbarkeit« verstehen muss und wie man es anstellen muss, wenn man sie beobachten und die Voraussetzungen für ihre Wirksamkeit erfassen will. Wir wissen nun, dass sie nicht an sich selbst erkennbar, vollends nicht stofflich zu doku-

* siehe unter »Literatur«

mentieren ist, dass sie vielmehr nur in den biologischen Ereignissen zum Ausdruck kommt, die sie veranlasst. Da dies aber nur in Lebensvorgängen geschieht, die kettenartig aneinander gereiht sind, und da alle Organismen zwangsläufig in den Kreislauf der Substanzen eingeordnet sind, kommt irgendein biologisches Ereignis, auch das Fruchtbarwerden, nur dann zu einem wissenschaftlich verwertbaren Ausdruck, wenn alle unsere Beobachtungen nur an einem unbeeinflussten, spontan funktionierenden, intakten biologischen Kreislauf »Boden – Pflanze – Tier – Mensch« gemacht werden.

Wenn man von einem Kreislauf spricht, so darf man weder Anfang noch Ende postulieren. Die Fruchtbarkeiten des Lebendigen sind also nicht etwa auf die Bodenfruchtbarkeit begründet und fangen auch nicht im Boden an; sie gehen immer ineinander über, solange es überhaupt Leben auf Erden gibt. Der Boden spielt nur insofern eine besondere Rolle, als sämtliche Organismen, die letzten Endes alle von ihm leben, auch alle ihre Substanzen an ihn zurückgeben, direkt oder indirekt, so dass man genauer von einem Kreislauf »Boden – Organismen – Boden« spricht und die ich-bezogene Einordnung des Menschen an eine nicht existierende »Spitze« weglässt.

Auch die Betrachtung des Lebendigen auf der Ebene des unsichtbar Kleinen stellt den Mutterboden sämtlichen Organismen mindestens gleichwertig zur Seite: Wie noch im Einzelnen zu besprechen ist, wird das Lebendige im Boden grundsätzlich in den makromolekularen Bereich zurückgeführt, von dem es ursprünglich ausging, und das hat kaum überschätzbare Bedeutung. In dieser ihrer nacktesten, ungeschütztesten Form ist es offenbar am ehesten möglich, Veränderungen an den biologisch-funktionellen Eigenschaften lebender Substanzen zu erzwingen, die für die Existenz alles höheren Lebens erforderlich sind. Nirgends ist diese Möglichkeit so groß wie im Boden, wo jeder Einfluss eines höheren Organismus mit seinen spezifischen Voraussetzungen ausgeschaltet ist, wo die lebenden Substanzen sozusagen »unter sich selbst« sind und sich miteinander auseinander setzen müssen. Wir haben deshalb keinen Grund, über die biologischen Leistungen erstaunt zu sein, die ein lebendiger Boden zu vollbringen imstande ist; Leistungen, die, wie wir sehen werden, erste Voraussetzung für die Existenz höheren Lebens sind und ohne die es auch in Zukunft kein höheres Leben auf Erden geben kann, am wenigsten menschliches Leben.

Solcherart haben wir den Umfang im Groben sichtbar zu machen versucht, in dem gearbeitet werden muss, um biologische Wahrheiten zu erfahren. Es wird nun notwendig sein, vieles von dem, was uns bisher gelehrt wurde und was wir sogar meist als Wahrheiten, als taugliche Methoden und gültige Regeln angesehen haben, zu vergessen und ganz von vorne anzufangen, sobald wir uns mit den Einzelheiten beschäftigen.

# Die lebendige Substanz

Wir sagten, es handele sich bei der Bodenfruchtbarkeit um einen Begriff, der nicht allein für sich gesehen werden kann, sondern nur als Teil eines größeren Ganzen, als Teil jener Fruchtbarkeit, die alles Leben auf der Erde fortzeugend erneuert.

Nun gibt es in der lebendigen Welt, wie sie uns sichtbar wird, eine unvorstellbar große Zahl von Organismen-Arten, deren Dasein zwangsläufig begrenzt ist, die als Individuen sterblich sind. Zwar ist ihre Lebensdauer recht verschieden, sozusagen von der Eintagsfliege bis zum 4 000 jährigen Mammutbaum; früher oder später kehren sie, freilich oft auf Umwegen über andere Organismen, zurück in den Schoß der Erde, sie geben ihr individuelles Wesen auf, sie »verwesen«. Gattung und Art aber bleiben erhalten, mit peinlicher Genauigkeit, sie sind »konstant«, sie erben sich fort. In den Zeiträumen, die wir zu überblicken vermögen, gibt es zwar »Kreuzungen«, Vermischungen der Erbmassen sowohl bei Tieren als auch bei Pflanzen, die Erbmasse als solche aber bleibt in jedem Fall erhalten. Die biologische Potenz, die Organismen zu diesem Zweck haben, nennen wir »Fruchtbarkeit«.

Der Schluss liegt greifbar nahe, das Geheimnis der Fruchtbarkeit sei demnach in allen den Einrichtungen zu finden, deren sich die Fortpflanzung bedient. Man ist versucht, anzunehmen, jene wundersamen Mechanismen der Reproduktion – die weiblichen und männlichen Keimzellen, die Ausbildung von Sporen und Samen, die befruchtenden Pollen, die spezifischen Sexualitäts-Ritualien und viele andere – seien geeignet, dem Prinzip der Fruchtbarkeit auf die Spur zu kommen, den Mechanismus der Unsterblichkeit der Arten zu entschleiern. Und hier ist denn auch vorwiegend geforscht worden.

## Fruchtbarkeit – ein Urphänomen

Wenn man genauer hinsieht, so handelt es sich bei den Fortpflanzungseinrichtungen der Organismen keineswegs um Mechanismen, deren das Leben an sich bedarf, um unsterblich zu sein. Diese Einrichtungen erweisen sich vielmehr als ungeheure Komplizierungen, die erst mit der Entwicklung höherer Lebensformen notwendig geworden sind, um Sonderausführungen, ohne die beispielsweise die Fortpflanzung eines Säugetieres unmöglich wäre; für unsere Frage hier, in der es um das Prinzip der Fruchtbarkeit an sich geht, müssen wir uns bemühen, die spezifischen Komplizierungen zu durchschauen, um dem eigentlichen Vorgang näher zu kommen. Und zu diesen Spezialisierungen eines biologischen Prinzips gehören auch die subtilen Kenntnisse der Genetiker über die Rolle und das Verhalten der Kernschleifen, der Chromosomen, über die Reifeteilungen, die bei der geschlechtlichen Fortpflanzung notwendig werden, über den Mechanismus der Samen- und Pollenbildung und alles ähnliche.

Es gibt das Prinzip der Fortpflanzung auch in wesentlich »einfacheren« Formen, und da kann man nicht mehr sagen, es handele sich um einen Mechanismus, der allein die Arten unsterblich mache: Viele Bakterien pflanzen sich dadurch fort, dass sie sich in zwei gleiche Teile spalten; beide Teile haben die Chance, theoretisch ewig zu leben, sich auch ewig weiter zu teilen; und das haben sie nachweislich auch in Millionen von Jahren getan. Grundsätzlich kann man also dem Bakterium keine Sterblichkeit zurechnen; wenn es die Umwelt gestattet, so ist es praktisch unsterblich. Wenn *Goethe* sagte: »Der Tod ist der Kunstgriff der Natur, viel Leben zu haben«, so müsste man eigentlich sagen: um viel organismisches Leben zu haben.

Gehen wir noch eine Stufe tiefer, nämlich in die Lebensbereiche, in denen von besonderen Einrichtungen, von Apparaturen zur Betätigung der Fortpflanzung, von irgendwelchen Generationsorganen nicht mehr die Rede sein kann, in die Lebensbereiche der nichtzelligen Strukturen, das heißt der lebenden Substanzen, so bemerken wir, dass es bereits hier Fruchtbarkeit, Fortpflanzung,

Reduplikation gibt; selbst das kristallisierbare Virus, eine lebendige Substanz an der untersten Grenze des Lebens, ist fähig, sich selbst in ungeheurem Ausmaße zu vermehren.

Die Fruchtbarkeit ist also ein Urphänomen im Sinne *Goethes* und wirkt bereits im Makromolekularbezirk, bei den kleinsten Einheiten des Lebendigen. Hier muss sie studiert werden, und hier werden wir den ersten gedanklichen Anhaltspunkt dafür finden, auf welchem Weg wir eine für alle Bereiche des Lebens gültige Lösung des Fruchtbarkeitsproblems zu entdecken Aussicht haben; denn so, wie eine jede Zelle eigentlich nichts anderes ist als eine Kongregation, eine Zweckvereinigung lebender Substanzen, Organismen eine Kongregation von Zellen und so, wie trotzdem das Ganze, das wir fertig vor uns sehen, doch nur zusammengebaut ist mit den biologischen Potenzen der lebendigen Substanzen, so ist auch die Fruchtbarkeit ganz gewiss eine Ureigenschaft lebender Substanzen und erscheint erst dort in ihrer reinsten, ursprünglichsten Form, wo die apparativen Sondereinrichtungen, die zur Organisation höherer Lebensformen notwendig sind, noch nicht nötig waren.

Es ist nicht immer leicht zu unterscheiden, was noch spezialistische Sondereinrichtung ist, was schon Urphänomen, denn die für die Organismen typische Sexualität reicht bis tief in die Bezirke des Unsichtbaren hinein. Wer die Arbeiten von *Jakob*, *Wollmann* und *Hayes*, von *Lederberg*, *Beadle* und *Tatum* kennt, weiß, dass es Sexualität schon bei einzelligen Lebewesen gibt; die Kolibakterien zum Beispiel können »männlich« sein (wenn sie einen Makromolekularfaktor »F« besitzen) oder »weiblich« (wenn sie den Faktor »F« nicht besitzen); sie können sich »paaren«, wobei innerhalb von rund 100 Minuten ein ganzes, funktionstüchtiges Chromosom von der männlichen zur weiblichen Zelle hinüberwandert, mitsamt jenem Faktor »F«, der nunmehr die F-freie in eine F-haltige Zelle umwandelt. Damit wird zwar eine im Sinne einheitlichen biologischen Weltbildes erfreuliche Brücke zu den herkömmlichen Befunden der Vererbungsforschung geschlagen, aber noch immer handelt es sich um eine apparative Sondereinrichtung, das Fruchtbarwerden erscheint noch immer spezialisiert, kompliziert und ist geeignet, das Urphänomen zu verdecken.

Die Biochemiker versuchen zur Zeit mit aller Energie, anhand der DNS-Komplexe, der Desoxyribonukleinsäuren und ihrer Untereinheiten, die Mechanismen der Fruchtbarkeit aufzuklären, eine Möglichkeit, die *Griffith* schon 1928 eröffnet hat, als er die Umwandlung der biologisch-funktionellen Eigenschaften von Bakterienzellen als Wirkung eines DNS-Austausches, eines Auswechselns lebender Erbsubstanzen erklären konnte. Solche Substanzen lassen sich hier und da voll funktionstüchtig isolieren und man kann sie experimentell als Nahrung anbieten und mittels raffinierter Methoden die Bakterien zwingen, sie in nachweisbaren Mengen anzunehmen, indem man sie hungern lässt. Man sieht: Hier ist schon nicht mehr von »Befruchtung« die Rede, sondern von »Nahrung«, hier werden lebende Substanzen ausdrücklich als Nahrung angeboten und ihr Eindringen anhand ihrer Erbmerkmale nachgewiesen.

Ein ähnliches Verfahren ist die experimentelle »Transduktion«, die Übertragung von spezifischer, lebendiger Substanz durch Viren oder Bakteriophagen, die, wie man bisher annimmt, »zufällig« bestimmte Erbmerkmale in solche Zellen einschleppen, in die sie einzudringen befähigt sind. Aber auch hier handelt es sich offensichtlich noch um einen Sonderfall, der eben nur deshalb leichter nachzuweisen ist als das Normale, weil es ein Sonderfall ist und weil die übertragene Lebendsubstanz anhand ihrer Spezifität nachweisbar ist. Wir wollen diesen Dingen später noch genauer nachgehen; im Augenblick liegt uns hier nur daran festzustellen, wie schwer es ist, dem Urphänomen »Fruchtbarkeit« auf die Spur zu kommen, weil die Begriffe aus der Physiologie der Mehr – und Vielzeller allzu leicht irreführen; sie verführen zu Vorstellungen und Deutungen, die nur für die höheren Organisationsformen des Lebendigen gelten, nicht für die lebende Substanz an sich und schon ein Bakterium ist höher organisiertes Leben. Selbst diejenigen Forscher, die dem Urphänomen der Fruchtbarkeit heute am nächsten sind, vermögen sich bei der Deutung ihrer Befunde angesichts einer ungeheuren Flut neuer Befunde nur ausnahmsweise freizumachen von Vorstellungen, die aus der organismischen Welt stammen.

Wir kommen zu ähnlichen Folgerungen, wenn wir die Sache von einer anderen Seite her betrachten: Wir erinnern uns, dass die stofflich orientierte Naturwissenschaft um die Jahrhundertwende die lebendige Schöpfung gedanklich als eine Gesellschaft mehr oder minder unabhängiger, autarker Individuen betrachtete, die zwar vermittels der Sinneseindrücke, physischer Notwendigkeiten und gewisser organischer Abhängigkeiten aufeinander angewiesen seien, sonst aber nur vermittels geistig-seelischer, nur philosophisch erfassbarer Vorstellungen metaphysischer Natur irgendwie innerlich zusammenhänge, die aber exakt betrachtet doch nur gewisser Nährstoffe aus der Umwelt bedürfe, um ihr Dasein zu fristen. Insbesondere die Keim- und Erbzellen, die kompliziertesten Apparaturen der Organismen, dachte man sich als biologisch-funktionell unabhängig von der lebenden Umwelt.

Natürlich ist das durchaus der Fall; es wäre anders undenkbar, dass insbesondere bei allen höheren Organismen der Ablauf des Generationsvorganges ungestört vonstatten gehen könnte. Die »Feinstrukturen« lebendiger Substanzen, die nachweislich in irgendeiner Form das »Bild« des fertigen Organismus in sich tragen, müssen ganz besonders isoliert und beschützt werden und werden es auch, sowohl bezüglich ihrer Lokalisation innerhalb des Organismus wie bezüglich des Kontaktes mit der Umwelt.

Aber auch das ist kein prinzipielles Postulat für den Vorgang der Fortpflanzung und Vermehrung an sich: Ein Virus, das zuweilen nicht einmal eine bemerkbare Proteinhülle hat, das sozusagen schutzlos den Umgebungskräften ausgesetzt ist, dessen Erbsubstanz also keine einzige Schutzvorrichtung mehr besitzt, vermag diese Erbsubstanz unter widrigsten Umständen zu bewahren und bei nächster Gelegenheit – allerdings als »Kuckucksei« in einer passenden lebendigen Zelle kräftig zu betätigen. Das Urphänomen »Fruchtbarkeit« ist also an spezialistische Schutzvorrichtungen, wie sie die Organismen brauchen, nicht gebunden. Ein Virus ist aber auch nichts anderes als eine spezifizierte lebende Substanz; sein Weg und sein Verhalten sind nur deshalb registrierbar, weil sie mit seiner Pathogenität markiert sind; seine Tätigkeit wird nur deshalb bemerkt, weil es pathogen wirkt.

Die Schule *Butenandt* lässt ausdrücklich in ihrem Schema, das das Schicksal eines Virus beim Eindringen in eine zugehörige Zelle nach mehreren Möglichkeiten ordnet, den Fall des weder pathogen wirksamen noch absterbenden Virus offen, den Fall also, in dem eine viröse, das heißt eine lebende Substanz unbemerkt in eine affine Zelle eindringt und als spezifische oder unspezifische Nahrung verwertet wird.

Nachdem nun ohnehin bereits die Abgrenzungen von Virus, Bakteriophag, Gen und lebender Substanz kaum noch möglich sind, wird man sich einmal entschließen müssen, Sondererscheinungen wie Virus und Bakteriophag einerseits und Gen andererseits als das zu betrachten, was sie eigentlich sind: Sonderfälle spezifischer, lebender Substanzen, die nur deshalb als spezielle Lebenserscheinungen betrachtet wurden, weil sie dem Experiment leichter zugänglich sind als sämtliche übrigen lebenden Substanzen; Sonderfälle, die eher geeignet sind, das Wesen des Urphänomens »lebende Substanz« zu verschleiern als zu offenbaren.

Ganz ohne Zweifel ist die Situation auf der Ebene des Makromolekularen genau so wie zum Beispiel auf der des Einzellers, der Mikrobe; neben ganz wenigen Sonderfällen pathogener Einzeller gibt es ungeheure Massen nicht pathogener Mikroben auf der Erde, und auf vielleicht eine Million solcher Mikroben kommt nur ein einziges krankmachendes Bakterium.

Wir haben keine Veranlassung anzunehmen, es sei bei den lebenden Substanzen, die ja auch die Mikroben aufbauen, grundsätzlich anders, im Gegenteil – es ist biologisch zu erwarten, dass die Möglichkeit pathogener Spezifizierung mit der Spezifizierung des Organismischen zunimmt.

## Die Zelle als Urzeugungsmaschine

Betrachten wir das Ganze vom rein Stofflichen aus: Ohne Zweifel kann es irgendeine Art von Vermehrung als Merkmal der Fruchtbarkeit nicht geben, wenn der Stoff als solcher nicht vermehrt wird. Denn wenn aus einem Bakterium zwei werden oder aus einer befruchteten weiblichen Keimzelle ein Säugetier, so ist eben die stoffliche Masse vermehrt worden und der Zuwachs musste vorher aufgenommen werden.

Nun galten die lebenden Substanzen der einzelnen Zellen als deren ureigenstes, unveräußerliches Privateigentum, das entweder als »Mitgift« der mütterlichen Zelle dort hineingekommen oder von diesen Erbsubstanzen selbst hergestellt worden ist; ganz besonders die Tatsache, dass die Zelle imstande ist, ihre Proteine selbst zu vermehren, sie sogar aus recht kleinen Bausteinen aufzubauen, hat dazu geführt, dies auch für die lebenden Substanzen anzunehmen; auch der Fall nachweislicher »Selbstvermehrung« von pathogenen Viren in lebenden Zellen ist nicht eigentlich ein Zeichen dafür, dass die neu entstandenen Viren ausschließlich aus mikromolekularer Substanz aufgebaut worden sind. Man kann mit größter Wahrscheinlichkeit behaupten, dass dies nur unter Verwendung vorhandener Makromolekularmodelle stattfindet, dass also die lebenden Zellsubstanzen im pathogenen Fall von einer »virösen« Lebendsubstanz dazu benutzt werden, um daraus lauter pathogene Substanzbilder zu schaffen; das ist wahrscheinlicher deshalb, weil die Vermehrung spezifischer Viren nur in spezifischen, befallbaren Zellen vor sich geht oder in Zellen, deren Auswahl an Lebendsubstanzen besonders groß ist (Eidotter). Man darf angesichts dieser Tatsachen ohne weiteres annehmen, dass die Virusvermehrung nur möglich ist, weil die Lebendsubstanzen der befallenen Zellen »ähnlich« sind dem Bau des eingedrungenen Virus, denn was anderes stellt die Spezifität der Zelle und ihre Virus-Affinität dar als den Charakter ihrer lebenden Substanz?

Da aber nicht nur die Zellen selbst Einrichtungen besitzen, die den Stoffaustausch mit der Umwelt erheblich erschweren oder zu erschweren scheinen (Zellwände, Protoplasmasäume, Plasmamembranen usw.), sondern auch alle Gebilde aus Zellen Sondereinrichtungen für die Verdauung haben, die man als absichtliches Hemmnis betrachten musste, lag der Schluss nahe, es gebe grundsätzlich nur einen mikromolekularen Stoffwechsel, das heißt die Aufnahme einfacher Bau- und Betriebsstoffe (Mineralsalze, Kohlehydrate, Aminosäuren, Vitamine usw.) und die Abgabe ebenso kleiner Abfallstoffe. Der Fall der Virusinfektion galt als »Ausnahme«, als spezifischer Sonderfall. Auf den Gedanken, dass es sich dabei nur um den Sonderfall der Einwanderung lebendiger Substanzen handeln könnte, sind nur Wenige gekommen.

Zwar ist die Hypothese vom nur mikromolekularen Stoffwechsel niemals bewiesen worden, hat aber in stillschweigender Übereinkunft als Naturgesetz gegolten und jene simplifzierte Anschauung vom Stoffwechsel geschaffen, die mehrere Jahrzehnte hindurch jede weitere Entwicklung zu tieferer Erkenntnis verhindert hat. Es will mir scheinen, dass da die Naturwissenschaft den gleichen Fehler wie diejenigen gemacht hat, die sie ehemals bekämpfen musste: Die Urzeugungsapostel. Es fiel freilich nicht schwer zu beweisen, dass Schnecken nicht im Schlamm urgezeugt werden und Mäuse nicht aus Unrat entstehen; statt dessen verlegte man nun die »Urzeugung« in die lebenden Zellen und behauptete, allein die Zelle sei imstande, lebende Substanzen zu produzieren – es wurde eine neue Urzeugungsstätte gefunden, indem man postulierte, die Zelle könne keine lebenden Substanzen in sich aufnehmen, sie dürfe es auch nicht, um nicht selbst verändert zu werden – nun wurde die Zelle zur »Urzeugungsmaschine«, die semipermeable und ähnliche Membranen wurden zum Stoffwechselmodell, die Wirkkräfte waren Osmose und Diffusion, die Sache wurde chemisch-physikalisch durchschaubar. Befunde, die widersprachen, tat man oft als methodische Fehler oder irrige Beobachtungen ab.

Der Stoffwechsel hatte so eigentlich nur die Aufgabe, eine genügende Anzahl und Auswahl von Nährstoffen zum Betrieb der »Urzeugungs-Maschinen« heranzuschaffen, und die Fruchtbarkeit trug jeder Organismus nur in sich selber, in den Reproduktionsstätten für lebende Substanzen, in den Zellen und Erbzellen und ihren Organzellen. Wir haben schon davon gesprochen, welche Auswirkungen diese eine Hypothese auf die Gestaltung, der menschlichen Lebensordnungen gehabt hat; sie darf also nicht bagatellisiert werden, wir haben uns damit ausführlich auseinanderzusetzen.

## Über das Urphänomen Stoffwechsel

Wiederum ist es nötig, die Dinge auf ihre Ursprünge zurückzuführen, um die Wahrheit zu erfahren. Das Urphänomen »Stoffwechsel« hängt viel zu eng mit dem Urphänomen »Fruchtbarkeit« zusammen, um es übergehen zu können, und allein die Rückführung auf den Urvorgang selbst vermag, biologische Wahrheit zu offenbaren, wo die Vielfalt der Erscheinungen irreführt.

Als die Erbforschung den höchst geordneten Teilungsvorgang der Erbsubstanzen vor der eigentlichen und endgültigen Zellteilung ans Tageslicht brachte, mit allen ihren erstaunlich präzisen Einzelheiten, wurde es selbstverständlich, dass der Zellvermehrung die Vermehrung der Erbsubstanzen vorausgeht, und es wurde außerdem offensichtlich, dass es sich bei diesem Vorgang nicht um eine »Urzeugung« im strengsten Sinne, sondern um die Reproduktion vorhandener Modelle, um die Prägung von irgendwelcher Substanz nach vorhandenem Vorbild handelt. Immerhin: Genau genommen wird also doch immer noch angenommen, dass fortlaufend lebende Substanzen in lebenden Zellen neu erschaffen werden, und das teilweise in rapidem Tempo und riesigem Ausmaß wie etwa in einer Bakterienkultur oder einer großen, einjährigen Pflanze.

Betrachtet man die Sache rein stofflich, so ist es außerordentlich schwer, ja vielleicht unmöglich, die Hypothese zu widerlegen, dass die lebendigen Substanzen auch heute noch grundsätzlich aus mikromolekularen Nährstoffen aufgebaut würden; wer diese These vertritt, hat immerhin auch den Gedanken für sich, dass das Leben der Erde ursprünglich doch wohl einmal aus Mikromolekularen entstanden sein müsse, dass die ersten lebenden Substanzen aus nicht-lebendigen hervorgegangen sein müssen, woraus der Schluss zu ziehen sei, es sei nur biologisch, wenn dies auch heute noch geschehe, wenn auch nur in lebenden Zellen. Und vielleicht hat der Einwand nicht mehr Gewicht, man könne ebensogut unterstellen, dass die ersten lebenden Substanzmassen aus dem Weltraum stammen; man könnte immerhin dafür anführen, dass noch niemand hat lebende Substanz herstellen oder ihre Entstehung beobachten können, trotz hartnäckigster Bemühungen der Synthetiker in aller Welt, und nicht einmal der synthetisierte Farbstoff Chlorophyll vermag auch nur ein einziges Molekül Kohlehydrat zu bilden – ihm fehlt die lebende Substanz, die es macht.

Ähnliche Versuche, eine »Urzeugung« zustande zu bringen, haben bis jetzt nicht überzeugen können, dass es möglich sei, die Entstehung lebender Substanzen auf solchen Wegen darzustellen; wohl ist es verschiedentlich gelungen, die Bildung von aminosäure-ähnlichen organischen Verbindungen zustande zu bringen, aber es ist noch nicht gelungen, gerade die Teilchenordnungen herzustellen, die von der Natur benutzt werden. Da die Proteine aber ohnehin nur sekundäre Bildungen der lebenden Substanzen sind, würde selbst die gelungene, künstliche Eiweißsynthese keineswegs bedeuten, dass man eine lebende Substanz synthetisiert habe; es ist da im Grunde doch nicht viel mehr geschehen, als wenn man Harnstoff oder Vitamine synthetisiert. Wie dem auch sei – auf solche Weise lässt sich keine Entscheidung fällen. Wir müssen schon etwas weiter ausholen.

Es ist heute den Biochemikern ohne weiteres möglich, Beziehungen zwischen den Syntheseleistungen der Zelle und ihrem Energiebedarf einerseits, der molekularen Energiedifferenz zwischen aufgenommenem und abgegebenem Stoff andererseits herzustellen. Natürlich hält man sich dabei an diejenigen Assimilate, die der Analyse und Berechnung einigermaßen zugänglich sind, insbesondere an die Kohlehydratsynthese durch die chlorophyllhaltige Pflanze. Der Umfang solcher Berechnungen ist erstaunlich groß geworden, nachdem es eine Biophysik gibt, die sich auf die Erkenntnisse im atomaren Bezirk stützen kann. Zwar sind solche Rechnungen beim Lebendigen bei weitem nicht so exakt wie beim physikalisch-chemischen Objekt, die errechneten Energieumsätze lebender Zellen aber so groß, dass sich nicht eindeutig entscheiden lässt, ob mit diesen relativ riesigen Energiemengen der Aufbau so komplizierter Gebilde wie der lebenden Substanzen ebenfalls bewerkstelligt werden kann oder nicht. Jedenfalls darf vorerst nicht behauptet werden, man habe energetisch beweisen können, er sei möglich oder gar bewiesen. Man wird abwarten müssen, bis man genauere Unterlagen über den Energiebedarf bei der Biosynthese lebender Substanzen bekommt oder nicht bekommt.

Meines Wissens war *Bertalanffy* sen. der erste, der behauptete, man könne energetisch nachweisen, dass die lebenden Substanzen und damit die Zellen, Gewebe und Organismen nur scheinbar dem 2. Satz der Thermodynamik widersprechen, dem Gesetz der Entropie, nach dem alle Materie nach einem Ausgleich der Bewegungsenergien strebe und dem Zustand der absoluten Ungeordnetheit näher und näher komme. Er sagt, das wesentliche Merkmal des Lebendigen, nämlich die fortwährende Wiederherstellung seiner Organisation entgegen der Entropie, sei nur möglich, weil die lebenden Systeme Gelegenheit haben und nehmen, fortlaufend überschüssige Energien aus der Umwelt an sich zu reißen. Danach sei das Leben also nicht Ektropie, sondern lediglich die Differenz zwischen einer höheren und einer niederen Stufe der Entropie – ein dauerndes Schwimmen »gegen den Strom«.

Nach *Bertalanffy* lässt sich ausrechnen, dass die Synthese von Proteinen, die höchste Leistung, die die Zelle nachweislich vollbringt (die allerdings auch extrazelluläre lebende Substanzen zu vollbringen befähigt sind), energetisch allein aus dem Nährstoffwechsel bestritten werden kann, dass die Zufuhr dem Verbrauch von Energie entspreche; und so scheint nichts darauf hinzudeuten, dass die lebenden Organisationen eine spezielle, ektropische Fähigkeit hätten, aus sich selbst heraus neue Ordnungen zu schaffen und damit der Entropie zu widerstehen. Es scheint also beim gegenwärtigen Zustand des Lebendigen doch so zu sein, dass eine Syntheseleistung wie die der Synthese lebender Substanzen nachweisbar sein müsste, denn man kann ja nicht gut annehmen, dass die Neubildung der kompliziertesten, energiereichsten Makromoleküle weniger Energien verbraucht als die Synthese von Eiweißstoffen.

*Schroedinger*, von dem der Gedanke der »negativen Entropie« eigentlich stammt, hat an sich nur behauptet, dass die lebenden Systeme im Strom der allgemeinen Entropie verstünden, sich als einzige Stoffgebilde zu widersetzen, zeitweilig gegen den Strom zu schwimmen. Er hat aber gleichzeitig formuliert, dass die lebenden Systeme »Ordnung« in sich aufnehmen müssen, um »in der Ordnung« zu bleiben, hat also die Frage ganz offen gelassen, in welcher Form diese Ordnung hineingelangt, ob nur als höher synthetisierter Nährstoff allein oder auch als lebendiges System. Die Proteine vollends, die *Bertalanffy* als Kriterium der Eigenschaft »Leben« benutzt hat und deren Synthese er energetisch als erklärbar bezeichnet, sind keine lebenden Systeme, sondern nur Schutz- und Hilfsstoffe von sekundärer Bedeutung; sie werden gebildet, wenn sie gebraucht werden, und sie zerfallen, wenn sie nicht mehr gebraucht werden, wobei ihre Energien je nach Sachlage in Wärme oder in andere Syntheseleistungen umgesetzt werden wie zum Beispiel bei der Humusbildung.

Wir brauchen nicht zu bezweifeln, dass die Proteinbildung rein nährstoff-energetisch erklärbar ist; die Reduplikationen lebender Substanzen sind, wie sich unter anderem am Virus nachweisen lässt, von der Proteinsynthese unabhängig. Ihre Synthese scheint nach allem, was man darüber bisher weiß, ungeheuere Energien zu erfordern und nur möglich gewesen zu sein, als die Erde von den unvorstellbar großen Energieumsätzen der Urzeit erschüttert wurde, von Energiemengen, die man bisher vergeblich im Experiment anzuwenden versucht hat, wenn es um den »homunculus«, der Synthese von Lebendigem ging. Im atomaren Bereich hat man sie errechnet, und hier herrschen keine Zweifel mehr, welche Energien für einen ektropischen Vorgang nötig sind, welche beim entropischen frei werden, und nur mit Hilfe der Entropie sind Atombomben und Maschinen möglich geworden. Da man aber von den lebendigen Systemen, das heißt den lebenden Substanzen und allen ihren Bildungsformen annimmt – und man kann überhaupt nichts anderes annehmen –, dass sie nur existieren, weil sie der Entropie zeitweilig zu widerstehen vermögen, mag man seine Vorstellungen von dem Energiebedarf bei der angeblich fortlaufenden Neubildung lebender Substanzen aus entropiereichen und ektropiearmen Nährstoffen dem angleichen, was tatsächlich und exakt über solche Umsetzungen bekannt ist. Man wird anders von den Realitäten so weit entfernt bleiben wie bisher.

## Von der Ordnung des Lebendigen

Die Annahme fortlaufender Neubildung lebender Systeme aus Nährstoffenergien ist auch – und hier kommt der Biologe zum Wort – deshalb ganz unwahrscheinlich, weil sie voraussetzt, dass die überall äußerst ökonomische Natur ausgerechnet bezüglich ihrer energiereichsten, höchst organisierten Bildungen, den lebenden Substanzen fortlaufend die größte Verschwendung betreibt, die man sich vorstellen kann. Das ist unvorstellbar, und ein Modell mit solcher Hypothese kann nicht der Wirklichkeit entsprechen.

Die biologische Ordnung muss in irgendeiner Form in der Nahrung, der breitesten Verbindungsstraße zur Umwelt, enthalten sein, und diese Ordnung ist nur denkbar in eben den Formen, die dem Lebendigen selbst zugehören.

Natürlich gibt es im Universum viele Formen von »Ordnung«; ein schönes Beispiel ist die Bildung der Assimilate in der Pflanze mit Hilfe des Chlorophyll, ein Beispiel dafür, wie »Ordnung« stofflich fixiert wird, um in nachfolgenden Lebensvorgängen wirksam zu werden: Die geordnete Wellenstruktur der Sonnenstrahlung wird mittels besonderer Fähigkeiten einer lebenden Substanz, des Clorophyllkornes, absorbiert und in eine molekulare Ordnung, das Kohlehydrat, umgewandelt. Als solches dient es nicht nur der Energiebeschaffung, sondern auch – unter Zufuhr weiterer Energie – als Grundstoff für weitere und andere Nährstoffbildungen, ja sogar zur Bildung von Schutz- und Begleitstoffen lebender Substanzen, von Proteinen.

Übrigens ist es in jüngster Zeit gelungen, einen Vorgang aufzudecken, der hier nicht unerwähnt bleiben darf: Das Verhältnis des »gewöhnlichen« Kohlenstoff C=12 zum höherwertigen Isotop C=14 soll bei gleichen Pflanzen-Arten im eben gewachsenen, neuen Pflanzengewebe konstant sein. Hört das Wachstum auf, das heißt wird kein neuer Kohlenstoff mehr verbaut, so verliert das Gewebe ganz allmählich seinen Gehalt an C=14, weil es gesetzmäßig ins C=12-Atom zerfällt. Die dabei frei werdende Energie soll ein Teil derjenigen Energie sein, die einen Rest von Lebenstätigkeit erlaubt, wie sie organischen Materialien auch dann noch eigen zu sein scheint, wenn sie schon lange »tot« sind. Die Halbwertzeit des C=14 ist auf 5 664 Jahre errechnet worden. Man kann nun das Alter organischer Materialien berechnen, wenn man den Ausgangswert kennt, das heißt die C=12 – C=14-Relation zur Zeit des Wachstums, indem man die momentan gültige Relation bestimmt und die Zeit errechnet, die nötig ist, um diese letztere entstehen zu lassen; so hat man beispielsweise das Alter von Geräten und Gemälden in den kürzlich aufgefundenen Höhlen der Eiszeitmenschen (40 000-10 000 v. Chr.) bestimmt, indem man das Alter von Holzresten errechnete, die dort gleichzeitig gefunden worden sind. Kurz: Man kann errechnen, von wann ab das Holz nicht mehr gewachsen ist.

Es scheint also, dass die Pflanze das Isotop C=14 bevorzugt, und wenn sich die Beobachtung weiter bestätigt, so würde sie für die Biologie, insbesondere für das Problem »Fruchtbarkeit« unglaublich interessant: Das Isotop C=14 ist keineswegs im normalen, biologischen Kreislauf Boden – Organismen – Boden vorhanden und kann auch dort nicht entstehen; es entsteht ausschließlich in der Ionosphäre, außerhalb des Luftmantels der Erde dort, wo die ionisierende Raumstrahlung wirksam ist, und es entsteht merkwürdigerweise nicht aus dem Atom C=12, sondern aus C=14, dem »normalen« Stickstoffatom, durch eine echte Kernverwandlung. Es ist also nicht anders möglich für die Pflanze, um die von ihr gewünschte, niedrige C=I2-C=I4-Relation zu erreichen, als sich das C=14-Isotop aus der Luft und aus derjenigen Kohlensäure zu holen, die mit dem Regen gelöst wird.

Da wird eine ganze Reihe von Fragen aufgeworfen, deren Beantwortung für den Biophysiker sehr lohnend wäre; es ist damit unter anderem besagt, dass Kohlensäure nicht gleich Kohlensäure ist, genauso, wie »Wasser nicht gleich Wasser« ist (*C. Tropp*). Auch erscheint die »bodenbürtige« Kohlensäure nicht mehr als gleichwertig mit dem $CO_2$ der Luft, und schließlich ist es sehr wesentlich, zu bemerken, dass die Assimilationstätigkeit der Pflanze durch Photosynthese abhängig gedacht werden kann von der C-Isotopenrelation ganz ebenso, wie die biologische Wirkung des Wassers von Isotopenrelationen der $H_20$-Moleküle abhängig ist; es ist sogar vorstellbar, dass allein die höhere Ladung des C=I4-Isotopes die Photosynthese, das heißt die Ordnung der kohlenstoffhaltigen Moleküle in Ketten, durch die Sonnenlicht-Quanten möglich macht. Offenbar vermag ein Organismus auf vielerlei Weise »negative Entropie« oder, anders gesagt, »biologische Ordnung« in sich aufzunehmen, von denen uns bisher mutmaßlich nur einige Möglichkeiten bekannt sind.

Man sollte den Organismen und Zellen grundsätzlich die Fähigkeit zuerkennen, sich vorwiegend die geordneten, die höherwertigen, die strukturierten und energiebeladenen stofflichen Formen und Kräfte dienstbar zu machen, mit Hilfe deren Entropiearmut beziehungsweise hohen biologischen Ordnungsstufe sie dem Schicksal der Materie an sich widerstehen können, solange ihnen zugemessen ist zu leben. Und man sollte keine höchstwertige organische Struktur und keine kosmische Energie davon ausnehmen, solange man nicht nachgewiesen hat, dass sie am Stoffwechsel nicht beteiligt sind.

## Das Gesetz von der Erhaltung der lebendigen Substanz

Zweifellos ist von der Natur die höchste Stufe biologischer Ordnung in Form der lebenden Substanzen erreicht worden; diese Substanzen verstehen es, der »niedrigeren«, mikromolekularen Materie ihren Willen aufzuzwingen, sie nach ihrem Bedürfnis zu formen, nach ihrem eigenen Vorbild biologisch zu ordnen. Es ist dabei nicht so sehr entscheidend, wie das geschieht, es ist wesentlich, dass es geschieht. Wir sollten hier nicht im Einzelnen auf die Hypothesen eingehen, die sich um die so genannte Biosynthese lebender Substanzen gebildet haben, wenn sie auch zuweilen bereits als bewiesen betrachtet werden. Wir sollten uns aber über das Folgende Gedanken machen: Wenn tatsächlich lebende Substanz fortlaufend in riesigem Umfang aus dem »Nichts«, aus Atomen oder relativ »kleinen« Atomenverbänden aufgebaut werden müssten, weil sie überflüssigerweise jedesmal beim Tode lebendiger Gebilde zerfallen, dann wäre das die größte Verschwendung, die sich die lebendige Schöpfung leistet – das ist nicht sehr glaubhaft.

Um es ausdrücklich zu betonen: Man soll nicht bezweifeln, dass unter bestimmten Umständen gewisse, primitiv genannte Zell-Arten, zum Beispiel gewisse Bakterien, imstande sind, sich aus einem Material heraus zu vermehren, das man »synthetisch« nennt (wenn auch immer noch speziell nachzuweisen wäre, dass wirklich keine Primitivformen lebender Substanzen zur Verfügung standen, die sich in allen Materialien organischer Herkunft befinden!). Man braucht diese Möglichkeit ja nicht zu bestreiten; es bleibt trotzdem die Frage offen, ob es sich dabei um einen Sonderfall oder um ein physiologisches Modell handelt, das heißt ob die Natur nur hier und da, oder generell so verfährt. Wenn Viren zum Beispiel, eine sehr primitive lebende Substanz, sich nur in einer lebenden Zelle, auf Kosten deren lebender Zellsubstanzen, zu reduplizieren vermögen, so muss auch das zu denken geben. Und vollends: Die Frage, wie es denn die lebendigen Organisationen bewerkstelligen, »Ordnung« aus der Umwelt in sich aufzunehmen, um selbst »in der Ordnung« zu bleiben – diese Frage ist so nicht beantwortet. Wir haben uns nach wie vor zu fragen, ob wir uns vorstellen dürfen, dass die lebenden Substanzen aus sich selbst heraus zur vollen Fruchtbarkeit befähigt sind, ob sie zur »Urzeugung« imstande sind, das heißt imstande, mit den relativ geringen Energien der Nähr- und Betriebsstoffe wieder und wieder aus einfachsten Bausteinen hoch differenzierte und lebensfähige Feinstrukturen aufzubauen. Mir scheint das unvorstellbar, nachdem bekannt geworden ist, dass die Auswechslung der einzelnen Gewebszellen im Großorganismus in einem unglaublichen Tempo vor sich geht – hier müsste lebende Substanz in gewaltigstem Umfang zerfallen und neu aufgebaut werden, und es ist nicht einzusehen, warum man das annehmen sollte.

Wir bezweifeln es ausdrücklich und haben diesem Zweifel anhand ausgedehnter Untersuchungen 1951 (unter Mitarbeit von *E. Santo*) in Form des »Gesetzes von der Erhaltung der lebendigen Substanz« Ausdruck gegeben, ohne zu wissen, dass der Philosoph *Meyer-Abich* zu fast gleicher Zeit ein solches Gesetz rein denkerisch postuliert hat. Wir waren schon damals der Meinung, dass sich die Natur diesen Luxus keineswegs leistet, die wesentlichsten Elemente des Lebens nach dem Tode von Organismen, Geweben und Zellen sinnlos zerfallen zu lassen oder, wie es der Chemiker ausdrückt, sie zu »mineralisieren«. Das trifft nicht einmal für die noch energiehaltigen Bau- und Betriebsstoffe zu, deren Potenz in Form von Proteinen, Kohlehydraten und vielen anderen organischen Bausteinen bis zur letzten Kalorie ausgenutzt werden, schlussendlich bei der Humifizierung, bei der allein die Koloniebildungen durch die mikrobiellen Zersetzer als Basis der Oberflächen-Gare ohne diese Energien undenkbar wären. Einen gesetzmäßigen Zerfall, eine regelrechte Mineralisation der lebenden Substanzen als Normalfall anzunehmen, wäre sinnwidrig.

In der geduldigen Beobachtung des Autolyse-Ablaufes beim unbeeinflussten Zerfall lebender Zellen – tierischer, pflanzlicher und mikrobieller Zellen – finden sich genügend Tatsachen, die beweisen, dass von einer gesetzmäßigen Mineralisation der lebenden Zellsubstanzen nicht die Rede sein kann, dass sie vielmehr gesetzmäßig erhalten bleiben und es durchaus verstehen, sich dem allgemeinen Zerfall ihrer ehemaligen Schutzgehäuse, der Zweckbildung »Zelle«, zu entziehen (ich darf auf die Literatur verweisen). Die Vorbereitungen werden, wie man leicht am ausreichend kühl gehaltenen Objekt beobachten kann, schon vor der eigentlichen Zellauflösung, vor ihrem sichtbaren Zerfall getroffen, indem sich die lebenden Zellsubstanzen mit Schutzeinrichtungen versehen und zu Kongregationen formieren, wie sie *Arndt* bei den hungerndern Amöben beobachtet hat. Sichtbar wird der Vorgang vorsorglicher Umgruppierung noch vor dem Zellzerfall nur, wenn man ihn durch Kühlung zum Zeitlupentempo zwingt; offenbar wird er deshalb selten bemerkt, weil er in Normaltemperatur sehr rasch abläuft. Die Umformierung geht in sehr mannigfaltigen Formen vor sich, und sie ergibt Gebilde, die auf die Ebene der Viren, Bakteriophagen und Gene gehören, ja teilweise sogar wieder auf die zellulare Ebene. Zweifellos wird damit erreicht, dass die lebenden Zellsubstanzen in neuer Gestalt und Gruppierung befähigt werden, ohne den Schutz auszukommen, den die Zelle gewährt, also extrazellulär zu leben, das heißt in der Urgestalt, die ihnen eigen war, als es noch keine Zellen auf der Erde gab. Dabei haben wir eine Spezifität der Gestaltung insofern bemerkt, als die gleichen Zell-Arten auch gleiche Formen extrazellulärer Partikel hervorbringen, eine Beobachtung, die noch ein weites Feld mikrobiologischer Betätigung bietet und wert ist, viel mehr als bisher beachtet zu werden.

Das Ganze kann wohl keinen anderen Sinn haben als den, die wertvollsten Bestandteile sterbender Organismen, Gewebe und Zellen, die lebendigen Systeme als höchste Ordnungsstufen der Materie bei der Auflösung der sterblichen, individuellen Gestalt zu erretten für die Wiederverwendung beim Neuaufbau lebendiger Gestalten, ganz gleich welcher Art. Die Natur entspricht damit nur genau dem, was man von ihr vernünftigerweise erwarten muss.

## Der Kreislauf der lebendigen Substanzen

Das Durcharbeiten der einschlägigen Literatur unter diesem Aspekt vermag die Überzeugung nur zu bestätigen, dass die Auffassung, es gebe nur einen Nährstoffwechsel und keinen »Kreislauf lebender Substanz«, nicht mehr zu halten ist.

Einiges davon sei kurz angeführt: Der Botaniker *Winter* sagt aus, er habe bis hin zum Molekulargewicht 1500 keinen Wirkstoff gefunden, der nicht Eingang in die Pflanze gefunden hätte, und keine Pflanze, die derartig große Moleküle nicht aufgenommen habe. Es kann also auf jeden Fall keine Rede davon sein, die Pflanze sei außerstande, größere Verbindungen aus der Umwelt aufzunehmen als lösliche Salzformen der Mineralien. In eigenen Untersuchungen haben wir noch eben lichtmikroskopisch sichtbare Partikel lebender Substanzen in organischen Nährlösungen in den Saftkanälen der Versuchspflanzen wiedergefunden. Man kann also getrost annehmen, dass auch die Pflanze sehr hochmolekulare Stoffe aus der untersten Lebensstufe, das heißt lebende Substanzen aufzunehmen vermag, und die Schutzmechanismen, deren sie bedarf, um sich vor unkontrolliertem Einströmen unzuträglicher und unerwünschter Substanzen zu bewahren, sind anderer Art als die, die der Chemiker für die Pflanzennährstoffe fordert. Es ist sogar erlaubt, anzunehmen, dass die Pflanze auch die notwendigen Mineralien lieber in einer organischen Form aufnimmt, weil sie so bessere Möglichkeiten hat, ihren biologischen Wert zu prüfen – davon noch später.

Wenn die Pflanzenvirus-Forscher ihre Versuchsobjekte experimentell zu infizieren bemüht sind, setzen sie stillschweigend voraus, dass diese Riesenmoleküle ungehindert und unverändert Eingang finden nicht nur in die Pflanze, sondern gleich bis in eine Zelle hinein, durch eine Membran hindurch, der man offiziell nur einen osmotisch-diffusionsartigen Stoffwechsel zutraut – anders kann ja keine Virusvermehrung stattfinden und keine Viruskrankheit entstehen.

Der Krebsforscher *Lettré* (Heidelberg), schuf einen Zeitrafferfilm von künstlichem Gewebswachstum, in dem man sehr gut beobachten kann, dass sogar die lichtmikroskopisch noch sichtbaren, also recht »dicken« Mikrosomen oder anders benannte lebende Substanzen aus den Zellen heraus – und in die Zellen hineinzuschlüpfen verstehen, und das ist offensichtlich kein seltenes Ereignis, denn man kann geradezu von einem lebhaften »Mikrosomen-Verkehr« sprechen, der hier vor sich geht.

Ganz allgemein ist die Aufnahme lebender Substanzen durch eine Zelle ja das Modell für die pathogene Wirksamkeit eines Virus, von dem wir in anderem Zusammenhang bereits gesprochen haben, die ganz undenkbar wäre, wenn es dem Virus nicht gelänge, bis in die entlegendsten Gebiete eines Großorganismus vorzudringen und Einlass auch in besonders geschützte Zellen, zum Beispiel Nervenzellen, zu bekommen. Wenn man einmal die Viren als »vagabundierende Gene« bezeichnet hat (*P. Rondini*), so drückt das nichts anderes aus, denn vernünftigerweise muss man eine spezifische Affinität spezifischer Viren zu spezifischen Zellen annehmen, sonst wäre nicht erklärbar, warum ein bestimmtes Virus nur bestimmte Zellen mit seinem Besuch »beehrt«; und wie anders soll man die Beobachtung deuten, dass man spezifische DNS-Einheiten experimentell nur dann in lebende Zellen induzieren kann, wenn man die zugeordneten, affinen Bildungsformen, zum Beispiel den zugehörigen Bakteriophagenstamm, findet, und auch nur dann, wenn man eine lebende Substanz verwendet, die nachweislich in der gleichen Zell-Art vorkommt und nur »zufällig« fehlt. Auch hier geschieht doch nichts anderes, als dass lebende Substanzen in kleinsten Einheiten – man spricht heute schon von Molekulargewichten von wenigen Millionen, ja von Gefügen von weniger als 1000 Atomen! – aufgenommen werden, ohne ihre biologische Funktionstüchtigkeit einzubüßen. Es gibt also diese Möglichkeit, und daran wird auch dadurch nichts geändert, dass die Zelle nur Substanzen an- und aufnimmt, die sie für tauglich hält; wenn sie sich im Falle eines Virus irrt und diese pathogene Substanz annimmt wie die Trojaner das Danaergeschenk des hölzernen Pferdes, so ist das in der Tat ein biologischer Sonder- und Ausnahmefall, aber nicht in dem Sinne, es sei nur pathogenen Substanzen möglich aufgenommen zu werden, sondern in dem

Sinne, dass es grundsätzlich allen zugehörigen Substanzen gleicher Größenordnung möglich ist, in lebende Zellen aufgenommen zu werden.

Damit hat die Natur das Problem der Beschaffung jener Energien und biologischen Ordnungen gelöst, die nötig sind, um das Leben der Organismen, ihrer Gewebe und Zellen zu sichern. Der pathologische Fall ist nur das Modell für den physiologischen; wenn das noch zu beweisen war, so haben es vor wenigen Jahren die langwierigen, subtilen und geistreichen Bakterienversuche von *Lederberg, Beadle, Tatum* und anderen bewiesen, die zum Besten gehören, was die Naturwissenschaft je geleistet hat. Es ist hier gelungen, auch den physiologischen Fall der »Infektion« mit lebender Substanz darzustellen, und zwar – so unglaublich es sich anhört, – sogar anhand der »Infektion« von Bakterien mit einer Erbsubstanz, mit einem spezifischen Komplex lebender Substanzen. Es gelang, eine Erbsubstanz aus einer Bakterien-Art in die andere zu überführen, und sie wurde nachweislich in deren Chromosomensatz eingebaut und weiter vererbt, nicht nur in intakter Form, sondern auch in einer radiologisch geschädigten, die einen Teil der zugehörigen Syntheseleistung zu vollbringen vermag. Was ist hier geschehen? Wir haben hier ein ganzes Bündel von »Modellen« für die vielfältigen Möglichkeiten der »Transduktion« lebender Substanzen, nicht nur das physiologische Modell für den pathologischen Fall der Virusinfektion, nicht nur den Fall der Verwendung induzierter lebender Substanz als wertvollste Nahrung; hier ist der viel aufregendere Fall dargestellt worden, dass eine lebensfähige, unversehrte, in jeder Beziehung normale Zelle sich aus der Umwelt, aus der angebotenen Nahrung ein neues Erbsystem einverleibt hat, eine neue Erbeigenschaft erwarb; diese Eigenschaft ist ihr zwar zugehörig und kommt bei Schwesterstämmen vor, sie hat sie aber nicht besessen und natürlich auch nicht vererbt: Auf dem Nahrungswege sind komplizierte Erbsubstanzen aufgenommen und voll lebendig, voll funktionstüchtig in die zelleigene Garnitur aufgenommen worden – es ist der Fall der biologischen Regeneration durch die Nahrung dargestellt worden.

Die Dinge liegen nach allem, was wir bisher angeführt haben, offenbar so: Im pathologischen Fall des Virus hat die Zelle keine Möglichkeit zu überleben, wenn das Virus »virulent« genug ist; und es ist ja auch sehr leicht eine Zelle zum Tode zu bringen, denken wir nur an die Zerstörung einer Zelle durch ein einziges Lichtquant, das mit winzigster Energie eine nur winzige Veränderung an lebenswichtiger Stelle zu bewirken vermag. Dieses »Ein-Treffer-Ereignis« beweist, wie empfindlich die Erbsubstanzen auf Wirksamkeiten »von außen« reagieren, und es ist durchaus verständlich, wenn sie auf das Eindringen einer pathogen-fehlerhaften lebenden Substanz, das heißt auf ein Virus, auf das Eindringen zellfremder, zellfeindlicher, hoher biologischer Energien nicht anders reagieren als mit dem Bankrott des ganzen Systems.

Im physiologischen Fall liegt dazu kein Anlass vor. Wer sich von den Vorstellungen aus der alten »Erreger«-Bakteriologie nicht lösen will, mag sich vorstellen, es handele sich beim Eindringen einer lebenden Substanz um ein nicht virulentes Virus, denn wenn man absolut will, kann man eine extrazelluläre lebende Substanz auch so benennen. Da es aber in allen nährenden Medien ohne Zweifel millionenfach mehr physiologische lebende Substanzen gibt, die aus abgestorbenen Organismen, ihren Geweben, Zellen und Ausscheidungen stammen, und da allen diesen Substanzen auch gewisse Affinitäten zugerechnet werden dürfen, bedeutet die Annahme eines regelrechten »Kreislaufs der spezifischen lebenden Substanzen« durchaus nicht Vergewaltigung der bekannten Tatsachen, sondern den logischen und nahe liegenden Schluss; die »Affinität« bestimmter lebender Substanzen zu bestimmten lebenden Zellen lässt sich zwanglos so erklären, da man annimmt, es handele sich bei einer von einer bestimmten Zell-Art eingelassenen Lebendsubstanz um eine solche, die aus einer gleichartigen Zelle stammt oder zumindest um eine Substanz, deren biosynthetischen Fähigkeiten auch dann in einer neuen, anderen Zelle erwünscht sind, wenn sie vorher zu einer ganz anderen Zell-Art gehört hat, dort aber die gleiche oder eine ähnliche Tätigkeit ausgeübt hat. Einen gewissen Spielraum zum Angleich ähnlicher Substanzen darf man den Erbsubstanz-Komplexen schon zurechnen.

## Erreger oder Nahrung?

Man kann, wie schon gesagt, die Sache auch von der anderen Seite her betrachten: Das »Virus« ist auch Gen, das Gen auch Virus; beide sind spezifische Lebendsubstanzen, die eine innerhalb, die andere außerhalb von Zellen. Normalerweise werden nur die Substanzen in eine Zelle, die sich teilen oder regenerieren will, eingelassen, die als geeignet befunden werden; im pathologischen Fall des Virus irrt sich der »Erkennungsdienst« der Zelle und ist offenbar nicht imstande, die winzige Abänderung im Riesenmolekül, die eine pathogene Eigenschaft bedingt, zu erkennen – vielleicht nur deshalb, weil die Proteinhülle, die für die Zellaffinität verantwortlich gemacht wird, die gleiche ist wie bei der physiologischen Substanz. Für diese Auffassung spricht vor allem die Tatsache, dass die Virologen heutzutage in allen nährenden Medien, besonders in Darmtrakten von Tieren, sozusagen täglich neue Virusstämme auffinden; und von denjenigen Forschern, die sich mit Pflanzenviren beschäftigen und beispielsweise Sammlungen von Kartoffel-Viren anlegen, wird bekannt, dass zuweilen von hundert Stämmen nur einem einzigen eine pathogene Eigenschaft, eine krankmachende, symptomatisch erkennbare »Erreger«-Wirkung experimentell nachweisbar ist, ja, es wird behauptet, dass viele Stämme geradezu als »Nahrung« und wie eine Düngung wirken. Man zieht auch hier den nahe liegenden Schluss nicht, dass man es da mit einem Teilbeweis für die Existenz des »Kreislaufs lebender Substanzen« zu tun hat.

Es gibt eine ganze Reihe weiterer experimenteller Beweise, von denen vielleicht jene Befunde am eindrucksvollsten sind, die man in der Erforschung der Krebsursachen erhoben hat; davon nur eines: Wenn man die lebenden Zellsubstanzen einer krebsigen Tierleber herauszentrifugiert und zellfrei isoliert, wenn man nun dieses Substrat einem gesunden Tier der gleichen Art injiziert, so wandern die lebenden, mit der Eigenschaft »Krebs« behafteten Zellsubstanzen zur Leber, werden eingelassen und wandeln die gesunden Leberzellen in krebsige um; das Tier bekommt den gleichen Leberkrebs wie das kranke Tier, aus dem die Zellsubstanz stammt.

Auch in diesem Fall sagt man, es handle sich um eine »Infektion« und um den Nachweis, dass die Neoplasmen Viruskrankheiten seien. In der Tat – der Weg der spezifischen Lebendsubstanzen, in diesem Falle der Weg der pathogenen »Krebs-Viren«, lässt sich nachweisen, nämlich anhand der Markierung durch die Zellwirkung. Mit physiologischen Lebendsubstanzen kann man das nicht machen, denn »gesünder als gesund« kann eine Zelle nicht werden; der Vorgang lässt sich auch nicht umkehren, das heißt man kann nicht erreichen, dass mit Hilfe gesunder Zellsubstanz eine Krebszelle wieder in eine normale verwandelt wird – der Fall ist nicht nachgewiesen und auch nicht sehr wahrscheinlich, weil eine bereits als krebsig erkennbare Zelle schon einen pathologisch abgeänderten Erbsubstanz-Komplex besitzt, nach dessen Modell auch jede neue Zelle gebildet wird, nämlich wieder eine Krebszelle, unabhängig von dem Material, das dabei verwendet wird. Auch die radioaktive Markierung von Bioelementen ist zum Nachweis nicht tauglich, denn es ist nicht zu widerlegen, wenn man behauptet, das Auftauchen von markierten Stoffen in einem Organ beweise nicht, dass die spezifischen Lebendsubstanzen Eingang in die Leberzellen gefunden haben. Ja selbst die Versuche von *Lederberg* und Mitarbeiter können im Sinne der »Erreger«-Bakteriologie gedeutet werden und werden voraussichtlich von den meisten noch so gedeutet, obwohl *Lederberg* selbst in einer seiner Verlautbarungen angedeutet hat, es beginne jetzt der »Triumph der Nahrung«.

Man kann ganz allgemein die Weiterentwicklung der Naturforschung an den Grenzen ihrer experimentellen Möglichkeiten nicht von einzelnen, spezialistischen Begriffen wie »Infektion«, »Virus« und »pathogenes Bakterium«, und von exakten Nachweisen, wie dem Nachweis spezifischer Lebendsubstanzen in affinen Zell-Arten abhängig machen. Einen Nachweis, den man voraussichtlich nicht erbringen kann, darf man nicht fordern. Man muss ihn durch die Beobachtung von Lebensvorgängen im Ganzen und durch die statistische Wahrscheinlichkeit ersetzen. Es gibt vernünftigerweise einen entscheidenden Fortschritt in den Erkenntnissen über das Wesen des Lebendigen, wenn wir uns von spezialistischen, notwendig einseitigen, zeitbedingten und leider allzu oft dogmatisch fixterten Begriffen freimachen und postulieren, dass es in der Natur nur sehr wenige pathogene Lebendsubstanzen gibt, aber unvergleichlich viele physiologische; wenn wir bekennen, dass unsere Arbeit zwar bisher notwendigerweise dem pathogenen Prinzip sei es »Schädling«, Bakterium oder Virus – hat dienen müssen, dass die Resultate dieser Arbeit aber der Physiologie des Lebens wenig dienlich sind.

*Stanly* hat einmal ausgerechnet, wie viel Arten von spezifischen Lebendsubstanzen theoretisch-rechnerisch denkbar seien; er ist auf etwa $10^{50}$ gekommen, eine 1 mit 50 Nullen, eine ganz unvorstellbar hohe Zahl (sie würde hier ausgeschrieben eine ganze Zeile füllen). Würde man die Forschung an der lebenden Substanz so fortführen wie etwa die Forschung an den Nährstoffverbindungen oder die Virusforschung, so würde man allmählich von einem unübersehbaren, nicht mehr zu bewältigenden Material stehen; und dann hätte man im Grunde noch immer nichts Neues erfahren. In den bekannten Nährmedien findet man heute schon derart viele »Virus«-Arten und kann mit beliebigen Methoden immer neue herauszüchten, dass im Ernst niemand mehr behaupten wird, man habe Aussicht, auf diesem Wege zu einer Erkenntnis über die biologische Ordnung zu gelangen – das Material ist nicht mehr zu entwirren, und »vor lauter Bäumen vermag niemand mehr den Wald zu sehen«.

Wer sich vollends anschickt, mit Hilfe des direkten Experimentes die biologische Ordnung von $10^{50}$ lebenden Substanz-Arten aufzufinden, wird nichts anderes tun wie einstmals *Sisyphus*, und wer gar die Mutter Erden virologisch katalogisieren wollte, sollte mit dieser Arbeit gar nicht erst beginnen. Die Formen lebender Bodensubstanzen sind schätzungsweise millionenfach häufiger als die im Boden vorkommenden Einzeller; um diese nach allen Regeln der bakteriologischen Kunst zu bestimmen, würde man mehr als ein Menschenalter brauchen, schon das wäre eine Lebensaufgabe. Und was hat man dann erfahren? Kaum etwas, das zum Bau eines biologischen Weltbildes nötig wäre.

An den Grenzen naturwissenschaftlicher Möglichkeiten muss man sich entschließen, da geht es nicht so sehr um Methoden als um Arbeitshypothesen, nicht so sehr um exakte experimentelle Beweise als um die ganzheitliche Bestätigung ausreichend großzügiger Modelle. Der Entschluss zum Ganzheitsexperiment wird also auf der Ebene des Makromolekularen bestätigt.

# Biologische Begriffsmodelle

Es bedarf keiner größeren Anstrengung, um festzustellen, dass die Arbeitshypothese der Agrikulturchemie falsch ist; sie hat ein echtes Ganzheitsexperiment mit negativem Vorzeichen, das sich nach so langer Laufzeit der biologischen Auswertung von selbst anbietet. Wir müssen uns im Einzelnen noch damit auseinander setzen. Es liegt uns fern, lediglich unfruchtbare Polemik zu betreiben oder in den Jargon jener Geschäftemacher zu verfallen, die mit lebenden Organismen handeln, als ob es tote Ware und Menschenwerk sei. Angesichts der tragischen Züge, die das Geschehen auf der Basis einer irrigen Naturdeutung trägt – eines schicksalhaften Geschehens, dessen Konsequenzen sich kaum ein lebendiges Geschöpf heute mehr entziehen kann –, haben wir die Pflicht, mit tiefem Ernst und aller Objektivität die Fingerzeige aufzuspüren, die uns die Natur in dem negativen Beispiel bereithält, das man moderne Landwirtschaft nennt.

Das biologische Resultat der künstlichen Pflanzenernährung ist nicht Fruchtbarkeit, sondern Schwund der Fruchtbarkeiten, nicht Gesundheit, sondern Abwertung der Grundgesundheiten, nicht Resistenzerhöhung, sondern Abwehrschwäche, nicht biologisches Gleichgewicht, sondern Schwund der Qualität. Ohne Zweifel ist das zugrunde liegende Modell der Naturbetrachtung nicht wahrheitsentsprechend; wir haben die Aufgabe, ein besseres zu finden. Es ergibt sich nicht nur aus dem richtigen Gedanken, der umfassenden Ganzheitsbetrachtung und biologischen Direktiven, es ergibt sich auch aus dem negativen Beispiel der künstlichen Pflanzenernährung, und hier vielleicht besonders deutlich.

Das Arbeiten an einem solch umfangreichen Objekt wird dadurch erleichtert, dass sich der Fehler der agrikulturchemischen Arbeitshypothese in der breiten Praxis auszuwirken beginnt. Der Aufwand für Kunstdünger, Pflanzenschutzmittel, Saatgut, Futtermittel, die Ausgaben für das Arbeitsgerät, den Tierschutz und Tierarzt hätten in den hoch zivilisierten Ländern unter Einschalten kostspieligen Zwischenhandels schon längst das erträgliche Maß überschritten, wenn dort die Landwirtschaft nicht fortlaufend subventioniert würde.

Die Rettung des Landbaues, von der so viel geredet wird, kommt wie alle Erneuerung, auf Wegen, die der »Fachmann« nicht voraussieht. Allerdings kann man mit der Menschheitsernährung keine Experimente machen, wir müssen uns vielmehr höchster Verantwortung bewusst und darüber im Klaren sein, dass es darauf ankommt, eine zeitbedingte und vorläufige Notlösung – die künstliche Pflanzenernährung – ohne Risiko, ohne Vakuum, ohne Hungersnot, ohne Katastrophengefahr in die echte, dauerhafte biologische Lösung zu überführen. Und allein schon deshalb ist es nötig, dass wir uns mit dem Fruchtbarkeitsproblem in allen seinen Erscheinungen einzeln auseinandersetzen, auch wenn hier und dort Wiederholungen nötig werden.

## Mineral und Humus

Der Versuch der gültigen Landbaulehre, die Minerallehre durch die Humuslehre biologisch aufzuwerten, ist für unser Problem sehr bezeichnend: Die Versorgung des Bodens mit Humus wird keineswegs als das entscheidende Faktum angesehen, als Veranlassung, von vorne anzufangen und eine neue Landbaulehre zu entwickeln. Sie wird ausdrücklich damit begründet, dass der Boden nur deshalb Humus brauche, weil er anders als Pflanzenstandort ungeeignet werde, weil Humus die Bodenstruktur konserviere, damit die Pflanze imstande sei, ausreichende Nährstoffmengen in sich aufzunehmen. Die Humuslehre gilt also als ausdrückliche Bestätigung der Minerallehre, und in diesem Sinne werden auch alle Versuche mit Humusdüngern angestellt.

Als lebendiges Beispiel habe ich einen Versuchsverlauf im Gedächtnis, der typisch ist: Ein großes Versuchsgut, offiziell anerkannt und führend, hat meine Behauptung, der Effekt organischer

Dünger sei dann am größten, wenn man sie nur in der obersten Bodenschicht (der Schicht der mikrobiellen Gare; siehe unten) anwende, nachgeprüft und gefunden, dass man auf diese Weise erheblich höhere Mengen synthetischer Stickstoffverbindungen anwenden könne; das darin versteckte Eingeständnis, dieser anorganische Stickstoff schade sonst Boden und Pflanze, findet keine Beachtung; die bessere Art der Bodenhumifizierung dient lediglich dazu festzustellen, dass man auf solche Weise höhere Kunstdüngermengen anwenden könne, womit also die Minerallehre als korrigiert und repariert zu betrachten wäre. Es gibt eine große Zahl von Deutungsversuchen dieser Art, die das Bestreben offenbaren, die Minerallehre als Basis der Landbaulehre durch biologische Ergänzungen lebensfähig zu erhalten, obwohl sie sich als grundsätzlich falsch erwiesen hat.

In Wirklichkeit ist mit dem Einbeziehen des Faktors »Humus« der Faktor »lebende Substanz« einbezogen worden, ohne die Konsequenz zu ziehen, hier sei die Basis für die Lehre von der Bodenfruchtbarkeit zu suchen. Es braucht natürlich deshalb nicht bezweifelt zu werden, dass ein Boden mit höherem Humusgehalt auch einen höheren Ionen-Umsatz gestattet, und es ist selbstverständlich, dass die Kunstdüngung mit direkt verfügbaren, dissoziierten Ionen aus Stickstoff- und Mineralsalzverbindungen die mineralischen und biologischen Gleichgewichte in Boden und Pflanze um so weniger zu stören vermag, je höher der Umsatz an lebender Substanz ist. Wir dürfen uns aber dadurch nicht irre machen lassen; was hier in Wirklichkeit geschieht, ist eines jener Experimente am Lebendigen, das nur deshalb zu funktionieren scheint, weil die meisten Organismen ihr Leben auch noch unter Bedingungen zu fristen imstande sind, die sich weit von den natürlichen entfernen, und der damit angerichtete Schaden wird kaum jemals unmittelbar sichtbar, so wenig wie die meisten genetischen Schäden und Mutationen, die man mit der Störung von Gleichgewichten oder Verwendung mutagener Substanzen in Landbau, Heilkunde und vielem anderen auslöst, ohne sie zu bemerken.

Entweder ist die künstliche Mineralernährung und die Ernährung mit synthetischen N-Verbindungen naturentsprechend und biologisch, oder sie ist es nicht. Braucht man dazu die lebende Substanz in Form des Humus – und nur so wollen wir das Wort »Humus« hier verstanden wissen, entsprechend dem Begriff der »alten Kraft« unserer Vorväter –, so ist die Mineralstoffbewegung ein sekundärer Vorgang, denn man kann nicht gut behaupten, das organische Molekül sei dem anorganischen untergeordnet. Dann aber gibt es nur eine Konsequenz: Die Anerkennung der Makromolekularbewegungen als übergeordnetes Prinzip der Ernährung oder, anders ausgedrückt, der Aufbau einer neuen, grundsätzlich anderen Landbaulehre auf dem Begriff des »Kreislaufes lebender Substanz«.

Um diese Forderung auch vom Stoffwechsel her begreiflich zu machen, müssen wir abermals versuchen, die Dinge auf ihre Ursprünge zurückzuführen, und uns mit dem Stoffwechsel als Urphänomen im Sinne *Goethes* beschäftigen. Der »Urstoffwechsel« interessiert uns, wenn wir erfahren wollen, was da geschieht, wenn in einem Kompost die unfruchtbare, ja pflanzen- und wurzelschädigende Abfallmasse in fruchtbaren organischen Dünger verwandelt wird; was geschieht, wenn die Stoffe der Mutter Erde sich unsichtbar so umgruppieren, sich so ordnen, dass eine neue Wertigkeit entsteht, die wir Bodenfruchtbarkeit nennen; was vollends geschieht, wenn gar der Unrat, den die Großstädte produzieren, Müll und Abwässer, sich vor unseren Augen, besonders einprägsam in dem modernsten Verfahren nach *F. Caspari* –, in vorzügliche Bodennahrung verwandeln. Es wird sich zeigen, dass der Versuch, diesen Dingen auf ihren Urgrund zu kommen, erhebliche Mühe macht.

## Die Urfunktionsbremsen der Organismen

Wiederum darf man sich nicht irreführen lassen durch die Besonderheiten des Stoffwechsels bei höheren Organismen; auch sie existieren nur deshalb, weil der »Urstoffwechsel« im Betrieb hoch spezialisierter Lebewesen ebenfalls in hoch spezialisierter Form abläuft und ablaufen muss; er ist dort kaum noch erkennbar.

Hier täuschen die apparativen Sondereinrichtungen (Kauwerkzeuge, Speichel, Magen, Darm, Leber, Niere, Blase, Blut, Lymphe und viele andere) Notwendigkeiten vor, die nur für den »Zellstaat«, nicht für den Lebensstoffwechsel an sich gelten. Die in einem Organismus und besonders im Großorganismus vorgenommene Arbeitsteilung führt zu »Organen«, die meist nur eine oder einige wenige Stoffwechselaufgaben erfüllen und alles Übrige anderen Organen überlassen. Der Großorganismus lebt sozusagen gefährlich, denn er beherbergt nebeneinander Wirksamkeiten, die mit Vorkehrungen besonderer Art voneinander getrennt werden müssen (zum Beispiel große Mengen von Salzsäure im Magen), die ohne solche Schutzorganisation für den eigenen Gewebsstand äußerst gefährlich würden (zum Beispiel beim Ausfließen der Säfte von Galle und Bauchspeicheldrüse), und ohne solche Schutzeinrichtungen wäre das organismische Dasein ganz undenkbar.

Man kann auch sagen: Der Organismus kann sich einen Urstoffwechsel in seiner reinen Form überhaupt nicht leisten; er braucht kontrollierende Membranen, isolierende Trennwände, ein Pfortadersystem, einen lymphatischen Apparat, die konkurrierenden und letztlich antagonistischen Verschiedenheiten aller der Organe, die am Stoffwechsel beteiligt sind; jede der vielen Übertreibungen, die zur Bewältigung großer Stoffmassen nötig sind, muss wettgemacht werden durch gegensätzliche Übertreibungen, oder in einem ausgedrückt: Der höhere Organismus braucht gewaltige Stoffwechsel-Bremsen.

Demnach stellt die Differenzierung des Lebendigen zu »Zellstaaten« nicht etwa eine Förderung der Urfunktionen des Lebens dar, sondern vielmehr eine Behinderung, und es ist nicht abwegig zu glauben, dass Organismen im Gegensatz zur lebendigen Substanz an sich nur deshalb sterblich sind, weil sie die Urfunktionen zugunsten ihrer Differenzierung zu hemmen gezwungen sind. In Zellstaaten höchster Entwicklungsstufen wie beim Säugetier wird der Stoffwechsel tatsächlich zu einem enormen Problem, und der natürliche Tod ist letzten Endes ein Stoffwechseltod. Folgerichtig nimmt auch die quantitative Vermehrungsleistung, die zahlenmäßige Fruchtbarkeit mit ansteigender Differenzierung rapide ab; die praktisch unendlich große Vermehrungsrate primitiver Lebensformen geht bis auf wenige Exemplare für das ganze individuelle Leben zurück.

Die primitivste Lebensform hat nur einen Stoffwechsel für sich allein, einen primitiven Anspruch, der dort aus der Umwelt direkt erfüllt wird, wo sie zu leben vermag; der Großorganismus hat zwar eine wesentlich reichhaltigere und differenziertere Nahrung zur Verfügung, hat aber derartig vielerlei spezielle Stoffwechselanforderungen zu erfüllen, dass er einen »inneren« biologischen Substanzkreislauf braucht (zum Beispiel einen solchen zum Neubau der ständig ausgewechselten Blutkörperchen oder Oberflächenzellen), der ihn vor einer Stoffwechselnot wegen stark eingeengten Umweltkontaktes bewahrt – allein das Blut enthält ungeheure Mengen lebendiger und nicht lebendiger Substanzen zum Zellenneubau. Und bei diesen fortlaufenden, jahrzehntelang andauernden Leistungen an »Fruchtbarkeit« wird ohne Zweifel die Urfunktion »Stoffwechsel« ebenso häufig betätigt wie bei den primitivsten Lebensformen. Es spricht nicht dagegen, wenn der sichtbare Teil der Vermehrungsleistung, die Zahl der »Kinder«, bei großen Vielzellern begrenzt ist; es kann nicht anders sein, denn der irdische Lebensraum eines Organismus wird notwendig um so kleiner, je größer er selbst ist. Man kann daraus also nicht den Schluss ziehen, dass der Großorganismus zu einem Urstoffwechsel nicht mehr fähig sei, man kann nur sagen, dass Erschwerung und Hemmung des Urstoffwechsels in Kauf genommen werden müssen, um die Differenzierung zum »Großzellstaat« möglich zu machen: Die Sterblichkeit der Organismen durch die Urfunktionsbremsen ist der Preis für das Individual-Leben der Organismen.

## KRANKHEIT UND TOD

Wenn aber die Organismen das denkbar ungeeignete Objekt zum Studium der Urfunktionen sind, wo finden wir ein solches Objekt? Nun – wir finden es dort, wo die Gestalten sich auflösen, wo das spezifische Lebewesen »verwest«, wo jede Individualität erlischt und mit ihr die Sterblichkeit, wo die sterbliche Hülle zu dem wird, aus dem sie gemacht ist – zu Mutter Erde. Hier wird schließlich alles abgeworfen, was zum Bau eines Organismus nötig ist; hier wird Mineral wieder zu Mineral, Kohlehydrat zu Kohlensäure und Wasser, ja sogar das komplizierte Gebäude »Eiweiß« wird nicht nur in seine Aminosäuren zerlegt, wie es die Organismen tun, sondern aufgespalten bis in seine einfachsten Verbindungen; hier wird alles, was einst die Kongregationen lebender Substanzen gesammelt haben, um sich ein besonders schönes und großes Haus zu bauen, wieder zu Lehm und Staub, was es vorher war.

Man muss sich diesen Vorgang ganz deutlich machen, um ihn in seiner biologischen Bedeutung zu begreifen: Hier zerfällt, was sterblich ist, hier vergeht die Sonderbildung, die vergänglich ist. Sie ist für das Leben an sich also nicht typisch und nicht notwendig, sie ist nur eine seiner Möglichkeiten. Hier gibt es keine Organe mehr, keine Zellen, keine organismischen Spezialaufgaben, hier zerfällt alles, was wir gemeinhin für »lebendig« halten, aber das Leben an sich ist damit offensichtlich nicht beendet, im Gegenteil: Es fängt von vorne an, denn aus dem ganzen Zerfallsprozess, der uns ebenso furchtbar scheint wie die Zerstörung einer geliebten Altstadt, geht das hervor, was »neues Leben aus den Ruinen blühen« lässt, geht die Bodenfruchtbarkeit hervor. Was uns als Tod erscheint, ist nur Tod des Individuellen, nicht Tod an sich.

Die Natur löst damit ein Problem, das wir niemals lösen könnten. Die Spezialisierung zu einem Organismus bringt mit der Hemmung der Urfunktionen auch einen Begriff zur realen Erscheinung, den wir »Krankheit« nennen; diesen Begriff gibt es im Bereich der primitivsten Lebensformen nicht, ja schon im Bereich der einzelligen Lebewesen ist er nicht mehr deutlich erkennbar.

Man kann also nicht sagen, es gebe »gesunde« Bakterien und »kranke« Bakterien. Sie können leben, oder sie können nicht leben, das heißt dort, wo sie leben, sind sie auch immer »gesund«, und wenn sie im Sinne der Organismen »krank« werden, dann kommt jedenfalls diese Krankheit niemals zum Ausdruck, denn dann sterben sie sofort. Im Großorganismus ist es anders; wenn in irgendeinem seiner Organe sämtliche Zellen krank werden, so kann er versuchen, sie wieder gesund zu machen, oder auch ohne sie auszukommen, und er hat überhaupt diese Chance, weil er einen »inneren« Stoffwechsel hat, weil er weitgehend unabhängig ist von der Umwelt, so weit es solche akuten Bedürfnisse betrifft. Gelingt ihm die Reparation nicht ganz, so bleibt ein »chronischer« Schaden zurück, und es gibt da vielerlei Möglichkeiten zwischen Leben und Tod, die alle miteinander als Krankheit imponieren, sei es als akute, sei es als chronische. Und eben die so genannte chronische Krankheit zeigt das auf, was hier wesentlich ist: Im Großorganismus, im Organismus überhaupt, kann es vorkommen und kommt beim Menschen besonders häufig vor, dass Fehler der lebendigen Organisationen unbemerkt bleiben, weil sie im Zellstaat ausgeglichen werden; dass Untauglichkeiten der lebenden Substanzen verborgen bleiben, weil sie durch andere ersetzt werden.

Nichts anderes geschieht, wenn die Oberflächen-Abwehrfunktion, die als 1. Phase, als »vorderste Front«, als diffuser Schleimhautkatarrh sichtbar wird, erlischt und die 2., schließlich die 3. und weitere Abwehr- und Auffangstellungen in Aktion treten, beispielsweise als Mandelentzündung und weiter als Nieren- oder Herzinnenhautentzündung.

Das alles will besagen, der Organismus verstehe es, zunehmende Untauglichkeiten seiner lebenden Substanzen – schließlich in Form der chronischen und unheilbaren Krankheit – zu überleben, indem er sie hinter Ersatzfunktionen versteckt, ehe er sich zur Bankrotterklärung des Ganzen entschließen muss; und es will besagen, dass es nur Organismen möglich ist, die Erscheinung »Krankheit« und insbesondere »chronische Krankheit« zu produzieren, dass sie aber zu ihnen gehört.

In einer Welt, in der die Entstehung des »Pathogenen« bei der Differenzierung zu Organismen nicht vermieden werden kann, muss es eine Einrichtung geben, die imstande ist, Fehlorganisation wieder in Organisation, Unordnung wieder in Ordnung, das Pathogene wieder in das Physiologische zu verwandeln.

Das kann nur dort geschehen, wo es keine Organismen, keine Organe und keine Zellen mehr gibt, wo der Kontakt mit dem »Unlebendigen« wiederhergestellt ist, wo das Leben in seine Urgestalt zurückkehrt, der Stoffwechsel zum Urstoffwechsel wird, die spezifische, individuelle Fruchtbarkeit zum Urphänomen zurückkehrt. Darum treten die individuellen, organismischen Gestalten mit ihrem Tode wieder zurück in den Bereich, aus dem sie emporgestiegen sind für die Zeit ihres Daseins: In den Molekularbereich, zu den Urfunktionen in das Reich der Ursubstanzen des Lebens, des Plasma selbst. Und erst damit entsteht wieder Fruchtbarkeit.

## Der Gott der Amöben

Die Fruchtbarkeit ist also ganz unabhängig von den spezifischen Stoffwechselapparaturen, deren sich die Organismen bedienen, sie wurde nicht eigens für die Zellstaaten erfunden, sondern war vorher. Für die Zellstaaten eigens erfunden ist nur die Komplizierung und die Aufteilung, und sie bedingt die Bremsung des Urstoffwechsels in einem Maße, das mit der Höherentwicklung zunimmt.

Es scheint, dass das Stoffwechselproblem eng zusammenhängt mit der Fähigkeit des Lebendigen zur Formenbildung, deren erste wohl die Fähigkeit ist, Zellen auszubilden und aus der Anhäufung von Zellen Gewebe, Organe und Organismen. Aber die Fähigkeit zur Formenbildung ist keineswegs auf die mehr- und vielzelligen Organismen beschränkt; gibt es doch Urformen, denen niemand auf den ersten Blick glaubt, dass sie aus einer einzigen Zelle bestehen und nicht aus einer Organisation von Tausenden von Zellen (siehe bei *Portmann*). Und weiter: Die Entwicklungsgeschichte lehrt, dass die Zelle keineswegs etwa die ihr zugeordneten lebenden Substanzen ausbildet, sondern umgekehrt: Die lebenden Substanzen bilden die Zelle aus, die Zelle ist eine sekundäre Lebenserscheinung, bei einigen niederen Organismen sogar nur zeitweilig auftretend, also offenbar eine Organisationsform, die vom Lebendigen nur dort angewandt wird, wo sie zweckmäßig erscheint, und da sie für die Kongregation von lebenden Substanzen zweckmäßig ist, wird sie angewandt, ganz ebenso, wie die Apparatur »Zellkern«; die Reduplikationen sind nicht an die Existenz von Zellkernen gebunden, sie können auch ohne sie ablaufen oder stellen ein vorübergehend realisiertes Hilfsmittel dar, eine Zweckeinrichtung, die nur durch die höhere Differenzierung zur Regel wird.

Alle diese Tatsachen sind dem Biologen ja hinreichend bekannt; ganz besonders deutlich werden die Urfunktionen bei jenem *Arndt*schen Film sichtbar, in dem er festzuhalten verstanden hat, wie sich die hungernden Amöben in ihrer Not nach unerklärlichen Gesetzen, als ob sie ein Gehirn hätten, zu einem pilzartigen Gebilde kongregieren, in dem sie die Not besser zu überleben vermögen; eine Beobachtung, die mehr als alles andere zeigt, dass die geistigen Funktionen keineswegs, wie wir Menschen so gern glauben, an höhere Lebensformen gebunden sind, sondern schon vom primitivsten Klümpchen Leben, von den »Atomen« und »Molekülen« des Lebendigen bestätigt werden.

Ein ähnliches Beispiel haben wir vor uns, wenn wir daran denken, dass aus einem kaum millimeterdicken »Ei« des Menschen ein solcher Riesenorganismus herauswächst und dass diese Apparatur auch im Allgemeinen bis in die kleinste Einzelheit hinein funktioniert. Man kann sich freilich vorstellen, dass es eben »Bildekräfte« des Lebendigen sind, die sich alle in diesem kleinen Gehäuse »Eizelle« befinden und sich nun in unglaublichem Tempo betätigen, und man kann sich sehr gescheit wähnen, wenn man erklärt, das seien eben die Fähigkeiten der Erbsubstanzen, die sich da betätigen. Die ganz Oberflächlichen pflegen zu sagen, es handele sich eigentlich nur um eine besondere Form intensiven Stoffwechsels, und die Fähigkeiten der Erbsubstanzen seien darin zu sehen, dass sie die angebotenen Stoffe im Sinne des ihnen innewohnenden Prinzips in lauter lebendige Substanzen umwandeln – da haben wir wieder die »Urzeugungs-Maschine«, nur diesmal in einer besonderen Form. Aber alles das sind ja doch nur schöne Worte für etwas, das wir nicht wissen. Es ist schließlich nur möglich zu sagen: Es ist der »Gott der Amöben«, der das eine Mal den Amöben-Pilz, das andere Mal aus einem Ei einen Menschen macht – mehr weiß man doch nicht. Nichts gegen alle Versuche, solche Vorgänge einigermaßen begreiflich zu machen und sie in die Bezirke menschlicher Vorstellungen herabzuziehen. Versuche, die seit der Erfindung des Elektronenmikroskopes, der Begründung der Makromolekülchemie und der Biophysik, seit der Virus- und Bakteriophagenforschung und mit den Methoden der Genetiker zu den größten Hoffnungen berechtigen. Einstweilen aber sind es nur Hoffnungen, und auch dann werden wir von Fehldeutungen nicht verschont bleiben, weil bisher alle unsere Vorstellungen über den Stoffwechsel dort abgeleitet sind, wo er Sonderfall ist, wo der zugrunde liegende Urstoffwechsel verzerrt erscheint.

Immerhin – die Einblicke in die Bezirke des unsichtbar kleinen Lebendigen haben manches bestätigt was Annahme war: Die kleinsten, freilebenden, unstrukturierten, mit keinerlei erkennbaren apparativen Spezialitäten ausgestatteten Häufchen der lebenden Substanz haben zum Stoffwechsel alles zur Verfügung, was ein nährendes Medium zu bieten vermag: Wasser, Gase, Mineralien – gelöst und ungelöst –, Wirkstoffe nach Art der Vitamine, Enzyme, Antibiotika, Hormone, sie haben Kohlehydrate, Fette, Aminosäuren, Eiweiße, und sie haben organische Makromoleküle, Mikrosomen oder Chondriosomen, Chromosomen oder Erbsubstanzen, Gene, Viren, Bakteriophagen – mit einem Wort: Sie haben sämtliche leblosen und lebenden Substanzen zur Verfügung, die jemals in nährenden Medien beobachtet worden sind. Ein reichlich buntes und vielfältiges Angebot. Was wird nun davon genommen, und wer entscheidet das?

Wer diese Frage beantwortet, hat den Urstoffwechsel definiert. Das ist heute noch nicht möglich und wird vielleicht niemals möglich sein; vorerst kann man nur sagen: Gegebenenfalls wird alles genommen, vom Wasser bis zum lebendigen Makromolekül, ja bis zur intakten Erbsubstanz. Jede dieser Möglichkeiten ist hier und da, bei irgendwelchen Experimenten – meist mit ganz anderer Fragestellung –, für irgendeinen Fall schon einmal nachgewiesen worden.

Nur ist damit unsere Frage abermals nicht beantwortet, wie es denn die lebenden Substanzen bewerkstelligen, aus dem umfangreichen und vielgestaltigen Angebot an Nahrung das auszuwählen, was sie brauchen. Wir wissen nur, dass es sich da um ein ständig ablaufendes, lebensnotwendiges biologisches Ereignis handelt, um eine Urfunktion lebender Substanzen, deren Mechanismus so nicht erkennbar wird, auch dann nicht, wenn wir Einzelheiten exakt nachweisen können. Man erfährt auf diesem Wege gewiss kleine Wahrheiten; um eine solche handelt es sich, wenn nachgewiesen wurde, dass beim Eindringen einer lebenden Substanz in eine Zelle (Beispiel Sonderfall »Virus«) lediglich die so genannten Nukleinsäuren, das heißt Erbkomplexe des Virus eindringen, die schützende Proteinhülle aber »abgeworfen« wird; trotzdem ließ sich nachweisen, dass die Proteinhülle, die ja als Bildung der eigentlichen Lebenssubstanz spezifischen Charakter hat, keineswegs bei dem Vorgang überflüssig ist, sondern die Affinität auszudrücken scheint, mit Hilfe derer der Erbsubstanzkomplex überhaupt erst an die Zelle herangeführt wird. Aber das ist nicht nur ein pathologischer Fall, sondern nur ein sehr kleiner Teilabschnitt aus allen Wegen, auf denen ein spezifischer lebendiger Komplex an eine ganz bestimmte Zell-Art herangeführt wird; das endliche Eindringen eines Virus in die affine Zell-Art ist kein Modell für den »Kreislauf der lebenden Substanzen« an sich, und so schön es wäre, wenn wir auf solchen Wegen Klarheit über die Urfunktionen des Lebendigen bekämen – die Hoffnung ist recht gering. Es gibt andere Wege, um schneller und sicherer zum Ziel zu kommen.

Es wäre schon vor Jahrzehnten nicht schwierig gewesen, festzustellen, dass zwar der quantitativ größte Teil einer sterbenden Zelle in ein Chaos organischer und anorganischer Stoffe zerfällt und viele davon sogar »mineralisiert« werden, nicht aber die lebenden Substanzen. Man braucht dazu weder ein Elektronenmikroskop noch ein biochemisches Labor. Das »Gesetz von der Erhaltung der lebendigen Substanz«, die These vom »Kreislauf der lebenden Substanzen« hätte es schon früher geben können, schon vor der Entwicklung der modernen Hilfsmittel. Es wurde nur nicht erwartet, und noch hat sich kaum jemand die Mühe gemacht, die Originalmethoden anzuwenden und nachzuprüfen. Die Lebensvorgänge, deren Beobachtung zum »Gesetz von der Erhaltung der lebendigen Substanz« geführt haben, lassen sich im Einzelnen nicht festlegen, sie sind nicht exakt definabel, und jeder weitere Eingriff, wie er zur kausal-analytischen Durchleuchtung nötig wäre, bringt diese Lebensvorgänge zum Stillstand oder fälscht sie so sehr ab, dass das Urphänomen nicht mehr erkennbar bleibt. Wir müssen uns damit begnügen zu sehen, wie ein Mikrosom sich in eine extrazelluläre Lebendsubstanz verwandelt, wir müssen damit zufrieden sein, zu beobachten, wie beim natürlichen Tode einer Zelle ihre lebenden Substanzen andere Gestalten annehmen, und wir dürfen auch nicht erstaunt sein, wenn es dabei Dinge gibt, die sich mit unseren alten Vorstellungen nicht erklären lassen. Um Urphänomene sichtbar zu machen, muss die einfache Naturbeobachtung einstweilen genügen, und sie genügt auch.

Die bloße Beobachtung von Lebensvorgängen ist immer noch die eigentliche und sicherste Forschungsmethode der Biologie, der spontane Ablauf von Lebensvorgängen das einzige »Experiment«, das eine a priori wahrheitsentsprechende Aussage macht – es kommt nur auf den Beobachter an, und jede künstliche Manipulation bringt die Gefahr grundsätzlicher Täuschungen. Es kann sein, dass ein ganz einfacher Bauer auf seinem Acker oder in seinem Viehstall mehr entdeckt als ein »moderner« Biologe in seinem Laboratorium. Es darf sich deshalb auch niemand wundern, wenn wir die Probleme von Fruchtbarkeit und Stoffwechsel in ganz anderer Weise angehen als die kausal-analytische Naturwissenschaft; diese weiß Einzelheiten in ungeheurer Menge, aber sie weiß, wie sich allmählich herausstellt, mehr unwichtige und nebensächliche als die, die uns zur biologischen Wahrheit führen.

## Fruchtbarkeit als Kriterium optimaler Funktion

Nach allem, was man bisher über die lebenden Substanzen und ihre Bildungsformen erfahren hat, besteht kein prinzipieller Unterschied in den Ansprüchen des Protoplasma einerseits, der Zellen, Gewebe, Organe und Organismen andererseits. Es ist damit lediglich bestätigt worden, was andere, zum Beispiel *Goethe*, schon längst gewusst haben: Was es auch an Spezifitäten beim Stoffwechsel geben mag, letzten Endes sind sie alle rückführbar auf das Grundphänomen, auf die biologische Urfunktion; erst hier ist das Prinzip erkennbar. Und auf der anderen Seite hängt von dieser Urfunktion alles weitere ab; man darf durchaus voraussetzen, dass das Wohlergehen, die biologische Aktivität, die Vitalität, die Gesundheit, die Widerstandsfähigkeit, die biologische Qualität oder wie sonst man ein Optimum an Lebenstätigkeit nennen mag – man darf voraussetzen, dass dieses Optimum in allen Bereichen des Lebendigen die gleichen Voraussetzungen hat, auch die gleichen stofflichen und gerade diese. Es ist also letzten Endes kein biologischer Begriff denkbar ohne sämtliche übrigen. Daran muss man sich gewöhnen; wenn man einen dieser Begriffe anspricht, spricht man auch alle anderen an.

So sind »Stoffwechsel« und »Fruchtbarkeit« nicht nur nahe verwandte Begriffe, sondern bedingen einander, sind also eigentlich dasselbe. Der Stoffwechsel, das heißt das Aufnehmen lebensfördernder und das Abgeben lebenshemmender Stoffe, die Anziehung brauchbarer und die Abstoßung verbrauchter Substanzen, dient nicht allein der Erhaltung, der Selbsterhaltung des Plasma, der Zelle, des Gewebes, des Organismus, er dient zugleich immer auch der Vermehrung, der Selbstvermehrung; ja man kann sogar sagen, dass Selbsterhaltung und Selbstvermehrung nur graduell verschieden sind: Die Fruchtbarkeit ist nichts anderes als eine gesteigerte Selbsterhaltungstätigkeit der lebenden Substanz.

Der Umfang des Stoffwechsels kann demnach auch als ein Kriterium für die Fruchtbarkeit dienen, denn Fruchtbarkeit setzt die Gelegenheit des Plasma zu erhöhtem Stoffwechsel voraus, und die Vermehrung bleibt aus, wenn die Gelegenheit zu erhöhtem Stoffwechsel fehlt. Allerdings wäre die Messung des Umfangs eines Stoffwechsels oder Messung einer Stoffwechsel-Gelegenheit unvollständig und irreführend, wenn man in die Messung nicht alle Stoffe einbezieht, die am Lebenskreislauf beteiligt sind.

*H. Mommsen* unterscheidet drei Stufen der Nahrung, eine Stufe der Nährstoffe, eine 2. Stufe der Wirkstoffe (zum Beispiel der Vitamine) und eine 3. Stufe, der er »Lebendigkeit« zumisst. Diese Einteilung entspricht der historischen Entwicklung, bei der zunächst die normalen Nährstoffe entdeckt und die Kalorienlehre entwickelt wurde, dann die Vitamine, Hormone, Enzyme und Spurenstoffe, die man als biologische Wirkstoffe begreifen kann, und schließlich der Gehalt nährender Medien an Makromolekülen = lebenden Substanzen; es ergibt sich dann von selbst die Forderung, die Ernährungslehre so, wie man sie früher auf das Nährstoff- und später auf das Wirkstoffbedürfnis ausgerichtet hat, nunmehr auf das Bedürfnis an lebendiger Substanz auszurichten.

Dieses Stufenschema, von einem Arzt angegeben, reicht auch für medizinische Belange einstweilen aus; die Medizin wird ohnehin noch lange Zeit brauchen, bis sie die Berechtigung einer »Stufe der Lebendigkeit« überhaupt anerkennt. Für allgemein-biologische Belange wäre es richtiger, alle Nahrungsstoffe nach ihrem Gehalt an derjenigen Energie zu ordnen, die in Lebensprozessen wirksam wird, und dabei ergäbe sich eine vielstufige, aber genauere Skala, die für alle Lebensbereiche Gültigkeit hat. Die Pflanze braucht keine »Kalorien« aus dem Boden, sie bezieht sie aus dem Sonnenlicht, und so müsste nicht nur diese, sondern alle wirksamen Strahlenenergien in die Stoffskala der Nahrung mit einbezogen werden, wenn sie überall gültig sein soll. Auch hätte man zwischen Wasser und Wasser zu unterscheiden, denn es kann mehr oder weniger Träger von atomaren, elektrostatischen und anderen Energien sein, die sehr wohl im Lebensprozess verwertet werden, und das Gleiche trifft zu für die Gase und Edelgase der Atmosphäre. Um alles das einzubeziehen, mitsamt den Energien der lebenden Substanzen, müsste man aber über ihre Energien unterrichtet sein, und das ist derzeit nicht der Fall und wird vielleicht auch niemals ganz der Fall sein. Man würde auf diesem Wege voraussichtlich auch niemals zu gültigen Messmethoden für Fruchtbarkeiten kommen; die effektive Fruchtbarkeit irgendeines Organismus, auch die Bodenfruchtbarkeit, ist zwar die Summe aller daran tätigen Kräfte und das Resultat aller dabei aufgewendeten Energien, aber wenn man auch nur einen einzigen Posten dieser Rechnung nicht kennt, kann man die Summe nicht ermitteln. Niemand wird bezweifeln dürfen, dass wir nicht nur einen, sondern viele dieser Posten nicht kennen.

Es kommt der Biologie zustatten, dass die Urfunktionen alle voneinander abhängig sind und sich gegenseitig bedingen, ja ineinander übergehen. Das allein erlaubt es, ohne Rücksicht auf alle Einzelheiten den Lebensvorgang als Ganzes zu betrachten und aus seinem Ablauf auf alle anderen Lebensvorgänge zu schließen, die daran beteiligt sind; das allein erlaubt es, zu behaupten, ein Boden sei fruchtbar, weil er fruchtbare Pflanzen und Tiere hervorbringe, und zu ignorieren, welche Stoffbewegungen im Einzelnen daran beteiligt sind.

Die Fruchtbarkeit in allen ihren Formen als gemeinsames Merkmal optimaler Lebensprozesse ist das empfindlichste Kriterium für biologische Funktionen, das zuverlässigste Messinstrument der Biologie. Da sie zugleich aber potenzierte Stoffwechseltätigkeit voraussetzt, ist sie zugleich Kriterium für die biologische Qualität der Nahrung, der Nahrungsspender und der Nahrungsempfänger.

Es ist dabei ganz gleichgültig, welchen Ausschnitt aus dem biologischen Substanzkreislauf wir betrachten, ob die Bakterienkolonien einer Mutter Erde oder das Gedeihen einer Rinderherde oder die Ausheilung fruchtbarkeitshemmender Krankheiten.

Die Fruchtbarkeit ist unteilbar, wie die Gesundheit unteilbar ist. Wo sie schwindet, schwindet sie überall, und wo sie nicht »in der Ordnung« ist, ist auch alles andere nicht in Ordnung.

Und wenn wir ein Maß für die Fruchtbarkeit suchen, so brauchen wir nur »ins volle Leben hineinzugreifen«, es gibt der Lebensvorgänge die man beobachten kann, genug, man muss nur ihre biologischen Ordnungen kennen.

## Die biologische Einheit »Leben«

Selbstverständlich gibt es auch das »Messen am Negativen«, die Einordnung in biologische Qualitätsstufen anhand der unvollkommenen, der fehlenden Fruchtbarkeit, und das erlaubt wiederum den Rückschluss auf die Unordnung anderer Funktionen. Man darf ganz generell sagen, dass jedes Abweichen von der biologischen Norm, jeder Verlust an biologischer Ordnung, jede Insuffizienz lebender Substanzen zur optimalen Leistung das Symptom »Krankheit« hervorbringt, und wenn *F. Caspari* sagt, dass »eine Krankheit nicht vom Symptom aus kuriert werden kann, sondern stets aus der Ganzheit des Erscheinungsbildes heraus angeschaut werden soll, um eine gültige Erkenntnis ihrer Grundlagen und damit ihrer Heilung vorzubereiten«, so meint er damit, was auch hier gemeint ist: Betrachtet man die »Krankheit« vom biologischen Optimum her, so ist sie Symptom für sein Fehlen; wo sie auftritt, können die Lebensvorgänge ganz generell nicht optimal, die Urfunktionen nicht ideal vonstatten gehen, und nur von hier aus findet man die allgültige und mit Sicherheit heilende Therapie.

Wie weit die Abhängigkeit der Urfunktionen voneinander geht, sieht man am Beispiel der so genannten Resistenz, der Widerstandsfähigkeit von Organismen gegenüber Angriffen aus der lebendigen Umwelt. Dort, wo die Fruchtbarkeit schwindet, beispielsweise die Pflanzenfruchtbarkeit bei der vorwiegend anorganischen Ernährung, dort schwindet immer auch die Resistenz; dort tritt auch immer jenes »Regulativ der Urnatur« (*F. Caspari*) auf, das man fälschlich »Schädling« oder »Krankheitserreger« nennt, dessen biologische Funktion nur darin besteht, einen Organismus zu beseitigen und seine perverse Individualität auszulöschen, der nicht mehr »in der Ordnung« ist und deshalb alle Ordnung stört oder gar in Gefahr bringt. Es ist also nicht damit getan, wenn man versucht, die »Schädlinge« und »Krankheitserreger« zu hemmen oder, wenn möglich, auszurotten, denn es ist Unsinn, Krankheit damit zu bekämpfen, dass man das Urphänomen selbst zu beseitigen versucht. Das ist nicht nur von vornherein falsch, sondern ganz unmöglich; wenn es gelänge, eine einzige Urfunktion auszuschalten, dann nur, wenn man alle anderen Urfunktionen auch beseitigt, wenn man also alles Lebendige auf der Erde umbringt. Warum also den fruchtlosen, den unfruchtbaren Versuch? Wir müssen der Natur dankbar sein, dass sie uns mit »Schädling« und »Krankheitserreger« ein unbestechliches, immer zuverlässiges Kriterium für fehlende Gesundheiten und fehlende Fruchtbarkeiten bereithält, das sich mit einfachsten Hilfsmitteln und oft mit einem einzigen Blick bemerken lässt und an dem man die biologischen Unter- und Minderwertigkeiten sofort mit absoluter Sicherheit ablesen kann.

Allerdings wird dann das Resultat umfangreicher Bemühung um die Katalogisierung von Krankheiten und Schädlingen entwertet, denn es ist biologisch gleichgültig, ob eine Frucht nun von diesem oder von jenem »Schädling« vernichtet wird, ja es ist biologisch sogar erwünscht, dass das Anfällige, das Unvollkommene vernichtet wird um der Ordnung des Ganzen willen, ohne die es auf die Dauer doch keine Gesundheit und kein Glück gibt. Man kann sich in diesem Sinne nur freuen, wenn dieses glasige, schlecht schmeckende Gebilde, das man zuweilen noch »Kartoffel« nennt, von Virus und Käfer vernichtet wird, ehe wir unsere eigene Ordnung damit gefährden, und eine gesunde Kartoffel kann mehr sein als zehn kranke. Wenn es bezüglich eines Urteils über die biologischen Funktionsqualitäten nur darauf ankommt festzustellen, ob das Symptom der Unvollkommenheit auftritt oder nicht, und wenn dann alle die Tabellen der Krankheiten, der Schädlinge, der Erreger und der spezifischen »Schutz«-Mittel überflüssig werden, so kann man das nicht ändern, man muss sich damit abfinden.

Es ist damit nicht anders wie mit unserer Zumutung, man solle alle die stofflich-experimentellen, kausal-analytisch fassbaren Stoffwechselkenntnisse als biologisch untergeordnet und zweitrangig betrachten.

Sobald wir den Stoffwechsel in seinen spezifischen Formen als das auffassen, was er in Wirklichkeit ist, nämlich als Sonderform einer Urfunktion des Lebens, dann fließen alle die vielen, kleinen Teilprobleme in eines zusammen, dann macht es keinen Unterschied, ob wir es mit Stoffwechsel, Resistenz oder Fruchtbarkeit zu tun haben, und es macht keinen Unterschied, ob diese Phänomene nun am Menschen, am Tier, am Insekt, an der Pflanze, an der Mikrobe oder – last not least – an dem Organismus »Mutter Erde« auftreten. Es entsteht vielmehr die neue, unerhörte Aufgabe, zu erforschen, unter welchen Bedingungen der biologische Kreislauf der Substanzen, insbesondere der Kreislauf spezifischer lebender Substanzen vor sich geht, wenn er optimalen Stoffwechsel, Dauerfruchtbarkeit und unerschütterliche Widerstandsfähigkeit aller dieser Organismen hervorbringt.

## Anfänge der Ganzheitsbetrachtung

Über die stofflichen, kausal-analytischen Voraussetzungen des Kreislaufs lebender Substanzen ist sehr wenig bekannt; es ist auch nicht zu erwarten, dass wir darüber bald mehr erfahren werden.

Wir wissen nicht einmal, wie die spezifischen Substanzen aussehen, geschweige denn, wie sie sich im Kreislauf verhalten, was auf sie positiv, was negativ einwirkt, wie ihr Lauf gelenkt wird; wir wissen nicht, wo und wie sie sich verändern oder durch andere Substanzen, lebende oder leblose, im Sinne der biologischen Ordnung und Wertigkeit verändert werden. Das Schicksal ihres Umlaufes durch die Organismen und endlich durch die Nacktheit der Bodensubstanzen hindurch ist nur als Ganzes gegeben, alle seine Einzelheiten aber fast unbekannt. Es ergibt sich daraus abermals, dass wir nicht in der Lage sind, dieses Schicksal stofflich zu lenken – künstliche Nahrung kann niemals vollkommen sein. Wer die Wirkungen der vielfältig verschlungenen, inneren und äußeren biologischen Substanzkreisläufe studieren will, muss sich nicht nur an die Urfunktionen des Lebens halten, er muss sie auch unbeeinflusst ablaufen lassen, soweit das eben möglich ist. Wir sind darauf angewiesen, wo immer wir auch experimentieren, jeden Fremdeinfluss fernzuhalten und die biologischen Funktionen so wirken zu lassen, wie es »von selbst« geschieht. Nur dann werden wir gültige Antworten bekommen.

Es wird um der historischen Wahrheit willen richtig sein, die Situation der Biologie in aller Kürze versuchsweise so zu skizzieren, wie sie sich im Überblick darstellt.

Zu einer Zeit, da die Physik längst begonnen hatte, ihr Weltbild (mit *Einstein* zu Anfang dieses Jahrhunderts) zu erweitern, damals nämlich, als sie begann, in die Welt des Allergrößten und des Allerkleinsten zugleich einzudringen, die Atome als kompliziertes Kräftespiel von Kernen, Elektronen, Neutronen, Protonen und vielen anderen zu begreifen und die Frage »Welle oder Korpuskel« zu diskutieren, als sich die »Materie« mehr und mehr als ein »Nichts«, nur als »Kraft« oder »Bewegung« darstellte, als die herkömmlichen Spielregeln mathematisch genauer Kausalität zu versagen begannen und die Wahrscheinlichkeiten häufiger wurden als die messbaren Realitäten – zu dieser Zeit war die Biologie noch eine vergleichsweise primitive Wissenschaft, die sich hauptsächlich damit begnügte, zu registrieren, katalogisieren und zu beschreiben. Was für die Physik schon lebensnotwendig war und deswegen eintrat, war für den Biologen noch nicht aktuell, für die Biologie noch nicht reif. Heute lässt sich begreifen, dass die Physik zwangsläufig und ursprünglich gewiss gegen ihren Willen »metaphysisch« zu denken, dass sie begann, ureigenste biologische Forschungsmethoden, die als »unexakt«, als unwissenschaftliche »Naturphilosophie« galten, als gültiges Werkzeug zu gebrauchen: Den synthetisierenden Gedanken, das katalytische Verfahren, das Begriffs-Modell, das nur gleichnishaft darstellbare organismische und organische Geschehen als biologisches Ereignis an sich. So begann man in den physikalischen Instituten biologische Grundlagenforschung zu betreiben (vergleiche die Biophysik von *Pascual Jordan*), als es noch niemand anderes tat, auch nicht der Biologe.

In der gleichen Zeit blieb man dabei, das Lebendige kausal-analytisch in Einzelheiten aufzulösen, es zu sezieren, noch von der Vorstellung ausgehend, es handele sich bei Lebewesen auch um Maschinen, nur um besonders komplizierte, bei Lebensvorgängen um die Summe einzelner Organ- und Zellleistungen – kurzum: Man versuchte, die konventionellen Methoden der »klassischen« Physik auf die biologischen Probleme anzuwenden in einer Zeit, da die Physik selbst anfing, diese Methoden als »relativ« und für jede Horizonterweiterung unzureichend zu erklären.

Das ist in letzter Zeit anders geworden; es gibt eine große Zahl von fruchtbaren Modellen und gleichnishaften Darstellungen, mit denen gearbeitet wird, als handele es sich um exakt bewiesene Realitäten, und es gibt mehr und mehr fruchtbare biologische Arbeitshypothesen, mit denen man ja nur deshalb arbeitet, weil man sie beweisen will. Es begann vielleicht erst wirklich mit der »Theorie der organischen Regelsysteme« von *Wagner* – heute Kybernetik im weitesten Sinne genannt, setzte sich fort mit den Vorstößen der Physik (»negative Entropie« von *Schroedinger*, »Entropie Bremse« von *Jordan* und anderen), der Biochemiker (*Butena*, *Lederberg* und viele andere), der Genetiker (meist Teamarbeit und mit vielen Namen verknüpft), der Zoologen (*Buchner*, *A. Koch*), der Botaniker (*Winter, Schanderl*), der Pflanzenphysiologen (*Albrecht*, *Schuphan*) und ihrer Bemühung, greifbare Grundlagen für biologische Qualitäten zu entwickeln, und schließlich der Mikrobiologen (*Hoering*), soweit sie um eine prinzipielle Neuorientierung bemüht sind. Wir können hier nur einige anführen; dem Kundigen wird das genügen.

## Das taugliche Begriffsmodell

Wohl eine der wesentlichsten Leistungen ist die Einführung der »allgemeinen Systemtheorie« in die Biologie durch *Bertalanffy* sen. und jun. und ihre »Theorie des offenen Systems«.

Von allen Modellen, die der Biologe heute gebraucht, kommt sie wohl den organischen Wirklichkeiten, soweit sie sich grundsätzlich von den konventionellen, physikalisch-chemischen Modellen unterscheiden, am nächsten, ebenso nahe wie »Das Gesetz von der Erhaltung der lebendigen Substanz« und die Theorie des Kreislaufes lebendiger Substanzen. In Kürze besagt die *Bertalanffysche* These, dass der Stoffwechsel die lebenden Systeme von den leblosen Forschungsobjekten der Physik unterscheidet, welch letztere man als »geschlossene Systeme« bisher am besten erforscht hat und erforschen konnte, eben weil es sich bei ihnen um ein in sich abgeschlossenes Ganzes handelt. Beim Lebendigen gibt es nur »offene Systeme«, die niemals allein und einzeln existieren, sondern stets allem anderen Lebendigen »offen stehen«, immer nur als Teilprozess des Lebendigen als Ganzes betrachtet werden können.

Dieses Modell führt seinen Urheber denn auch konsequent zum Begriff der »Fließgleichgewichte«, jenes Zustandes, den alle lebendigen Systeme ständig anstreben und anstreben müssen, um »in der Ordnung« zu bleiben, einen labilen Gleichgewichtszustand, den man anders »biologisches Gleichgewicht« nennt, der auch »biologische Qualität« bedeutet, der nichts anderes darstellt, als das, was in der Heilkunde »Gesundheit« und in der Biologie »Fruchtbarkeit« genannt wird.

Mit dem Modell des »Kreislaufs lebender Substanz« kommen wir natürlich zu den gleichen Begriffen, und es ist nur die Frage zu stellen, welches von beiden Modellen theoretisch oder praktisch oder überhaupt vorzuziehen ist. Die *Bertalanffy*sche These setzt ohne Zweifel den Unterschied zwischen den von uns »leblos« und den »lebendig« genannten Systemen besser ins Licht als die einfache Feststellung, dass sich das eine vom anderen nur durch die Betätigung eines »Stoffwechsels« unterscheide, sie erleichtert zwischen den zumindest graduell unterscheidbaren Stoffarten »leblos« und »lebendig« und hilft also die Brücke schlagen zwischen Physik und Biologie, die so dringend vonnöten ist. Allerdings erweist sich bei genauerem Zusehen, dass sie auch nicht jene Grundfrage beantworten kann, von der alles andere abhängt, die Frage nämlich, welche Fähigkeit denn die lebendigen, die »offenen« Systeme instand setzt, als »offenes System« überhaupt zu existieren, sich selbst im Ab- und Zustrom von tausenderlei willkommenen und unwillkommenen oder gefährlichen Materialien zu behaupten, sie deutet nur, dass es so ist.

Es will mir scheinen, dass unser Modell, nämlich die Theorie eines »Kreislaufs lebendiger Substanzen« als dominierender und dirigierender Voraussetzung zum lebenserhaltenden und erneuernden Stoffwechsel jenem Modell erst die begriffliche Deutung verschafft, die ihm zukommt. Es wäre sonst die Gefahr nicht vermeidbar, dass sich die biologische Forschung abermals mit der Betrachtung rein stofflicher, sekundärer, ja nebensächlicher »Nährstoff«-Fragen begnügt, dass sie abermals versucht, Lebensvorgänge analytisch, bestenfalls energetisch zu begreifen und wieder die biologischen Zusammenhänge zu negieren, ohne die das lebendige Geschehen nicht erklärt werden kann.

Ganz sicher ist das lebendige System nur deshalb offen, weil es offen sein muss, um existieren zu können, und das »Fließgleichgewicht« ist der ständig wiederholte Versuch eines solchen Systems, nach etwas Ähnlichem zu streben, wie die Stabilität, wie sie den geschlossenen Systemen der physikalisch-chemischen Objekte von selbst eigen ist, eben weil sie geschlossen sind, wenigstens den Umwelteinflüssen nicht in solch großem Ausmaß ausgesetzt sind wie die lebenden Systeme. Wäre dem nicht so, dann wäre der ständige Materialwechsel, den offenbar alle lebenden Organisationen und ganz besonders der Großorganismus vornehmen, undenkbar und ohne jeden Sinn. Die Isotopenforschung hat aufgedeckt, dass es lebende Systeme gibt, die sich in unglaublicher Schnelligkeit dauernd materiell erneuern, in wenigen Tagen oder auch in Stunden; die Zell- und Gewebsforschung hat gezeigt, dass der Abtausch nicht nur die Atome als solche betrifft, sondern auch die Erneuerung ganzer Gewebskomplexe durch ständigen Austausch ihrer Zellen. Es kommt wahrscheinlich darauf hinaus, dass das ganze, riesige Stoffmaterial eines Großorganismus, einer biologischen Gestalt aus Myriaden von Atomen in einem kleinen Bruchteil seiner Lebensdauer ausgewechselt wird, ja dass einige Zell-Arten wie die Schleimhautauskleidungen der Atmungs- und Verdauungsorgane jede ihrer Zellen nur einige Tage leben lassen.

Auf dieser Basis wird vielleicht verständlich, wenn wir der Meinung sind, das Modell des »offenen Systems« fordere einen gesetzmäßigen Kreislauf spezifischer, lebendiger Substanzen und sei ohne ihn irreal; denn wenn etwas in diesem ununterbrochenen Wechsel der Stoffe konstant ist, wenn irgendwo der Gedanke »Organismus«, der Gedanke »lebendige Ordnung« Gestalt findet, dann nicht in der spezifischen Gestalt, nicht einmal in der Zelle, sondern nur in dem Urphänomen »lebendige Substanz«. Freilich – »wirklich sind nur die Bilder« (*Ludwig Klages*), nicht ihre Materialisation, die wir als Anhaltspunkt für jede naturwissenschaftliche Forschung, brauchen; wenn wir aber schon die Materie zu Hilfe nehmen müssen, dann doch am besten dort, wo sie uns als »Urprinzip« erscheint, als »lebendig wirkende Substanz«, die allem Lebendigen gemeinsam ist und ohne jeden Zweifel die höchste Organisationsform darstellt, die wir kennen, weil sie die höchsten biologischen Leistungen zu vollbringen vermag, ja weil sie es als Einzige vermag.

In diesem Sinne ist die Bezeichnung »Fließgleichgewicht« kaum mehr als ein neues Wort; es kommt der Wahrheit zwar näher als frühere Nomenklaturen, aber noch nicht nahe genug, um die letzte Frage der Biologie zu formulieren – die Frage, die man niemals beantworten wird, die aber das lebendige Geschehen zurückführt auf das eine, einzige, unteilbare Prinzip, von dem aus alle die vielfältigen Spezifitäten und Gestalten begreiflich werden.

Der letzten Forderung der Biologie wird entsprochen, wenn wir das Gemeinsame lebendiger Systeme – sei es einer Zelle, eines Organs oder Organismus –, die Grundform der lebendigen Substanz in den Mittelpunkt des Begriffsmodells »Kreislauf der Substanzen« stellen und handeln, als sei hier jene Stabilität zu finden, die vermöge ihrer Ordnungskraft die Erscheinung »Leben« aus dem materiellen Chaos zu erschaffen imstande ist.

Die Ursubstanz des Lebens lässt sich nur als »geschlossenes System« mit einem stabilen Gleichgewicht denken, das als »Fließgleichgewicht« nur deshalb erscheint, weil es, im Mittelpunkt einer von ihm selbst geschaffenen materiellen Ordnung stehend, die ihm untergeordnete Materie nach Belieben hin und her zu schieben mächtig ist. So erweist sich das »Fließgleichgewicht« letzten Endes als ein Begriff, der nur für höhere Organisationsformen der lebenden Substanz Geltung hat, nicht für die Grundformen, die selbst dann noch bleiben was sie sind, wenn sie aller ihrer untergeordneten Hilfsstoffe, auch der Proteine entkleidet sind. Nur die Rückführung auf das allgemeingültige, das Urprinzip, bewahrt davor, relativen Begriffen mehr Bedeutung zuzumessen, als ihnen zukommt.

Es wird sich erweisen, dass wir im Begriffsmodell »Kreislauf der lebenden Substanzen« ein Werkzeug besitzen, ohne das ein echtes Ganzheitsexperiment nicht durchführbar ist; als eine Vorstellung, ohne die wesentliche Beobachtungen bei solchem Experiment keiner Deutung zugänglich sind. Hätten wir dieses Modell nicht schon vorher gehabt, so hätten wir es nachher beschaffen müssen; nur deshalb haben uns gewisse Ergebnisse nicht überrascht und sind nur für denjenigen erstaunlich, rätselhaft und oft ganz unglaubwürdig, der sich unser Modell nicht zu eigen gemacht hat.

# Die künstliche und die natürliche Fruchtbarkeit

Die Bodenfruchtbarkeit, so sagten wir, ist keine biologische Erscheinung für sich, sondern muss als Teil der Fruchtbarkeit alles Lebenden gesehen werden. Wir haben uns bemüht, die Prinzipien biologischen Denkens am Beispiel der wesentlichsten Urphänomene zu erläutern, weil sie allein imstande sind, ein allgemeingültiges Weltbild von der Einheit des Lebens und seiner natürlichen Organisation zu erarbeiten, ein ganzheitliches Bild, das uns instand setzt, die biologische Einzelerscheinung richtig einzuordnen. Geschieht das nicht, so laufen wir Gefahr, das Einzelereignis ganz falsch einzuschätzen und ein Bild von der lebendigen Schöpfung zu bekommen, das die großen biologischen Wahrheiten verzerrt darstellt und grundfalsche Direktiven für die praktische Gestaltung der menschlichen Lebensordnung abgibt.

Es ist also nicht damit getan, das biologische Denken – und das Ganzheitsexperiment – nur dort zu fordern, wo es um die Durchleuchtung von Naturerscheinungen geht, die sich der spezialistischen, chemisch-physikalischen Forschung entziehen. Es kommt vielmehr darauf an, das ganze Material, das die stofflich orientierte Naturwissenschaft angesammelt hat und das durch die Anwendung ihrer Direktiven seinen Niederschlag in Großinstitutionen der Zivilisation gefunden hat, biologisch zu durchdenken.

Ich bin nicht der Meinung wie *Blasius*, es gebe nebeneinander zwei Arten von Naturforschung; er nennt die eine, nämlich die biologische Ganzheitsforschung, »Naturphilosophie« und nur die andere, nämlich die kausal-analytische Forschung, »Naturwissenschaft«. Es gibt, so glaube ich, in Wirklichkeit nur eine einzige Möglichkeit die Wahrheit über die Organisation der lebendigen Schöpfung zu erfahren. Es gibt beim Lebendigen keine einzelnen Teile, es ist nur ganz oder es ist nicht; jeder Einzelbefund ist nur am Bild des Ganzen zu deuten, und wer es anders deutet, wird mehr Fehldeutungen und Fehlschlüsse gewärtigen müssen als wahrheitsentsprechende Naturerkenntnisse. Der Horizont des spezialistischen Analytikers kann nicht ausreichen, es sei denn, er erweitere ihn durch das biologische Ganzheitsdenken, und die Thesen und Hypothesen der Ganzheitsbetrachtung sind nicht begreiflich und kontrollierbar, es sei denn, man belege und korrigiere sie durch Einzelbefunde. Es gibt offenbar nur eine einzige Naturwissenschaft, und sie umfasst alle Möglichkeiten der Naturforschung ohne Ausnahme, weil sie anders nicht zu begreifbaren Deutungen kommt. Der Analytiker findet die kleinen »Richtigkeiten« (*Jaspers*), muss aber den Zusammenhang zerreißen und das Lebendige unter Zwang setzen, ja oft genug tödlich verletzen; zur gültigen Deutung bedarf er des Ganzheitsexperimentes und des biologischen Denkens, das nicht von der vielleicht verzerrten, missverständlichen Einzelheit ausgeht, sondern vom unversehrten, natürlichen, physiologischen, optimal funktionierenden Ganzen.

Wir haben bereits die ersten Resultate eines biologischen Ganzheitsexperimentes zur Verfügung; wir vermögen uns an diesem Beispiel einer wissenschaftlich kontrollierten, unabhängigen, biologisch gelenkten Humuswirtschaft zu orientieren und es mit den Ergebnissen der künstlichen Pflanzenernährung, der Kunstdüngerwirtschaft und ihrem System zu vergleichen. Die Darstellung der Ergebnisse einer reinen Humuswirtschaft findet sich in den letzten Abschnitten; einiges davon nehmen wir hier vorweg, ergänzt durch Beobachtungen, die sich außerhalb unseres Arbeitskreises finden.

## Entlebung der Erde und des Denkens

Eine der wesentlichen Voraussetzungen für das Großexperiment der Agrikulturchemie war die Überwindung des biologischen Denkens zugunsten des Nährstoffdenkens. Das bäuerliche Misstrauen musste überwunden werden. Das war nicht so schwierig, weil bisher niemand etwas vom

Organismus »Mutterboden« verstand und die natürliche Bodenernährung noch niemals unter wissenschaftlicher Lenkung praktiziert worden war. Der Zustand der Kulturflächen, ihre Humusarmut und mineralische Unzulänglichkeit machten es leicht, die Wirkung künstlicher Pflanzenernährung mit scheinbarer Eindeutigkeit zu demonstrieren, und jeder kennt die schön beschrifteten Schilder an den Vergleichsparzellen, die dem »kleinen Mann« die Unfehlbarkeit und wissenschaftliche Exaktheit vorzeigen. Das biologische Denken wurde als Rückstand aus dem angeblich so dunklen Mittelalter verrufen; die künstliche Düngung erschien als geniale, rettende Idee, um die wachsende Menschheit zu ernähren.

Bei dem größten Teil der Bauern schlief die mehr gefühls- als verstandesmäßige Abneigung gegen die neue Düngeweise allmählich ein; übrig blieb eine Bauerngeneration, die das Denken in NPK-Werten übernahm oder sich vollends damit begnügte, den Weisungen der Industrie und ihrer Fachleute zu folgen und die Tabellen abzulesen. So wurde das Großexperiment der Agrikulturchemie mit Mutterboden und Menschheitsernährung möglich.

Was dem Bauern früherer Zeiten als »heilige Mutter Erde« galt, die er wie seine leibliche Mutter begrüßte, wenn er aus der Fremde heimkam, wurde ihm als recht belangloser Pflanzenstandort erklärt, der Boden sei für das Wachstum überflüssig und nur ganz gut brauchbar, um der Pflanze die mineralische Nahrung zu vermitteln, solange man noch nicht genügend Kies- und Wasserkulturen habe. Die Erde wurde nicht nur in Wirklichkeit entlebt, sondern auch im Denken des Bauern; er empfand fortan nicht mehr den Widerwillen sie mit den mahlenden Rädern der Traktoren und Mähdrescherungetüme zu quälen. Die Frucht des Ackers war nur noch dem Namen nach und auf den Erntedankfesten ein Geschenk und Segen Gottes, sie war nun ein Produkt aus Wasser, Mineral- und Stickstoffsalzen, wie es die Hydrokulturen schlagend zu beweisen schienen. Wo aber ein lebendiger Vorgang als eine besondere Art von Mechanik betrachtet wird, da bedarf es nicht biologischen Denkens; es verkümmert wie jedes nicht gebrauchte Organ. Erst damit wurde die Zeit und das Bauerntum reif dafür, die künstliche Pflanzenernährung als eine der größten Genietaten zu feiern, obwohl das Genie, das sie erfand, sie selbst abgelehnt hat, und erst jetzt wurde es möglich, auf jedem Kunstdüngerkongress noch viel mehr »Mineraldünger« zu fordern; noch in jüngster Zeit machte *Baade* den lebhaft begrüßten Vorschlag, den »unterentwickelten« Ländern anstelle landwirtschaftlicher Produkte lieber Kunstdünger zu liefern, weil es viel besser und billiger sei, Kunstdünger statt Weizen zu liefern.

Wir haben heute nicht nötig, Kunstdüngerexperimente anzustellen; das tut gegenwärtig fast jeder Bauer alljährlich; die Äcker eines Humusbauern liegen fast ohne Ausnahme mitten zwischen den Kunstdüngeräckern, man kann sie ohne weiteres in jeder Vegetationsperiode miteinander vergleichen. Wer das biologische Denken wieder als oberste Richtschnur bäuerlichen Handelns lehren will, kann es anhand des lebendigen und realen Beispiels aus der täglichen Praxis des Landbaues, das allemal gültiger ist als jedes noch so kunstvolle Experiment einer Versuchsstation. Der Bauer aber, der die echte Humuswirtschaft – empirisch oder unter wissenschaftlicher Lenkung erlernt und ihr Wesen begriffen hat, kommt niemals mehr in Gefahr, das biologische Denken aufzugeben. Allerdings hilft da keine Katheterweisheit, es braucht das lebendige Beispiel, und selbst dem realen Beispiel glaubt man nicht eher, als bis man es selbst geschaffen hat. Wir haben es oft genug erlebt, dass die agrikulturchemischen Fachleute kopfschüttelnd vor den Feldern der Humusbauern gestanden haben, deren Kulturen ohne Kunstdünger und Giftspritze prächtiger standen als die des kunstdüngenden Nachbarn; noch immer haben sie nach allen möglichen Erklärungen gesucht, das Ereignis als einmaligen Zufall erklärt, die einzig richtige Deutung aber nicht gefunden. Gar mancher pflegt dann zu fragen, wie man es denn nun machen müsse, zieht sein Notizbuch und möchte sich aufschreiben, was man brauche, um die Sache nachzumachen, und vielleicht versucht er es sogar und bemerkt, was er erwartet hat – es geht nicht.

Nein, so geht es nicht. Die Humuswirtschaft ist – naturwissenschaftlich gesehen – die Darstellung des Begriffsmodells »Kreislauf der lebendigen Substanzen«, und dieser Kreislauf ist nicht von heute auf morgen darstellbar, er funktioniert als Ganzes, oder es gibt ihn überhaupt nicht, eine Zwischenlösung ist unmöglich. Man muss das Modell begriffen haben, und man kann es nur begreifen, wenn man biologisch denken kann. Tiere können es; der Mensch hat es im Zeitalter der technischen Perfektion verlernt, er muss es nun mühsam wieder erlernen. Hundert Jahre hat es gedauert, um es auszulöschen; es wird wohl ebenso lange brauchen, bis wir es alle wieder erlernt haben. Das sei demjenigen gesagt, der nicht allen unseren Gedankengängen zu folgen vermag; die nun folgende Gegenüberstellung der Beobachtungen bei der künstlichen und der natürlichen Pflanzenernährung, möge das ihre dazu beitragen, die Dinge in ein Gesamtbild von der Erscheinung »Leben« einzuordnen und das Verständnis für den biologischen Substanzkreislauf und seine Bedeutung für alles Lebende zu erleichtern.

## Die Dosierung der Pflanzennahrung

Die natürliche Pflanzennahrung stammt aus der Transformation zugrunde gegangener Lebensformen, das heißt der »Abfälle« des Lebendigen, in ein Konglomerat aus lebendigen und mineralischen Bestandteilen.

An diesem Prozess sind die »toten« Stoffe nur sekundär, als Hilfsstoffe beteiligt; sie werden genommen, wenn sie gebraucht werden, und sie bleiben liegen, wenn sie nicht gebraucht werden. Im Allgemeinen treten in den Mineralmassen der alljährlich im Boden verarbeiteten organischen Materie keine mineralischen »Minima« auf, weil natürlicherweise jegliche Substanz, die sich aus dem unterirdischen in den überirdischen Kreislauf begibt, automatisch wieder im Boden erscheint, die eine früher, die andere später. Theoretisch wäre demnach irgendein Mineralersatz bei der natürlichen Pflanzenernährung nur dort nötig, wo es ausnahmsweise aus örtlichen Gründen zu Mängeln kommt.

Praktisch wird aber die Ernte – und mit ihr natürlich auch die Minerale – zu einem mehr oder minder großen Teil in die Städte geschickt, aus denen sie nicht zurückkehrt, aus denen sie sogar teilweise für immer ungenutzt abgelagert oder ins Meer geschickt wird. Zwar sind heute noch – wie die Humuswirtschaft gezeigt hat – die Verluste an mineralischen Substanzen durch die natürlichen Bodenvorräte zu decken und können, wo sie fehlen, durch geringe Mengen organischer Dünger aus städtischen Abfällen (Schlachthofabfälle, Stadtkomposte, natürliche Düngerlager usw.) und durch Urgesteinsmehle vollständig ersetzt werden; die Agrikulturchemie ist aber zu ganz anderen Schlüssen gekommen, und sie begründet die Notwendigkeit des Mineralersatzes ausdrücklich mit ihren Befunden, die beweisen, dass die Nährstoffvorräte wie sie es nennt, in den meisten Kulturböden viel zu gering seien, um für normale Ernten auszureichen. Die Humuswirtschaft wiederum beweist mit ihren normalen und übernormalen Ernten, dass es bei ihr keinen Mineralmangel gibt. Wie ist das zu erklären?

Tatsächlich führt die künstliche Düngung automatisch zum Verlust der mineralischen Gleichgewichte, die analytischen Bodenbefunde bestehen durchaus zu Recht und müssen nicht angezweifelt werden; sie weiß nichts vom Kreislauf lebendiger Substanzen und ignoriert den natürlichen Regulator »lebende Substanz«, der die »Fließgleichgewichte« von selbst immer wieder herstellt. Die Voraussetzungen zur Bodenfruchtbarkeit werden zwangsläufig verfälscht, und es entstehen einseitige Bedürfnisse wie beim falsch ernährten Tier oder Menschen. Man weist ein Nährstoffbedürfnis nach und gibt es als physiologischen Fall aus. Auch durch unsachgemäße Fruchtfolgen, insbesondere einseitige und starke Beanspruchung des Mineralkreislaufs durch Monokulturen einjähriger Kulturpflanzen kann man leicht ein unnatürliches Nährstoffbedürfnis produzieren.

Nun lässt sich, auch wenn man nichts von einer Humuswirtschaft versteht, der Faktor »lebende Substanz« keineswegs überall ausschließen, besonders dort nicht, wo fast nebenbei auch hin und wieder organisch gedüngt wird, aber selbst dort nicht, wo man dem Boden überhaupt keine organische Substanz gibt. Es gibt Gegenden, in denen stündlich Unmassen lebender Substanzen durch die Luft bewegt werden, und dort bekommt der Boden stets seinen Teil davon ab. Zwar vermag diese »Gratislieferung« lebender Substanzen nur der voll funktionstüchtige Bodenorganismus der Humuswirtschaft so zu verwerten, wie es von Natur vorgesehen ist; immerhin dürfen wir annehmen, dass – wie in vielen, angeblich »sterilen« Versuchsanordnungen der Kausalanalytiker – der Faktor »lebende Substanz« in manchen Gegenden und auf manchen Böden schlecht und recht wirksam bleibt und die Folgen der Fehlernährung zu verzögern weiß.

Die Agrikulturchemie tritt denn auch dem Einwand, ihre Versuche seien unzulänglich, weil sie nur über kürzere Dauer angelegt seien, regelmäßig mit dem Hinweis auf 30- und mehrjährige Dauerversuche in gewissen Gegenden und auf bestimmten Böden entgegen. (Hinweise darauf findet man leicht in der Zweckliteratur der Industrie). Freilich werden die Produkte solcher Methodik nicht wirklich geprüft, denn biologisch-funktionelle Tauglichkeit wird von ihnen nicht verlangt; man teilt lediglich mit, welche Quantitäten man geerntet hat. Wir brauchen trotzdem nicht zu bezweifeln, dass die Mitteilungen, so wie sie gemacht werden, stimmen, zumal man ja inzwischen gelernt hat, grobe Fehler wie etwa die Spurenstoffmängel oder die Stickstoff-Oberdosis zu vermeiden – den Rest besorgt der nicht ganz auszuschaltende Kreislauf der Makromolekularen.

Lassen wir uns durch solche Beobachtungen nicht irre machen: Die Resultate der Humuswirtschaft beweisen, dass die einseitige, künstliche Bodenernährung, noch viel mehr die einseitige Pflanzenernährung zum Verschwinden der Urfunktion »Fruchtbarkeit« im biologischen Substanzkreislauf führt, das heißt zum Sortenabbau und zur Unfruchtbarkeit des Tierstalles; die Schäden heilen mit der Humuswirtschaft aus. Der Unterschied zwischen beiden Verfahren besteht darin, dass das eine, ohne Rücksicht auf den Boden, die Pflanze künstlich ernährt, während das andere den Bodenorganismus ernährt und ihm die Ernährung der Pflanze überlässt; und im letzteren Falle wird der künstliche Mineralersatz, Prinzip der Kunsternährung, überflüssig. Auf diesen Unterschied ist die unterschiedliche biologisch funktionelle Wirkung der Düngung auf den biologischen Substanzkreislauf zu beziehen; daran gibt es nicht den geringsten Zweifel.

Wir dürfen sicher sein, dass es lediglich die Frage der Dosierung ist, die Kunstdüngung und Humuswirtschaft unterscheidet. Es muss offenbar vermieden werden, auf das Leben des Bodens und der Pflanze mit wirksamen Nährstoffen Einfluss zu nehmen, weil die natürliche Dosierung gestört wird. Mineraldünger sind ja an sich keine Gifte, sie werden es erst, wenn sie falsch dosiert werden; die dort verwendeten Ionen sind durchaus natürliche Bestandteile lebender Gewebe, auch der Mutter Erde, sie treten in jedem Stoffwechsel, in jeder Nahrung auf, aber leider nur in Ordnungen, die uns nicht bekannt sind. Im hochlebendigen Boden beispielsweise treten die Nährstoffe niemals in größeren Mengen auf, sie bleiben so lange organisch gebunden, bis sie gebraucht werden, ja es ist vielleicht sogar anzunehmen, dass sie von der Pflanze normalerweise in organisch-gebundener Form bevorzugt werden, weil ihre Dosierung in diesem Falle absolut richtig ist.

Es ist vollkommen unmöglich, die natürliche Dosierung der Mineralbewegungen zwischen Boden und Pflanze nachzuahmen, und das ist der unvermeidliche Fehler der künstlichen Düngung.

Wenn man sich das ganz klar machen will, so muss man sich vorstellen, was in einem natürlichen Organismus »Mutterboden« und »Pflanze« vor sich geht, wenn sie Stoffwechsel betreiben. Die so genannten Nährstoffe sind Hilfsstoffe der lebendigen Funktionen; sie werden bewegt, sobald sie gebraucht werden. Gebraucht werden sie nur dann, wenn Lebensvorgänge im Gang sind; das ist im Boden zunächst fast nur in der warmen Jahreshälfte der Fall, aber auch dort nur dann, wenn gerade die Bedingungen für den Ablauf von Lebensvorgängen erfüllt sind. Dabei wirkt wiederum die Beziehung Boden-Pflanze insofern mit, als die pflanzenernährenden Bodenvorgänge nur in Gang kommen, wenn die Pflanze ihrer bedarf. Das ist nur zu gewissen Stunden des Tages, in gewissen Rhythmen der Fall, wie entsprechende Untersuchungen anhand der Assimilationstätigkeit der Pflanze, ihres Wasserhaushaltes und ihrer Zelleinteilungen bewiesen haben. Es gibt da die verschiedensten Möglichkeiten und Abstufungen, an denen die mineralischen Nährstoffe jeweils teilnehmen. Es gibt also Zeiten, in denen überhaupt keine, und andere, in denen viele Mineralstoffe bewegt werden. Die Organismen »Boden« und »Pflanze« bestimmen die Mineralbewegungen; sie allein sind imstande, sie biologisch vorzunehmen, das heißt jede Störung mineralischer Gleichgewichte und damit jede Störung biologischer Gleichgewichte überhaupt zu verhindern.

Wer den Lebensvorgang Boden-Pflanze so durchdenkt, dem erscheint es absurd, wenn man jemals die Hoffnung genährt hat, man könne die natürliche Pflanzenernährung durch eine künstliche auch nur andeutungsweise ersetzen; das erscheint von vornherein als vollkommen ausgeschlossen. Man darf sich nur eins erlauben: Man darf dem Boden irgendwelche Mineralien nur in der ursprünglichen Form der Urminerale anbieten, so weit er sie nötig haben könnte; nur so lässt sich ein Einfluss auf die natürlichen Mineralstoffwechsel vermeiden, nur so die Störung der Lebensvorgänge und der Gleichgewichte vermeiden. Die Urmineralien muss der Lebensvorgang selbst aufschließen, und das tut er nur, wenn er sie wirklich braucht. Da das Urmineral aber zugleich sämtliche Elemente enthält, die das Leben verwendet, nicht eine einseitige und spärliche Auswahl wie die Kunstdünger, haben wir auf diese Weise eine optimale Mineralernährung zustande gebracht.

Man hätte das Prinzip der biologischen Mineralstoff-Dosierung schon vor längerer Zeit aus einer Versuchsanordnung von *Albrecht* (Missouri) ableiten können: Er hat Kulturpflanzen experimentell zu Mangelkrankheiten gebracht (Mangan- und Bormangel), den ganzen Bestand in zwei Hälften geteilt und die eine Hälfte – wiederum aufgeteilt nach Art der so genannten Verdünnungsreihen – mit pflanzenverfügbaren, die andere mit nicht verfügbaren Spurenelementdüngern versehen (Urgesteinsmehl). Die Mangelkrankheit heilte auf der »kunstgedüngten«, das heißt mit verfügbaren Mineralien versehenen Hälfte nur in einem einzigen Dosierungsfalle, nämlich in dem zufällig richtigen Falle aus, auf der Urgesteinshälfte aber von A bis Z, ganz gleich, ob man nun viel oder wenig Urgesteinsmehl gegeben hatte. Die Verwendung der Urmineralien enthebt der Mühe, in jedem einzelnen Falle die einzig richtige Dosierung auszumachen – bei Spurenstoffen meist eine homöopathische –, während man bei der künstlichen Spurenstoffdüngung in den meisten Fällen mit einer Ober- oder Unterdosierung rechnen muss.

In der Praxis des Landbaues sind die Fehldosierungen der Kunstdünger die Regel; mit der seltenen Ausnahme einer zufällig richtigen Dosierung darf niemand rechnen. Man müsste denn fähig sein, alltäglich jene kleinsten Mengen an Mineralsalzen anzubringen, die den natürlichen Stoffbewegungen entsprechen würden, aber das ist praktisch indiskutabel auch dann, wenn wir die Größen kennen würden.

Der Versuch, die mangelhafte Funktion des Bodenorganismus durch eine künstliche Pflanzenernährung zu ersetzen, scheitert allein an der Frage der richtigen Dosierung. Eine biologische Dosierung, die jede Gleichgewichtsstörung und jede Funktionsstörung im biologischen Substanzkreislauf vermeidet, ist unmöglich; die von der Natur benutzten Hilfsstoffe werden entweder vom Substanzkreislauf selbst mitgeführt oder aktiv mit Hilfe eines Lebensvorganges aus dem Urmineral herausgelöst. Das Modell des biologischen Substanzkreislaufs ist unnachahmlich.

## Aufwand und Ertrag

Gibt man dem Boden ein natürliches Konglomerat aus lebendiger und mineralischer Substanz, das heißt eine biologische Einheit aus makro- und mikromolekularer Substanz, so bleibt jedes seiner Teile, auch unter ungünstigen Umständen, dem Boden und der Pflanze erhalten. Anders beim Kunstdünger; da er nicht zum normalen Substanzkreislauf gehört, behandelt ihn der Boden zunächst als Fremdstoff, so dass die verschiedenartigsten Wirkungen auftreten können. Die gleiche Kunstdüngermenge kann in einem Falle zu übertriebenem Wachstum (zum Beispiel Lagerfrucht) führen, im anderen ungenützt liegen bleiben (zum Beispiel bei Trockenheit); in einem Falle ergeben sich folgenschwere Überdosierungen (etwa durch Kalisalze, Nitrate), im anderen schwimmt ein großer Teil weg, erscheint im Grund- und Schwemmwasser oder bildet Unterbodenverdichtungen.

Im Deutschland von 1938 wurde eine »Erzeugungsschlacht« proklamiert; entsprechend den Empfehlungen der Agrikulturchemiker wurden doppelte, mancherorts dreifache Kunstdüngermengen aufgewandt in der Erwartung, die Ernte werde verdoppelt und verdreifacht. Das Resultat war kläglich, denn die Natur gab eine bemerkenswerte Antwort: Mancherorts gingen die Erträge eher zurück als in die Höhe; soweit Zahlen bekannt geworden sind (*F. Caspari*), wurden nur sehr geringe Ertragssteigerungen erzielt (8 bis18 Prozent), die den Aufwand nicht entfernt gelohnt haben, nicht gerechnet die irreparablen Schäden am Bodenorganismus.

Es bedarf in der Tat nicht eines weiteren Experimentes, um nachzuweisen, dass nicht einmal der rein gewichtsmäßige Ertrag vom Kunstdüngeraufwand abhängt, geschweige denn die biologische Leistung »Fruchtbarkeit«. Aufwand und Ertrag entsprechen sich nicht.

Bestenfalls kann der Aufwand an Kunstdüngern dem Gewichtsertrag entsprechen, wenn die natürliche Fruchtbarkeit nahezu erloschen ist. *Mitscherlichs* Versuch, die Diskrepanz zwischen Aufwand und Ertrag mit seinem Gesetz vom schwindenden »Ertrag« zu erklären, ist durchaus entbehrlich, wenn man verstanden hat, dass der Kunstdünger für den normalen Bodenstoffwechsel ein »Fremdstoff« ist und vom Bodenorganismus entsprechend behandelt wird.

Daran ändert auch die berüchtigte Behauptung nichts, man müsse schon deshalb kunstdüngen, weil der Kunstdünger »Humus« schaffe. Der biologische Landbau hat diese Behauptung längst widerlegt; die Kulturen der Humuswirtschaft haben eine um das Mehrfache größere Wurzelmasse und sind deshalb deutlich wirksamer gegen Frost, Auswinterung und Trockenperioden geschützt. Getrieben wird, wie sich auch experimentell nachweisen lässt, mittels der Kunstdüngung lediglich der überirdische Teil der Pflanze, nicht das Wurzelsystem; dieses wird gegenteils inaktiviert; die Pflanze muss die künstlich vermehrten Ionenschwärme zwangsläufig mit dem Wasserstrom in ihr oberirdisches System aufnehmen, wird sie nicht mehr los, verbaut sie, um nicht daran zu sterben, und vermag sich um die Ausbildung eines Wurzelsystems nicht mehr zu kümmern, das den natürlichen Größenverhältnissen entsprechen würde. Man hat also eher eine Minderung der Wurzelmassen zu erwarten als eine Vermehrung.

Man kann das recht gut an den heute üblichen Obstbaumsetzlingen studieren, den ein- und zweijährigen Veredelungen, die mit erstaunlich hohen Trieben auf den Markt gebracht werden (sie werden nach der Höhe eingeschätzt). Solche Zuchten sind für den normalen Stoffwechsel untauglich, weil ihnen das ausreichende, resistente Wurzelsystem fehlt; sie sind an die Treibdüngung gewöhnt, und da sie unharmonisch aufgebaut sind, muss sie der biologische Obstbauer übermäßig zurückschneiden, um die Harmonie zwischen ober- und unterirdischem Organ wiederherzustellen. Man braucht durchschnittlich drei Jahre, bis der Stoffwechsel solcher Kunstgewächse normal wird.

Nach *F. Caspari* ist Humus kein Stoff, sondern ein Vorgang, und wer es mikrobiologisch ausdrücken will, sollte sagen, dass Humus eine biologisch-funktionelle Potenz der lebenden Bodensubstanzen ist, die Trümmer der Lebensabfälle aufs neue harmonisch zu ordnen. Bei diesen Trümmern handelt es sich aber um ein Konglomerat von organischen Bausteinen und anorganischen Hilfsstoffen, das keineswegs irgendeinem Kunstdüngergemisch entspricht. Wenn der Boden also Eiweiße bildet, so benutzt er dazu so wenig wie die Pflanze von Natur aus anorganische Stickstoffverbindungen, sondern organische; offenbar ist er nur so imstande Eiweißbilder zu entwickeln, die dem biologischen Optimum entsprechen, die für die biologischen Gleichgewichte und die Gesundheit von Organismen typisch sind. Jedes Eindrängen in diesen Bildungsmodus durch eine Stickstoffdüngung mit Salzen muss zwangsläufig zu Verschiebungen der Eiweißbilder führen.

Es scheint, dass sich solche Verschiebungen – zum Trost für die Quantifizierungswütigen, die es in Zahlen haben müssen – nachweisen lassen (zum Beispiel durch chromatographische Identifizierung), und meines Wissens hat zuerst *Albrecht* derartige Untersuchungen angestellt. Man kann dabei ohne weiteres die bei Mensch und Tier üblichen Techniken benutzen, denn die von der Natur bevorzugten Aminosäure-Relationen sind überall dieselben. Man kann ebensogut sekundäre Anzeichen der Biosynthesen im Boden dazu benutzen, um ihre Funktion nachzuweisen, ein Weg, den *Keilling* (Paris) mit seinen Enzymanalysen geht. Ohne Zweifel wird man auf diese und ähnliche Weise den destruierenden Einfluss der Stickstoffdüngung auf den physiologischen Boden- und Pflanzenstoffwechsel direkt und exakt nachweisen können, wenn man es für erforderlich hält.

Der Landbaubiologe braucht solche Tests eigentlich nicht; er kann es auf andere Weise erfahren, dass gerade die Stickstoffdüngung die berüchtigte Trias »Kunstdünger – Sortenabbau – Schädlings- und Krankheitsbefall« auslöst und den »circulus vitiosus« eröffnet, der dem Landbau so teuer zu stehen kommt. Wer es nicht glaubt, möge nur ein einziges Mal eine biologische Kultur mit einem synthetischen Stickstoffdünger versehen, und zwar zu einer Zeit, da der natürliche Stickstoffumsatz noch nicht in Gang gekommen ist, also im Frühjahr; am besten eignen sich Obstbäume und Beerensträucher dazu. Die Indikation zur Spritzung wird alsbald gegeben sein.

Allerdings ist das Phänomen nur dort auslösbar, wo der Bodenorganismus noch gewisse Mängel aufweist; ein voll leistungsfähiger Boden mit hoher, natürlicher Fruchtbarkeit vermag auch Stöße von synthetischem Stickstoff aufzufangen. Der Stickstoffstoß bleibt dann zunächst ohne Effekt.

Mir ist da ein ergötzliches Beispiel im Gedächtnis, das ich nicht vorenthalten möchte: Der Kunstdüngernachbar eines biologischen Bauern versuchte ihm einen Streich dadurch zu spielen, dass er ihm einen Stickstoffdünger in Form seines Namenszuges in den eben auflaufenden Weizenacker streute in der Erwartung, in kurzer Zeit werde nun der Name recht dunkelgrün erscheinen, zumal die Witterung recht günstig war. Es geschah – nichts. Der Kunstdüngerbauer gestand, ehrlich erstaunt, seinen Streich mit der Frage, wie man sich das zu erklären habe, worauf ihm sehr richtig zur Antwort gegeben wurde: »Mein Acker braucht das Zeug nicht!«

Alles in allem: Da eine optimale Dosierung von Kunstdüngern nirgends und niemals möglich ist, darf man nicht erwarten, dass sich Aufwand und Ertrag entsprechen; ein wertvoller, teurer organischer Dünger kann immer noch billiger sein als der billigste Kunstdünger. Verluste durch Auswaschen und Festlegen der Mineralstoffe müssen in jedem Falle einer Kunstdüngung in Kauf genommen werden. Weitere Verluste treten dadurch ein, dass nur ein natürlicher, nicht aber ein künstlicher Substanzkreislauf an die wechselnden Lebensbedingungen, an Winter und Sommer, an Regen und Trockenheit angepasst ist. Der Verzicht auf die biologische Ökonomie im Stoffwechsel führt schließlich wegen des überhöhten Sortenabbaues und der erheblich verminderten Schädlings- und Krankheitsresistenz zur Unrentabilität. Die Humuswirtschaft kennt diese Schwierigkeiten nicht.

## Bodenmüdigkeit

Die agrikulturchemische Landbaulehre hat für die Kriterien eines Schwundes biologischer Bodenqualitäten eine ganze Reihe von diagnostischen Bezeichnungen in Umlauf gebracht, denen man auf den ersten Blick zuweilen ihren komplexen Charakter nicht ansieht. Sie spricht beispielsweise von »Bodenmüdigkeit« überall dort, wo im Verlaufe künstlicher Intensivdüngung Mangelerscheinungen auftreten, und macht dafür, ihrem Wesen gemäß, stets das Fehlen des einen oder anderen »Stoffes« verantwortlich, zuweilen auch dessen Überfluss.

Es ist zu erwarten, dass mit einem Erlöschen der mikrobiologischen Funktionen des Bodenorganismus irgendwelche stofflichen Unzulänglichkeiten wirksam werden, denn erstens fehlen bei ungenügender Zufuhr organischen Nahrungsmaterials von den Dutzenden von Stoffarten des physiologischen Substanzkreislaufs zuerst wenige, dann viele, und zweitens ist ja die ausgleichende, das biologische Gleichgewicht garantierende Funktion des Bodenorganismus nicht mehr tätig, so dass die Pflanze aus dem Stoffchaos, das sie allein nicht zu bewältigen vermag, keinen harmonischen Aufbau zustande bringen kann und Mangelerscheinungen offenbart. Da die Agrikulturchemie die einzig richtige Mineralnahrung für den Boden, das Urgestein, für unwirksam hält und ausdrücklich »verfügbaren« Mineralersatz fordert, ist sie gezwungen, den Mangelkrankheiten auf gleiche Weise, nämlich mit dem Stoff zu Leibe zu gehen, dessen Fehlen sie für die Ursache hält; für sie ist die »Bodenmüdigkeit« eine stoffliche Frage, die man nur stofflich lösen kann.

Es scheint, dass die meisten mit dem Wort »Bodenmüdigkeit« ebenso zufrieden sind wie der Patient, der erfährt, dass er eine »vegetative Dystonie« oder eine »Allergie« habe; dieser Patient ist zuweilen geradezu glücklich, dass nun endlich jemand die wahre Ursache seines Leidens gefunden hat, denn er weiß ja nicht, dass man damit überhaupt nichts Neues erfährt, nur einen neuen Namen. Es ist nämlich außerordentlich schwer und fordert unendliche Geduld vom Patienten, eine vegetative Dystonie wirklich zu heilen, eine Allergie wirklich auszuschalten, denn es ist immer relativ leicht, eine Geschwulst zu entfernen und einen Beinbruch zu heilen, während die echte Heilung von Systemerkrankungen, von vielerlei korrelativ ineinander verflochtenen biologischen Ganzheitsfunktionen eines Organismus eine schier unendliche Mühe fordert, vom Patienten noch mehr als vom Arzt. Das medizinische Beispiel ist vorzüglich, denn mit der »Bodenmüdigkeit« liegen die gleichen Schwierigkeiten vor; sie ist nicht Mangel an irgendwelchen Einzelstoffen, sie ist eine Systemerkrankung, sie zeigt den Ausfall ganzer Komplexe von biologischen Funktionen an.

Freilich – sieht man sich die Sache stofflich an, so kann man von vornherein annehmen, dass hier auch gewisse Stoffe fehlen, und es braucht sich dabei nicht einmal nur um lebendige, sondern es kann sich durchaus auch um einzelne Elemente handeln, deren Zufügen manchmal, wenn auch selten, echte Heilung bewirkt, eine Heilung, wie man sie ja auch in der Homöopathie erzielt, wenn man das eine, einzig richtige Element erwischt. Aber wie zur echten und besonders zur Hochpotenz-Homöopathie ein Künstler gehört – und die sind selten – so würde zur Heilung der Bodenmüdigkeit in jedem einzelnen Falle jener Künstler nötig, wenn man sie mit Hilfe des einzig richtigen Elementes – meist handelt es sich um Spurenelemente – ausheilen wollte. Es kommt in der Kunstdüngerpraxis schließlich nur darauf hinaus, dass der Bauer, der »Bodenmüdigkeit« wegen irgendeines biologischen Qualitätsmangels diagnostiziert bekommt, nun außer seinen Kunstdüngerrechnungen und dem Aufwand für die Schädlings- und Krankheitsbekämpfung, den gehäuften Saatgutbezug, die Tierarztrechnungen, die Kosten für die vielerlei modernen Landbaumaschinen und den Kraftfutter-Einkauf auch noch die Elemente-Therapie bezahlen muss – man hat dann wohl kaum Aussicht, aus dem Zollschutz, Subventionen und »Grünen Plänen« jemals herauszukommen. Die Lösung ist viel einfacher: Der biologische Landbau kennt keine Bodenmüdigkeit. Man kann sogar unbedenklich mehrmals hintereinander die gleiche Monokultur anlegen, ohne die Gefahr von Mangelerscheinungen zu laufen; *H. Müller* hat sogar in einer einzigen Vegetationsperiode zweimal hintereinander starkzehrende Hackfrüchte anbauen lassen, wobei in einem Falle die zweite Kultur einen überdurchschnittlichen Ertrag ergab (vielleicht deshalb, weil die Witterung in der 2. Sommerhälfte günstiger war). Man wird das freilich normalerweise nicht tun, weil man in der Humuswirtschaft auf sinnvolle Fruchtfolgen größten Wert legt; die Tatsache aber, dass man mit einem voll-lebendigen Boden beinahe machen kann, was man will – *Caspari* würde sagen, man könne auf ihm Klavier spielen –, ist sehr bezeichnend für das Problem »Bodenmüdigkeit«.

Was ist in Wirklichkeit geschehen? Man hat auf jede Treibdüngung verzichtet, das heißt auf synthetischen Stickstoff, Harnstoff, überdosierte und falsch vergorene Jauchen, auf tabellengemäßen Mineralersatz, auf künstliche Spurenstoffgemische – auf jede Art von Kunstdüngung. Es wurde grundsätzlich darauf verzichtet, in irgendeiner Weise auf den Bodenstoffwechsel und auf die Pflanze selbst Einfluss zu nehmen (das allein ist »Kunstdüngung«). Man hat stattdessen für die volle und optimale Funktion des biologischen Substanzkreislaufs gesorgt. Man überlässt damit nicht nur die Pflanzenernährung, sondern auch die Versorgung des Bodens mit Nahrung ganz allein den Kettengliedern der aneinander gereihten Lebensvorgänge – man hat unser biologisches Begriffsmodell dargestellt. Zur Heilung von »Bodenmüdigkeit« braucht man dann weder Kunstdünger noch teure Spurenelementpräparate; man kann sich auf das Urgesteinsmehl beschränken und alles übrige, jede Stoffbewegung und -auswahl getrost den Lebensvorgägngen überlassen, die dazu bestimmt sind.

Die so genannte Bodenmüdigkeit ist ein Ergebnis des Kunstdüngerschadens am biologischen Gleichgewicht des Bodenorganismus. Die Humuswirtschaft kennt solche Mängel nicht und hat damit die einzige richtige, der echten Heilung dienliche Diagnose gestellt. Wer Bodenmüdigkeit beobachtet, kann sicher sein, dass er seinen Boden falsch ernährt hat; ernährt er ihn richtig, heilt sie von selbst aus.

## Der Gareschwund und seine Folgen

Dass die Kunstdüngung wie jeder Raubbau an biologischen Funktionsqualitäten auch den Schwund der anatomischen Struktur fruchtbaren Bodens bewirkt, muss hier nicht historisch belegt werden; es sind viele Bücher darüber geschrieben worden, unter denen ich besonders die Werke des Forscher-Ehepaares *Raoul Francé* und *Annie Francé-Harrar* und des allzu früh verstorbenen *F. Sekera* nennen möchte. Es wäre sinnlos, sich auf den seit Jahrzehnten anhaltenden, oft ganz unsachlichen und unwissenschaftlichen Meinungsstreit einzulassen. Wir betrachten den Gareschwund als natürliche, unmittelbare, voraussehbare und selbstverständliche Konsequenz der künstlichen Treibdüngung.

Es würde jeder biologischen Vernunft widersprechen, wenn es anders wäre. Die Gare (die wir später im Einzelnen biologisch definieren wollen) ist nicht nur eine quantitative – und demnach quantifizierbare – Größe, sie ist auch eine qualitative, mit den normalen Funktionsmerkmalen nachweisbar. Beide Größen erfahren durch eine Treibdüngung Einbußen, die mit weiteren künstlichen Mitteln nicht wettzumachen sind; die quantitative Einbuße ist dadurch gegeben, dass sowohl der Stoffumsatz des Bodens als auch der Pflanze hektisch höher getrieben wird (»Fiebernde Pflanzen« – *Arland*), indem, anders ausgedrückt, die Stoffwechsel beider Organismen-Arten künstlich und zur Unzeit beschleunigt werden. Dadurch werden beide Organismen zum Raubbau am Substanzkreislauf, an der Bodengare, oder, wenn man so will, zum Humus-Raubbau gezwungen, weil man ihnen ja keine vollwertige Nahrung bietet, sondern eine höchst einseitige. Man muss das eigentlich nicht besonders beweisen, man muss es vielmehr erwarten.

Wer sich biologische Ganzheitsbegriffe zu eigen gemacht hat, wird auch ohne weiteres erwarten, dass der Eingriff in den Substanzkreislauf durch Treibdünger, der die Organismen Boden-Pflanze zu einer unphysiologischen Erhöhung ihres Stoffumsatzes zwingt, den geregelten Ablauf der Lebensvorgänge, der für die Erhaltung der labilen, biologischen Gleichgewichte verantwortlich ist, in Gefahr bringt; man kann sicher sein, dass damit biologische Unordnung bewirkt wird, die im Schwund der Qualitätsmerkmale unmittelbar zum Ausdruck kommt. Man hat auch zu erwarten, dass diese Unordnung mit der Intensität der Treibdüngung zunimmt, aber schon beim geringsten Eingriff in die feinstofflichen Umsätze beginnt. Es gibt keine Möglichkeit, Treibdüngung mit künstlichen Nährstoffen ohne kleine und größere, schließlich chronische Einbußen an biologischer Güte zu praktizieren – es gibt deshalb auch keine »harmonische« Kunstdüngung, sondern allerhöchstens eine »harmonische« organische Düngung, und auch diese nur dann, wenn der Organismus »Mutterboden« voll funktionstüchtig ist.

Die Humuswirtschaft vermag heute – auch ohne spezielle Untersuchungsmethoden – zu beweisen, dass der Gareschwund auf den chemisch ernährten Äckern eine direkte Folge der Treibdüngung ist. Dafür stehen uns endlich ausreichende Beispiele zur Verfügung; wir selbst verfügen über Beobachtungen und Untersuchungen auf annähernd 600 Humusbetrieben, von denen einiges in den nachfolgenden Abschnitten dargestellt werden soll. Wir sollten hier aber noch besonders charakteristische Erlebnisse mitteilen, die das Verständnis für die Unterschiede zwischen der künstlichen und der natürlichen Pflanzenernährung vielleicht erleichtern, mehr als alle naturwissenschaftlichen Erörterungen.

Da betreibt ein deutscher Kunstdünger-Spezialist eingestandenermaßen »Intensivwirtschaft« und ist der ehrlichen Meinung, das sei heutzutage die einzig rentable Landbaumethode, anders gehe es auf keinen Fall; insbesondere den synthetischen Stickstoff könne er nicht entbehren, wie wolle man sonst ausreichende Ernten bekommen? Zugleich aber beschwert er sich darüber, dass ihn sein Sohn, der in Frankreich ein großes Gut betreibt, ob seiner schulgerechten, exakten Bemühungen auslache und sich darüber amüsiere, dass er sich alle diese vergebliche Mühe mache. Sein Sohn behauptet nämlich – eine in Frankreich verbreitete Auffassung – er habe die Kunstdüngung der Viehweiden eingestellt, weil er bemerkt habe, dass dann die Kühe krank werden; seitdem sei sein Betrieb rentabel. Der Vater sieht die Rentabilität in der Kunstdüngung, der Sohn im Verzicht darauf.

Um der Intensivwirtschaft willen, die in Wirklichkeit keine ist, nimmt der Vater unendliche Anstrengungen in Kauf, die schon rein kaufmännisch gesehen den keineswegs sicheren, manchmal nur eingebildeten Mehrertrag und die quantitativen Stallleistungen bei weitem wettmachen. Hier entspricht den »fiebernden Pflanzen« die hektische Bemühung um die intensive Aufpeitschung von Boden, Pflanze, Tier und Mensch zu quantitativen Höchstleistungen, zur biologischen Scheinfunktion, die in Wirklichkeit keine echte Mehrleistung ist, sondern Leerlauf – aus einem biologischen Substanzkreislauf wird künstlich ein »circulus vitiosus« gemacht, und zwar einer von größtem Umfang mit den Zeichen der chronischen, unheilbaren Krankheit. Der Franzose vermeidet dieses »Managertum des Landbaues« mit vollem Erfolg und weiß genau, wie er das zu tun hat; Angaben von *Andrè Voisin*, der sich beklagt, die französische Landwirtschaft gebrauche leider kaum zehn Prozent des in Deutschland gestreuten Stickstoff, bestätigen das. Man sieht, zu wie verschiedenartigen Schlüssen man bei der gleichen Beobachtung kommen kann, je nachdem, welches Modell man der Deutung zugrunde legt.

*F. Caspari* konnte es sich leisten, in einem pfälzischen Weinbaugebiet vor einer Neuanpflanzung die üblichen Stützmauern entfernen zu lassen, weil die Oberflächen-Kompostierung mittels Heidelberger Stadtkomposten die Lebendverbauung (*Sekera*) so sehr förderte, dass sie die Abschwemmung auch an stark hängigem Gelände unmöglich machte. Gleichzeitig wurden eine ganze Anzahl von Spritzungen entbehrlich. In einem anderen Falle wurde mir bekannt, dass ein bestimmter Winzer einen ganz exquisiten Wein zubereitete, der seinesgleichen suche, vielleicht sei der Wein auch deshalb so gut, weil dieser Weinbauer wenig oder nicht »spritze«. Von mir befragt, wie er das mache, sagte er beinahe nebenbei: »Ach, ich dünge schon seit langem nur noch organisch.« Dass die Aussage derartiger, fast immer ungewollter Experimente eindeutig ist, geht aus einem anderen Beispiel hervor, das aus der Schweiz stammt: Dort hatten zufällig ein Kunstdünger-Bauer und einer der biologischen Schule einen Weinberg nebeneinander; der Kunstdünger-Weinberg erschien in den allbekannten Plakatfarben der chemischen Spritzungen, der humusbewirtschaftete in gesundem, prächtigem Grün, auch in der dem gespritzten Berg nächststehenden Reihe.

Eine Deutung dieser und hunderter ähnlicher Beobachtungen ist wohl überflüssig, es sei denn, wir stellen fest, dass auch die hoch gezüchtete und empfindliche Kulturpflanze »Weinrebe« ihre volle Resistenz, also ihre Grundgesundheit wiedererlangt, sobald sie richtig ernährt wird.

In wiederholten, also beliebig reproduzierbaren Vergleichsversuchen haben wir viruskrankes Kartoffelsaatgut drei Jahre lang auf Parzellen gezogen, von denen die eine nach den Regeln der Kunstdüngung – nach amtlicher Mineralanalyse und auch mit Stallmist! – die andere nach den Regeln der Humuswirtschaft – auch unter Verwendung der Bakterienimpfung des Bodens angebaut wurden. Das Resultat (man erspare mir die Tabelle, von denen wir noch genug nötig haben): Die Kunstdünger-Kartoffeln verminderten ihren Hektarertrag bis auf indiskutable Werte und blieben auch im 3. Jahr viruskrank; auf der Humusparzelle stieg der Ertrag an, und die Erscheinungen der Viruskrankheit waren im 3. Jahr verschwunden. Inzwischen weiß ja jeder Humusbauer, dass er selbst daran schuld ist, wenn Zeichen verminderter Qualität auftreten, er weiß dann, dass er den

Boden noch nicht richtig genug ernährt hat und: Wiederum ist es ganz unnötig, die spezielle Diagnose zu stellen, und gleichgültig, um welches Virus es sich handelt.

Ein bekanntes Werk, das Phytotherapeutica herstellt, baute viele Jahre lang Heilpflanzen an, um die hohen Kosten des Wildpflanzensammelns einzusparen. Es verfuhr nach agrikulturchemischen Regeln und verwendete auch Stickstoff. Mit jedem Jahr nahm aber der für die Rentabilität kritische Wirkstoff-, besonders der Alkaloid-Gehalt ab, bis schließlich in sechs Jahren der Anbau nicht mehr lohnte. Man beschloss, zum Wildsammeln zurückzukehren, als der Rat erteilt wurde, zur Humuswirtschaft überzugehen; das geschah, in nicht einmal nach heutigen Begriffen vollkommener Weise, mit einem unerwarteten Resultat: Der Wirkstoffgehalt erreichte in kurzer Zeit die Wildpflanzenwerte. *Kuhn*, der mir diese Beobachtung mündlich mitteilte, baut seit vielen Jahren auf Heidelberger Gelände mit dem dort gewonnenen Stadtkompost Heilpflanzen mit bestem Erfolg an; er ist im Besitz reichen Zahlenmaterials, und wer es in Zahlen haben will, kann sie dort bekommen. Wieder eines der vielen Beispiele dafür, dass die Kulturpflanze bei richtiger Ernährung der Wildpflanze in ihrer biologischen Leistung gleichkommt und ebenso gesund ist, dass sie also keineswegs a priori zur Degeneration, zum Abbau verurteilt ist.

Wir haben des öfteren Gelegenheit gehabt, Kartoffeläcker zu demonstrieren, die – inmitten stark befallener und vielmals chemotherapeutisch behandelter Äcker gelegen – ohne jeden Schutz keinen Coloradokäfer-Befall zeigten, auf denen man höchstens hier und da einen verirrten Käfer und zuweilen einige Larven fand. Aus meiner Jugend, vor dem Ersten Weltkrieg, erinnere ich mich, dass uns dieser hübsche Käfer als Seltenheit gezeigt wurde, und offenbar war damals noch das natürliche Gleichgewicht zwischen »Schädling« und »Nützling« bewahrt, trotz der schon erheblichen Anforderungen an die Landbauleistung. *Kuhn* hat einmal nachgewiesen, dass die brasilianische Wildkartoffel ein Alkaloid entwickelt, das die seuchenhafte »Infektion« verhindert; die Speisekartoffel, sagte er, habe diesen Wirkstoff nicht. Wir stellen gerne richtig ernährte Kartoffeln zur Verfügung dem, der verlangt, man müsse das Alkaloid auch nachweisen, ehe man glauben dürfe, dass es auch Speisekartoffeln aus den normalen Saatzuchten gibt, die man durch eine bestimmte Behandlung zur Alkaloidentwicklung veranlassen kann; wir selbst sind daran nicht unbedingt interessiert und trotzdem – analog anderer Beobachtungen – überzeugt, dass die Kulturkartoffel als Spätabkömmling der wilden auch heute noch die Potenz hat, bei richtiger Ernährung das Schutzalkaloid und ebenso vielerlei andere Schutzstoffe zu entwickeln.

Die Natur hat die Landbauprobleme zum größten Teil lange vor uns gelöst, man muss sie nur getreu nachahmen; die Natur hat dem biologischen Funktionssystem »Kartoffel« in ihrem spezifischen Urbild offenbar die Fähigkeit Resistenzen auszubilden über lange Zeiten hinweg bewahrt, und die Einzelheiten können uns, solange es zunächst um die Bewältigung aktueller vitaler Probleme geht, ganz gleichgültig sein; die reine Beobachtung genügt dazu vollkommen.

Die histologische Untersuchung von Früchten, die unter Treibdüngung zustandekamen, zeigt mit zunehmenden Hektarerträgen steigende Mengen von Gewebswasser, das heißt organisch ungebundenen Wassers, das Analogon zu den Ödemen fehlernährter Menschen und Tiere. *H. Müller* und *H. Hurni* sind diesen Dingen insofern näher nachgegangen, als sie Kunstdüngerprodukte mit denen der Humuswirtschaft bezüglich ihrer Lager- und Kochverluste miteinander verglichen haben. Es ergaben sich beträchtliche Unterschiede. Die aus Kunstdüngerbetrieben stammenden Hackfrüchte (Sellerie, Randen, Kartoffeln) verloren allein bei der – selbstverständlich gleichartigen – Lagerung zwischen 1/5 bis 1/4 ihres Gewichtes, die aus der Humuswirtschaft nur rund vier Prozent (Tab. 1). Wurden die abgelagerten Früchte vergleichsweise gekocht, so verloren abermals die Kunstdünger-Früchte doppelt so viel an Gewicht wie die Humusfrüchte. Ein erheblicher Teil des durch Treibdüngung erzielten Ertrages besteht also aus Wasser; überflüssig zu sagen, dass dieses Wasser bezahlt wird, als handele es sich um organische Nahrungssubstanz. Einen Menschen, der Ödeme hat, würde niemand als gesund bezeichnen; mit solchen Früchten sollte man es ehrlicherweise genauso halten.

*Tab. 1:* Vergleich der Lagerfähigkeit, des Lager- und Kochschwundes bei Hackfrüchten aus Kunstdüngung und Humuswirtschaft

| Produkte aus | Lagerfähigkeit (Haltbarkeit) | Lagerschwund | Kochschwund | d. h. Totalverlust |
|---|---|---|---|---|
| Kunstdüngung | 2,8 Monate | 27,9% | 38,0% | 55,3% |
| Humuswirtschaft | 5,7 Monate | 4,4% | 17,1% | 20,7% |

Es gibt vereinzelt Jahresabschnitte, in denen eine anhaltend tropische, feuchte Wärme die Entwicklung von zwei Hyphen- und Sporen-Generationen des Getreide-Gelbrostes herbeiführt, von dem auch das gesündeste Getreide befallen wird. Es gibt dagegen praktisch keine Mittel, es sei denn, man vergifte Getreide und Mutter Erde radikal. Wir haben in vielen unserer Humuswirtschaften ein solches Jahr erlebt, und keiner der Bauern machte sich Hoffnung auf eine Ernte – das Unerwartete trat ein: Auf allen laut mikrobiologischer Testung hochlebendigen Böden erholte sich das Getreide nach Ablauf der Infektion und brachte eine zufriedenstellende Ernte. Ebenso ist die so genannte Auswinterung des Getreides auf den nachweislich hochlebendigen Böden um ein Mehrfaches geringer als auf anderen, und es scheint ganz allgemein, dass der richtig ernährte Boden und die von ihm richtig ernährte Pflanze die Schäden solcher unvermeidbaren Naturereignisse recht gut zu überstehen vermögen.

Von zwei nebeneinander liegenden Futterklee-Äckern gehörte der eine zu einem Kunstdünger-Hof, der andere zu einem unserer Humuswirtschaften. Gegen Ende des Juni war der kunstgedüngte Acker ein einziges Mal geschnitten und wies zu dieser Zeit praktisch kein weiteres Wachstum mehr auf; der Schnitt würde nicht lohnen. Der Humusacker war bereits zweimal in voller Höhe geschnitten und wies Ende Juni schon wieder einen Bestand auf, der alsbald schnittreif war. Diese wahllos herausgegriffene Beobachtung bestätigt sich grundsätzlich in der Humuswirtschaft: Der Boden ist auf lange Zeit hinaus nicht erschöpfbar und zeigt keine Zeichen der Müdigkeit, sobald er lebendig genug geworden ist, sobald er also unserem Modell des »Kreislaufes lebender Substanzen« ganz entspricht (Abb. 22/23, Tafel 4).

Die Fertilität des Rinderbestandes ist, wie bekannt, ein trotz aller Bemühung ungelöstes Problem insofern, als die bisher beschrittenen Wege sehr kostspielig sind, zur Unrentabilität führen und doch das Problem nicht aus der Welt schaffen. Es steht ganz eindeutig und unzweifelhaft fest, dass man bei der Humuswirtschaft auf jede spezifische Therapie, auf jede diagnostische Bemühung verzichten kann, weil alle die verschiedenen Ursachen mit der richtigen Ernährung durch richtig ernährte Pflanzen auf richtig ernährtem Boden von selbst verschwinden. Das mag für den Spezialisten betrüblich sein, für den Bauern ist es das nicht. Wir durften deshalb auch in denjenigen Betrieben, die wir bisher statistisch erfassen konnten (siehe Kap. »Resultate der Humuswirtschaft«, S. 231), ersehen dass der Aufwand für den Rindviehbestand im Laufe von zehn Jahren fortlaufend abgenommen hat, während die Leistungen fortlaufend angestiegen sind.

Experimentell lässt sich die Humuswirtschaft, wie erwähnt, von der Kunstdüngerwirtschaft eindeutig abgrenzen. Von vielen Beispielen die mir in Erinnerung sind, nur dies: Auf einem privaten Grundstück mit echter Humuswirtschaft standen unter anderem prächtige Beerensträucher, ein Exemplar wie das andere, wie es in der Humuswirtschaft üblich ist. Von diesen waren versuchsweise einige mit Handelsdüngern versehen worden, und zwar »lege artis« – der Eigentümer ist ein aus der Schule der Agrikulturchemie hervorgegangener Fachmann. Das statistisch und fotografisch festgehaltene Resultat: Halbe Ernten, ungleicher Wuchs, Schädlingsbefall, Krankheitszeichen, früherer Blattfall. Man kann in gleicher Weise, stets reproduzierbar, gesunde Kulturbestände durch eine schulgerechte Kunstdüngung – und dazu ist keineswegs etwa eine Stickstoff-Überdosis nötig! – zu den üblichen Erscheinungen des Resistenzverlustes, des Schädlingsbefalles, der Störung des KH-Eiweiß-Gleichgewichtes bringen, die Wirkung der Kunstdüngung also unmittelbar an einem gesunden Gewächs demonstrieren, sofern es vorher sein biologisches Gleichgewicht hatte.

Es gibt offenbar keinerlei Kompromiss zwischen Humuswirtschaft und Kunstdüngung. Sobald die künstliche Nahrung in die Wechselbeziehung zwischen Pflanze und Boden eingeschaltet wird, treten die Charakteristika der Kunstdüngung auf.

»Quod erat demonstrandum.« Wer sich für Einzelheiten interessiert, mag ihnen nachgehen; es kann reichlich mit Material gedient werden. Dem Bauern genügt vorerst die Tatsache, dass jedes Abweichen von unserem biologischen Begriffsmodell vermieden werden muss; wird es aber realisiert, so ist die Antwort der Organismen, mit denen der Bauer zu tun hat, in jedem Falle positiv und hinterlässt keine Probleme mit Ausnahme derer, die durch menschliche Unzulänglichkeiten entstehen, meist durch Meinungsgegner, Institutionen und Ämter – Probleme also, die nicht in der Sache selbst liegen.

## Vergleichende Übersicht Kunstdüngung – Humuswirtschaft

Lassen Sie uns nun die Quintessenzen aller hier aufgeführten und nicht aufgeführten Naturbeobachtungen übersichtlich zusammenfassen; ich bitte dabei um Nachsicht, wenn sich kleine Schönheitsfehler bei solcher Simplifikation nicht vermeiden lassen. Eine tabellarische Übersicht über die beiden Experimente »Kunstdüngung« und »Humuswirtschaft« kann nach allen, aus jahrzehntelanger Erfahrung ermittelten Tatsachen nur dieses Aussehen haben:

| Die Beobachtungen bei der künstlichen Pflanzenfütterung (**Kunstdüngerwirtschaft**) und ihren Folgen | Die Beobachtungen bei der natürlichen Pflanzenernährung durch Bodenpflege (**Humuswirtschaft**) und ihren Folgen |
|---|---|
| Optimale Dosierung weder bei Kern- noch bei Spurenstoffen möglich. | Optimale Dosierung von selbst gegeben bezüglich jeden Anspruches. |
| Unter- und Überdosis sind die Regel. Hoher Düngerverlust durch Auswaschung und Festlegen. Der Gareschwund nimmt mit der Düngeintensität zu. Zunehmende Bodenverdichtung in zwei Schichten (Oberfläche, Sohle). | Falsche Nährstoffdosierung unmöglich; Düngerverluste sind ausgeschlossen, Festlegen unmöglich; die Gare wird durch die Düngung wieder aufgebaut und stabilisiert, Oberflächenverdichtung aufgehoben, Unterboden wird aufgeschlossen. |
| Handelsdüngerbedarf steigt allmählich an. Kunstdüngeraufwand begrenzt organischen Düngeraufwand. | Der Bedarf an organischen Düngern nimmt allmählich ab. Der Aufwand für organischen Dünger macht den Kunstdüngeraufwand überflüssig. |
| Gefahr der Verschlemmung, Abschlemmung, Verstaubung; Hemmung des Gastausches, Abnahme der Sorption; erhöhte Abhängigkeit des Bodens und | Boden ist lebendverbaut, keine Ab- und Verschlemmung, keine Verstaubung; optimale Bodenatmung, hohe Sorption; verminderte Abhängigkeit des Bodens |

| Die Beobachtungen bei der künstlichen Pflanzenfütterung (**Kunstdüngerwirtschaft**) und ihren Folgen | Die Beobachtungen bei der natürlichen Pflanzenernährung durch Bodenpflege (**Humuswirtschaft**) und ihren Folgen |
|---|---|
| der Pflanze von der Witterung (Frost, Niederschlag, Trockenheit u. a.) | der Pflanze von der Witterung optimaler Wasserhaushalt, geringeres Auswintern. |
| Fortlaufende Zunahme des Schädlings- und Krankheitsbefalles, Abnahme der Resistenz von Boden und Pflanze; fortlaufender Schwund biologischer Qualitätszeichen; erheblicher Lagerschwund u. Kochverlust, verringerte Lagerfähigkeit. | Fortlaufende Abnahme des Schädlings- und Krankheitsbefalles, Rückkehr stabiler Resistenz, auch erblich. Die biologischen Qualitätsmerkmale kehren wieder. Kein Lagerschwund, normaler, geringer Kochverlust, erhöhte Lagerfähigkeit. |
| Handelsdüngeraufwand und Ertrag entsprechen sich nicht, hoher Aufwand lohnt nicht. | Mit der Bodenbelebung nimmt der Ertrag gleichermaßen zu. |
| Kunstgedüngter Boden erfordert überhöhte Bodenarbeitsleistung. | Einsparungen an Bodenarbeit sind für die Humuswirtschaft charakteristisch. |
| Schwund der Fruchtbarkeit, Sortenabbau, Zwang häufigen Saatwechsels; zunehmender Aufwand für Pflanzenschutz, zunehmende Toxisierung von Boden und Nahrung. | Kein Schwund der Fruchtbarkeit, kein Abbau, sondern Aufbau = Heilung; abnehmender und geringer Aufwand für biologischen Pflanzenschutz, keinerlei Giftverwendung, ungiftige Nahrung. |
| Zunehmender Aufwand für die Nutztiere (Krankheit und Unfruchtbarkeit); Rentabilität zunehmend gefährdet, daher hohe Beanspruchung von Tier und Mensch (Managertum des Landbaues). | Abnehmender Aufwand für die Nutztiere, spontane Heilung und Fruchtbarkeit; stabile Rentabilität, Rentabilisation durch Umstellung auf Humuswirtschaft; Überwindung des Managertums des Landbaues. |

Zwanglos ließe sich an diese Gegenüberstellung eine ebensolche anschließen, die sich aus einem Vergleich der Beobachtungen bei einer Heilkunde mittels körperfremder, chemisch-synthetischer Substanzen, der Verstümmelung, der symptomatischen Organbehandlung und des Giftkampfes gegen »Erreger« einerseits und einer in der Entwicklung begriffenen ganzheitlichen Heilkunde andererseits ergeben würde, einer Heilkunde, die sich grundsätzlich physiologischer Reize und natürlicher Heilprinzipien bedient, ihre Methoden aus der Beobachtung und Erfahrung entwickelt, das lebendige Prinzip einschaltet, wo sie nur kann und sich ausdrücklich an den »inneren Arzt« wendet, ihm dienend und von ihm die Heilung erwartend.

Wem es Freude macht, der mag in unserer Tabelle »Vergleich künstlicher und natürlicher Pflanzenernährung« nur die spezifischen Worte auswechseln – zum Beispiel »Kunstdünger« durch »Medikament« ersetzen – und er wird die analoge medizinische Tabelle bekommen.
Die Chemotherapie akuter, eindeutig lebensbedrohlicher Erkrankungen ist, solange es nichts Besseres gibt, ein Akt der Humanität, ihre Erfindung eine Großtat der Chemie. Unverantwortlich, inhuman und leichtsinnig ist ihre Anwendung bei normalen Heilreaktionen in größter Breite; für die echte Heilung subakuter und chronischer Leiden ist sie untauglich. Wir haben vor dem Einsetzen

der chemotherapeutischen »Welle« vorausgesagt, dass die Widerstandsfähigkeit der Organismen allgemein abnehmen, die Resistenz der Mikroben und Insekten zunehmen müsse, wenn man das Prinzip verallgemeinere; man fördere, sagten wir, das Pathogene und hemme das Physiologische.

Es gibt wohl heute nicht mehr so viele Bauern und Gärtner, die die Giftspritze freudig betätigen, es sei denn, sie hätten kein Gewissen mehr wie jener Gärtner, den ich beim Stickstoffstreuen fragte, ob er meine, das sei gut für den Salat, und der mir kurzerhand brummig antwortete: »Ich brauche das ja nicht zu fressen!« Nicht mehr so selten sind die Bauern, die Gemüse und Kartoffeln zum eigenen Gebrauch organisch düngen und nur kunstdüngen, was sie verkaufen. Es gibt also noch Reste gesunden Instinktes, wie es der Kinderarzt *H. Mommsen* auch von seinen Patienten behauptet, eines Instinktes, der den überlieferten naturwissenschaftlichen Praktiken im tiefsten Innern misstraut.

Man findet in aller Welt Landbaulehren, deren Kennzeichen die Abwendung von Kunstdüngung und Giftspritze ist; es konnte nicht ausbleiben, dass da Wahrheit und Dichtung nebeneinander stehen, denn die exakte Wissenschaft hat sich nicht darum gekümmert. Es gibt überall Bemühungen um gänzlich neue Wege der Heilkunde, aber noch kein Vertreter solcher biologischen Richtungen ist auf einen Lehrstuhl berufen worden; man bemüht sich vielmehr sehr intensiv, solch lauteren und mutigen Pionieren das Wasser abzugraben, und wenn ich dies schreibe, so unter dem neuerlichen Eindruck der perfiden Vernichtung biologischer Beispiele – Hexen werden auch heute noch verbrannt, mitten im 20. Jahrhundert. An solchen Beispielen hätte der Diplomlandwirt mehr lernen können, als ihm auf der Schule geboten werden kann; sie sind aber ganz legal auf dem Amtswege vernichtet worden. Die Destruktion der biologischen Vernunft ist nicht nur im Gange, sie ist Tatsache und trägt amtliche Siegel.

Das ist keine subjektive Polemik, sondern objektiver Tatbestand; wer Ganzheitsforschung zu treiben vorgibt, darf nichts übersehen, was zum Forschungskomplex gehört. Es steht uns nicht an, die Fehlentwicklungen zu ignorieren, und wenn von Schuld gesprochen werden kann, so hat sie die überlieferte Naturwissenschaft und nicht der Bauer, der Gärtner, der praktische Arzt oder der Minister – sie alle tun nur, was ihnen vorgeschlagen wird. Wir haben also allen Grund den Kräften dankbar zu sein, die entgegen den herrschenden Meinungen mit unzulänglichen Mitteln, meist nur aufgrund mühselig und geduldig gesammelter Erfahrung Beweise erbracht haben, die die Wissenschaft viel leichter und rascher hätte beschaffen können, wenn sie frei und unabhängig wäre. Die Taten solcher Bauern und Ärzte gehören ohne Zweifel zu den echten Pioniertaten der Menschengeschichte.

Niemand sollte mehr bezweifeln, dass eine Nahrungspflanze nur dann ihre biologische Aufgabe erfüllen kann, wenn sie selbst imstande ist, sich als Individuum zu erhalten und fortzupflanzen. Man kann es heute wissen, dass die Pflanze nur »in der Ordnung« ist, wenn es der Mutterboden ist; produziert aber eine Düngeweise nur Gewächse, die ohne künstliche Ernährung, ohne Therapie, ohne Giftschutz den Herbst nicht erleben, so ist diese Düngeweise prinzipiell falsch. Die Gesetze der natürlichen Ordnungen im biologischen Substanzkreislauf sind einwandfrei erkennbar; wer sie ignoriert, hat das Recht verwirkt, am Lebendigen tätig zu sein.

## Wesen und Charakteristik natürlicher Bodenfruchtbarkeit

Ganz offenbar liegt der Unterschied zwischen Kunstdüngung und Humuswirtschaft darin, dass die eine die Versorgung mit »Nährstoff« in den Vordergrund stellt, während die andere ohne Rücksicht auf den niedermolekularen Stoffwechsel den »Kreislauf lebendiger Substanzen« in Gang setzt. Geschieht das, so entsteht »von selbst«, was *Bertalanffy* »Fließgleichgewicht«, was wir »biologisches Gleichgewicht« nennen, was der Arzt »Gesundheit« nennen sollte; hier wird die Fruchtbarkeit Ereignis. Im anderen Falle geht das Gleichgewicht verloren wie bei einer Waage, deren eine Schale man belastet ohne die andere zu beachten; dann wird die Fruchtbarkeit und mit ihr alle optimale biologische Funktion nicht mehr Ereignis, weil sie es offenbar nur wird, wenn die biologischen Gleichgewichte im Fluss der Geschehnisse immer wieder erreicht werden.

Nun wird aber der »Kreislauf lebendiger Substanzen«, das heißt unser biologisches Begriffsmodell für die großen Zusammenhänge nicht unbedingt dargestellt dadurch, dass man »auch organisch düngt«, wie der Agrikulturchemiker zu sagen pflegt, das heißt mit jener Scheinsynthese zwischen einem missverstandenen *Liebig* und einem nicht minder missverstandenen *Thaer*, die weder theoretisch noch praktisch möglich ist. Wir haben darüber hinaus erfahren, dass die Abschaltung des Faktors »Kunstdünger« und die Einschaltung des Faktors »organischer Dünger« keineswegs die zitierten Resultate der Humuswirtschaft zeitigt, so wenig, wie das bloße Verschreiben als »biologisch« betrachteter Medizinen echte Heilungen erwarten lässt. Es unterscheiden sich nicht nur die Mittel, die Rezepte, die Vorschriften, und wer die Sache von da aus angeht, wird nur Enttäuschung erleben. Es ist deshalb auch gar nicht zu erwarten, dass der agrikulturchemisch erzogene Diplomlandwirt imstande sein soll, ohne weiteres eine vollkommene Humuswirtschaft zu praktizieren; er muss ganz von vorne anfangen wie wir auch, theoretisch wie praktisch.

Wir haben der Beispiele genug. Wenn ein im »Nährstoffdenken« aufgewachsener Bauer einsieht, dass er so nicht weiterkommt, dass ihm die Gare, die Sorten, die Resistenzen unter den Händen schwinden, dass er ohne höhere Subventionen nicht mehr existieren kann; wenn dieser Bauer dann auf den Humusbetrieben die sicheren Erträge ohne Giftspritze, die Rentabilität, die Krankheits- und Schädlingsresistenz, die spontane Fruchtbarkeit und Gesundheit sieht, so kann ihm zunächst niemand ausreden, der Unterschied liege nur darin, dass »auch organisch gedüngt« werde, und es bleibt ihm unverständlich, dass man nicht einmal künstlichen Stickstoff braucht, ja auf die »Kernnährstoffe« überhaupt keine Rücksicht nimmt – die Pflanze brauche doch, und das könne man doch nicht bestreiten, diese Nährstoffe, sie brauche doch nun einmal Stickstoff. Ein solcher Landwirt, der gewöhnt ist, alljährlich hohe Kunstdüngerrechnungen zu bezahlen (oder bezahlt zu bekommen vom Steuerzahler), bestellt nun, wenn man ihn gewähren lässt, riesige Mengen »organischer« Handelsdünger und glaubt das Problem damit gelöst, er glaubt sogar, damit die anderen überholen zu können; dieser Mann – das kann ihm jeder Kundige voraussagen – wird entsetzlich enttäuscht werden: Der Aufwand entspricht da nicht dem Resultat, es gibt einen Rückschlag; wären nicht die lebendigen, besseren Beispiele, die auch ohne wissenschaftliche Begründung für sich selbst sprechen, so würde unser Bauer alsbald reumütig zum Stickstoff zurückkehren.

Warum das Problem »Humuswirtschaft« nicht gelöst wird, wenn man statt künstlicher Dünger organische einkauft, wird im Einzelnen noch zu erörtern sein. Im Grundsätzlichen darf von vornherein angenommen werden, dass unser Modell, der biologische Substanzkreislauf, nicht einfach dadurch dargestellt werden kann, dass man plötzlich statt künstlicher Nährstoffe dem Boden Unmassen von organischen Düngern einverleibt.

Unser Modell schließt als wesentlichsten Vorgang die Tatsache ein, dass die Substanz des biologischen Kreislaufs durch alle natürlicherweise aneinander gereihten lebendigen Systeme durchgeschleust wird, seien es Organismen, seien es die Systeme der lebenden und leblosen Substanzen innerhalb und außerhalb der Organismen und des Mutterbodens. Dieser Substanzkreislauf erfährt auf allen seinen Wegen teils bekannte, größtenteils unbekannte Regulationen, spezifisch notwendige Assimilationen, Umordnungen, die durch unübersehbare Wirksamkeiten erzwungen werden und von denen wir auch in Zukunft nur weniges erfahren werden. Was daran stabil ist, ist nur das Prinzip an sich, ausgedrückt oder »materialisiert« in den Grundformen der lebenden Substanz. Diese Grundformen – so darf, ja muss man annehmen – sind in allen Lebensvorgängen, in allen Organismen, in allen »offenen Systemen« die gleichen; das Modell »offenes System« wäre sinnlos und irreal, wenn jedes individuelle System für sich allein existieren könnte, wenn es nicht als Teil, als augenblickliche und vergängliche Individualität eines nicht-individuellen Ganzen gesehen werden dürfte.

Da aber natürlicherweise recht verschieden differenzierte, individuelle Lebensvorgänge kreislaufartig aneinander gereiht sind – vom Mutterboden aus die Pflanzen, Kleintiere, Insekten, höheren Tiere, der Mensch bis zu den Lebensvorgängen der Humusbildung –, muss anerkannt werden, dass dieser mannigfach verzweigte Kreislauf, dem man auf den ersten Blick keine Ganzheits-Organisation zugesteht, in Wahrheit sehr sinnvoll geordnet ist, dass diese Ordnung für die Existenz »offener Systeme« unentbehrlich ist, dass man also das einzelne Individuum mit dieser »Ordnung« nur versehen kann, wenn man es sinnvoll in den gesamten biologischen Substanzkreislauf einschaltet, und zwar in einen Kreislauf, der in allen seinen Kettengliedern tatsächlich unserem Modell entspricht.

Man kann nicht erwarten, dass man die unvergleichlichen Resultate echter Humuswirtschaft allein dann bekommt, wenn man »organisch« oder »auch organisch« düngt. Die Funktion des biologischen Substanzkreislaufes ist absolut und unabdingbar abhängig von der Funktion aller ihrer Kettenglieder; oder anders ausgedrückt: Der Kreislauf funktioniert nur, wenn alle seine Kettenglieder dem biologischen Optimum entsprechen. Man muss sich mit diesem Gedanken ganz vertraut machen, wenn man das Wesen der Humuswirtschaft begreifen will.

## Das biologische Optimum

Die Funktion eines Kettengliedes des Substanzkreislaufs drückt sich im Zustand seiner lebenden Substanzen aus, in ihrer Brauchbarkeit für irgendeinen notwendigen Vorgang, in ihrer Funktionstüchtigkeit; der Biologe würde sagen: in ihrer biologisch-funktionellen Leistung, der Enzymologe: in ihrer enzymatischen Leistung, und der Biochemiker: in ihrer biochemischen Leistung. Der Organismus , der im glücklichen Besitz leistungsfähiger Substanzen ist, ist gesund; der es nicht ist, ist krank. Die Kettenglieder aber sind biologisch-funktionell dadurch zu einer Kette, das heißt zu unserem Begriffsmodell zusammengeschlossen, dass innerhalb des normalen Substanzkreislaufs auch die lebendigen Systeme erworben und abgegeben, untereinander ausgetauscht werden. Auch die Werkzeuge der Humuswirtschaft, die organischen Dünger, sind kein biologischer Wert »an sich«; ihr Zustand, ihre Leistungsfähigkeit, ihre »Gesundheit«, ihre Brauchbarkeit hängt vom Zustand, von der Leistungsfähigkeit, von der »Gesundheit« derjenigen Organismen ab, die die organischen Dünger produziert haben. Und die Massen organischer Dünger, deren Teile ja notwendig miteinander in Beziehung stehen, weil es sich um lebendige Massen handelt, haben ein biologisches Gleichgewicht nur dann, wenn sich alle die Lebensvorgänge im optimalen Gleichgewicht – und das biologische Gleichgewicht ist immer nur das optimale – befinden, aus denen die Dünger hervorgegangen sind. Im Einzelnen:

Eine Pflanze, die die Fähigkeit verloren hat, etwa Viren unwirksam zu machen oder einen spezifischen Schädling abzuwehren, liefert ein Material an den Mutterboden ab, dem gewisse biologische Ordnungen fehlen; das eben die lebenden Substanzen vermissen lässt, die die Pflanzen instand setzen, die besagten Aufgaben zum Wohl und Gedeihen dieser Pflanze zu erfüllen (zum Beispiel die Ausheilung einer Viruskrankheit oder die Abwehr eines bestimmten Insektes). Dass die Pflanze diese Aufgabe nicht erfüllen kann, dass sie also nicht im optimalen Substanzbesitz ist, beweist sie schlüssig durch ihr Schicksal selbst, und eines anderen Beweises bedarf es nicht.

Ein Tier das unfruchtbar ist, ist nicht imstande, beim ständigen und – wie wir sahen – manchmal rapiden Austausch seiner Zellen lebende Substanzen abzugeben, die zum Eintritt des Ereignisses »Fruchtbarkeit« nötig sind; es kann alle möglichen Substanzen abgeben, aber diese nicht, denn es erweist allein durch die Unfähigkeit sich fortzupflanzen, auch dann, wenn alle äußeren Voraussetzungen erfüllt sind, dass ihm die Leistung irgendeines beteiligten Gewebes fehlt, ihm also innerhalb dieses verantwortlichen Organs die lebenden Systeme fehlen, die eine Lücke im System »Fruchtbarkeit« auszufüllen imstande wären. Wo dieser Fehler sitzt ist dabei recht gleichgültig, denn er ist letzten Endes doch nur durch die Anlieferung der fehlenden Substanzsysteme zu beseitigen; und es ist biologisch durchaus unerwünscht, wenn einem solchen Tier künstlich Nachkommen verschafft werden. Entscheidend für die biologischen Qualitäten der Nachfolger ist, dass die von diesem Tier während seines Lebens und nach seinem Tode an den Kreislauf abgegebene Substanz auch in allen nachfolgenden Lebensvorgängen nicht optimal ist, dass ihre biologisch-funktionelle Leistung vermindert ist.

Jedes lebende System auf der Basis lebender Substanz strebt ein biologisches Optimum an; es ist identisch mit dem biologischen Gleichgewicht, von dem wir sagen, es sei ein »labiles Gleichgewicht«, das ja auch nur ein einziges »Optimum« hat – geht es verloren, so geht es ganz und gar verloren. Der aus der klassischen Physik stammende Begriff »labiles Gleichgewicht« kommt allerdings um so weniger im Biologischen zum Ausdruck, je größer die lebendige Organisation ist, am wenigsten bei einem Großorganismus, der es offenbar vorzüglich versteht, mannigfache Unordnungen und Unfähigkeiten seiner lebenden Substanzen zu verbergen. Trotzdem gibt es viele Anhaltspunkte dafür, dass auch der Großorganismus sich niemals über den Wert oder Unwert seiner lebenden Systeme täuscht, sondern jede Gelegenheit benutzt, um sie loszuwerden.

Um Missverständnissen vorzubeugen, muss ausdrücklich bemerkt werden, dass kein Organismus etwa imstande ist, durch den Abtausch von Erbsubstanzen seine Grundkonzeption, seinen Bauplan, seine spezifische Individualität merklich abzuändern; davon kann keine Rede sein. Offenbar bezieht sich die Fähigkeit der Organismen, sich die Potenzen lebendiger Systeme der Umwelt nutzbar zu machen, nur auf die Funktion, die eben den Umgang mit der lebendigen Umwelt zu regeln haben, das heißt vor allem auf die Stoffwechsel-, Stoffauswahl und Abwehrfunktionen. Da aber diese, und nur diese Funktionen die individuelle Gesundheit bestimmen, liegen auch nur die entsprechenden, spezifischen lebenden Substanzen unserer Betrachtung zugrunde; diese aber – daran sollte kein Zweifel sein können – von jedem Organismus relativ leicht ausgetauscht werden, wenn er nur Gelegenheit dazu hat.

Es gibt in der Heilkunde ein schönes Beispiel: Wenn man einen Menschen fasten lässt, um ihn zu heilen, wenn er also von »außen« keine Nahrung bekommt, muss er »von der Substanz leben«. Er greift aber immer zuerst die Substanz an, die am weitesten vom biologischen Optimum entfernt ist, und nur so kommt die reinigende, entschlackende Wirkung der Kur zustande, an der doch heute nicht mehr der geringste Zweifel möglich ist. Es ist bekannt, dass dabei die unerwünschte Substanz, natürlich auch die Lebendsubstanz, über den Darm abgeschoben wird, ein Vorgang, der in der radikalen Abänderung der Darmflora zum Ausdruck kommt; man kann anhand der Darmflora geradezu nachweisen, wo eine Fastenkur Erfolg hat und wo nicht, denn wenn eine »Dysbakterie« entsteht, so hat ein Kranker auf jeden Fall Erfolg gehabt. Die in diesem Falle entstehende Bakteriengesellschaft ist Ausdruck der abgeschobenen Substanz und ihrer biologischen Minderqualität. Offensichtlich besitzt auch der schwerkranke Organismus und alle seine einzelnen Systeme noch ein sicheres Bewusstsein vom biologischen Optimum und nützt jede Gelegenheit aus, sich ihm zu nähern. Wäre es nicht so – was könnte da die Heilkunde ausrichten?

Es ist – das darf ich bei dieser Gelegenheit erwähnen – sehr auffällig, dass der fastende oder auf andere Weise in eine heilende »Ausscheidungs-Situation« gebrachte Organismus eine Substanzqualität abscheidet, die krankmachenden, toxischen Bakterien vielerlei Art zusagt, nicht den so genannten physiologischen Bakterien. Das bietet nicht nur diagnostische Möglichkeiten, sondern auch einen Einblick in die Unterschiede der Situation eines vielzelligen Organismus und der Situation der Bakterien als Einzeller: Fasst man die gesamte Welt der Bakterien als »Organismus« auf, so handelt es sich um einen solchen, der jedes seiner Gewebe an die biologischen Qualitäten seiner Nahrung anzupassen vermag und sie tatsächlich und mit einer solchen Prägnanz anpasst, dass die in einer Nahrung spontan anwachsende Bakterienkultur den biologischen Charakter der Nahrung in höchster Genauigkeit ausdrückt, die nicht taugliche durch andere Spontankulturen oder Floren wie die taugliche. Alles, was es auf der Welt im biologischen Substanzkreislauf gibt, ist aber praktisch auch Bakteriennahrung, das Bakterium also ein unbestechliches lebendiges Messinstrument für biologische Qualitäten. Wir haben hier einen der Anhaltspunkte gefunden, die wir zur Messung solcher funktioneller Größen brauchen.

Zurück zum Problem als Ganzes: Das Gedeihen der einzelnen, ganz verschiedenartigen Organismen im Kreislauf der Substanz hängt folgerichtig vom Gedeihen ihrer funktionellen Vorgänger, vom Zustand ihrer Nahrungslieferanten ab; diese selbst sind wiederum von ihren Vorgängern abhängig, und so geht es weiter, bis der Kreislauf geschlossen ist.

Alles, was auf irgendeiner »Station« dieses Kreislaufs geschieht, wirkt sich fortlaufend bei allen Kettengliedern aus, im Guten wie im Schlechten. Auch die Humifizierung ist nur eine solche Station; soll sie optimal ablaufen, das heißt soll sie vollkommene Pflanzennahrung liefern, so hängt das nicht allein von einem idealen Ablauf aller Lebensvorgänge des Bodens ab, nicht allein von der organischen Ernährung des Bodens an sich, sondern ebenso vom Ablauf aller Lebensvorgänge, aus denen die organischen Dünger stammen. Zugleich aber ist »optimal« nicht gleich »möglichst viel«; man kann eine optimale Bodenleistung nicht dadurch zustande bringen, dass man ihm überreichlich organische Nahrung anbietet, und wenn der Ausdruck »harmonische Düngung« irgendwo Geltung hat, dann bezieht sie sich auf die optimale organische Düngung.

Das liegt nicht allein daran, dass eine übertriebene organische Düngung die Gefahr einseitiger Ernährung vergrößert; es liegt in der Eigenart des biologischen Substanzkreislaufes an sich. Wir müssen uns vorstellen, dass die optimale Nahrung aus einem unglaublich vielfältigen Angebot von Wirksamkeiten besteht, die in irgendeiner, niemals ganz durchschaubaren Weise trotz aller Vielfältigkeit in einer Harmonie zusammenstimmen, einem biologischen Gleichgewicht, das an sich selbst nicht erfassbar ist, das nur im Lebensvorgang selbst zum Ausdruck kommt. Die Wirkung auf den Boden entspricht dieser Vielfältigkeit einerseits, dieser Harmonie andererseits und ist auch nur ein Teil jener Kunst der Natur, das Vielfältige in der Harmonie zu erhalten, die gewagtesten Kunststücke wie die Großorganismen zustande zu bringen, ohne die Harmonie des Ganzen ernstlich zu gefährden. Je geringer diese beiden Grundeigenschaften vorhanden sind, um so weniger kann dem nachfolgenden Lebensvorgang geboten werden; je unharmonischer und einseitiger die Nahrung ist, um so weniger bleibt der ernährte Organismus in Ordnung, und das gilt uneingeschränkt auch für den Organismus »Boden«.

Physikalisch ausgedrückt: Befinden sich in einer Nahrung viele entropiearme lebende Systeme und wenige entropiereiche, so vermag ein Organismus daraus nicht in Ordnung zu bleiben, und je ärmer der biologische Substanzkreislauf an »negativer« Entropie ist, umso eher geht die Harmonie der einzelnen wie des Ganzen verloren. Wir wollen uns um der Klarheit willen auch darauf einigen, unter »Humus« nicht irgendeinen »Stoff«, einen »Humusstoff « zu verstehen, denn das, was eigentlich seit jeher damit gemeint war und auch »Alte Kraft« genannt wurde, ist kein Stoff, sondern eine biologische Funktionsleistung, eine Fähigkeit, die nur durch Fähigkeiten ausgedrückt werden kann; eine Leistung, die nur durch andere Leistungen bewiesen und nachweisbar wird. Nur ist diese biologische Funktionsleistung »Humus« typisch für die Mutter Erde, und in dieser Form sind solche Leistungen nirgendwo anders zu finden.

## Humus – Biologisches Regulativ

Es besteht ein prinzipieller Unterschied in der Situation – der Organismen und der des humifizierenden Mutterbodens: Die Organismen sind ohne weiteres imstande, aus der ihnen angebotenen Nahrung auszuwählen, was ihnen zusagt, sie können vermöge der Sinnesorgane – Pflanze wie Tier – annehmen oder ablehnen. Sie können, auch die bodenständige Pflanze, noch während der Verdauung, ja sogar noch nach erfolgter Aufnahme unerwünschte oder verbrauchte Substanzen abschieben, auf verschiedenste Weise, notfalls ganze Zellen und Zellverbände. Der Boden kann das nicht;

er muss nehmen, was er bekommt, er muss es verarbeiten ohne Rücksicht darauf, ob es sich um brauchbare oder wenig brauchbare Substanz handelt. Die Organismen können sich also auf einfachere Weise biologisch »reinigen« und »reinhalten«; im Boden wird diese Reinigung zu einem Problem, er muss anders verfahren. Dass er es kann, braucht man nicht zu bezweifeln, denn der Boden ist imstande, aus total unverdaulichen Abfällen die idealste Pflanzennahrung herzustellen. Der Boden arbeitet also um, da er nichts oder so gut wie nichts »ausscheiden« kann. Die Humifizierung ist ein Regulativ, sie ist in der Tat das größte biologische Regulativ, das die Natur kennt. Von seiner Funktion hängt alles übrige Leben ab. Mehrere Vorgänge sind daran beteiligt:

1. Jede Schutzeinrichtung der lebenden Substanzen wird grundsätzlich zerstört: Zellverbände, Zellen, Zellwände, Membranen, Lignine, Pektine, Keratine, Zellulosen, Hemizellulosen und wie sie alle heißen; sämtliche Betriebsstoffe werden verbraucht: Kohlehydrate, niedere und höhere Eiweiße. Alle Gebäude werden dem Erdboden gleichgemacht, alles Brennbare verbrannt. Übrig bleiben die nackten Grundformen lebender Substanzen, und diese verlieren sogar die Fähigkeit nachweisbarer Atmung; das geht daraus hervor, dass sie im Fluoreszenzlicht, mit Acridinorange gefärbt, schließlich nicht mehr grünlich leuchten, sondern gelblich-rötlich-orange. Allein die Tatsache, dass die Urformen der lebenden Substanz freigelegt werden, erklärt die biologische Regulation durch die Humifizierung, denn in diesem Zustand sind alle Sonderformen, alle Spezifikationen empfindlicher Art gefährdet und erleiden eine Entspezifizierung, und solche Sonderformen sind insbesondere diejenigen Substanzen, die pathogene Eigenschaften haben wie beispielsweise die Viren.

Diese »devirisierende« Wirkung fruchtbarer Böden ist Tatsache, und insoweit befinden wir uns noch auf definierbarem Gebiet; schwieriger wird es schon, wenn wir aus der Tatsache der »Entkleidung« lebender Substanzen von allen Schutz- und Begleitstoffen zu schließen versuchen, dass ihre Wirksamkeiten sich vielleicht allein deshalb gegeneinander abgleichen – das ist Hypothese, und da wir es mit *Lorenz* halten, es sei für den wahrhaften Biologen herzerfrischend, allmorgendlich noch vor dem Frühstück mindestens drei Hypothesen einzustampfen, wollen wir ihm darin nicht nachstehen. Immerhin ist der Gedanke, man habe hier das eigentliche Geheimnis biologischer Regulation durch die Humifizierung zu suchen, nicht ganz abwegig; es würde erklären, was anders nicht erklärbar ist und was man exakt nachzuweisen wenig Hoffnung hat.

2. Bringt man Typhuskulturen in einen hochlebendigen, humifizierenden Boden, so sind sie nach meist wenigen Tagen nicht mehr nachzuweisen, während sie sich in sterilen oder wenig tätigen Böden monate- und jahrelang halten können. Auch für die hoch spezifizierten Krankheitserreger – diesmal von der Ebene der Zelle – gilt also, dass der Mutterboden imstande ist, das Pathogene auszuschalten und biologisch zu regulieren. Ob das vermöge des Typhusantagonismus der E. coli (*Nissle*), vermöge der antibiotischen Pilzwirkung oder anderer Regulationsmechanismen vor sich geht, sollte untersucht werden; hier genügt das Ergebnis an sich, und wir dürfen auch ohne spezielle Nachprüfung annehmen, dass die Reinigung vom Pathogenen grundsätzlich alles betrifft, was an gefährlichen Einzellern im Interesse des pflanzlichen und tierischen Lebens ausgeschaltet werden muss. Nachweise dieser Art sind unter anderen in jüngster Zeit von *F. Caspari* veranlasst worden, der mit seinem Verfahren der »Presstrocknung« der Stadtabfälle in biologischer Einheit zugleich die Methoden der Hygienisierung erforscht hat.

3. Die Abfallsubstanzen, darunter auch die lebendigen, durchlaufen bei der Humifizierung unzählig viele Lebensprozesse und die verschiedensten Kleinorganismen- und Mikroben-Arten. Dabei stellt schon die Angleichung von Fremdsubstanzen an die eigenen eine biologische Reinigungsprozedur dar. Dazu kommt, dass man die Mikroben ja nicht zwingen kann unerwünschte Substanzen aufzunehmen, und tatsächlich bleiben eine Menge derartiger Stoffe ungenützt liegen, bis sie in irgendeiner, noch nicht bekannten Weise zu denjenigen Stoffen verarbeitet werden, die gemeinhin als »Humusstoffe« bezeichnet werden und längere Zeit fruchtende Erden dunkel färben.

Diese aus aktiven Produktionsprozessen hervorgehenden Substanzen sind, wie noch zu besprechen ist, für die Fixation lebendiger Substanzen mittels Ionenbrücken wichtig, aber an der biologischen Regulation nicht direkt beteiligt; alles übrige Material wechselt unzählige Male den Besitzer, denn bei der Mikroflora des Mutterbodens haben wir es mit einem sehr wechselhaften »Organismus« zu tun, der heute, unter guten Wachstumsbedingungen, eine Riesenzahl neuer Zellen produzieren kann, um sie morgen, unter geänderten Umständen, wieder zerfallen zu lassen. Daran sind in nicht unerheblichem Ausmaß auch die Kleintiere und -pflanzen beteiligt, und wer sich darüber gut orientieren will, mag sich die einmaligen, zeichnerischen, mit viel Mühe aus Bodenbildern der ganzen Welt zusammengetragenen Darstellungen der Biozönosen ansehen, die *Annie Francé-Harrar* erarbeitet hat (für diesen »Atlas der Biozönosen« hat sich leider noch kein Verleger gefunden). Im Laufe solchen steten Wechsels gehen natürlich Zellen, die sich eventuell mit unerwünschter Substanz beladen haben, jeweils zuerst zugrunde, so dass die Regulativ-Kette automatisch dort verlängert wird, wo es nötig ist, und auf alle diese Arten werden die Mikro- und Makromoleküle der Abfallsubstanzen von Lebensvorgang zu Lebensvorgang geworfen, und zwar solange, bis sie angepasst sind an die Bedürfnisse des Organismus »Mutterboden«, einer Lebensgemeinschaft, die sich wie alle nur erhalten kann, wenn sich alle »Bürger« des »Staates« der gesetzlichen Norm unterwerfen.

## Funktionelle Definition der Fruchtbarkeit

Es ist demnach gut vorstellbar, dass der Mutterboden, obwohl er keine Ausscheidungsmöglichkeiten besitzt wie die überirdischen Organismen, den Aufgaben biologischer Regulation viel besser nachkommen kann als diese. Außerdem ist ja auch die Pflanze nachher nicht unbedingt gezwungen, alles anzunehmen, was sie im Boden findet, es sei denn, man zwinge sie künstlich zum Wachstum; normalerweise benutzt sie zur Substanzauswahl eine spezielle »Garde« von Bakterien und auch einzelne Pilz-Arten, die sie dafür mit ihren Assimilaten füttert, und diese Rhizosphärenflora ist eine sehr anspruchsvolle und empfindliche Gesellschaft, die nur zu leben vermag, wenn vorher die Abbau- und Umbauvorgänge in der ihnen zugemessenen Zeit und Sorgfalt abgelaufen sind. Es wird auf diese Weise abermals erklärt, warum eine massenhafte organische Düngung mit dem Wunsch, eine rasche Bodenbelebung zu erreichen, den Bodenorganismus leicht überfordert, dessen Regulationsfähigkeit ihre natürlichen Grenzen besitzt; wenn das zu beweisen ist, so beweisen es die praktischen Erfahrungen: Ein stabiler, dauergarer, gesunder, biologisch optimaler Boden kommt erst zustande, wenn es mit Mühe, Geduld und Sachkenntnis gelungen ist, den ganzen Betrieb zu sanieren, wenn das biologische Optimum bei allen Nahrungslieferanten des Bodens, das heißt bei allem, was organischen Dünger hinterlässt, nicht mehr allzu fern ist – den Rest vermag der Boden zu leisten. Das gehört zum Wesen der Humuswirtschaft und macht ihr Geheimnis aus.

Deshalb scheut sich der Humusbauer auch mit Recht, viel organische Materialien »von außen« zuzukaufen, ob es sich nun um Kraftfuttermittel, organische Dünger oder andere, von Mensch, Tier oder Pflanze stammende Bodennahrung handelt. Es ist eben nicht Dünger gleich Dünger, besonders nicht, seit sich die Industrie bemüht, immer neue Dünger zu entwickeln, denen man den Namen »organisch« wegen irgendwelcher Bestandteile nicht verweigert. Man sieht es den Düngern und den aufgedruckten Analyseangaben nicht an, ob in diesem Sack nun biologische Ordnung verkauft wird oder nicht. Die Humuswirtschaft, die »nolens-volens« viel organische Materialien von außerhalb in den Betriebskreislauf einschleusen muss, braucht biologische Testmethoden, um quantitativ wie qualitativ für ihr Geld das zu bekommen, was die Ausgabe wert ist. Und diese Aufgabe ist Teil der Bemühung, die Fruchtbarkeit messbar zu machen.

Die Natur kommt uns in dieser Bemühung sehr entgegen; in der gesamten belebten Welt, auch in der Mutter Erde, herrschen die gleichen Prinzipien, gilt das gleiche Modell, und die Zeichen für biologisches Gleichgewicht, für optimale Leistung, für Gesundheit, die Voraussetzungen für den idealen Ablauf der Lebensvorgänge sind überall dieselben. Das erleichtert die Aufgabe sehr.

Als Resümee eines Überblickes über das ganze Problem und über die negativen und positiven Großexperimente im Landbau wollen wir zusammenfassend das Folgende festhalten:

a) Fruchtbarkeit ganz allgemein ist keine Frage der verfügbaren Nährstoffe, sondern ein biologisches Ereignis, das sich im ungestörten Ablauf zugeordneter Lebensvorgänge ereignet.

b) Bodenfruchtbarkeit im Besonderen ist nicht durch Nährstoffgemische künstlich darstellbar, sondern geht von selbst aus einem ungestörten, dem Boden zugeordneten Lebensvorgang hervor.

c) Fruchtbarkeit ist eine Kreislaufkette der Ernährung, die so stark ist wie ihr schwächstes Glied.

d) Jeder künstliche Eingriff in den Ablauf zugeordneter Lebensvorgänge bringt das unmittelbare Risiko des Fruchtbarkeitsschwundes mit sich.

e) Fruchtbarkeit umschließt die Funktionen der Selbsterhaltung, der Vermehrung, der biologischen Regulative, ist von ihnen nicht trennbar und deshalb ein untrügliches Zeichen für die Funktion des Begriffsmodells »Kreislauf der Substanzen« und für die Gesundheiten alles Lebendigen.

f) Fruchtbarkeit kann nur im Rahmen des biologischen Substanzkreislaufes messbar gemacht werden, das heißt in der Beobachtung und Registrierung von Lebensvorgängen, quantitativ wie qualitativ.

Bei unserer Arbeit am Problem der Fruchtbarkeit wird vorausgesetzt, dass die gesamte lebendige Schöpfung, wie sie sich uns heute präsentiert, eine biologische Einheit darstellt. Diese Einheit ist in jeder Beziehung unteilbar. Entstanden ist sie evolutionär während des Ablaufes verschiedener, erdgeschichtlicher Epochen aus einfachsten Lebensformen unter der Betätigung der Urfunktionen des Lebendigen. An diese Entwicklung und an diese Urfunktionen ist sie, trotz tausendfältiger Differenzierung bis zu Großorganismen, noch heute unlösbar gebunden. Das Modell für diese Verbundenheit ist der »Kreislauf lebendiger Substanzen«, Kriterium seiner Funktion das biologische Merkmal an sich.

Optimale Fruchtbarkeit als biologisches Merkmal ist zugleich optimale Gesundheit und optimaler Stoffwechsel. Welches Merkmal auch immer gewählt wird, stets ist es zu bestimmen als Zeichen für optimale Gelegenheit zur individuellen Betätigung der Urfunktionen des Lebendigen im Rahmen der Umweltbedingungen. Das setzt uns instand, jedes Merkmal als »pars pro toto« zu nehmen, als gültigen Beweis für die biologische Funktion der größten wie der kleinsten Lebenseinheit, der Schöpfung als Ganzes.

# Grundlagen der natürlichen Bodenfruchtbarkeit

Wenn man den fruchtbaren Boden als lebendige Naturerscheinung betrachtet und ihn einen Organismus nennt, so ist man dazu sicher berechtigt; er zeigt dessen Charakteristika: Lebendigkeit, Nahrungsbedürfnis, Stoffwechsel, Atmung; er hat einen spezifischen Wasserhaushalt und produziert Wärme, er liefert anderen Nahrung wie die Pflanze und hat »Organe« wie das Tier, er ist wie jeder Organismus eingespannt in den biologischen Substanzkreislauf. Der fruchtbare Boden kann sogar noch weit mehr als andere Organismen: Er lebt von der minderwertigsten Nahrung, die man kennt, und gibt eine hochwertige ab, ist also äußerst anspruchslos und zugleich zu höchsten biologischen Leistungen fähig.

Trotzdem fällt es schwer, den fruchtbaren Boden als Organismus zu sehen, wenn man ihn genauer betrachtet; da gibt es auf einem einzigen Quadratmeter nicht nur Millionen und aber Millionen verschiedenster Lebewesen – Bodentiere, Bodenpflanzen, Bodenmikroben –, sondern Tausende ihrer Arten, und da gibt es so viele Einzelheiten chemisch-physikalischer Natur, dass man allein mehr als ein ganzes Leben braucht, um nur alle diese Einzelheiten zu erfahren.

Der Versuch muss trotzdem unternommen werden, das Wesen der Mutter Erde zu erkennen, indem man sie in das große Ganze der lebendigen Schöpfung hineinstellt, indem man die Naturerscheinung »Mutter Erde« in unser Begriffsmodell vom biologischen Substanzkreislauf einbaut, sie mit allem übrigen, was lebt, in Beziehung setzt und so ihre spezielle Aufgabe am Substanzkreislauf und am Lebendigen überhaupt kennzeichnet. Es wird nur so möglich sein, die biologisch-funktionelle Leistung einer Mutter Erde messbar zu machen, quantitativ wie qualitativ.

Diese Aufgabe ist allein deshalb schwierig zu lösen, weil faktisch alles, was man bisher weiß, aus den Begriffen der Agrikulturchemie heraus erarbeitet wurde, nicht unter dem Leitmotiv der lebendigen Natur als Ganzes; was man weiß, ist vorwiegend physikalisch-mineralischer, chemisch-mineralischer oder kolloidchemischer Art und bleibt selbst dort, wo sich die Mikrobiologen seit *Löhnis* damit befassen, ganz am Rande des eigentlichen Problems. Immer handelt es sich entweder um reine Kasuistik, die sich ohne den Versuch ganzheitlicher Deutung in der Registrierung der Bodenlebewesen erschöpft, oder um den aussichtslosen Versuch, den Lebensvorgang »Mutter Erde« stofflich zu deuten, ein Versuch, der nur mit dem Bekenntnis enden kann, dass man so dem Wesen des Ganzen nicht näher kommt.

## Der Humusbegriff

Wenn man versucht, aus der schier unübersehbaren Literatur zu erfahren, was man nun eigentlich unter »Humus« zu verstehen habe, jenem rätselhaften Etwas, das noch zu Zeiten *Albrecht von Thaers* die biologisch-funktionelle Leistung des Mutterbodens als Ganzes umschreiben sollte, so bemerkt man, dass der ganzheitliche Humusbegriff später aufgelöst wurde in lauter spezialistische Begriffe meist chemischer (zum Beispiel »Kernnährstoffe«, »Huminstoffe«), zuweilen physikalischer (zum Beispiel »Porensystem«, »Tonkristall«), selten mikrobiologischer Natur (zum Beispiel »Edaphon« nach *Raoul Francé*, »Lebendverbauung« nach *Sekera*). Wenn heute von »Humus« gesprochen wird – und es wird reichlich davon gesprochen –, so meint beinahe jeder etwas anderes, am wenigsten aber das, was er eigentlich ist: Ausdruck der biologisch-funktionellen Leistung, der produktiven Tätigkeit, des Verhaltens einer fruchtbaren Erde, das heißt also Ausdruck der tätigen Beziehung zwischen dem Mutterboden und allen anderen Organismen. Wer sich bemüht, aus dem Literaturstudium dies zu erfahren, wird am Ende bemerken müssen, dass der so unaufgeklärte *Thaer* davon offenbar mehr gewusst hat als alle aufgeklärten Spezialisten von heute.

Das Wort »Humus« soll ausdrücken, wie sich der Boden biologisch-funktionell verhält; also hätte man über *Thaer* nur hinauskommen können mit einer Verhaltensforschung des Bodens auf ähnlichen Wegen, wie sie in der tierischen Verhaltensforschung gegangen werden (*Lorentz, Portmann* und andere), um dem Wesen des tierischen Verhaltens näher zu kommen; dort bemüht man sich, jede künstliche Einmischung in die Abläufe zu vermeiden, die Tiere in ihrer natürlichen Umgebung zu beobachten und nur zu beobachten, während die Bodenforschung selbst dort, wo sie so etwas wie eine Verhaltensforschung betreibt, vornehmlich Kulturpflanzen und Kulturböden beobachtet. Objekte also, deren Verhalten nicht normal ist und nur richtig gedeutet werden kann, wenn man die unverfälschten Urfunktionen zugrunde legt. Die meisten Kenntnisse über das Verhalten von Boden und Pflanzen stammen sogar aus Topf- und Parzellenversuchen, aus Saatbeet und Gewächshaus, das heißt aus Verhältnissen, die alles andere als natürlich sind, bei denen bis auf einige wenige alle wesentlichen Wirksamkeiten ausgeschaltet sind (Tau, Regen, normale Belichtung, Wind, Symbiose mit anderen, Landschaft, lebendige Umwelt und vieles andere). Was man auf solche Weise erfährt, ist viel eher falsch als richtig; das meiste müsste noch einmal gemacht werden.

Wenn wir nun hier den Versuch machen, aus den gültigen Bodenlehren das auszusuchen, was dem Verständnis des Mutterbodens als lebendigem Organismus dienlich scheint, so geschieht es in dem Bewusstsein, das es sich um ein objektiv gesichertes Wissensgut handelt, das – an den richtigen Platz gestellt – die eigentliche Aufgabe der Bodenforschung ganz wesentlich erleichtert; der spezialistische Fachmann mit der Grundausbildung des Diplomlandwirtes mag darin den mehr oder minder gelungenen Versuch erblicken, das Wissensgut der überlieferten Bodenlehren für die Humuswirtschaft auszuwerten, indem wir es von einer anderen Warte aus betrachten. Es lässt sich allerdings nicht vermeiden, andere und neue Deutungen zu suchen, ohne die Befunde selbst damit anzuzweifeln. Zur Entschuldigung für solche Kühnheit mag uns dienen, dass neuerdings viele Autoren zu dem offenherzigen Bekenntnis gekommen sind, man befinde sich bei der Humusforschung nicht am Ende, sondern ganz am Anfang.

Die Grundkenntnisse der Bodenlehre werden dabei vorausgesetzt, ohne alle Namen nennen zu können, die damit verbunden sind. Ganz besonders empfehle ich das Studium der Werke von *W. Laatsch*, von *W. L. Kubiena* und von *F. Caspari*. Von ihnen verstand es *Laatsch*, die Grenzen der mechanistisch-stofflich ausgerichteten Bodenforschung aufzuzeigen und die »Dynamik« des Geschehens in den Vordergrund zu rücken; bei *Kubiena* finden wir die beste Systematik der Boden-Arten, und *Caspari* hat als erster den wohlgelungenen Versuch gemacht, alle Seiten des Fruchtbarkeitsproblems in seiner überwältigenden Vielfalt anzusprechen, um zu einer ganzheitlichen Schau überzuleiten. In diesen drei Werken (siehe Literaturverzeichnis) findet man fast alles, was wir bei dem Versuch brauchen, das Wesen der Fruchtbarkeit an sich darzustellen und sie auch messbar zu machen, soweit es sich um gesicherte Kenntnisse der Bodenlehren handelt.

## Bodenbildung und Bodenarten

Die Erde ist ungefähr 12 000 Kilometer dick; auf dieser gewaltigen Masse nimmt sich die fruchtbare Rindenschicht verschwindend dünn aus, und doch wäre ohne sie jedes Leben auf der Erde undenkbar. Diese Rindenschicht trägt ihren Namen »Muttererde« ganz zu Recht.

Die Erdrinde ist, wie man sagt, ein Verwitterungsprodukt. Die Verwitterungskräfte, die die Gesteine bis zu feinstem Staub zu spalten imstande waren, sind zunächst physikalisch-mechanischer Art; die Sprengkraft des in Spalten und Haarrisse eindringenden Wassers, das zu Eis erstarrt, die Mahlwirkung der Meeresbrandung, der Gletscher, der Flüsse sind daran ebenso beteiligt wie die Erdbeben, die vulkanischen Eruptionen und die Stürme der frühen Erdepochen. Und damit haben diese Urkräfte erst die Voraussetzungen für das geschaffen, was wir »Leben« nennen, die Voraussetzungen nämlich für den Eintritt der mineralischen Feinsubstanz in die Lebenskreisläufe. Es scheint, dass in diesem Augenblick das »Leben« auch da war – woher es kam, soll hier nicht interessieren. Das Entstehen mineralischer Feinsubstanz ist auch ohne Leben möglich, der Bodenbildungsprozess auch heute noch nicht beendet.

Wasser, Stürme, Regengüsse, neue Vulkanausbrüche und Erdbeben haben die Gesteinsstaube und -mehle, wie die Geologen bewiesen haben, um die ganze Erde herum verschleppt, vermischt und abgesetzt, so dass sogar neue Gesteins-Arten entstanden sind, das heißt nach den Urgesteinen auch Sedimentgesteine. Andere geologische Ereignisse brachten die Gesteine bei großen Umwälzungen unter hohen Druck, und es entstanden die Metamorphite. Und schließlich haben sich auch Lebensvorgänge großen Ausmaßes an der Bildung ganzer Gebirge und Mineralschichten beteiligt, indem sie den Kalk aus den Ur- und Sedimentgesteinen sammelten und in Massen übereinander absterbend, als Kalkgebirge und Korallenbänke zurückließen. Man hat demnach vier bodenbildende Gesteins-Arten zu unterscheiden:

1. Urgesteine oder Magmatite (zum Beispiel Granit, Basalt, Diabas, Porphyr)
2. Sedimentgesteine (zum Beispiel Sandstein, Moränen, Kies, Geröll, Tonstein)
3. Metamorphite (zum Beispiel Schiefer, Gneis, Phyllit, Tonschiefer)
4. Kalkgesteine (zum Beispiel Dolomiten, Jura)

Die Brauchbarkeit dieser Gesteins-Arten für die Bildung fruchtbaren Bodens ist außerordentlich verschieden; sie werden trotzdem sämtlich zur Bodenbildung benutzt und sind im Rahmen des Ganzen also ohne Ausnahme unentbehrlich, wie wir noch sehen werden. Jedes Gestein erfüllt dabei eine ganz bestimmte biologische Aufgabe.

Was nicht oder nur sehr langsam verwittert, hat für die Lebensvorgänge eine ebenso große Bedeutung wie die leicht verwitternden Gesteine. Das wird deutlich, wenn man nicht die aufgezählten vier großen Gesteinsgruppen betrachtet, sondern ihre einzelnen, chemisch-mineralisch unterscheidbaren Bestandteile (Quarz, Apatit, Hornblende, Glimmer, Augit, Feldspat und andere).

Ein typisches Beispiel: Quarz verwittert, wenn überhaupt, nur sehr langsam, spielt aber als »Gefügeskelett« (*Kubiena*), als »Mikroskelett« (*Laatsch*), eine entscheidende Rolle; er wird rein mechanisch-physikalisch zum Aufbau der anatomischen Garestruktur gebraucht; deshalb stellt *Kubiena* die Sandfraktion des Bodens als »Gefügeskelett« der Tonfraktion als »Gefügeplasma« gegenüber, und deshalb spricht *W. Laatsch* von einem »Mikroskelett« gegenüber dem »Makroskelett« der Steine und Gruse. Dass der Quarz als stabiler Kieselsäurekristall im Substanzkreislauf des Lebendigen eine noch unbekannte Funktion ausübt und erst im Laufe der Evolution des Lebens meist durch den Kohlenstoff abgelöst worden zu sein scheint, wie auch *Caspari* vermutet, soll hier nur angedeutet sein.

Ebenso groß ist die Bedeutung nicht verwitterter, aber zerkleinerter Gesteine bei der Bildung der mineralischen Unterböden, die unter anderem den Wasserhaushalt regeln helfen; gäbe es sie nicht, so käme bei ergiebigen Niederschlägen in jedem Boden »gestaute Nässe« mit ihren Folgen zustande. Alle vier Gesteins-Arten beteiligen sich an der Bildung der Unterböden: Die Urgesteine als Sande, die groben Sedimentite als Moränen, Kies und Geröll, die Metamorphite, vor allem die Schiefer, und die Kalkgesteine als primär wasserdurchlässige Bildungen.

Es ist also nicht unbedingt dort am fruchtbarsten, wo die Gesteine schnell verwittern, sondern auch die nicht oder nur sehr langsam verwitternden Gesteine nehmen an der Bildung fruchtbarer Böden teil und helfen, ihre geologisch-mineralischen Voraussetzungen zu schaffen, ja, wir dürfen vermuten, dass es ein optimales Verhältnis zwischen Verwitterung und Nichtverwitterung gibt; ist nämlich die Verwitterung zu groß, das heißt führt sie zu »mineralischem Feinmehl« ohne gröbere Reste, so entsteht der reine Tonboden, dessen Belebung zwecks Kultivierung sehr schwierig sein kann. Wenn die Verwitterung zu gering ist, so entsteht ein »hungriger«, leichter Boden, der zwar leicht zu beleben und kultivieren ist, dessen Gare aber wenig haltbar ist.

Das biologische Optimum, bei dem ein ideales Verhältnis zwischen Verwitterung und Nichtverwitterung besteht, bietet der Lehm, der in der günstigsten Zusammensetzung aus 60 bis 80 Prozent Quarz (als Sandfraktion) und 10 bis15 Prozent Ton (als Tonfraktion) gebildet wird. Der Lehm seinerseits ist dann am fruchtbarsten, wenn er zum größeren Teil aus Löß, einem flugfähigen Staub aus feinkörnigstem Sand und Kalk, besteht; der Löß hat sich einstmals hier auf seiner Sturmwanderung auf der verwitternden Erde niedergelassen. Teilt man die Böden grob nach dem Grad ihrer Verwitterung ein, so kommt man zu dem altbekannten und praktisch brauchbaren Schema:

| | | |
|---|---|---|
| Leichtester Boden: | Sandboden | S |
| | Lehmiger Sand | LS |
| | Sandiger Lehm | SL |
| | Lehmboden | L |
| | Toniger Lehm | TL |
| Schwerster Boden: | Tonboden | T |

Wie sich zeigen wird, ist diese Art der Bodenklassifizierung für die Humuswirtschaft am brauchbarsten und es lohnt sich, wenn sich der Landbauberater mit den einfachen Bestimmungsmethoden vertraut macht, die er an Ort und Stelle anwenden kann.

Den schlecht verwitternden Gesteins- und Mineral-Arten, die das gröbere und feinere Skelett fruchtbaren Bodens bilden, stehen die leicht verwitternden Mineral-Arten gegenüber, die mit der Bildung mineralischer Feinsubstanz eine weitere, ja wohl die entscheidende Voraussetzung für die Entstehung fruchtbaren Bodens darstellen.

Da die mineralischen Feinprodukte – die Korngrößen reichen vom feinsten Sand bis zu mikroskopisch kleinsten Teilchen – in Wasser und Wind leicht beweglich sind, haben sich zum Glück für den Landbau große Mengen davon weithin bewegt und verteilt, nicht nur in den Niederungen, sondern auch auf den Hängen der Mittel- und Hochgebirge; so findet man in den Oberschichten der Erde nicht nur die lokalen Verwitterungsprodukte, sondern auch eine mehr oder minder starke Beimengung von zugewanderter Substanz. Aus dem nachweislich Tausende von Kilometern gewanderten Löß wird Lehm, wenn er sich endgültig niederlässt, und die Vermischung der verschiedensten örtlichen Verwitterungen mit den angeschwemmten und herangewehten Stauben hat die heute vorgefundenen Böden hervorgebracht. Auf diese Weise wurden auch Gegenden fruchtbar, die es auf Basis der lokalen Gesteine kaum hätten werden können: Sandböden wurde Ton zugeführt; die Vermischung von Kalksteinverwitterung mit Tonen führte zu Mergelbildung; die Granitaufspaltung – Granit ist ein grobkörnig erstarrtes Urgestein im Gegensatz zum Basalt – geht sehr langsam vor sich, so dass diese Böden erst durch die Zuwanderung fremder Feinmineralien fruchtbar geworden sind – der Beispiele sind sehr viele.

Die heute existierenden Mutter-Erden sind also das Ergebnis einer langen Entwicklung, mannigfaltigen Austausches von Mineralmassen; das ist eine der Voraussetzungen für die natürliche Vegetation und besonders für den Kulturanbau. Man versteht das alsbald, wenn man sich die spezielle Aufgabe vor Augen führt, die alle mineralischen Feinsubstanzen im Boden zu erfüllen haben; diese Aufgaben sind sowohl kolloidchemischer als auch mikrobiologischer Art und eines der interessantesten Studienobjekte für die Biologie.

Die leichter verwitternden Mineral-Arten (Feldspate, Augite, Hornblenden, Glimmer, Apatite usw.) sind in mehr oder weniger großen Mengen fast in allen Gesteins-Arten zu finden und bilden die mengenmäßig größeren Bestandteile der Mutter Erden, weil sie, wie auch die Kalkgesteine, relativ schneller mechanisch aufzuspalten sind als die übrigen Minerale. Aber die Aufspaltung allein schafft noch nicht die Voraussetzung zur Fruchtbarkeit; bodenbildend sind erst die besonderen Eigenschaften der Silikate, der Kieselsäureminerale, die bis heute im Brennpunkt der Bodenforschung geblieben sind und deren Natur im engsten Zusammenhang mit der Fruchtbarkeit im Allgemeinen und dem Stoffwechsel der Makromoleküle steht, dem Kreislauf der lebenden Substanzen im Besonderen.

Wegen der gemischten Zusammensetzung der verschiedenen Gesteins-Arten (Urgesteine, Sedimentgesteine, Metamorphite) und der Zufuhr ortsfremder Minerale im Laufe der erdgeschichtlichen Entwicklung kommen die bodenbildenden Silikate praktisch überall vor, teils in hohen, teils in geringen Anteilen. Gering ist der Anteil in reinen Sandböden, weil ja der Quarz sehr langsam verwittert, und in reinen Granitverwitterungen; optimal ist der Silikatgehalt in sandigen Lehmböden, größer in reinen Lehmen und viel zu groß in reinen Tonböden. Das biologische Optimum wird also eigentlich durch den Kieselsäuregehalt des Bodens dargestellt; wo er ausreicht, gibt es Dauerfruchtbarkeit.

## Der Tonkristall und seine Bedeutung

Die wichtige Funktion der Silikate ist die Bildung der so genannten Tonminerale, ohne die kein Boden fruchtbar wäre; wo etwas wächst, sind auch die Tonminerale daran beteiligt. Ihre Funktion ist physikalisch und kolloidchemisch aufgeklärt. Der Vorgang der Tonmineralbildung kann folgendermaßen beschrieben werden:

Die bodenbildenden mineralischen Kieselsäureverbindungen sind kristalliner Struktur; sie sind Kristalle, das heißt ihre Moleküle sind streng geordnet. Dieser Eigenschaft verdanken die Gesteine ihre »Härte«. Bei dem ersten »Arbeitsgang« der Verwitterung entstehen größere und kleinere Pakete von Kieselsäurekristallen, in denen die Kristalle schichtweise auf- und nebeneinander angeordnet sind; man hat sie »Schichtgitter-Pakete« genannt. In der ersten Verwitterungsstufe sind sie noch relativ grobe Gesteinsteile, und in diesem Zustand sind sie weder biochemisch noch biologisch aktiv.

Die Schichtgitter-Pakete werden nun durch mechanische (Wasser), chemische (Hydratation an den Kristallgrenzflächen, Oxydation von Eisen, Mangan und anderen) und organische Kräfte (wachsende und quellende lebende Materie) in einem zweiten »Arbeitsgang« weiter aufgespalten und in feinste Kristalle zerlegt; sie sind dann kleiner als 0,002 Millimeter, und nur ihre größten Anteile sind noch eben in einem guten Mikroskop zu sehen: Tonminerale. Man stellt sich vor, dass die Schichtpakete deshalb »zusammenbrechen«, weil die bei der Verwitterung anfallenden (sauren) Wasserstoff-Ionen die (basischen) Kationen aus den Gesteinen »herausbombardieren«; damit fällt die Gitterordnung zusammen.

Alle diese Prozesse machen Wärme frei, sie sind exotherm (*Pallmann*); unter Zufuhr von Wärme und unter biologisch-biochemisch ungünstigen Bedingungen kann tatsächlich auch die Tonmineralbildung rückwärts verlaufen; Rückbildung der Schichtpakete aber bedeutet Schwund der Fruchtbarkeit – wir werden davon noch hören. Grundsätzlich ist die Tonmineralbildung in jedem Boden möglich, teils in kleinem, teils in großem Umfang. Das Ergebnis dieses »Arbeitsganges«: Kleinste Mineralteilchen bis herab zu einer Dicke von 0,000001 Millimeter, die aus Tonmaterial, Aluminiumhydroxyd (Tonerde), Eisenhydroxyd und Kieselsäure bestehen. Unterschiede im Abbau ergeben die verschiedenen Ton-Arten: Kaolinite (ergibt mit Quarz gemischt Kaolin = Porzellan), Illite (aus Glimmer) und Montmorrilonite (zum Beispiel aus Basalt), und so entstehen die verschiedenartigsten Böden aus Tonerden, Kieselsäuren und Tonmineral-Mischungen. Natürlich ist auch ein zu weit gehender Abbau durch Heraussprengen aller basischen Kationen möglich (Entbasung durch Raubbau, Säureanfall durch Kunstdüngung – Salpeter-, Schwefel- und Salzsäure), die Tonminerale zerfallen, die Erde wird durch »Erosion« unfruchtbar, verstaubt und verschlemmt; unter bestimmten Bedingungen entstehen auch »amphotere Gele«, eine amorphe Form der Tonkristalle, die eine Tonfunktion nicht mehr erfüllen können, weil ihnen die Eigenschaft »Kristall« fehlt. In beiden Fällen schwindet die Fruchtbarkeit, zunächst unwiderbringlich, denn die Erhaltung der Tonminerale, das heißt der kleinstmöglichen Kristallstruktur ist eine unabdingbare Voraussetzung für die Erhaltung der Bodenfruchtbarkeit.

Die fundamentale Bedeutung der Tonminerale für den biologischen Substanzkreislauf besteht darin, dass auf dieser einen Stufe der Verwitterung die innige Beziehung des Kieselsäurekristalls als anorganisches Ordnungsgefüge zu den »aperiodischen Kristallen« der lebendigen Substanz als organisches Ordnungsgefüge möglich wird, und das ist weder auf einer höheren Stufe noch auf einer niederen möglich. Beide Ordnungsgefüge, das anorganische wie das organische, bleiben dabei unverändert; sie besitzen aber beide freie Kräfte, deren Anordnung gestattet, dass eine innige Beziehung zueinander zustande kommen kann; eine ideale Verbindung zwischen Mineral und Leben, bei der weder der eine noch der andere Partner etwas opfern muss, um die Ehe möglich zu machen. Ohne diese Beziehung ist die Bodenfruchtbarkeit nicht denkbar. Wir dürfen am Rande registrieren, dass auch hier die Beziehung zwischen dem Element Silizium und dem Element Kohlenstoff zum Ausdruck kommt, von dem schon die Rede war; denn bei der Aneinanderheftung des Makromoleküls »Kristall« und des Makromoleküls »lebendige Substanz« bildet den Kern der riesigen Atomstruktur in einem Falle das Silizium, im anderen der Kohlenstoff.

Um diesen Vorgang näher zu erklären, betrachten wir die Wirksamkeit des Tonkristalls einmal von der chemischen Seite her, das heißt so, wie sie der Agrikulturchemiker betrachtet: Die wässrige Lösung der Bodensilikate schafft einen besonders reagiblen Zustand der Minerale, das kolloidale Milieu und die mineralischen Bodenkolloide; sie bestehen chemisch aus einer Verbindung zwischen den Tetraeder-Kristallen der Kieselsäure, Wassermolekülen und den Oktaeder-Kristallen des Aluminium-, Mangan- oder Eisen-Hydroxid. An dieses System können sich in großer Zahl diejenigen Kationen anlagern, die die Pflanze verwerten kann, insbesondere K, Ca, Mg und NH4; die »Nährstoffe« werden dadurch einerseits vor der Auswaschung durch das Niederschlagswasser geschützt, bleiben aber andererseits bei der lockeren Art der Bindung, die nur bei kolloidalen Systemen möglich ist, für die Pflanze unter bestimmten Voraussetzungen verfügbar, im Gegensatz zu Ionen, die erst durch besondere Vorgänge und Kräfte aus dem Mineral selbst befreit werden müssen. Alle »verfügbaren« Ionen nennt man »Schwarm-Ionen-Garnitur«. In der Größe der Kationenschwärme erblickt der Chemiker das Maß für die Bodenfruchtbarkeit und misst sie anhand der »Kationen-Austauschkapazität« (T-Wert in 100 Gramm Erde), woraus er das »Basen-Sättigungsverhältnis« (V) errechnet: V= S:100 (S = pflanzentaugliche Ionen); V wird in Prozent ausgedrückt.

Ist der V-Wert hoch, zum Beispiel 90 Prozent, so bedeutet es, dass der Kationen-Schwarm groß genug ist, um einerseits die Pflanze ausreichend mit Nährstoff zu versorgen, andererseits das Ionengleichgewicht im Boden aufrechtzuerhalten; ist der V-Wert klein, so ist auch der Kationen-Schwarm zu klein, um als »Nährstoff« auszureichen und das elektrolytische Gleichgewicht (pH um 7,0) aufrechtzuerhalten, die Erde reagiert sauer (bei V= 50 Prozent um pH 5,0). Die pH-Messung ist also unter Umständen geeignet, einer Aussage über den Umfang der Schwarm-Ionen-Garnitur zu dienen; was das für die Humuswirtschaft bedeutet, soll noch erörtert werden.

Das Schicksal der Tonkristalle hängt, wie angedeutet, direkt von dem Ausmaß der Entbasung, das heißt der Entnahme von Kationen ab. Einerseits entstehen die Tone erst durch Entbasung aus den Silikat-Schichtpaketen, andererseits zerfallen sie durch weitere Entbasung. Werden die Säurewirkungen und die Pflanzenaktivität im Boden künstlich erhöht (Treibdüngung), so nimmt die Entbasung einen unnatürlich hohen Wert an, das Gleichgewicht zwischen Tonkristallbildung und -zerfall wird beseitigt und der Tongehalt des Bodens vermindert. Ohne künstliche Eingriffe in den Bodenstoffwechsel wird der Tonkristallschwund unter normalen Umständen verhindert, und die Natur hält ein fließendes Gleichgewicht zwischen Ionenverbrauch und lonenschonung, zwischen Tonkristallbildung und -zerstörung aufrecht. Ein quasi anorganischer, von den Tonkristallen selbst ausgehender Schutzmechanismus scheint darin zu bestehen, dass in neutral reagierenden Böden und das eben sind die lebendigen der Humuswirtschaft – die geraubten Kationen in das noch eben unversehrte Kristallgitter wieder eingebaut werden können; sie gehören dann nicht mehr zur locker gebundenen, für die Pflanze erreichbaren Schwarm-Ionen-Garnitur, sondern liegen wieder ebenso fest wie vorher, als das Kristallgitter noch vollständig war.

Zweifellos kommt auch hier wieder die Fähigkeit jeder lebendigen Organisation zum Ausdruck, ein künstlich oder durch fruchtbarkeits-zerstörende Naturkräfte beseitigtes Gleichgewicht wieder herzustellen, auch im Bereich der leblosen Materie; und es darf vermutet werden, dass die Zunahme der Bodenfruchtbarkeit unter der Wiederbelebung des Bodens durch Humuswirtschaft ihre volle Größe erst erreicht, wenn auch das Gleichgewicht zwischen Ionenverbrauch und Ionenschonung hergestellt ist.

## Kalium – Phosphor – Calcium

Es klingt paradox, wenn behauptet wird, dass ein künstlicher Eingriff in den Bodenstoffwechsel die Fruchtbarkeit nicht nur durch die Zerstörung der Kristalle, sondern auch umgekehrt, durch die Rückbildung von Schichtpaketen aus Tonmineralen beseitigt werden kann (*P. Schachtschabel*); das kommt so: Sind die Kristallgitter der Tonminerale durch Raubbau (Treibdüngung) an Kalium verarmt, so nehmen sie es begierig auf und lagern es fest ein, sobald sie seiner habhaft werden können, und das in Mengen, die auch den Tabellenwerten der normalen Kalidüngung entsprechen können; dann verschwindet das K in den Schichtgittern, ohne zur Pflanze zu gelangen, es wird »fixiert«. Die K-Verarmung ist allerdings nur möglich, wenn unnatürlich hohe Kräfte das K herauslösen (Säureüberschuss bei Kunstdüngung, erhöhte Säureproduktion von Pflanzen und Mikroben bei Treibdüngung); normalerweise besteht ein fließendes Gleichgewicht, dessen Größenrelationen in fruchtbaren Böden aus den folgenden Angaben von *Schachtschabel* gut zu ersehen sind:

| Gitter-Kalium | Schwarm-Kalium | Gelöstes Kalium |
|---|---|---|
| 141 890 kg/ha | 2100 kg/ha | 10 kg/ha |

Zum Vergleich: Eine Getreide-Ernte entnimmt pro Jahr 20-30 Kilogramm K aus einem Hektar; da der natürliche K-Vorrat in einem mittelguten Boden ungeheuer groß ist, dauert es eine ganze Zeit, bis das Schwarm-K verbraucht ist, auch dann, wenn K weder in organischer noch anorganischer Form zugeführt wird. Bei einer intensiven Treibdüngung wird die Schwarm-Ionen-Entnahme einseitig und bedeutend erhöht, trotzdem würde es 70 Jahre dauern, bis der Schwarmionenvorrat erschöpft ist, und das würde durchaus zu verhindern sein, indem man Kalium zuführt. Freilich entnehmen die Hackfrüchte erheblich höhere Mengen, aber auch dann würde es sehr lange dauern, bis die K-Verarmung analytisch nachweisbar wäre. Wer die Sache so betrachtet, kommt zu dem Schluss, dass die Treibdüngung überhaupt nicht imstande sei, Unfruchtbarkeit herbeizuführen, jedenfalls nicht durch Kaliumverarmung, und dass der Schaden durch vermehrte Entnahme ja leicht ausgleichbar sei, indem man mit Kali düngt. Praktisch würde dann niemals der Fall eintreten, den man behauptet, der Fall nämlich, dass die an Kalium verarmten Tone das zugeführte K festlegen, indem sie es an Stelle einer normalen und biologischen Kationen-Garnitur einbauen und damit Schichtpakete ausbilden, die nur schwer angreifbar sind. Der Fall tritt aber ein und beweist, dass das Kaliumgleichgewicht weder von der Entnahme durch die Pflanze abhängt, noch von der Zufuhr durch die Kalidüngung, dass es auf diese Weise nicht zu steuern und zu sichern ist; es scheint vielmehr auch damit bewiesen, dass jeder Eingriff in den Bodenstoffwechsel unabhängig von den Vorräten an Elementen die Gleichgewichte prinzipiell gefährdet, und biologische Gleichgewichte kann man eben nicht an Analysewerten ablesen. Man darf entsprechend allen anderen Beobachtungen in der Humuswirtschaft auch ohne weiteres annehmen, dass das Kaliumgleichgewicht als Teil der biologischen Ordnung in einem gesunden Boden nicht in Gefahr kommt, wenn man auf jeden künstlichen Eingriff verzichtet.

Es scheint sich jedenfalls bei den Phosphorreserven des Bodens so zu verhalten: In neutral reagierenden, humusreichen Böden, wie sie die Humuswirtschaft besitzt, werden die P-Reserven des

Bodens (Apatite und andere) nicht angegriffen: hier besteht ein biochemisches Gleichgewicht (*Laatsch*) zwischen dem löslichen $P_2O_5$ und den nicht unmittelbar verfügbaren Calciumphosphaten $CaHPO_4$ und $Ca_4H(PO_4)_3$. Unzugänglich wird P erst dann, wenn das Ionengleichgewicht beseitigt ist; über pH 8,0 wird das Phosphat in die Kieselsäurekristalle wieder fest eingebaut, die Apatite entstehen »rückwärts« wieder; unter pH 5,0, beispielsweise in den sauren Waldböden mit ihrer Armut an Calcium-Ionen, wird den Phosphaten das Ca entrissen und im Austausch mit den Tonkristallen das unlösliche Aluminiumphosphat gebildet. In derart kalkhungrigen Böden verschwindet die Kalkdüngung, ohne das pH zu erhöhen, sorgt aber dafür, dass P nicht festgelegt und die Tonkristalle erhalten bleiben. Normalerweise, das heißt in den neutralen Böden der Humuswirtschaft wird die Tonkristallzerstörung auf jeden Fall verhindert und der Phosphorhaushalt bleibt geregelt, weil P im biologischen Substanzkreislauf reichlich vertreten ist, wogegen das bodeneigene P kaum ins Gewicht fällt – die Bodenreserven brauchen hier also kaum angegriffen zu werden und werden es auch höchstens in einem so geringen Maße, dass das Gleichgewicht zwischen P-Entnahme und P-Schonung nicht gestört wird.

*J. Hudich* hat die Mikroflora der Mutter Erde einen »Bio-Puffer« in dem Gedanken genannt, dass die Mikroben bei gutem Wachstum und umfangreichem Abbau organischer Strukturen vorübergehend die »Nährstoffe« speichern, weil sie sie in ihren Leibern aufnehmen. Das tun sie freilich, und wenn sie es nur vorübergehend tun, so bedeutet das nicht, dass diese Stoffe anschließend aus dem biologischen Kreislauf entlassen werden und in den anorganischen Bereich gelangen, was stillschweigend angenommen wird. Alles Lebendige ist ein »Bio-Puffer«; der über den Boden verlaufende Ernährungskreislauf geht ganz normalerweise durch viele Mikrobengenerationen hindurch; auch die »Nährstoffe« kehren auf diesem Wege aus oberirdischem Leben in den Boden und wieder in die Pflanze zurück, und überall auf diesem Wege finden »Pufferungen« in riesiger Zahl statt, nicht nur bezüglich der Mineralstoffe, denn sie gehören zum Wesen jedes Stoffwechsels und jedes Lebensvorganges überhaupt, und sie betreffen alle daran beteiligten kleinen und großen Stofforganisationen. Für den Biologen besagt also der Ausdruck »Bio-Puffer« nichts Neues, aber er besagt auch nicht, dass der »Bio-Puffer« Mikroflora die Stoffe anschließend in einen Zustand entlässt, in dem keine Pufferungen mehr stattfinden – das ist niemals bewiesen worden und auch ganz unwahrscheinlich, weil das Lebendige niemals irgendwo in seinem Ernährungskreislauf so verfährt. Jeder Organismus, auch der Mutterboden, ist ein »Bio-Puffer«, die Aneinanderreihung aller solcher Puffer ergibt erst den Ernährungskreislauf, und zwar die lückenlose Aneinanderreihung – hier eben scheiden sich die Geister der Agrikulturchemie und der biologischen Landbaulehre.

Besteht die Ernährung des Bodens vorwiegend aus phosphorarmen Materialien (Laub, Spreu, Stroh, Häcksel, Holzmehl), so kann es zu einer »P-Sperre« kommen – ein etwas hochtrabender, dem Nährstoffdenken entsprechender Ausdruck für einen leicht deutbaren Vorgang: Die zelluloselösenden Mikroben wachsen bei günstigem Wetter (feucht-warm) besonders gut, wie alle Mesophilen, und verbrauchen das $P_2O_5$ vorübergehend restlos für sich; das ist nicht anders zu erwarten, wenn man durch einseitige organische Düngung eine einseitige Mikroflora im Boden heranzüchtet. Die Lehre daraus für den organischen Landbau besteht darin, dass man auch durch einseitige organische Düngungen Gleichgewichtsstörungen auf der anorganischen Ebene bewirken kann; derartige Störungen kommen nicht nur im Landbau, sondern auch in der Forstwirtschaft (durch Monokulturen) zustande; dass sie falsch sind, hat die Forstwirtschaft früher begriffen als die Landwirtschaft – der Verlust einer jahrzehntealten Kultur ist empfindlicher als der Verlust einer nur einjährigen.

Das Calcium spielt unter den Kationen die maßgeblichste Rolle. Zwar ist die Austauschkapazität der Mutter Erde durchschnittlich zu rund zweidrittel von Ca-Ionen besetzt; der Vorrat reicht aber nicht beliebig lange, weil die öfters bewegten Ca-Ionen leichter ausgewaschen werden als die anderen. Wenn außerdem durch fortgesetzte Kunstdüngung oder auch durch anaerobe Mikrobentätigkeit bei »gestauter Nässe« oder Einpflügen frischer tierischer Dünger die Säurekonzentrationen im Boden ansteigen, wird der Kalkvorrat weiter dezimiert, weil die Ca-Ionen vorwiegend zur Absättigung der Säuren benutzt werden. Die kulturelle Nutzung eines Bodens, der nicht von Natur aus über hohe Kalkreserven verfügt, auch nicht im Unterboden, erfordert deshalb in der Kunstdüngerwirtschaft auf jeden Fall die regelmäßige Kalkdüngung; die Humuswirtschaft ist davon bedeutend unabhängiger, denn die betriebseigenen, meist auch die zugekauften organischen Dünger, die Jauche, Gülle und Stadtkomposte bringen genügend Absättigungskapazität mit, sie reagieren vorwiegend schwach alkalisch; außerdem bringt das Aufschließen des Unterbodens in der Humuswirtschaft, bewirkt durch vernünftige Verwendung tiefwurzelnder Zwischensaaten und bessere Wurzelentwicklung, die reichlichen Reserven des Unterbodens in Bewegung, so dass man erfahrungsgemäß bei etwa dreiviertel der Böden in der Humuswirtschaft keine Kalkdüngung braucht. Es kommt eher vor, dass man überschüssige Ca-Ionen bei Kulturpflanzen, die ein leicht saures Medium vorziehen, durch andere, austauschende Ionen absättigen muss, weil der hochlebendige Boden einerseits die Auswaschung vermindert und andererseits mehr mineralischen Kalk mobilisiert.

Im Allgemeinen hält der humusreiche Boden spontan das Ionengleichgewicht, ein Absinken des Basensättigungsverhältnisses und des pH-Wertes kommt nicht vor; diese Indikatoren für Kalkbedarf braucht man fast nur bei der Umstellung von der Kunstdünger- auf die Humuswirtschaft, ehe das Gleichgewicht erreicht ist, und bei anmoorigen Böden mit geringem Ton- und hohem Humingehalt. Und auch da benutzt man zum Ausgleich nur unlösliche Kalkformen, um den durch den Lebensvorgang »Bodenorganismus« bewirkten Abgleich nicht mit sofort verfügbaren Ca-Ionen zu stören und ihm selbst die Ionen-Auswahl zu überlassen.

Wir haben es also bei allen häufigsten Ionen des Bodenstoffwechsels – Kalium, Phosphorsäure, Kalk – in der Humuswirtschaft mit grundsätzlich anderen Bedingungen zu tun als in der Kunstdüngerwirtschaft; die Gefahren der Gleichgewichtsstörungen, der Auswaschung, des Festlegens und der Ionenverschwendung sind ganz erheblich geringer und praktisch meist nicht vorhanden. Sobald auf einem vorher abgewirtschafteten Boden das Stoffwechselgleichgewicht und die Funktion des biologischen Substanzkreislaufes wieder hergestellt sind, braucht man sich um das Basensättigungsverhältnis, den pH-Wert, das lonengleichgewicht und die -reserven keine Sorgen zu machen.

Es wird nun auch verständlich sein, dass der biologische Landbauwissenschaftler von den Resultaten agrikulturchemischer Untersuchungen der Vergangenheit nur recht wenige anerkennen kann, weil sie, von der höheren Warte des Lebendigen aus betrachtet, unter unvollständigen Versuchsbedingungen zustande gekommen sind; wer an Böden arbeitet, die vorwiegend anorganisch ernährt werden und wenn organisch, so entgegen allen Gesetzen des Bodenlebens, der befragt ein Objekt, dem seine wesentlichste Eigenschaft, der Lebensstoffwechsel, fehlt. Die Antwort, die ein solches Objekt gibt, ist falsch, denn sie bezieht sich auf einen pathologischen Fall, nicht auf den physiologischen. Soweit man diese Antworten aber brauchen kann, beweisen sie nur, dass die künstliche Bodenernährung in Bezug auf den Ionenstoffwechsel die ungünstigste, unrentabelste und unsicherste Form des Landbaues ist, die man sich vorstellen kann, denn sie bewirkt, dass das in einem physiologischen Lebensstoffwechsel unerschütterliche Gleichgewicht ins Wanken gebracht wird.

Neben den Elementen Ca, K und P zählt *F. Caspari* als unentbehrliche Grundstoffe auf: Sauerstoff, Kohlenstoff, Wasserstoff, Stickstoff, Schwefel, Magnesium und Eisen; als »weniger bedeutsame«: Natrium, Silicium, Chlor, Aluminium und Mangan; als »notwendige Spurenelemente«: Bor, Kupfer, Vanadium, Zink, Kobalt und Molybdän. Diese Elemente stehen ohne Ausnahme – nach ihren Verbindungsgewichten im periodischen System der Elemente in Reihen geordnet – in den ersten vier Reihen; die Natur benutzt also vorwiegend die einfacheren Atome der niederen Molekulargewichte, die größeren nur in teilweise nicht mehr nachweisbaren Spuren. Im Ernährungskreislauf werden, wie biologisch zu erwarten ist, diejenigen Elemente am meisten verwendet, die am meisten bei der Verwitterung der Urgesteine anfallen, und die seltenen am wenigsten. Da auch die Kulturpflanzen sich ganz nach den Bedürfnissen der *Goethe*schen »Urpflanze« richten, wird man das Mineralbedürfnis der Pflanze in idealer Weise nur durch Urgesteine decken können und jede einseitige Mineraldüngung als unphysiologisch ablehnen müssen. Im Allgemeinen wird man also in der Humuswirtschaft, soweit man überhaupt Veranlassung dazu hat – etwa bei der Umstellung –, ausschließlich von Urgesteinsmehlen Gebrauch machen, bei denen Fehldosierungen ausgeschlossen sind.

## Mineralanalyse und Humuswirtschaft

Die Agrikulturchemie hat den großen Fehler gemacht, die häufigsten Elemente für die wichtigsten zu halten; das sind sie nicht einmal quantitativ, geschweige denn qualitativ. Im biologischen Substanzkreislauf können wenige Atome eines seltenen Spurenstoffes wichtiger sein als einige Kilogramm an K, P oder Ca, nämlich dann, wenn zur Realisation irgendeines hochwichtigen Lebensvorganges – beispielsweise zur Herstellung eines Abwehralkaloides – gerade dieses eine, seltene Element fehlt.

Seit *Liebig* haben die Mineralanalysen der Pflanzenkörper ergeben, dass jede Pflanze ihr spezifisches »Aschegerüst« hat, dass also die Mineralbedürfnisse der Pflanzen sehr verschieden sein können; außerdem bezeichnet *F. Caspari* mit Recht das Aschegerüst als »elastisch«, weil es je nach Standort und anderen Lebensbedingungen bei der gleichen Pflanzen-Art verschieden sein kann. Eine direkte und absolute Beziehung zwischen den »Nährstoff«-Relationen des Bodens und der Pflanze gibt es demnach nicht.

Das geht schon aus folgender Überlegung hervor: Das Aschegerüst der so genannten kalkliebenden Pflanzen enthält ausgesprochen wenig Kalk, obwohl er im Boden überreichlich vorhanden ist; offensichtlich besitzen gerade diese Pflanzen, die gern auf Kalk wachsen, einen spezifischen Abwehrmechanismus gegen die Wirksamkeit des Ca-Ions, und umgekehrt vermögen kalkfliehende Pflanzen nur deshalb nicht auf Kalk zu gedeihen, weil sie den Schutzmechanismus nicht besitzen, sich an Ca-Ionen »überfressen« und daran zugrunde gehen. Ähnliche Beobachtungen liegen in großer Zahl vor; es hieße ja auch die Macht der Organisationen lebender Substanzen über die mineralische Materie gewaltig unterschätzen, wollte man ihnen die Selbstständigkeit in der Mineralauswahl absprechen. Die Organismen sind geradezu dadurch gekennzeichnet und anders undenkbar, dass sie gegen den Strom der mineralischen Wirksamkeiten zu schwimmen vermögen, dass sie unabhängig sind, solange man den biologischen Substanzkreislauf nicht stört; bietet man die Elemente in einer Form an, die den Lebensstoffwechsel umgeht, weil sie die Pflanze zur Aufnahme zwingt, so setzt man den biologischen Regulationsmechanismus außer Betrieb. Wir haben zu erwarten, dass schon eine einzige Kunstdüngung den ganzen, so vorzüglich geordneten Mineralstoffwechsel der Pflanze über den Haufen wirft.

Es kann also auch keine Rede davon sein, dass etwa der Mineralgehalt der Pflanze von Natur aus durch die Schwarm-Ionen-Garnitur gesteuert würde; das kann nicht sein, weil die Pflanze ihr Aschegerüst aus eigener Initiative, unabhängig von dieser Boden-Garnitur aufbaut; und nur selten ist dem Begriff des »Minimum« definierbarer »Nährstoffe« eine begrenzte Bedeutung insofern zuzumessen, als es hier und da Böden gibt, bei denen auch eine optimale Humuswirtschaft den einen oder anderen Elementmangel nicht immer auszugleichen vermag, so dass tatsächlich auch unter günstigsten Bedingungen Mangelerscheinungen am Aschegerüst auftreten. Das aber ist ein seltener Ausnahmefall, der praktisch in der Humuswirtschaft kaum je zustande kommt, weil die Ionen-Garnituren im biologischen Substanzkreislauf zwangsläufig vollständig sind. Der Fall kann also vernachlässigt werden.

Als Fruchtbarkeitstest für die Humuswirtschaft ist die Analyse der verfügbaren Ionen-Garnituren der Mutterböden nicht nur überflüssig, sondern geradezu irreführend: Die im biologischen Substanzkreislauf stehende Pflanze ernährt sich mineralisch nicht nur aus der Masse der freibeweglichen Ionen, die als Bodenvorrat gerade greifbar oder aus ihrer lockeren Bindung abzulösen sind; sie ernährt sich ebenso aus jenen mineralischen Vorräten, die während der Vegetationsperiode fortlaufend aus der Umorganisation lebender Materie frei werden oder während dieser Vorgänge aus den festliegenden Reserven freigelegt werden. Zwangsläufig laufen ja die Lebensvorgänge des Bodens und der Pflanze in etwa parallel, das Mineralbedürfnis der Pflanze ist am größten, wenn auch der Bodenstoffwechsel auf seiner alljährlichen Höhe angekommen ist; die dabei überführten »Nährstoffe« sind analytisch nicht erfassbar, weil sie nur zum geringsten Teil als so genannte Schwarm-Ionen auftreten, zum größeren Teil aber unmittelbar in die Pflanze überführt werden, sei es als Substanz eines eben zerfallenden Rhizosphären-Bakterium, sei es in anderer organischer Bindung.

So kommt es zustande, dass bei der vergleichenden Analyse von Boden und Pflanze Werte auftreten, die sich scheinbar nicht miteinander in Einklang bringen lassen, die vielmehr beweisen, dass zum Beispiel der P- oder K-Gehalt der Ernte nicht aus der Schwarm-Ionen-Garnitur stammen kann – die Pflanze enthält plötzlich Elementmassen, die sie eigentlich nicht haben dürfte. Über solche Befunde ist viel gerätselt worden, und mancher hat sie zum Anlass genommen, an die Fähigkeit der Pflanzen zur Atomumwandlung zu glauben; ich will das zwar nicht bestreiten, und vielleicht werden wir in dieser Richtung noch manche Überraschung erleben, aber zur Erklärung von Diskrepanzen zwischen Boden- und Pflanzen-Ionen-Garnituren braucht man diese Hypothese nicht. Im Lebensstoffwechsel treten praktisch kaum lösliche Ionen auf, sie sind fast immer organisch »verbaut« und dementsprechend mehr oder weniger gebunden. Arbeitet man aber analytisch mit Säuren oder Basen, so kann man die Schwarm-Ionen von den sowohl mineralisch wie organisch gebundenen nicht mehr unterscheiden.

Es kommt hinzu, dass die Pflanze Minerale nicht nur aus dem Vorrat der organischen Dünger bezieht, sondern auch aus anderen Quellen (Grundwasser, Luftsubstanzen, Regen und anderen), das heißt aus Zweigen des Substanzkreislaufs, die man meistens ganz vernachlässigt und über die noch wenig bekannt ist. Die »Momentaufnahme« einer chemischen Analyse besagt deshalb praktisch nichts, sie vermag auch nicht annähernd das darzustellen, was der Pflanze im Laufe auch nur einer einzigen Vegetationsperiode an Mineralen zur Verfügung steht.

Im Lebensstoffwechsel, den es praktisch nur in der Humuswirtschaft in seiner physiologischen Form gibt, ist alles anders; für seine Beurteilung sind die »Nährstoff«-Zahlen der chemischen Analyse aus einem anderen Grunde vollends wertlos: Das Vorhandensein eines Stoffes im Boden bedeutet keineswegs, dass die Pflanze ihn auch verwerten kann, dass sie imstande ist, allein deshalb einen Mangel an P, K, Mg oder irgendeinem anderen »Nährstoff« zu beheben, weil er pflanzenverfügbar im Boden vorkommt. Es sind damit nicht jene physikalisch-chemischen Sonderzustände gemeint, die man »Festlegung« oder »Sperren« nennt – sie kommen in einer vollkommenen Humuswirtschaft nicht vor –, sondern ausdrücklich der Fall, dass der Mangelstoff zwar zur Verfügung steht, auch in die Pflanze einströmt, von ihr aber nicht zum Abgleich des Mangels benutzt wird, weil ihr aus irgendeinem Grunde dazu die Fähigkeit abgeht.

Es gibt aus der Heilkunde analoge Beispiele, von denen eines angeführt sei: Viel Kalk in der Nahrung bedeutet nicht schon, dass der damit ernährte Organismus einen hohen Blutkalkspiegel hat und vor der Kalkmangelkrankheit geschützt ist; fehlen in der Nahrung gewisse »Begleitstoffe«, so schützt den Organismus ein hoher Nahrungs-Kalkgehalt keineswegs vor der Rachitis. Die Ca-Analyse der Nahrung sagt mithin nichts bezüglich des Kalkhaushaltes des Organismus aus , sie führt nur zu Fehlschlüssen. Eine Kalkzufuhr, das heißt eine Ergänzung der Nahrung durch Ca-Ionen kommt überdies ja nur dort in Frage, wo sich jemand grundfalsch ernährt; normalerweise steht auch dem kalkmangelkranken Organismus genug Kalk zur Verfügung, und man weiß, dass er makromolekularer Stoffe bedarf, um geheilt zu werden, wenn er falsch ernährt war.

Wir sollten uns überhaupt keine Hoffnungen mehr machen, den Lebensvorgang Boden-Pflanze analytisch zu erfassen oder gar lenken zu können; das wäre irreal und unwissenschaftlich – eine fassbare und exakte Relation gibt es nicht. Man möge uns deshalb zugestehen, dass wir keinen Grund sehen, noch näher auf die in zahlreichen Lehr- und Handbüchern niedergelegten, agrikulturchemischen Verlautbarungen einzugehen; sie sind uns Hilfswissenschaft, wenn wir sie an den ihnen zukommenden Platz stellen, sie in das biologische Geschehen einordnen und nicht überschätzen.

## Tonkristall und biologischer Substanzkreislauf

Für den biologischen Substanzkreislauf ungleich interessanter ist die Tatsache, dass es im fruchtbaren Boden kristalline Körper gibt, die ein makromolekulares Ordnungsgefüge darstellen, nahe verwandt mit den lebenden Substanzen, nur nicht mit den typischen Sondereigenschaften des Lebendigen begabt. Die Tonkristalle des Mutterbodens sind sogar teilweise »offene Systeme« wie die lebende Substanz, denn sie können, wenn auch nur in begrenztem Umfang, ohne Änderungen ihres Ordnungsgefüges gewisse Elemente abgeben und aufnehmen, ganz ebenso, wie das lebende Substanzen ständig tun; Tonkristalle haben also so etwas wie einen Stoffwechsel, wie er sonst nur für die Ordnungsgefüge der lebenden Substanz typisch ist.

Die wichtigste Eigenschaft der Tonkristalle, die sie in eine unmittelbare Beziehung mit den Lebendsubstanzen bringt, ist ihre Oberflächenaktivität, begründet durch ihren kollodialen Zustand. Diese beinahe »lebendige« Reagibilität hat einen kaum vorstellbaren Umfang; es ist einmal berechnet worden, wie groß sie etwa ist: In einem Quadratmeter Mutter Erde mit durchschnittlichem Tonkristallgehalt existiert eine biologisch aktive Oberfläche von mindestens 24 Quadratkilometern, das heißt die Oberflächenaktivität fruchtbaren Bodens ist dank seiner Tonkristalle um 24 Millionen-mal größer, als wenn der Boden eine amorphe, nicht kristalline und kolloidal unwirksame Masse wäre.

Die molekulare Beziehung zwischen Tonkristall und lebender Substanz ist jene hochbedeutsame »Nahtstelle«, an der Mineral und Lebenskreislauf miteinander in tätige Beziehung treten, oder anders ausgedrückt: Nur die Tatsache allein, dass es im mineralischen Bereich genauso wie im Bereich des biologischen Substanzkreislaufes makromolekulare Ordnungsgefüge gibt, macht es möglich, den Ernährungskreislauf der Organismen über den Boden zu führen und an seiner kritischen Stelle zu schließen. Erst damit wird das biologische Ereignis »Bodenfruchtbarkeit« möglich, gekennzeichnet durch die Unabhängigkeit von wechselnden Vegetationsbedingungen, durch eine organische Vorratshaltung und durch die Ausbildung eines biologisch-funktionellen Regenerations-Apparates auf der niedersten Ebene des Lebendigen. Hier tritt die höchste mineralische Ordnung mit der niedersten lebendigen in direkten Kontakt.

Der physikalischen Bodenforschung verdanken wir die exakte Aufklärung der »Hilfsvorgänge«, als welche wir die überall im Ernährungskreislauf als Ionen-Bewegung bemerkbaren, niedermolekularen Stoffwechsel anzusehen haben; sie vermag diese Bewegungen an sich zu kennzeichnen und zu erklären, auf welche Weise die Bindungen lebender Substanzen an die kristallinen, mineralischen Strukturen im Boden zustandekommen – mit Hilfe der so genannten Schwarm-Ionen. Beide Makromolekularen, sowohl der Kristall wie die lebende Substanz, haben freie Kräfte ihrer »Grenzflächen« zur ausreichend festen Anheftung zur Verfügung, und nur so kommt es zustande, dass es normalerweise weder eine Zerstörung der Tone, noch eine Ausschwemmung lebender Substanzen gibt, dass also die Bodenfruchtbarkeit erhalten bleibt, wenn man den freien oder freiwerdenden Ionen nicht die Möglichkeit der Doppelbindung an den toten und den lebenden Kristall nimmt. Es gibt also bezüglich der Bodenernährung ein Gleichgewicht zwischen den bindenden Kräften des Bodens und denen der zugeführten Nahrung oder Düngung, ein Gleichgewicht, das sich normalerweise von selbst aufrechterhält.

## Die natürliche Bodenfruchtbarkeit

Es gibt nicht nur den Weg »Dünger – Mikroben – Tonkristall – Pflanze«, sondern auf der Höhe des Stoffumsatzes auch den abgekürzten Weg »Dünger – Mikroben – Pflanze«, und diesen Teil des Weges kann man mittels analytischer Methoden nicht bezüglich der Ionenbewegungen erfassen, auch nicht bezüglich der Bewegungen lebender Substanzen. Wenn es also um die Messung von Fruchtbarkeit im Boden geht, können wir uns nicht auf die mikromolekularen Umsätze verlassen, sondern ganz allein auf die Lebensvorgänge selbst, deren Art und Umfang die biologisch-funktionelle Kapazität des Bodens anzeigen. Die »Nährstoffe« erfüllen ihre biologische Aufgabe nur im Dienst und unter der Direktive der Lebensvorgänge, der makromolekularen Ordnungen. Fehlen diese ordnenden Kräfte, wird also die Ionenbewegung nicht mehr zielstrebig von einer übergeordneten, großmolekularen Organisation gesteuert; vermehrt man die Ionenmassen nun noch durch künstliche Düngung, so vermehrt man nur das Chaos.

Freilich muss man der Pflanze die Fähigkeit zugestehen, auch dann in gewissem Umfang mit einer Ionen-Unordnung fertig zu werden, wenn sie in einem »Ionen-Chaos« steht, und es ist gut, dass sich die Ionen-Garnitur des Bodens und das Aschegerüst der Pflanze nicht entsprechen. Wäre es anders, dann hätte der Agrikulturchemiker beizeiten seine Zweifel an der Minerallehre bekommen, so aber werden seine Fehler – wie alle unsere Ernährungsfehler – von den Organismen und ihren lebenden Substanzen großmütig ausgeglichen, solange es irgend geht; gar viele stolze »Erfolge« der Zivilisation sind nur der Langmut der Natur zu verdanken.

Auch die biologischen Ordnungskräfte haben ihre Grenzen und können einmal erschöpft werden. Einen Acker fruchtbar machen heißt nicht, das Ionen-Chaos gerade noch erträglich zu halten, wie es die Kunstdüngerpraxis macht – wir kennen die Grenzen nicht, können sie auch nicht kurzfristig ermitteln und überschreiten sie, ohne es zu bemerken. Einen Acker fruchtbar zu machen und fruchtbar zu halten heißt vielmehr, ihm ein hohes Maß an Ordnungskraft zu vermitteln; das geschieht mit der Bewahrung des biologischen Substanzkreislaufs, der daran beteiligten Lebensvorgänge und der damit spontan bewirkten Sicherung der physikalischen Bindekräfte der Mutter Erde. Fruchtbarkeit ist die Fähigkeit, in optimalem Umfang aus mineralischer Unordnung mittels der makromolekularen Ordnungsgefüge eine lebendige Ordnung herzustellen, sei es, um ein lebendiges System in Ordnung zu halten, sei es, um es in Ordnung zu vererben.

Bodenfruchtbarkeit ist die optimale Fähigkeit der makromolekularen Bodenkräfte, die Ordnungen der Abfallsubstanzen des oberirdischen Lebens wiederherzustellen oder zu erhalten und sie der Pflanze zu gegebener Zeit, neu geordnet und wohl versehen mit der zuständigen Garnitur mikromolekularer Stoffe, zur Verfügung zu stellen.

Weder die Ordnungsgefüge des Bodens allein, noch die der organischen Bodennahrung allein wären imstande, das biologische Ereignis »Bodenfruchtbarkeit« zustande zu bringen, und weder mit dem einen Faktor – der zugeführten organischen Masse – noch mit dem anderen – der Masse der Bodenkristalle – ist die Fruchtbarkeit messbar, sonst wären die reichlichst organisch ernährten Böden ebenso automatisch fruchtbar wie die reinen Tonböden. Die Bodenfruchtbarkeit kommt nur als Ergebnis des lebendigen Ablaufes »Bodennahrung – Garebildung – Rhizosphäre – Pflanze« zustande, sie ist keine materielle Größe, sondern eine biologisch-funktionelle Kapazität, die nur in ihrer Wirksamkeit zum Ausdruck kommt, nicht in augenblicklichen, kleinräumigen Stoffbewegungen. Um die Bodenfruchtbarkeit zu messen, bedarf es der Testung ihrer Funktion, und Funktionen kann man nur mit funktionellen Tests messen, genauso, wie man die Fruchtbarkeit eines Tieres nur an der Zahl seiner Nachkommen und dem Schicksal der nachfolgenden Generationen messen kann. Nicht ein einziges Glied des Lebensvorganges Fruchtbarkeit darf einer Messung einzeln zugrundegelegt werden; nur seine Funktion innerhalb des Ganzen ist entscheidend, und diese Funktion kann sich nur betätigen, wenn auch alle anderen Funktionen sich betätigen. Wir brauchen also in jedem Falle das biologische Ganzheitsexperiment.

# Das Wesen der Bodengare

Hätte man beizeiten einen echten Fruchtbarkeitstest gehabt, und sei es der primitivste, so hätte wohl auch das schöne Wort »Humus« seine ursprüngliche Bedeutung nicht verloren. Der im 18. Jahrhundert lebende Forscher *Wallerius* kam der Wirklichkeit noch am nächsten, als er sagte, Humus sei strukturlose organische Substanz; er meinte damit, dass die bei Organismen üblichen Strukturen – Organe, Gewebe, Zellen und Zellstrukturen – bei der lebenden Substanz des Bodens nicht gefunden werden. *Laatsch* hat dies als »morphologischen Humusbegriff« wieder aufgegriffen und bezeichnet den »stofflichen Humusbegriff« als makromolekular, also ungeklärt. Man kann die allgemeine Unsicherheit gegenüber dem Humus wohl kaum besser kennzeichnen.

*Ramann* bezeichnet als Wesen und Merkmal des Humus die Zerstörung der Zellstrukturen und das Hervortreten der ausgesprochen kolloiden Eigenschaften aller organischen Verbindungen, die beim Zerfall der Strukturen noch erhalten bleiben, während *Kubiena* kurzerhand feststellt: Was nicht zerfällt (das heißt »mineralisiert« wird), ist Humus. Man ist offenbar jetzt darüber einer Meinung, dass nicht alle Substanz »mineralisiert« wird, wie man es vorher behauptet hat, auch *H. Franz* spricht nur von einer teilweisen Mineralisation. Was fängt man nun mit dem Rest an? Handelt es sich um den Kreislauf der lebenden Substanzen, von dem da anerkanntermaßen gesprochen wird?

Keineswegs, denn bei genauem Zusehen bemerkt man alsbald, was unter »organischer »Substanz« verstanden wird: Schwarzbraune oder graue Neubildungen aus schwer verdaulichen Gerüstsubstanzen und Zellwandmaterialien der im Boden verdauten pflanzlichen und tierischen Abfälle, die sich erwiesenermaßen zusammen mit bakteriogenen Polysacchariden so fest an die Grenzflächen der Tonkristalle anheften, dass sie oft weder chemisch noch physikalisch ablösbar sind. Es wird stillschweigend angenommen, dass alle anderen organischen Substanzen der Mineralisation anheim fallen, und damit ist der Begriff »Humus« von einem Lebensvorgang zu einem nützlichen Abfallstoff degradiert worden.

## Die Huminstoffe

Ordnen wir das, was man hier »Humus« nennt, in die biologische Rangordnung ein, so handelt es sich um Stoffe, die aus irgendwelchen Gründen nicht vom Boden verdaut werden, im Wesentlichen um Inhaltsstoffe der Zellulosen und Hemizellulosen wie das Lignin. Diese Meinung führte deshalb auch konsequent zu dem Versuch, »Humus« künstlich herzustellen, das heißt einen Stoff zu finden, der die Bodenpartikel zu Krümeln zusammenklebt, wie sie die echte Gare produziert.

Auch hat man sich in der Agrikulturchemie sehr viel Mühe mit diesem vermeintlichen »Humus« gegeben; der Fehlschluss, man habe es bei diesen schwarzen, braunen und grauen Huminen und Huminsäuren mit der »Alten Kraft« des Bodens zu tun, lag deshalb nicht allzu fern, weil die fruchtbaren Schwarz- und Braunerden ja tatsächlich diese Stoffe in großer Menge enthalten, und nur so sind diese Huminstoffe in den Mittelpunkt dessen gerückt, was der Chemiker Humusforschung nennt.

Tatsächlich haben die Humine mit der Bodenfruchtbarkeit so viel und mehr zu tun als die Tonkristalle; sie haben nämlich als Kolloide »sauren« Charakter wie die Tonminerale und vermögen die Kationenschwärme zu binden wie diese, ja sie können viel mehr binden, denn sie sind um das Fünffache potenter als die Austauscher mineralischer Herkunft. Es ist also durchaus begreiflich, wenn die Chemie geglaubt hat, in den sehr beständigen, farbigen Rückständen aus der Zersetzung organischer Massen das nachweisbare Zeichen von Fruchtbarkeit zu sehen, denn in ihrem Sinne ist ein hohes Basensättigungsvermögen Beweis für die Bodenfruchtbarkeit.

Trotzdem sind die Huminstoffe nicht mehr als Abfallstoffe oder Nebenprodukte des Lebendigen, die nur deshalb beim Pflanzenwachstum nicht verschwinden wie die übrigen Großmoleküle, weil sie unverdaulich sind und keinen Nahrungswert besitzen. Dass sie gleichwohl im Boden noch mehr leisten können als die feinst strukturierten Tonkristalle, beweist allenfalls, dass organische Großmoleküle noch biologisch leistungsfähiger sind als mineralische und dass es die Natur versteht, Abfallstoffe für die Zwecke des biologischen Substanzkreislaufes zu gebrauchen auch dann, wenn es sich um Stoffe handelt, die aus dem Kreislauf ausgeschieden werden müssen.

In den Schwarz- und Braunerden sind die Humine nur ein Zeichen dafür, dass diese Erden in der Vergangenheit besonders fruchtbar waren, weil sie Gelegenheit hatten, besonders viel organische Materie durchzuschleusen; es beweist aber nicht, dass diese huminreichen Böden auch jetzt noch fruchtbar seien, sie können es sein oder nicht.

Ganz deutlich markiert sich das bei den Mooren und Torfen, deren Humingehalt alles andere übertrifft. Niemand wird behaupten, dass sie besonders fruchtbar seien, aber man kann auch nicht bestreiten, dass hier offenbar sehr viel Leben, sehr viel Fruchtbarkeit zugrunde gegangen ist, als der Lebenskreislauf gewaltsam unterbrochen wurde. Diese Erden waren einmal sehr fruchtbar – und das beweisen die Humine –, sie sind es aber im Augenblick nicht und werden es auch nur sehr schwer, denn die Belebung von Torfen ist praktisch nicht lohnend und dauert viele Jahre; das ist vielleicht allein damit zu erklären, dass die Besetzung der Tone durch Humine nicht immer ein Vorteil für den Substanzkreislauf ist, dass sehr wohl eine Blockierung der Austauschkapazitäten stattfinden kann. Letzten Endes ist ja die Torfbildung nur die erste Stufe auf dem Abstieg zu Braunkohle, Kohle und Anthrazit, auf dem Wege zur »Inkohlung«. Mit dem endgültigen Freisetzen des Kohlenstoffs ist dann jede Möglichkeit einer Rückkehr in den Ernährungskreislauf verspielt – mit Ausnahme jener Fremdstoffe, die der Chemiker zum Missvergnügen des Biologen aus der Kohle synthetisiert und extrahiert, um sie als chemisches Kampfmittel gegen Krankheit und »Schädling«, als färbendes und konservierendes Mittel und auf hundert andere Weisen in den biologischen Substanzkreislauf zu bringen; das ist allerdings im Plan der Schöpfung nicht vorgesehen.

Natürlich sind dem Biologen die Huminstoffe im Boden in einer optimalen Dosierung durchaus willkommen, zumal sie neben ihrem hohen T-Wert auch der Auswaschung widerstehen. Sie sind offenbar für die Garebildung ebenso unentbehrlich wie die Tonkristalle und nehmen ebenso teil an der physikalischen Strukturierung der Mutter Erde, der Gare. Diese zu betrachten, hat unsere nächste Aufgabe zu sein, und damit kommen wir zur mikrobiologischen Betrachtung des Ereignisses »Bodenfruchtbarkeit«.

## Gare und Gareschwund

Dass sich fruchtbarer Boden auffällig von unfruchtbarem durch eine spontane, lockere Beschaffenheit unterscheidet, weiß der Bauer seit den ersten Anfängen des Landbaues. Es ist ihm auch bekannt, dass diese »Gare« sich nur sehr unvollkommen und nur vorübergehend durch eine künstliche Lockerung darstellen lässt; ist der Boden nicht von selbst gar, so fällt er beim nächsten kräftigen Regenguss wieder in sich zusammen, er schlemmt, trocknet leicht aus und wird dann je nach Bodenart mehr oder weniger hart oder ist dem Spiel des Windes ausgesetzt. Berüchtigt sind die nordamerikanischen Staubstürme, die jetzt auch zuweilen in Europa beobachtet wurden. Verhängnisvoll wird der Gareschwund auf allen hängigen Böden; hier wird bei jedem Regen die schutzlose mineralische Feinmasse zu Tal geschwemmt und der Boden seiner Verwitterungsauflage mehr und mehr beraubt, die Voraussetzung zur Fruchtbarkeit also beseitigt.

Der Mensch hat im Laufe seiner Geschichte auf verschiedene Weise große Flächen ihrer Fruchtbarkeit beraubt; er tut es heute in bedrohlichem Ausmaß. Wir wissen von den traurigen Überbleibseln der Waldabholzungen zum Kriegsschiffbau des Altertums, von der Versandung Nordafrikas durch die Großlandwirtschaft der Römer. Was damals geschah, ist noch wenig im Vergleich zum Umfang der künstlichen Garevernichtung, die gegenwärtig in aller Welt und auf fast allen Kulturflächen vor sich geht. Die USA haben bis jetzt rund 40 Prozent ihrer fruchtbaren Flächen verloren; da es schätzungsweise 300-1000 Jahre dauert, bis eine neue Verwitterungsschicht entsteht und zu Mutter Erde wird, sind die Verluste für viele Generationen unersetzlich. Dies geschah im Zeitalter der modernen Landbauwissenschaft und unter Anwendung aller ihrer Lehren – wie ist das möglich?

Inzwischen sind über den Gareschwund und seine verheerenden Folgen für die Menschheit so viele Bücher geschrieben worden, dass es demjenigen, der sich darüber in allen Einzelheiten orientieren möchte, nicht schwer fällt. Wir können uns hier auf das Prinzipielle beschränken, von dem schon mehrmals die Rede war. Im Grunde genommen hat zu der Fehlentwicklung lediglich die Auffassung geführt, dass die Pflanze nichts anderes brauche als die üblichen »Nährstoffe«. Unter dem Eindruck der künstlichen Pflanzenzucht in Wasser, Kies und Sand, wo den Pflanzen vermeintlich nichts anderes geboten wird als ein »harmonisches« Nährstoffgemisch, verbreitete die Agrikulturchemie die Meinung, die Pflanze bedürfe des Bodens nicht, sie lebe aus Mineralien, die man ihr ebensogut auch anders geben könne, die Mutter Erde sei entbehrlich und einstweilen nur noch als Pflanzenstandort ganz praktisch.

Man hat diese Lehre bisher lediglich durch die Feststellung erweitert, dass nur der Boden der Humuszufuhr bedürfe, um als Standort erhalten zu bleiben und um eine für die Verwertung der Kunstdünger günstige Struktur zu behalten. Man betrachtet die Lebenserscheinung »Bodengare« mechanisch-physikalisch, das heißt als wünschenswertes, konstruktives Hohlraumsystem. Wenn es so ist, dann kann man freilich ein solides System auch künstlich herstellen, also etwa einen Acker, dessen Hohlräume nach einigem Regen zusammenbrechen, mit geeigneten Maschinen fortlaufend auflockern, je häufiger, desto besser. So kommt es, dass für diese künstliche Gareherstellung besondere Bearbeitungsgeräte und Zugmaschinen konstruiert wurden, und so kommt es, dass niemand ernstlich protestiert gegen die Versuche eifriger Kaufleute, die Gare durch Kunst und andere klebfähige Stoffe (Krilium) darzustellen. Man braucht nicht einmal zu bezweifeln, dass solche Maßnahmen in der Kunstdüngerwirtschaft wirksam sind, weil sie einige Eigenschaften natürlicher Gare schlecht und recht darzustellen vermögen, weil sie die Bodenatmung verbessern. Wenn Bodengare nicht mehr wäre als ein konstruktives, biologisch inaktives und mechanisch wirksames Hohlraumsystem, so könnte man es beliebig auf mechanischem Wege herstellen, wo der kranke Boden Sorgen macht.

Die Humuswirtschaft kennt diese Sorge nicht; die echte Bodengare ist ein Organ des Bodenorganismus, das er sich alsbald selbst schafft, sobald er tätig ist; ein Gewebe, das im Substanzkreislauf hoch wichtige Aufgaben erfüllt und zu diesem Zweck unter anderem auch eine bestimmte physikalische Struktur haben muss, die sich als Ausdruck von Lebensvorgängen ausbildet. Die Gare besteht aus Stütz- und Füllsubstanzen, in die alle mobilen Lebensvorgänge eingebettet sind wie im pflanzlichen und tierischen Organismus, und sie ist außerdem zugleich Lunge und Kieme des Bodens, die den Gasabtausch und Wasserhaushalt zu regeln haben.

Die Bodengare ist demnach eine der wesentlichsten Äußerungen natürlicher Bodenfruchtbarkeit, und wir haben allen Grund, sie mit allen biologischen und mikrobiologischen Mitteln zu erforschen, um ihre Voraussetzungen ans Licht zu bringen und die Kulturböden auszuheilen, solange noch Zeit dazu ist. Die Geschichte liefert uns der Beispiele genug, dass es nicht angeht, davor die Augen zu verschließen, bis der Gareschwund unheilbar geworden ist wie eine chronische Systemkrankheit, bis sie nicht mehr wiederherzustellen ist oder nur mit einem Aufwand, dem das Bauerntum nicht gewachsen ist.

## Die mikrobielle oder Zellgare

Es gibt nach unserer Auffassung zwei Arten von Gare, die beide, obwohl verschiedenen Ebenen der Stoffzustände zugehörig, gleich wichtig sind für die Bodenfruchtbarkeit.

Wenn organische Massen von Kleintieren und Mikroben des Mutterbodens verarbeitet werden, so bemerkt man, dass eine große Anzahl von Individuen – man zählt heute Tausende von tierischen und Zehntausende von mikrobiellen Lebewesen, die am Abbau tätig sind – zu einer »Arbeitsgemeinschaft« zusammentritt, wobei sich jede Art das Futter heraussucht, das ihr zusagt. Diese Verarbeitungsgesellschaft besteht also aus Mitgliedern, die sich entsprechend dem gebotenen Futter vermehren; und das wiederum besagt, dass die Zusammensetzung der Gesellschaft durch die Eigenschaften des Futters das man ihnen bietet, selbst gesteuert wird, ein Verlauf, der nur deshalb möglich ist, weil der Organismus »Mutter Erde« nicht aus unveränderlich spezialisiertem Gewebe, sondern aus lauter einzelnen Lebewesen besteht, das einerseits zwar wie ein Gewebe funktioniert, andererseits aber außerordentlich mobil und anpassungsfähig ist.

Für die Humuswirtschaft bedeutet das: Durch ein vielgestaltiges Bodenfutter, eine reichliche Auswahl an organischen Spezifitäten, lässt sich auch eine vielgestaltige, mit zahlreichen Spezialisten durchsetzte Arbeitsgemeinschaft der Mikroben zustande bringen, die dafür garantiert, dass das von ihnen hinterlassene Material, die Pflanzennahrung, ebenso vielgestaltig bearbeitet wurde und der Pflanze eine reiche Auswahl an Spezifitäten bietet.

Es darf als Grundregel der Biologie betrachtet werden, dass die Gegensätzlichkeiten, der so genannte Antagonismus, in der Natur »Motor« der Lebensvorgänge ist. Das Leben im Acker wird umso kräftiger und intensiver, die Zahl der Kleinlebewesen um so größer, ihre Zusammensetzung umso zweckentsprechender sein, je mehr Antagonismen auftreten, je mehr Spezialisten also für die Arbeit erforderlich sind. Alles dies gestaltet die »mikrobielle Gare« oder die »zellulare Gare«, wie man sie vielleicht am besten nennt.

Die zellulare, mikrobielle Gare wurde von *Raoul Francé* und von *F. Sekera* sehr anschaulich beschrieben und dargestellt (siehe Literatur). Intensive Verarbeitung organischer Massen führt zu umfangreichen Koloniebildungen in der oberen Schicht der Mutter Erde, das heißt in den oberen drei bis acht Zentimeter. *Swabi* hat errechnet, dass allein die fädigen Pilze in einem einzigen Gramm Mutter Erde, aneinander gereiht, die Länge von 100 Meter und mehr erreichen können; und wir wissen, dass die Menge der Mikroben-Zellen in ein Gramm Erde Hunderte von Millionen, ja viele Milliarden betragen kann. *F. Caspari* bemerkt dazu, dass sich in ein Gramm fruchtbarer Erde mehr Lebewesen befinden können als Menschen auf der ganzen Welt.

Die Leiber der Mikrobengesellschaft und die Rückstände aus den Lebenstätigkeiten der Bodentiere kleben mit dem Staub der Verwitterung zusammen und bilden die gröberen, teilweise mit bloßem Auge sichtbaren Krümel der Oberschichten, die als Zwischenraum das gröbere Porensystem der zellularen Gare schaffen. Voraussetzung für das Zustandekommen der Koloniebildungen ist die grobe Zerkleinerung der organischen Strukturen durch Kleintiere, der Zusammenbruch der starren Pflanzenstrukturen und der härteren, tierischen Gewebsgerüste durch die Arbeit der Zellulose- und Harteiweiß-Spezialisten. Das dabei entstandene feinere Material sickert nun mit dem Wasser der Niederschläge in die mineralische Oberschicht ein und wird hier sofort von der abbauenden Mikrobengesellschaft überfallen, die sich – je nach den äußeren Wachstumsbedingungen Wasser, Wärme und Luft, also vornehmlich im Sommer – alsbald rasch vermehren. Da aus einer einzigen Bakterie innerhalb von zwei bis drei Tagen Millionen und aber Millionen werden können, kann die zellulare Gare also in wenigen Tagen entstehen.

Die meisten dieser Mikroben arbeiten rentabel nur, wenn ihnen Luft zur Verfügung steht – die Aerobier beherrschen, wie auch sonst im Ernährungskreislauf, das Feld (allerdings können viele auch anaerob arbeiten, nur sind manche ihrer Produkte unerwünscht und ihre Arbeit viel zu aufwendig). Die notwendige Luft verschaffen sie sich selbst: Mit der Krümelbildung entstehen lufthaltige Spalten, und der Boden kann ausreichend atmen. Das grobporige Garesystem der oberen drei bis acht Zentimeter normalen Mutterbodens ist das typische Kennzeichen für die Funktion der zellularen Gare.

Die wesentlichen Voraussetzungen für die Abbautätigkeit der Kleinlebewesen: Die natürliche Bodendecke aus noch nicht verarbeitetem Material sorgt für den Schutz vor der Belichtung (die viele Mikroben des Bodens nicht vertragen), für Austrocknungsschutz (ohne Wasser kein Leben) und Wärmeschutz (das heißt für gleichmäßige Brutwärme). Die Ausbildung von Spalten und Poren, unterstützt durch das Wühlen der Asseln, Würmer und anderer Kleintiere, sorgt für ausreichende Luftzufuhr und für den Gasstoffwechsel; die Mikrobien würden sonst durch ihre eigenen Stoffwechselprodukte gehemmt; und schließlich sorgt das Leitungssystem dafür, dass starke Niederschläge keinen wesentlichen Schaden anrichten können.

Allerdings ist der stärkste Regen nicht imstande, Mikrobenkolonien aufzulösen und wegzuschwemmen; sie kleben außerordentlich stark zusammen; vergleichsweise ist eine auf einem normalen bakteriologischen Nährboden gewachsene Bakterienkolonie von dem Nährboden selbst leicht abschwemmbar, wohl ein Zeichen dafür, dass im Boden die Beteiligung von mineralischen Kristallkräften an der Krümelbildung ihre Haltbarkeit erhöht; die Grenzflächenkräfte der Kristalle können, wie berechnet wurde, unter Umständen Hunderte, ja Tausende von Atmosphären positiver und negativer Druckdifferenzen entwickeln, und so kann es wohl zustande kommen, dass die zwischen der Bodenfeinsubstanz durchwuchernden Bakterien- und Pilzkolonien sehr beständige Garekrümel ausbilden.

Die mikrobielle Gare hat nur einen praktisch wichtigen Nachteil: Sie ist vergänglich, soweit sie aus Mikrobenleibern besteht, die nach Aufbrauch der Nahrung, insbesondere nach der Verbrennung der C-Quelle Kohlehydrat zugrundegehen; das aus den Zellen der Mikroben bestehende Gewebe der mikrobiellen Gare geht größtenteils zugrunde, und übrig bleibt eine mikrobielle Rest-Gare, deren Umfang von folgenden Faktoren abhängt:

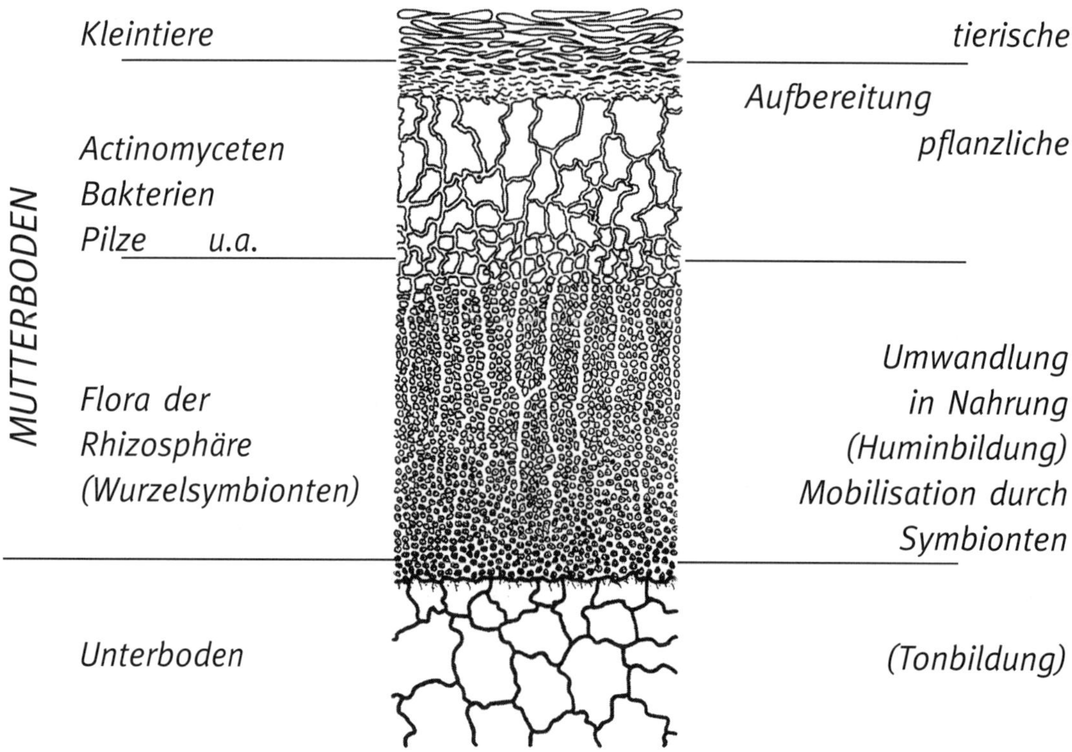


Abb.1

1) Von der Menge der verarbeiteten organischen Substanz (das heißt der Menge der übrig bleibenden Makromolekularsubstanz),

2) von der Qualität der verarbeiteten organischen Substanz (das heißt der Vielgestaltigkeit der überlebenden Makromoleküle),

3) von der Boden-Art (insbesondere dem Tongehalt und der Beschaffenheit des Unterbodens),

4) von der Handhabung der organischen Düngung (das heißt die Bodenkrümel sind um so haltbarer, je verteilter die Düngergaben angebracht werden).

Es ist demnach Aufgabe der organischen Düngung, diesen Beobachtungen praktisch soweit wie möglich zu entsprechen:

1a) Quantitativ gibt es sowohl ein Zuwenig als auch ein Zuviel an organischer Düngung, und das Optimum muss für jede Boden-Art in jedem Betrieb ermittelt werden.

2b) Je vielseitiger die organische Düngung, um so besser für die Gare.

3c) Schwere Böden bedürfen einer anderen organischen Düngeweise als leichte.

4d) Es soll möglichst nicht zu viel auf einmal gedüngt werden, sondern öfters weniger.

Letzten Endes läuft es also darauf hinaus, dass jeder Bauer seinen Boden selbst kennen muss; er muss wissen, auf welche Weise er die beste und haltbarste Oberflächengare über die ganze Vegetationsperiode hinweg erzielt, und generell gültige Regeln für den einzelnen Betrieb gibt es nicht. Auf jeden Fall aber ist es richtig, den Boden nicht nur einmal jährlich stoßweise zu füttern, sondern öfters, denn nur so kann man erreichen, dass es fortlaufend eine mikrobielle Gare im Boden gibt, die für den Bodenstoffwechsel unentbehrlich ist und insbesondere den Wasserhaushalt und den Gasstoffwechsel regulieren hilft. Da es eine ziemlich große Auswahl an organischen Dünger-Arten gibt (Stallmist, Kleintiermist, Jauche, Gülle, Unkraut, Gründüngung, Komposte, organische Handelsdünger, Algendünger, Stadtkomposte usw.), die zu verschiedenen Zeiten angewandt werden können, lässt sich die Forderung, lieber öfters weniger zu geben, praktisch realisieren, ganz besonders, wenn die Fruchtfolgen sinnvoll vorausgeplant werden.

## Die makromolekulare oder Plasmagare

Das Geheimnis der »Alten Kraft« des Mutterbodens ist aber die zellulare Gare nicht, weil sie vergänglich ist, sondern die unmittelbar aus ihr hervorgehende zweite Gareform, die ich die »plasmatische Gare« nennen möchte, weil sie in den biologischen Bereich der Makromoleküle, das heißt in den subzellularen, den plasmatischen Bereich gehört; man kann sie deshalb auch »makromolekulare Gare« nennen.

Hier erreicht, im Ganzen gesehen, der Kreislauf der Substanzen seinen Tiefpunkt der Umsetzung ganz ebenso, wie er bei den Verdauungsvorgängen im tierischen Organismus erreicht wird. Also hat *Aristoteles* ganz recht, der meinte, der Boden sei der Magen der Pflanzen. Auch bei der Umsetzung der nährenden Abfallsubstanzen im Boden handelt es sich um Vorgänge, die sinngemäß als »Verdauung« beim Tier wiederkehren; nur sind einige Verarbeitungsabläufe, die das Tier mit eigenen Werkzeugen, eigenen Gewebsfunktionen, eigenen Sinnesorganen vornimmt, schon vor sich gegangen, wenn die Pflanze ihre Nahrung in sich aufnimmt, diese Aufgaben übernimmt der Boden, zum Beispiel die Zerkleinerung der Nahrung und die Rückführung der Zellstrukturen auf die makromolekulare Ebene; andererseits sind die Unterschiede zwischen der tierischen und der pflanzlichen Verdauungstechnik nicht so groß, wie man auf Anhieb glauben möchte, denn beide unterhalten eine spezifische Bakterienflora in mehrfacher Abstufung, die ihrerseits Vorauswahl und Umsetzung nach Art der Garebildung betreibt – das Urphänomen »Verdauung« ist bei beiden Arten von Lebewesen deutlich erkennbar.

Das Ziel der Verdauungsarbeit ist im tierischen Verdauungsschlauch dasselbe wie im Darm der Pflanze, in der Mutter Erde: Auflösung der zelligen Strukturen in der zugeführten Nahrung, Abbau aller Gerüst-, Füll und Schutzsubstanzen und Freilegen der lebenden Substanzen unter Erhaltung ihrer spezifischen Fähigkeiten. Das Tier muss alle diese Vorgänge in einem bewältigen, es bekommt seine Nahrung in Form ganzer Gewebe, kann sie aber selbst aussuchen; es muss sie nun zunächst mechanisch zerkleinern und dann der chemischen und mikrobiologischen Verdauung unterwerfen, um die makromolekulare Ebene der Stoffe zu erreichen. Diese Vorgänge werden in der Nahrungsbeziehung Boden – Pflanze vorwiegend oder ganz vom Boden übernommen; auf die-

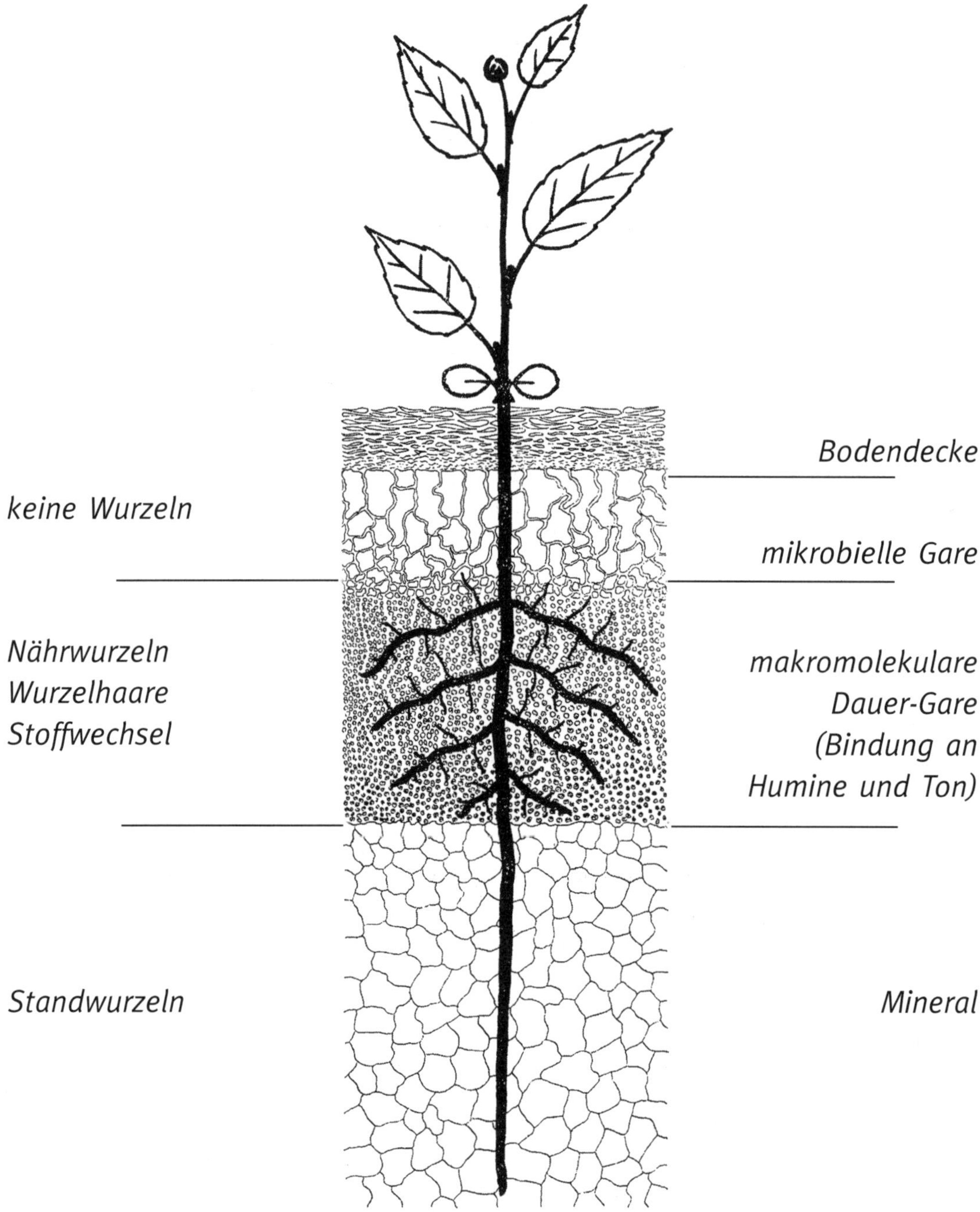


Abb.2

se Weise wird – unter Verschwendung derjenigen Nährstoffe, die sich die Pflanze später selbst herstellen kann – eine biologische Vorsortierung, eine Filterung erreicht, die die Pflanze selbst nicht bewältigen könnte, weil sie sich die Nahrung nicht selbst aussuchen kann und nur imstande ist, mit Hilfe ihrer »Darmflora«, der Rhizosphärenflora, eine ähnliche Auswahl zu treffen wie das Tier, nachdem Auswahl, Zerkleinerung und Auflösung der zelligen Strukturen bereits vor sich gegangen ist. Wir haben also, wenn wir den Analogien der pflanzlichen und tierischen Verdauungsarbeit folgen, die Möglichkeit, Kenntnisse über den tierischen Stoffwechsel und alle seine Begleiterscheinungen auch für die Beziehung Boden – Pflanze auszuwerten und müssen nur berücksichtigen, dass die pflanzliche Verdauung bereits mit der Zerkleinerung der organischen Bodendecke, der zellularen und der plasmatischen Gare beginnt.

Die plasmatische Gare ihrerseits ist zwar hinsichtlich ihrer Entstehung ein Produkt des Lebensvorgangs der zellularen Gare, aber keineswegs nur als ihr Restzustand aufzufassen, schon rein morphologisch nicht; die zellulare Gare ist, wie ihr Name sagt, an Zellen erkennbar, die plasmatische ist theoretisch zellfrei, praktisch zellarm; die erstere ist schon makroskopisch deutlich kenntlich an ihren groben Verbackungsprodukten und Poren, an deren Anatomie sichtlich die Strukturen der Abfälle beteiligt sind: Noch nicht verdaute Reste bilden zusammen mit Riesenkolonien von Mikroben und zwischengelagerter Mineralsubstanz ein großräumiges, grobkrümeliges Gebilde, das zunächst im Wesentlichen noch durch die untergehenden organischen Strukturen, dann zunehmend durch die mikrobiellen Bindungen zusammengehalten wird. Ganz anders bei der plasmatischen Gare; sie sieht aus wie lockere, feinkrümelige Erde, die einerseits sehr gut gegen toten Mineralstaub abgrenzbar ist (Verschlemmungsprobe nach *Köhler*,), andererseits aber keine gröberen Krümel mehr bildet, sondern nur noch mit einer guten Lupe als lufthaltiges, feinspaltiges und feinporiges System erkennbar ist. Wer sie studieren will, nehme am besten einen sehr alten, reifen Kompost.

Physikalisch gesehen bedeutet die Entstehung der plasmatischen Gare, dass hier mit der Auflösung aller zellularen Strukturen, auch der verarbeitenden Mikroben, die Beziehung zwischen mineralischem und organischem Kristall in Kraft tritt; statt der zellularen werden die kolloidalen Kräfte wirksam, Kräfte, die um das Vielfache stärker sind und Wirkungen hervorbringen können, die man auf den ersten Blick nicht glauben will. Ein sehr typisches Beispiel hat *F. Caspari* in seinem Verfahren der »Presstrocknung« dargestellt; es werden da sämtliche Stadtabfälle, möglichst frisch in so genanntem einwohnergleichen, das heißt biologischem Verhältnis gemischt, nach Entzug des freien Wassers in Breiform gebracht und alsbald rasch unter hohem Druck zu »Ziegeln« gepresst; auf diese Weise werden nicht nur kapillare Kräfte frei, sondern vor allem kolloidale, und unter unseren Augen wird schon während des Pressvorgangs der Ziegel »trocken«. Es tritt dabei nicht ein Tropfen Wasser aus, und trotzdem wird aus einem relativ dünnen Brei in Sekundenschnelle ein trockenharter Ziegel, der sich alsbald auf Haufen setzen lässt – das Wasser ist innerhalb der organischen Masse »verschwunden«. *Caspari* hat damit unfreiwillig demonstriert, wie groß die Kräfte sind, die auf der makromolekularen Ebene der organischen Stoffe auftreten, und wie hoch das Sorptionsvermögen plasmatisch garen Bodens ist; es ist ganz bedeutend größer als die Wasserbindefähigkeit der mikrobiellen, zellularen Gare.

Biologisch betrachtet wird, wie wir schon sagten, die einfachste Form organischer Stoffgemische in der plasmatischen Gare dadurch erreicht, dass sämtliche am biologischen Substanzkreislauf beteiligten Stoffe ihrer Sonderausbildungen entkleidet werden; sie verlieren alle Eigenschaften, die durch die Stoffanordnungen in Zellen und Geweben erzwungen, waren. Es gibt hier zwar stärkste Bindekräfte, die sowohl den Schwarm der Ionen als auch den »Schwarm« der lebenden Substanzen festzuhalten imstande sind, es gibt aber keine schützenden Organe, Zellwände, Membranen und keine dirigierenden Erbsubstanz-Konzentrationen. Es entsteht eine Primitivform lebenden Gewebes, eine Urform aus einer Kongregation mineralischer, organischer und lebendiger Substanz ohne spezielle Anordnung, wie sie Organismen eigen ist, aber ebenfalls in einer Gewebeflüssigkeit voller An- und Kationen. Das allein sollte man »Humus« nennen, soweit es sich dabei überhaupt um einen »Stoff« handelt, und in diesem Sinne kann man den Humus als das primitivste Gewebe bezeichnen, das bekannt ist, ein Gewebe von dem die Pflanze lebt.

Dabei darf abermals nicht übersehen werden, dass es nicht nur den Weg »Abfall – zellulare Gare – plasmatische Gare – Pflanze« gibt, sondern auch den Weg »Abfall – zellulare Gare – Pflanze«. Demnach scheint es Aufgabe der plasmatischen Gare zu sein, die vegetationsfreie Zeit der nicht-tropischen Zonen zu überbrücken und die Nahrungssubstanzen so lange zu konservieren, einen Vorrat über den Winter zu bilden: je näher die Erdpole, desto größer die Bedeutung der plasmatischen Gare und aller ihrer Voraussetzungen.

## Prinzipien des Bodenstoffwechsels

Betrachten wir den Mutterboden als Organismus, als lebendig geordnete Funktionseinheit, deren Unterordnungen nicht um ihrer selbst willen da sind, sondern ihren Sinn nur vom Ganzen her bekommen, so gelangen wir zu Deutungen, die sich grundsätzlich von den üblichen, agrikulturchemischen Deutungen unterscheiden; es ergibt sich, dass dieser Organismus wie jeder andere nur dann ökonomisch und physiologisch arbeiten kann, wenn die agrikulturell notwendigen Eingriffe in die Lebensabläufe auf das geringstmögliche Maß beschränkt werden: Die Ordnung der Abläufe bei der Humusbildung ist nur gewährleistet, wenn man darauf verzichtet, Einfluss zu nehmen; die Ordnung ist nur von selbst, oder sie ist nicht.

Es ist verständlich, wenn eingewandt wird, dass man bei der allgemeinen, anscheinend willkürlichen und schrankenlosen Auflösung von Strukturen und Gestaltungen des Lebendigen im Boden doch eher von einem stofflichen Chaos sprechen müsse als von irgendeiner Ordnung; und doch existiert sie. In anderen Organismen, zum Beispiel einem tierischen, herrscht auf den ersten Blick das gleiche Chaos, nicht nur in den Verdauungswegen, sondern in allen Organen; auch dort wird ja nicht nur im Magen-Darm abgebaut was abzubauen ist, sondern in jedem Organ, jedem Gewebe, jeder Zelle und das in teilweise rapidem Tempo; aber niemand würde bestreiten, dass diese Stoff-Umordnungen keineswegs chaotisch vor sich gehen, dass sie in sinnvoller Ordnung ablaufen, unter einheitlicher Regie und genau nach Plan. Hier weiß man, dass man sich Eingriffe nicht erlauben darf, ohne das Leben des Ganzen zu gefährden; es ist beim Mutterboden nicht anders, und da die gedankliche Einordnung der wesentlichsten Stoff-Umordnungen für das physiologische Sinnbild des Bodenorganismus nicht zu entbehren ist, müssen wir uns damit noch einmal beschäftigen:

Wie wir sahen, entstehen beim totalen Abbau der organischen Bodennahrungen drei unterscheidbare Stoffgruppen:

1. Mikromolekulare Stoffe (Nährstoffe: An- und Kationen, Wirkstoffe – Vitamine, Hormone, Enzyme und andere –, Eiweißbausteine, Wasser und Gase).

2. Huminstoffe (umgeordnete, unverdauliche Makromolekularsubstanzen, ähnlich den Farbstoffen, die andere Organismen abscheiden).

3. Makromolekulare Stoffe (verdauliche und spezifische lebendige Bodensubstanz).

Diese drei Stoffgruppen, die alle aus dem biologischen Substanzkreislauf stammen, bilden zusammen mit dem örtlich gegebenen Mineral in seinen bodenbildenden Formen die plasmatische Gare aus:

Ad. 1. Die An- und Kationen verhalten sich so, wie es nach den geltenden biochemischen und mikrobiologischen Vorstellungen zu erwarten ist; sie vermehren entweder die Schwarm-Ionen-Garnitur, reagieren mit dem Mineralbestand des Bodens, treten in das Kristallgitter des Tones ein oder fungieren als Bindeglieder zwischen Tonmineral und lebender Substanz. In allen Fällen sind sie nicht frei, denn da der Boden ein lebendiges System ist wie jedes andere, werden während und nach den Umsetzungsvorgängen jeweils neben allen anderen Stoffarten auch die elektrolytisch dissoziierbaren Stoffarten ohne Pause gebraucht, und physiologischerweise wird kaum ein einziges Ion frei verfügbar umherirren, sondern bei geregeltem Ablauf der Lebensvorgänge stets irgendwo gebunden sein. Es wäre also falsch die Vorstellung in den Vordergrund zu bringen, es sei Aufgabe der Lebensvorgänge des Bodens, der Pflanze die anorganischen »Nährstoffe« freizumachen; das ist sie ganz bestimmt nicht, »Nahrung« ist nicht gleich »Nährstoff«.

Man wird besser so formulieren: Zwar werden bei der Zerstörung der zelligen Strukturen im zellularen Gareprozess zwangsläufig große Mengen von kleinstmolekularen Verbindungen frei wie bei jedem Abbaustoffwechsel, insbesondere zwecks Energiebeschaffung für die Umsetzung, das aber geschieht praktisch nur in einer Reihenfolge und Abstufung, die sowohl für die plasmatische Bindung ans Mineral (Humusvorrat) wie für das Pflanzenwachstum (Sofortverbrauch) optimal ist. Ionenbefreiung und Ionenbindung halten sich normalerweise die Waage, solange die Ionen aus dem biologischen Substanzkreislauf stammen und durch einen Lebensprozess befreit werden, solange also die Pflanzennahrung ausschließlich aus organischem Material zubereitet wird: Das sommerliche Maximum an Humusbildung geht mit dem Maximum an Pflanzenwachstum einher; die geringen Differenzen zwischen beiden vermag die temporäre Bindung überschüssigen Materials an Tone und Humine auszugleichen. In jedem Fall ist auch der Bestand an mikromolekularen Stoffen durch die kettenartig aneinander gereihten Lebensvorgänge gesichert, und in jedem Fall ist nicht ein einziges Ion, nicht ein einziger »Nährstoff« oder Wirkstoff überflüssig und schutzlos.

Anders im Fall der Kunstdüngung; hier werden mehr oder minder frei verfügbare Ionen in den biologischen Substanzkreislauf eingeschmuggelt, für die der Bodenorganismus im physiologischen Fall einer optimalen, organischen Ernährung keinerlei Verwendung hat, die er aber unterbringen muss, ob er will oder nicht. Wenn er potent genug ist, so kann er sie unterbringen, nimmt aber dafür Gleichgewichtsstörungen in Kauf, die in einer Verschiebung der biologischen Qualitätsmerkmale zum Ausdruck kommen; ist er dazu nicht imstande, so gelangen sie zum Teil unkontrolliert in die Pflanze und bewirken hier dasselbe wie am Bodenorganismus, oder sie schwimmen mit dem Niederschlag ab und erscheinen im Grund- oder Oberflächenwasser, soweit sie wirklich freigemacht werden. Irgendeine positive Wirkung auf die Garebildung ist demnach von vornherein nicht zu erwarten, und soweit die salzartigen chemischen Verbindungen der Kunstdünger auf die Gare Einfluss nehmen, ist der Einfluss biologisch unerwünscht.

Man kommt also auch so zu dem Schluss, dass Eingriffe in den geregelten Ablauf der mikromolekularen Stoffumsätze im Boden niemals die biologische Ordnung verbessern können, sondern in jedem Falle eine Störung dieser Ordnung verursachen. Im organisch ernährten Boden entsteht niemals ein Nährstoffchaos, es entsteht aber mit Sicherheit durch künstliche Bodenernährung; sie muss auf jeden Fall dort unterbleiben, wo die Bodenernährung die Produktion von Nahrungen zum Ziel hat. Auch schon auf der niederen biologischen Ebene der Nährstoffe beseitigen Eingriffe in den spontanen, biologischen Substanzkreislauf die sinnvolle Ordnung des Geschehens und damit die biologischen Gleichgewichte.

Ad. 2. Die Huminstoffe (vergleiche *J. Hudich*, *Flaig* und *Beutelspacher*, *Scheffer* und *Welte*, *Kögl*, *Raistick* et al.) dürfen inzwischen als effektive Neubildungen aus zellulären Stütz- und Füllsubstanzen angesehen werden, indem bei dem mikrobiellen Gareprozess der verdaubare Anteil herausgenagt und der nicht-angreifbare Rest in makromolekularer Form (Kugelgestalt von 60-80 Å Dicke) abgelagert wird. Er geht eine fast unlösbare physikalische Bindung mit den kristallinen Verwitterungsprodukten ein und färbt Böden, die lange Zeit fruchtbar waren, braun bis schwarz.

Da ihre Bindekräfte noch bedeutend größer sind als die des Tons, vermögen sie an ihren freibleibenden Flächen erhebliche Mengen von lebenden Substanzen und damit auch von Ionen zu binden und stellen einen sehr wesentlichen Bestandteil der plasmatischen Gare dar, soweit es sich dabei um einen stofflich definierbaren Zustand handelt. Zwar ist ihre Verdaulichkeit gering, denn sie wurden ja sogar von der »allesfressenden« zellularen Gare liegen gelassen, doch nimmt man heute an (siehe *Laatsch*), dass sie abgebaut werden können, wenn auch nur sehr langsam. Wie das geschieht, kann allerdings vorläufig nur vermutet werden. Am ehesten leuchtet die Vorstellung ein, dass im normal durchlüfteten Boden ein Alterungsprozess abläuft, der zustande bringt, was die Mikroben nicht konnten, insbesondere in einem sauren Milieu (Moor, Waldboden). Auf diese Weise könnte sich der Humingehalt der fortlaufend fruchtenden Böden in Grenzen halten; wäre es anders, so müssten sich die Humine in ständig intensiv kultivierten Böden fortlaufend anreichern; das ist nur bei noch nicht fruchtbaren Böden erwünscht, auf die Dauer aber wegen der Belastung der Tonkristalle und der Verschiebung der elektrolytischen Dissoziationen ins saure Milieu höchst unerwünscht.

Dem optimalen, physiologischen Humingehalt der Mutter Erde aber darf man bei der Garebildung eine ähnlich wichtige Rolle zurechnen, wie sie die Stütz- und Wandsubstanzen zellulärer Strukturen spielen: Sie ersetzen teilweise den Schutz, den die lebenden Substanzen der Zellsysteme durch zellulose und eiweißhaltige Membranen genießen, indem sie ihnen vorübergehende »Stützpunkte« bieten und sie damit vor der Ausschwemmung bewahren. Zu dieser Zeit ist ja der biologische Reinigungsvorgang, der durch die Entkleidung der lebenden Substanzen und ihre Schutzlosigkeit bewirkt und erzwungen wird, beendet, und sie dürfen wieder Schutz beanspruchen, wenn sie gerade keine Gelegenheit haben, in die Pflanze einzutreten und dort Schutz zu finden.

Ad. 3. Die verdaubaren Makromolekularsubstanzen werden vorwiegend in solchen Augenblicken frei, in denen das mikrobielle Leben Höhepunkte erreicht. Ihr besonderes Schicksal wird in anderem Zusammenhang ausführlicher betrachtet werden müssen; hier steht zur Debatte, auf welche Weise sie an der Ausbildung plasmatischer Gare teilnehmen, deren Hauptbestandteil sie bei der rein stofflichen Betrachtung sind.

Zunächst müssen wir uns vor Augen führen, dass die für den Kreislauf der Substanzen wichtigen Ordnungsgebilde der lebenden Substanzen, in den Zellen der verrottenden Abfälle zahlenmäßig und räumlich einen offenbar verschwindend geringen Anteil ausmachen, so dass man sie in den Massen der Stütz- und Füllsubstanzen kaum bemerkt. Man darf vielleicht schätzen, dass die nackten, jeglicher Begleitstoffe entkleideten lebendigen Systeme, die als Grundordnungen, als Urgefüge das ganze Getriebe einer Zelle dirigieren, weniger als den millionsten Teil der Zelle ausmachen (abschätzbar nach den vermutlichen Molekulargewichten). Ganz ebenso verhält es sich natürlich mit den lebenden Zellsubstanzen der Pflanze, die sich ja aus dem humifizierten Material des Bodens ernährt; die Aufnahme ausreichender Mengen und Spezifitäten lebender Substanzen ist also kein großes, kein unlösbares Problem für die Pflanze, zumal ihr die symbiotische Wurzelflora diese Aufgabe wesentlich erleichtert.

Wir müssen uns wohl vorstellen, dass der wesentliche Teil des biologischen Substanzkreislaufs, der größere Strom der im mikrobiellen Gareprozess freiwerdenden Substanzen unmittelbar in die Nährwurzelbereiche fließt, von der Wurzelflora abermals kontrolliert und alsbald in die Pflanze aufgenommen wird, zumal ja die Maxima der Bodenumsetzung und des Pflanzenwuchses zeitlich zusammenfallen. Wie man heute weiß, hat das ständig auf- und abgebaute Wurzelsystem der Pflanzen, soweit es sich um seine aufnahmefähigsten Teile handelt, eine bisher unbekannte Ausdehnung und vermag den Bodenstoffwechsel stets dort zu erreichen, wo er am intensivsten ist; und gerade diese, nur mit großer Vorsicht präparierbaren, mit der Lupe und dem Mikroskop erkennbaren Haarwurzelteile sind vermutlich das Organ, mit dem die Pflanze das meiste an Stoffwechselleistungen vollbringt. Der Teil des nährenden Substanzstromes aber, der aus der zellularen Gare direkt zur Pflanze gelangt, geht an der plasmatischen Gare gewissermaßen vorbei und kommt ihr nicht zugute. Es wird immer schwierig bleiben, hier genauere Zahlen auszumachen, obwohl gerade das Verhältnis zwischen dem direkten und dem indirekten Substanzstrom bezeichnend ist für die biologische Funktionsleistung, deren die verschiedenen Boden-Arten fähig sind.

## Fruchtbarkeit – eine biologische Potenz

Jeder Bauer weiß, was »hungrige Böden« sind; es wird damit auszudrücken versucht, dass solche Böden rasch verdauen, zu Vegetationszeiten öfters Nahrung verlangen, dann auch gutes Wachstum produzieren, dass sie aber unzuverlässig und wechselhaft sind, bei falscher Behandlung alsbald versagen und die Gare nicht lange halten. Solche »warmen« Böden sind sehr empfindlich und sie sind es, weil sie offenbar keine Zeit haben, eine plasmatische Gare auszubilden, denn der Hunger der Mikrobien-Garnituren und der Pflanzen steigt ungeheuer an, wenn der Boden aus physikalischen Gründen der raschen Erwärmung fähig ist. In diesem Sinne sind alle Böden der tropischen und subtropischen Zonen »hungrig«, denn sobald sie falsch behandelt, umgepflügt und nackt der Sonne ausgesetzt werden, erhöht sich ihr Stoffwechsel so sehr, dass sie alsbald erschöpft werden, wenn sie nicht inzwischen durch eine Pflanzendecke geschützt sind. Für diesen fast pathologischen Fall dürfen wir auch ohne Einzelnachweis, allein aus den Beobachtungen von Garegefährdung und triebigem Pflanzenwachstum schließen, dass für die plasmatische Dauergare nicht viel übrig bleibt. Selbstverständlich kann man mit der Kunstdüngung dasselbe erreichen, denn auch durch sie wird der Stoffwechsel gewaltsam in eine nicht mehr physiologische Höhe geschraubt und das Gleichgewicht zwischen Garebildung und Pflanzenwachstum beseitigt.

Trotzdem hat, wie wir noch sehen werden, jeder auch nur wenig fruchtbare und auch der »hungrige« Boden einen gewissen Vorrat an plasmatischer Gare, und dieser Vorrat ist experimentell gut von eventuellen Resten zellularer Gare abzugrenzen. Natürlich ist die Reserve in Böden, die als dauerfruchtbar und zuverlässig bekannt sind, wesentlich höher und nimmt die höchsten Werte in richtig vorbereiteten, ausgereiften organischen Düngern an, sobald sie das Stadium der zellularen Verarbeitung absolviert haben. Man darf also den Anteil des im Boden vorübergehend verweilenden und aufbewahrten Substanzkreislaufs nicht unterschätzen, nur wird es kaum möglich sein, über die Mengenverhältnisse mehr zu erfahren, als man anhand der chemisch nachweisbaren Stoffbewegungen schon weiß. Letzten Endes wollen wir ja nicht erfahren, wie viel nachweisbare Stoffe beim Wechsel zwischen organischer Bodennahrung. Gare und Pflanze übertragen werden, sondern wissen, wie viel biologische Funktionsleistung übertragen wird, und das ist eine stofflich nicht fassbare Wertigkeit; Verfahren, um diese Größen zu bestimmen, sind praktisch bisher nicht benutzt worden, um Wertigkeiten wie die Fruchtbarkeit und die Dauerfruchtbarkeit zu erfassen – das aber ist die Aufgabe, die wir uns hier gestellt haben.

Ein einziges Beispiel mag für viele stehen: Der Agrikulturchemiker hat immer versucht und versucht noch heute, biologisch-funktionelle Leistungsgrößen an Hand des Stickstoffumsatzes zu bestimmen. So bestimmt er beispielsweise den organischen Düngewert nach dem absoluten Stickstoffgehalt der Dünger und errechnet daraus den Gehalt an »organischer Substanz«. Das Verfahren ist nicht nur ungenau, sondern ganz irreführend; lediglich in einer organischen Masse, die durch irgendeine Maßnahme zur Ruhe gebracht ist, zum Beispiel durch Trocknung, findet kein wesentlicher Stoffwechsel statt, und dort bleiben die Stickstoffwerte im normalerweise stets die gleichen. Sobald aber ein organischer Dünger irgendwie lebendig tätig wird, sei es etwa in Form der *Caspari*schen Kompostziegel bei ihrer rapiden Verpilzung, sei es beim Aufbringen auf einen lebendigen Boden, setzt ein intensiver Stoffwechsel ein, der unter anderem die Stickstoffwerte ganz bedeutend verändert. Aus einem chemisch stickstoffarmen Dünger kann in kurzer Zeit ein stickstoffreicher werden, sobald die zugeordneten Lebensvorgänge einsetzen, sobald nämlich die lebenden Substanzen Gelegenheit haben, Schutz- und Begleitstoffe auszubilden und von der makromolekularen Stufe in die zellulare zurückzukehren. Der Stickstoff dient dabei als untergeordneter Stoff, der genommen wird, sobald er gebraucht wird, und da er in der Luft in großer Menge zur Verfügung steht, bedarf es nur des Lebensvorganges selbst, um ihn herbeizuschaffen. Das Wesentliche, was zu messen wäre, war schon vorher, genauso wie beim Bau eines Hauses die Fähigkeit des Architekten vorher war und nicht am Vorhandensein oder Nichtvorhandensein der Baustoffe zu messen ist, sondern dann, wenn er Gelegenheit hat, zu bauen – die Baustoffe werden dann schon herbeigeschafft.

Fruchtbarkeit ist eine Potenz, biologische Gestaltungen zu bewirken, unabhängig davon, ob sie nun bewirkt werden oder noch nicht. Diese Potenz ruht im Boden als Gare, als »Alte Kraft«, nicht als Baustoffvorrat, und wer sie messen will, kann sich nicht an die jeweils vorhandenen Stoffe halten, sondern muss veranlassen, dass sie tätig wird. Ein stickstoffarmer organischer Dünger kann fruchtbarer sein als ein stickstoffreicher, aber auch das wird erst bemerkt, wenn er tätig wird. Wir kommen also wieder zu dem Schluss, dass Fruchtbarkeit nur messbar ist, wenn sie Ereignis wird.

## Biologisches Gleichgewicht im Boden

Es ist verständlich, dass das Maß der Dauerfruchtbarkeit eines Mutterbodens bei natürlicher Düngung, das heißt bei der Herkunft aller nährenden Substanzen aus organischen Abfällen, von der Fähigkeit des Bodens abhängt, einerseits fortlaufend Substanzen an die Pflanze abzugeben, wenn sie wächst, andererseits vom biologischen Substanzkreislauf so viel zu behalten, dass eine beständige Gare aufrechterhalten wird. Zwischen beidem besteht zweifellos ein biologisches Gleichgewicht, das nicht nur für jede Boden-Art spezifisch ist, sondern auch im Laufe der Jahreszeiten differiert, weil das Mengenverhältnis zwischen Pflanzenwachstum (= Nahrungsentnahme) und Humifizierung (= Nahrungsbeschaffung) nicht konstant ist. Allerdings kann es sich normalerweise nicht um große Differenzen handeln, weil beides von den allgemeinen Wachstumsbedingungen bestimmt wird, vor allem durch die Wärme- und Wasserzufuhr. Was an Differenzen bleibt, wird mit Hilfe der plasmatischen Gare ausgeglichen, und je mehr der Boden imstande ist, organische Makromoleküle, begleitende Ionenschwärme und das für die Bindungen nötige, dissoziierende Wasser zu speichern, desto größer ist seine Fähigkeit, die gleitenden biologischen Fließgleichgewichte aufrechtzuerhalten.

Füttert man den Boden zusätzlich mit dissoziierbarem Material, das heißt mit mehr oder minder verfügbar gemachten Mineralien und mit synthetischen Stickstoffverbindungen, so wird unter anderem auch das Gleichgewicht zwischen der Beschaffung von Bodennahrung, der Vorratshaltung und der Entnahme durch die Pflanze gewaltsam beseitigt, weil die Lebensvorgänge durch die nicht vorgesehene Zuführung stoffwechselaktiver Materie angefacht werden; das geschieht besonders durch Stickstoffgaben zur Unzeit, wenn nämlich mangels ausreichender Bodenerwärmung im frühen Frühjahr ein natürliches Wachstum noch nicht möglich ist, weil die natürliche Stickstoffbindung erst oberhalb bestimmter Bodentemperaturen (cirka plus 15 Grad Celsius) einsetzt. Hier wird die Kunstdüngerwirkung ja sehr gern demonstriert, und ausgerechnet hier ist sie zweifellos am schädlichsten.

Es ist hier unmöglich, auf alle Einzelheiten einzugehen; wir begnügen uns mit folgenden Überlegungen:

a) Huminbildung und »Inkohlung« organischen Materials wird durch die Anfachung des Stoffumsatzes enorm und zur Unzeit gefördert, weil die Mikroben der zellularen Gare gezwungen werden, überstürzt abzubauen. Die Folge ist nicht eine Vermehrung der Humus-, sondern der Huminbildung, und da die Humine »sauren« Charakter haben, wird der Boden aus dem elektrolytischen Gleichgewicht gebracht und sauer gemacht; da außerdem die Kunstdüngung anorganische Säureradikale mitbringt, wird die Festlegung des Calcium und die Besetzung der Tonkristalle auch dadurch vermehrt und die Garebildung behindert. Ein Teil der Vorgänge bei der Garebildung und Humifizierung wird zugunsten der übrigen vernachlässigt und die Gleichgewichte beseitigt.

b) Es bildet sich eine pathologische Variation der Mikroflora aus, weil die Mikroben anders ernährt werden als vorgesehen, denn sie erhalten ja nun einige wenige Baustoffarten im Übermaß und nicht die wohl ausgewählte Nahrung, die ihnen der Abbau organischer Strukturen bietet. Ein beispielsweise Nitrat verarbeitender Pilz braucht nicht mehr die Fähigkeit, sich den Baustein Stickstoff in Form der Aminosäuren aus den zellularen Füllsubstanzen zu verschaffen, und das bedeutet insgesamt Abnahme der enzymatischen Leistungsfähigkeiten, also Verlust an biologischer Potenz, natürlich auch derjenigen lebenden Substanzen, die der Pilz nach seinem natürlichen Tode hinterlässt. Die Variation der Flora bedeutet immer auch, dass die Nahrungsqualität pathologisch variiert wird.

c) Die Ionenschwärme und, je nach Boden-Art, auch die freien Ionen werden so vermehrt, dass das Gleichgewicht zwischen makro- und mikromolekularen Nahrungssubstanzen beseitigt wird: Die Pflanze nimmt mehr dissoziiertes, das heißt stoffwechselaktives Material auf, als sie soll. Zwangsläufig führt die Anhäufung von Ionen im Saftkreislauf der Pflanze stoßweise zu einem »Wachstumsfieber«, das nicht nur den biologischen Charakter des Pflanzengewebebaues verändert, die quantitativen Umsätze zu Ungunsten der qualitativen gewaltsam erhöht, die Feinabstufungen der Substanzauswahlen nivelliert und uniformiert, sondern auch rückläufig zum Angriff auf die Bodenreserven führt und den Garebestand angreift.

Allein damit wird ein Teil der früher erörterten Unterschiede in der Wirkung der anorganischen und organischen Düngung verständlich, und es ist eher erstaunlich dass die Unterschiede nicht noch viel größer sind. Es ist offenbar unmöglich, künstlich zu düngen, ohne die Gare zu gefährden, nicht nur deshalb, weil im hektisch angetriebenen Stoffwechsel die Gareform anders ist oder die Gare aufgezehrt wird, sondern weil die Ausbildung einer natürlichen Gare mit einer höchst vielfältigen Abstufung und Auswahl der biologisch-funktionellen Potenzen lebender Substanzen unmöglich gemacht wird.

Es ist offenbar unmöglich, die natürliche Pflanzenernährung durch verfügbar gemachte Mineral- und Stickstoffsubstanzen zu ergänzen, weil es hier nichts zu ergänzen gibt; von Natur aus ist die Ernährung der Pflanze aus denjenigen Stoffmengen und biologisch-funktionellen Kapazitäten vorgesehen, die aus den Abfällen des Lebendigen stammen und im Organismus »Mutterboden« vorgeordnet angeboten werden, und jede Einmischung in diese Vorgänge ist zwangsweise mit einer Beseitigung aller jener Gleichgewichte verbunden, die für das organismische Leben Voraussetzung sind. Es kann also nur erlaubt sein, die Bodenvorräte durch nichtaufgeschlossene, nicht unmittelbar stoffwechselaktive Mineralien zu ergänzen, wenn man keine Gleichgewichtsstörungen riskieren will, denn sie werden vom Bodenstoffwechsel nur angegriffen und mobilisiert, wenn sie gebraucht werden. Eine Einmischung in den Stoffumsatz durch wirksame Stickstoffverbindungen in Form der synthetischen Dünger kommt vollends deshalb nicht in Frage, weil es im Bodenstoffwechsel nicht vorgesehen ist, den Stickstoff in dieser Form in den biologischen Kreislauf aufzunehmen – hier handelt es sich ganz eindeutig um einen Fremdstoff, um ein Pflanzenmedikament, das die normale N-Beschaffung aus organischen Rückständen und durch die Assimilation aus der Luft irritiert.

Dass lebendiger Boden imstande ist, ausreichende Mengen von Stickstoff zu beschaffen, hätte man schon aus den Äußerungen des älteren *Liebig* entnehmen können, der angab, die Pflanze könne von der Natur »hundert-, ja tausendmal mehr Stickstoff« erhalten, als man ihr künstlich geben könne, und der schon vor 100 Jahren eindringlich davor warnte, sich in den biologischen Substanzkreislauf durch Kunstdüngung einzumischen (man findet diese Äußerungen allerdings nur in alten Bänden, die man seit 100 Jahren niemals wieder gedruckt hat).

Anhaltspunkte für die Stickstoffumsätze in lebendigen Böden – samt den erforderlichen Untersuchungstechniken findet man reichlich bei *Federow*, der die biologische Stickstoffbindung verschiedenster Böden unter verschiedensten Bedingungen mit jenem Feingefühl für lebendige Wirksamkeiten untersucht hat, das den Russen eigen ist, und hier kann der Agrikulturchemiker mehr lernen als aus vielen seiner Stickstofftabellen, die ohne Rücksicht auf das natürliche Bodenleben zustande gekommen sind.

Normalerweise findet die Pflanze überhaupt in den Stoffausrüstungen organischer Abfälle alles das, was sie braucht, denn das Material stammt aus Lebensprozessen und ist deshalb für Lebensprozesse geeignet. Freilich muss man sich bei der Herstellung von organischen Düngern Gedanken darüber machen, ob man hier eine natürliche Ganzheit herstellt oder nur Teile der Ganzheit; in diesem Sinne verarbeitet *F. Caspari* bewusst alles, was eine Stadt an Abfall liefert, in natürlichem Verhältnis, und die organismusartige Lebendigkeit dieser Stadtkomposte beweist, dass er recht hat. Es wäre auch falsch, dem Boden vom Tier lediglich den Stallmist zu bieten, denn auch das ist nur Teil einer Ganzheit »tierische Abfälle«, es gehören dazu auch alle anderen Ausscheidungen und vor allem der gesamte Bestand des Tierkörpers, soweit er nicht als Nahrung für andere im Kreislauf bleibt. Generell aber lässt sich sagen, dass alles das für die richtige Bodenernährung geeignet ist, was aus dem Substanzkreislauf selbst stammt, was pflanzliche, tierische und mikrobielle Systeme an Substanz besitzen, und organische Dünger werden um so wertvoller sein, je »lebendiger« sie sind, das heißt je unmittelbarer ein Lebensvorgang in den anderen übergeht. Wir werden dieser Feststellung noch öfters in der Praxis des biologischen Landbaues begegnen.

Es wird in alle Zukunft nicht ausgemacht werden, mit Hilfe welcher Elementmischungen »Leben« produziert, erhalten und vermehrt wird. Es wird deshalb niemals gelingen, ein Stoffgemisch künstlich zusammenzustellen, das »Leben« in der Vollkommenheit zu nähren vermöchte, wie es aus dem biologischen Substanzkreislauf genährt wird. Wohl kann es gelingen, künstlich isolierte Organismen vorübergehend und unvollkommen mit künstlichen Nahrungen am Leben zu erhalten (Hydrokulturen, synthetische Bakteriennährböden, Steriltieraufzuchten usw.), weil die Natur meist doch Wege findet, unbemerkt ausreichende Mengen lebender Substanzen zu beschaffen, Wege, die noch niemand bei allen solchen Experimenten berücksichtigt hat, weil sie nicht vermutet wurden. Aber selbst dann, wenn es auf solche Weise gelingen würde, Organismen künstlich zu ernähren, so könnte das nur unter Umständen geschehen, die diesen Organismus für das normale Leben total untauglich machen, die ihn der Fähigkeiten berauben, alle seine Aufgaben im Rahmen der Gemeinschaft alles Lebendigen zu erfüllen.

Ein optimales Leben – und das eben ist ein Leben in Gesundheit und Fruchtbarkeit – ist nur möglich in der lebendigen Gemeinschaft der Organismen, und zu dieser Gemeinschaft gehört auch der Organismus »Boden-Gare«, dessen Leben mit der Verbindung zum oberirdischen Leben steht und fällt. Wer das begreift und anerkennt, wird verstehen, auf welchen Wegen man allein zu einer naturwissenschaftlich exakten Bestimmung der Fruchtbarkeiten kommt.

## Wasser, Luft und Wärme

Zur Fruchtbarkeit gehören Wasser, Luft und Wärme, die Grundelemente des Lebens. Wo sie fehlen, gibt es kein Leben, auch wenn alle anderen Voraussetzungen dazu erfüllt sind.

Die auf der Erde verfügbare Wärmeenergie stammt direkt oder indirekt fast allein von der Sonne oder dem sonnenähnlichen Zustand der Erde in ihren früheren Epochen. Sie wird vom Lebendigen systematisch gesammelt und ist, wie wir sahen, als »negative Entropie« der Motor für die Lebensvorgänge (Entropie = Wärmetod). Der Boden produziert selbst Wärme und nimmt nicht nur direkte Sonnenwärme auf, wenn auch seine Eigenerwärmung bei weitem nicht ausreicht, um den Wärmeverlust der äquatorfernen Erdzonen im Winter auszugleichen. Aber wie man ein Haus mit Kohle oder Mineralöl nur heizen kann, weil die Natur hier ein Reservoir an »negativer Entropie« angelegt hat, so kann auch der Boden nur Wärme produzieren, weil ihm brennbare Materie zur Verfügung steht, und da die »kalte« Verbrennung dort alljährlich einmal aufhört, wo es Winter gibt, sind die Lebenstätigkeiten der Böden vornehmlich auf die Sonne angewiesen und bedingen eine periodische Vegetation mit aktiven, inaktiven und Übergangsphasen. Die Bodenatmung – nicht kleiner als die eines anderen Organismus – ruht ganz, sobald der Boden kälter ist als plus vier bis sechs Grad Celsius. Lediglich der exotherme Prozess der Gesteinsverwitterung vermag auch dann noch Wärme abzugeben, und nur Komposte, das heißt das unnatürliche Aufeinanderhäufen großer

Massen organischer Materialien vermögen unabhängig von der Jahreszeit große Wärmemengen freizumachen, die allerdings, wie wir noch sehen werden, dem Gareprozess entzogen werden; der Boden selbst ist nicht imstande, zu jeder Jahreszeit genügend warm zu bleiben wie etwa das warmblütige Tier. Die Fruchtbarkeit wird also nur in einem Teil des Jahres betätigt, in einem anderen ruht sie. Daraus entsteht ein naturwissenschaftliches Problem, weil der Landbau auf der Höhe der Vegetationsperiode keine Zeit hat, Bodenproben zur Prüfung der Fruchtbarkeit zu nehmen; die Methoden müssen also geeignet sein, die Fruchtbarkeit auch in der Zeit der Wachstumsruhe, das heißt zu jeder Jahreszeit zu bestimmen.

Die natürliche, lockere organische Bodendecke, wie sie als so genannte Nährdecke im biologischen Landbau nachgeahmt wird, hilft einerseits die Eigenwärme des Bodens zu bewahren und verhindert andererseits allzu große Erwärmung bei starker Sonneneinstrahlung (nackter Boden kann dabei leicht plus 40 bis 50 Grad Celsius erreichen. Allerdings wird die Frühjahrserwärmung des Bodens durch eine Decke verzögert). Es ist heutzutage ja jedem Bodenkundler bekannt, dass die Garung unter einer natürlichen Nährdecke optimale Bodenstrukturen schafft.

Die Bodenstruktur aber ist entscheidend für den Wasserhaushalt des Bodens. Wir haben allen Anlass, auch dieser physikalischen Beschaffenheit fruchtbaren Bodens unsere Aufmerksamkeit zuzuwenden, ehe wir den mikrobiologischen Problemen selbst nähertreten.

Der Wasserhaushalt des Bodens ist absolut davon abhängig, ob er imstande ist, die Wechselhaftigkeit der Niederschläge auszugleichen, Vorräte an Wasser zu halten und die Beschädigung des Atmungssystems zu verhindern. Ein nackter und ungarer Boden ist dazu nicht imstande, er kann also auch nicht natürlich fruchtbar sein. Eine organische Bodendecke vermag die Gewalt der Niederschläge aufzufangen, eine ausreichende zellulare Gare, eine Lebendverbauung vermag, sie weiter zu bremsen, und eine umfangreiche plasmatische Gare vermag das Wasser zu speichern. Es gibt also überhaupt nur diese Möglichkeit auf den Wasserhaushalt einzuwirken: Eine möglichst vollständige Pflanzendecke, notfalls mit Hilfe des Unkrautes, eine organische Bodendecke und eine vorzügliche Bodengare.

Auf die Niederschläge selbst kann kulturell nur eingewirkt werden, indem man die ganze Landschaft so gestaltet, dass ein optimales Verhältnis zwischen Wald und waldfreien Flächen zustandekommt; das Optimum dieser Relation liegt nach den Breitengraden verschieden, je näher dem Äquator, desto mehr Wald ist nötig.

Dass die Menschheit heute, obwohl sie fortlaufend anwächst, fruchtbares Ackerland verliert, dass zum Beispiel die USA nach ihren eigenen Angaben rund 40 Prozent des bebauten Landes, nach *Laatsch* 112 Millionon Hektar, fruchtbarsten Bodens verloren hat, wäre zu verhindern, indem man die Landschaft nicht zerstört. Das Gegenbeispiel haben wir in den Steppen Russlands, wo man nach vielen Fehlschlägen jetzt verlässliche Methoden entwickelt hat, um sie wieder so fruchtbar zu machen, wie sie es einst gewesen sind; das geschieht, indem man zuerst biologische Familien von Baum, Busch und Gras streifenweise ansiedelt, also Waldgürtel schafft. Ein ebenso schönes Beispiel gibt die französische Provence, die ohne ihre vorwiegend aus Tuja bestehenden Hecken eine total unfruchtbare Wüste wäre, so aber – ohne künstliche Düngung – mit einer überwältigenden Fruchtbarkeit gesegnet ist. Das Geheimnis ist nur der Wasserhaushalt, und der Gedanke, die Wüste Sahara, einst blühende Kornkammer des römischen Weltreiches, wieder fruchtbar zu machen, ist keine Utopie, sondern lediglich ein großes technisches Problem, das lösbar wäre, wenn die Menschenkraft nicht für andere, weniger lebensfördernde Zwecke missbraucht würde.

Auch den Unterboden, der für die Verwertung der Niederschläge von großer Bedeutung ist, kann man praktisch nicht ändern; seine Struktur, seine Durchlässigkeit oder Undurchlässigkeit bestimmt die Wege desjenigen Wassers, das nicht organisch-kolloidal gebunden werden kann. Ist die Sickerfähigkeit groß, so wird die Oberschicht der Verwitterungen rasch entwässert, ist sie gering, so kommt es, sobald der Wassergehalt auf über 50 Prozent des Bodenvolumens ansteigt, zur »gestauten Nässe« mit ihren Folgen. Im Ganzen kann man nur durch eine großflächige und sinnvolle

Regulation des Grundwasserspiegels auf den Wasserhaushalt einwirken; dass damit auch erheblicher Schaden angerichtet werden kann, hat sich an vielen Beispielen der Flussbegradigungen und Kanalisation (Oberrhein!) erwiesen. Die mangelhafte Sickerfähigkeit kann durch Drainagen etwas ausgeglichen werden. Aber damit sind die Einwirkungsmöglichkeiten auf die physikalischen Gegebenheiten auch schon erschöpft; im Allgemeinen muss man den Unterboden nehmen, wie er ist. Ausgleichend wirken auf den Wasserhaushalt die Bodendecke (durch Schutz vor Austrocknung und Absorption gewisser Tau- und Regenmengen) und der Pflanzenbestand (durch Anpassung der Transpiration an die gegebene Wassersituation). Ein guter Bewuchs der Freilandflächen vermag bei dichteren Unterböden große Wassermengen zu verdunsten – wer Zahlen wünscht, mag sie in der angegebenen Literatur nachsehen; die Verdunstung kann auch bei größeren Niederschlagsmengen auf der Höhe der Vegetation den Ausgleich zustande bringen und den Stau verhindern.

In diesem fortwährenden Wechsel zu- und abfließender Wassermengen ist allein der Garezustand des Bodens diejenige physikalisch-biologische Größe, durch die man überall und unter allen Umständen Einfluss auf den Wasserhaushalt nehmen kann. Im optimal garen Mutterboden »verschwinden« unglaublich große Wassermengen, nämlich bis zu 2/3 des Gesamtvolumens. Garer Boden kann also beinahe sein eigenes Volumen an Wasser enthalten, und ein einziger Quadratmeter lebendigen Bodens kann mehr als 200 Liter Wasser festhalten, ohne »stauende Nässe« aufzuweisen. Bei einem Feuchtigkeitsgehalt von 50 Prozent erscheint guter Mutterboden gerade gut feucht, keineswegs nass, bei 30 Prozent schon wenig feucht und bei 20 Prozent schon total trocken – und selbst dieser geringe Wassergehalt ermöglicht noch bescheidenes Leben. Ein garer Boden enthält aber praktisch niemals so geringe Feuchtigkeiten, und es ist auch experimentell-technisch sehr schwierig, dem lebendigen Boden mehr als die Hälfte seiner maximalen Feuchtigkeit zu entziehen. Wie wir hörten, erreichen die Bindekräfte des kolloidal-dispersen Systems »Mutter Erde« bis zu 10 000 bar an Bindedrücken, die nur mit außerordentlichem Energieaufwand zu überwinden sind.

Leider sind die bisher bekannt gewordenen Zahlen über die Sorptionskraft des Mutterbodens meist nicht verwertbar; sie wurden ohne Rücksicht auf den mikrobiologischen Zustand eruiert; sie anhand der Mutterböden zu korrigieren, die im biologischen Substanzkreislauf zustande kommen, ist dankbare Aufgabe der Zukunft. Soweit uns aus eigenen Versuchen bisher bekannt geworden ist, beträgt die Wasserbindefähigkeit der gegenwärtig üblichen Ackerkrume ein Viertel bis ein Zehntel dessen, was erreichbar ist, und soweit das aus Laboratoriumswerten geschlossen werden darf, ist sie oft noch geringer. Wer sich die Mühe macht, anhand der statistisch bekannten Niederschlagsmengen, der optimalen und der tatsächlichen Bindekraft der landbaulich genutzten Fläche auszurechnen, wie viel Wasser die »moderne« Landwirtschaft und ihr Boden ungenutzt abfließen lassen, weil es nicht gehalten werden kann, wird alsbald begreifen, wie die Fragen der Ernährung einer wachsenden Menschheit zu lösen sind; solange die Agrikultur Böden benutzt, die bestenfalls ein Viertel des lebenspendenden Wassers im biologischen Kreislauf zu halten imstande sind, kann man dieses brennende Problem nicht bewältigen, auch nicht mit bedenklichen chemischen Kniffen.

Wir vermerken am Rande, dass die kostspielige »Auswaschung« und »Ortsteinbildung«, das heißt das Abfließen reaktionsfähiger Baustoffe in Grundwasser, Flüsse, Seen und Meere oder ihre Festlegung in schwer zugänglichen Mineralformen unmöglich sind, wenn der Bodenorganismus funktioniert und echte Gare produziert. Eine Auswaschungstendenz, die gerade unseren Böden des sogenannten humiden Klimas zugeschrieben wird, gibt es nicht, solange die Zahl der verfügbaren Ionen der kolloidalen Bindekraft des Bodens entspricht; das aber ist immer dann der Fall, wenn ihre Zahl der Menge der organischen Substanz überhaupt entspricht, und der Fall, dass Nährstoffe im biologischen Substanzkreislauf verloren gehen, ist eine unwichtige Ausnahme, denn hier wird jedes Ion gebraucht und also festgehalten. Wie wir es auch immer anstellen, immer kommen wir zu dem Schluss, dass mit allen anderen biologischen Funktionen auch der Wasserhaushalt nur dann optimal funktioniert, wenn wir uns jeden künstlichen Eingriffes in den Bodenstoffwechsel enthalten; das ist für die ganzheitlich-biologische Betrachtung nicht erstaunlich, sondern muss erwartet werden. Das Studium normaler, physiologischer Verhältnisse ist überhaupt nur möglich auf den Böden der Humuswirtschaft, und welche Hochschule hat dazu Gelegenheit gehabt?

Soweit ich sehen kann, gibt es keine einzige landwirtschaftliche Hochschule, die unser Modell vom biologischen Substanzkreislauf bisher verwirklicht hat, und ehe dieses Modell nicht verwirklicht und jahrelang wirksam gewesen ist, kann man überhaupt nicht von einem physiologischen Mutterboden sprechen. Wir befinden uns also ganz am Anfang einer Forschung am tauglichen Objekt, und alle Kenntnisse, alle Zahlen, alle Schlussfolgerungen, die aus dem untauglichen Objekt stammen, haben keinen Wahrheitswert. Es gibt ein untrügliches Kennzeichen: Wer, wie alle mir bekannten Institute und Forschungsanstalten, auf den synthetischen Stickstoff nicht verzichtet und auch nicht verzichten kann, dessen Angaben sind falsch und irreführend; sie beziehen sich nicht auf den physiologischen Fall, sondern auf einen pathologischen.

Ähnlich liegen die Dinge bei der Frage der Bodenversorgung mit Luft, das heißt mit den Gasen der Atmosphäre: Stickstoff, Sauerstoff, Kohlensäure und den spurenwirksamen so genannten Edelgasen. Wir sind dieser Frage schon vielfach begegnet, und es braucht nicht wiederholt zu werden, welche große Rolle der Luftstickstoff im biologischen Landbau spielt; es sollte nur dann daran erinnert werden, dass Kohlensäure nicht gleich Kohlensäure ist, weil es verschiedene Atomzustände gibt und wahrscheinlich der C-14-Gehalt der Luftkohlensäure eine entscheidende Rolle bei der Kohlehydratsynthese der Pflanzen spielt, so dass es sich bei der »bodenbürtigen« Kohlensäure nicht um die wertvollste Molekül-Art handelt. Dass der molekulare Sauerstoff der Luft im Bodenstoffwechsel ebenso unentbehrlich ist wie in jedem Lebensvorgang, ist banale Weisheit.

Im hochgaren Boden kann die Luftmenge mehr als die Hälfte des Gesamtvolumens ausmachen; natürlich entsprechen die einzelnen Gasdrücke im Boden nicht denen der Atmosphäre, aber das scheint nicht erforderlich, ja nicht einmal erwünscht zu sein. Wäre der Gasaustausch in der Bodenluft so lebhaft wie bei anderen Organismen, so würde den Pflanzen viel Kohlensäure und Ammoniak verloren gehen, Gase, die der tierische Organismus durch lebhafteren Gasstoffwechsel möglichst rasch abschiebt, die Pflanze aber verwertet, und da garer Boden mindestens ebenso viel Luft wie Fest- und Flüssigstoffe enthält, handelt es sich um beachtliche Mengen. Selbstverständlich ist der Luftgehalt des Bodens direkt abhängig von der Sorptionskraft, weil nicht absorbiertes Wasser den Gasstoffwechsel behindert, und insofern besteht ein enger Zusammenhang zwischen dem Luft- und dem Wasserhaushalt. Als Definition für das Wesen eines fruchtbaren Bodens findet sich denn auch bei *Laatsch*, er besitze ein »günstiges Raumverhältnis zwischen fester, flüssiger und gasförmiger Phase«. Was letzten Endes wieder nur besagt, es handele sich beim Mutterboden um eine biologische Funktionseinheit, deren optimales Funktionieren von dem Ablauf jedes Einzelereignisses abhängig ist und bei dem umgekehrt jedes Einzelergebnis nur vor sich geht, wenn das Ganze funktioniert. So kommen wir abermals zu dem Schluss: Wenn wir überblicken, was hier über die physikalischen, chemischen und biologischen Voraussetzungen für die Fruchtbarkeit im Allgemeinen, die Bodenfruchtbarkeit im Besonderen gesagt ist, so stellen wir fest, dass sie unter allen Umständen und trotz ihrer höchst komplexen Beschaffenheit und Vielgestaltigkeit letzten Endes immer auf den einen Vorgang zurückgeführt werden muss: Auf den Lebensvorgang »Mutterboden« in seiner Ganzheit, soweit es sich um die Bodenfruchtbarkeit handelt. Diese aber ist auch nichts anderes als ein Teilproblem der Fruchtbarkeit überhaupt.

Fruchtbarkeit ist ein Urphänomen, ganz gleich, ob sie als Fruchtbarkeit des Bodens, der Pflanze, des Tieres oder Menschen auftritt. Nur die augenblickliche, vergängliche Gestaltung des Prinzips ist verschieden, nicht das Prinzip und seine biologischen Anzeichen. Diese Anzeichen gilt es aufzusuchen, wenn man Fruchtbarkeit als Ganzheitsfunktion alles Lebendigen messbar machen will.

# Bestimmung der Zellgare

Es ist die Frage, wo wir angreifen können, um zu einem brauchbaren, ausreichend exakten Test zur Bestimmung von Fruchtbarkeit zu kommen. Das mag nach allem, was wir bisher aus einigen Wissenszweigen der Naturwissenschaft zitieren konnten, als aussichtsloses Unterfangen erscheinen. Wir haben ja beispielsweise die Bodenfruchtbarkeit von Anfang an als ein biologisches Ereignis definiert, das nur in seinen biologischen Resultaten, das heißt im gesundheitlichen Zustand und Schicksal der Pflanzen, Tiere und Menschen zum Ausdruck kommt, die von der Mutter Erde leben. Der einzig gültige Test wäre demnach überhaupt nicht in ihrem eigenen Schicksal, auch nicht im Schicksal etwa einer Pflanzengattung oder eines Tierstalles allein zu sehen, sondern nur im Schicksal der gesamten lebendigen Nachfolge, in der ganzen Lebensgemeinschaft von Boden, Pflanze, Tier und Mensch, die von dem zu prüfenden Boden lebt. Man hätte nicht nur den Ertrag, die Schädlingsfreiheit, die Rentabilität und das gesundheitliche Schicksal eines in sich geschlossenen Landbaubetriebes zu prüfen, sondern auch alle die, die von den Erzeugnissen des Betriebes leben. Ein solches Verfahren wird aber durch die Kontinuität der modernen Wirtschaft, durch die unlösbare Verflechtung und Kommunikation über den Welthandel von vornherein unmöglich gemacht; was man heute im Bereich des Tieres oder des Menschen beobachtet, lässt sich nicht mehr auf einen bestimmten Mutterboden beziehen. Der moderne Mensch isst Tomaten aus Südafrika, Kartoffeln aus Malta und Obst aus Florida; er weiß nicht mehr, wo sein Brot herstammt, aus welchem Boden sein Salat kommt, und kaum ein Bauer weiß noch wer seine Produkte bekommt.

Für das biologische Ganzheitsexperiment gibt es nur noch ein einziges Objekt, das unter bestimmten Bedingungen brauchbar ist: Der bäuerliche Familienbetrieb ist eine Lebenseinheit, bei dem sich ein geschlossener biologischer Substanzkreislauf noch in etwa herstellen lässt. Hier kann noch realisiert werden, dass Pflanze, Tier und Mensch vorzugsweise vom eigenen Boden leben, und wenn überhaupt, so können wir hier im Laufe von Jahren und Jahrzehnten die Beobachtungen machen, die wir brauchen, um die biologischen Wirkungen eines Lebenskreislaufes auf die Schicksale der einzelnen Organismen zu prüfen, und hier dürfen wir wahrheitsentsprechende Aussagen erwarten.

## Das Ziel biologischer Tests

Der biologische Landbau in allen seinen Formen hat sich seit Jahrzehnten bemüht, seine Böden und ihre Funktion anhand der biologischen Resultate im Rahmen einer Lebensgemeinschaft zu prüfen; er hat nicht nur die Kulturen auf dem Acker, den Schädlingsbefall, die Mangelerscheinungen, den Ertrag und die Rentabilität des Betriebes zur Verfügung, sondern auch die biologische Qualität der Bodenprodukte, die Beschaffenheit der Stallerzeugnisse und die Gesundheit von Tier und Mensch, soweit sie irgendwie fassbar waren. Seine Beobachtungen sind aber offiziell nicht anerkannt und nicht einmal ernst genommen worden, vornehmlich mit der Begründung, die angewandten Tests seien naturwissenschaftlich nicht exakt.

Aber auch aus einem anderen Grunde: Die Fortschritte im biologischen Landbau blieben fast überall auf einem kritischen Punkte stehen. Die Erfahrungen reichten nicht aus, um eine allgemein anwendbare, krisenfeste und risikolose Methode zu entwickeln. Es gab die widersprechendsten Rezepte, die verschiedensten Dünge- und Kompostierungsmethoden, und besonders bei den starkzehrenden Hackfrüchten reichte der Ertrag oft nicht aus, um mit der chemischen Treibdüngung in Konkurrenz zu treten, vielfach blieb die »Schädlings«freiheit der Obstgewächse und zuweilen auch des Getreides ungenügend, und die Agrikulturchemiker beeilten sich jeweils festzustellen, dass hier ein »Biologischer« doch wieder zum Stickstoff zu den Kartoffeln gegriffen habe, und dort einer wieder zur Giftspritze.

Die Unsicherheit des »Arbeitens im Dunkeln« trat besonders beim Gebrauch der organischen Dünger und bei den verschiedensten Kompostierungsmethoden zutage; da wird einmal empfohlen, Komposte auf hohen Haufen drei Jahre lang liegen zu lassen, ein andermal, sie auf niedrigen Haufen nur einige Monate lang rotten zu lassen – in Wirklichkeit kommt es darauf an, die Kompostierung möglichst zu vermeiden, weil sie ein Verlustgeschäft ist. Organische Dünger kann man erst beurteilen, wenn sie gewirkt haben, vorher weiß man nicht, wie viel sie wert sind; und gar mancher richtete sich dann doch wieder nach den aufgedruckten chemischen Nährstoffanalysen und fiel damit in das Stoffdenken zurück, aus dem er sich befreien wollte. So kommt es, dass manche biologische Landbauvereinigung insgeheim an die Überlegenheit der Agrikulturchemie glaubt und mit ihren Methoden liebäugelt in der Vorstellung, das Beste sei wohl ein Kompromiss zwischen Methoden, die in Wirklichkeit einander ganz ausschließen. Da gab es zahlreiche Präparate, Rezepte und Anleitungen, viele Methoden, Systeme und Vereine, und von der einfachen Broschüre bis zur Weltanschauung sind der Versuche allzu viele, der Materie Herr zu werden, als dass man vor dem Verdacht bewahrt bleiben könnte, es gebe die einzig richtige Methode eben noch nicht.

Was fehlt, ist die naturwissenschaftliche Kontrolle von einer Exaktheit, wie sie dem Gegenstand angemessen ist; sie ist im biologischen Landbau ebenso unentbehrlich wie im chemischen, wie in allen zivilisatorischen Handlungen des Menschen überhaupt. Die Wissenschaft muss dem Bauern sagen können, welchen organischen Dünger er brauchen kann und was er dafür bezahlen darf; wann, wie und wo er seine betriebseigenen Dünger anwenden muss, um den größten Nutzen davon zu haben; wie groß die biologische Leistungsfähigkeit seiner Böden ist, wie groß ihre biologische Güte, und was er tun muss, um sie anzuheben. Vor allem aber muss die Naturwissenschaft dem Bauern sagen können, ob die auf seinen Böden wachsenden Pflanzen die Bedingungen gesunder Nahrung erfüllen können, denn das allein ist Ziel des biologischen Landbaues, nichts anderes.

Niemand sollte im Ernst behaupten, es gebe bereits genug solcher Testmethoden; alle Methoden beruhten auf der Erzeugung von Pflanzenmassen, von Gewichtsertrag, von Quantität. Die biologische Qualität fand Beachtung nur, soweit sie für die Ertragssicherheit, die auf der Marktsituation basierende Rentabilität, die Belange der Lagerfähigkeit unter chemotherapeutischem Schutz und die industrielle Verarbeitung erforderlich war, und das Urteil wurde abgegeben aufgrund oberflächlicher Beobachtungen, die die so exakte Naturwissenschaft sonst nicht als gültig ansieht.

Weder die einfache »Nährstoff«-Analyse noch die komplizierteren analytischen Verfahren wie die Bestimmung von Bodenvitaminen, Aminosäuregehalten (*Albrecht*), der »bodenbürtigen Kohlensäure«-Produktion, der Basensättigungskapazität oder des C/N-Verhältnisses vermögen Aussagen über die biologischen Leistungsfähigkeiten im Sinne unserer Forderung zu machen.

Damit soll nicht gesagt sein, dass solche Zahlen keinen biologischen Wert haben – nichts sei uns ferner. Alle diese Tests sind auch in Zukunft von großem Wert, wo es um die Grundlagenforschung an der Fruchtbarkeit und Nahrungsqualität geht. Man muss sich nur darüber klar sein, dass sie uns weder einzeln noch zusammen das Bild verschaffen, dessen wir bedürfen. Man kann mit ihnen Faktoren bestimmen, aber nicht das Ganze; selbstverständlich produziert ein fruchtbarer Boden beispielsweise mehr $C0_2$ als ein unfruchtbarer, wenn man ihm Kohlehydrate zusetzt, und er enthält mehr essentielle Aminosäuren, Vitamine, Enzyme und organischen Stickstoff, hat ein engeres C/N-Verhältnis und vermag größere Ionenschwärme zu binden; aber das Ganze, die Fruchtbarkeit schlechthin, ist mehr als die Summe solcher Teile, selbst dann, wenn wir alle diese Teile kennen – aber wir kennen ja davon nur einige wenige. Wer will behaupten, dass eine Kuh gegen die »Bangsche Krankheit« gefeit ist, weil der Boden, auf dem ihr Gras wächst, viel Vitamine enthält, viel $CO_2$ entwickelt oder die essentiellen Aminosäuren hervorbringt? Immer und überall bei der Beobachtung komplexer biologischer Abläufe kommen wir mit diesen Analysen in die Gefahr, in scheinbarer Exaktheit an der Wahrheit vorbeizugehen. Die einzig gültige Antwort vermag nur der Lebensvorgang selbst zu geben, und nur an Tier und Mensch vermag man – unter angemessenen Versuchsbedingungen – abzulesen, was Pflanze und Boden taugen. Analytische Verfahren sollten erst dann ins Urteil einbezogen werden, wenn man das biologische Ganzheitsexperiment fertig vor sich hat, und dann vielleicht könnte man sagen, dieses oder jenes Verfahren sei tauglich, um das Urteil zu festigen. Dann aber wird es kaum noch nötig und auch viel zu teuer sein, Analysen zu machen, denn das Resultat haben wir ja schon, exakter und wahrheitsentsprechender als jede Analyse.

## Der taugliche Test

Mit der Feststellung, biologische Wertigkeiten könne man nur anhand von Lebensvorgängen testen, die im Rahmen eines intakten biologischen Substanzkreislaufs ablaufen, haben wir unsere Aufgabe schon gekennzeichnet; es fragt sich, wo wir zu suchen haben, um kontrollierbare Lebensvorgänge aufzufinden, die anhand eines leicht greifbaren Materials in kurzer Zeit ohne großen Aufwand eine gültige Antwort geben.

Nehmen wir die Bodenfruchtbarkeit: Biologische Tests am Bodenprodukt Pflanze wären nur gültig, wenn man sie als Versuchsnahrung – etwa nach dem Mesotrophie-Verfahren *Kollaths* oder entsprechend der *Pottenger*schen Versuche – über ausreichende Zeiten an geeigneten lebendigen Objekten anwendet. Für die Forschung wären solche oder ähnliche Verfahren geeignet, für die Praxis aber ganz untauglich allein deshalb, weil man Jahre brauchen würde, um ein erstes Urteil über Pflanze und Boden abzugeben. Für die bäuerliche Praxis brauchen wir zur Bestimmung der Bodenfruchtbarkeit ein Verfahren, das mindestens die folgenden Bedingungen erfüllt:

a) Der Test muss sich eines leicht greifbaren Substrates bedienen.
b) Der Test muss innerhalb kurzer Frist durchführbar sein.
c) Der Test muss genügend exakt und zuverlässig sein.
d) Der Test muss billig sein.
e) Der Test muss möglichst für alle Boden-Arten, Klimate, Landschaften, Jahreszeiten, Kulturen und Betriebe gültig sein.

Angesichts derartiger Forderungen bleibt uns praktisch nur die Möglichkeit, den Boden selbst mittels der üblichen Proben zur Prüfung seiner Fruchtbarkeit zu benutzen. Es muss also ein Test gefunden werden, den man sinngemäß ebenso gut an der Pflanze, am Tier oder am Menschen anwenden könnte, denn anders wäre er nicht gültig und liefe auf die agrikulturchemischen Praktiken hinaus. Einen solchen Test kann man aber nur im mikrobiellen und im makromolekularen Bereich der Substanzkreisläufe finden, und hier haben wir zu suchen.

## Mikrobiologische Kasuistik und Ökologie

Die Mikrobiologie des Bodens ist, was die Kasuistik der Kleinlebewesen betrifft, recht erfreulich entwickelt, ja soweit fortgeschritten, dass ein Überblick nur noch anhand vielbändiger Werke zu geben ist. Man darf annehmen, dass der größere Teil der Arbeiten, die sich mit der Beschreibung und Klassifizierung der am Umsetzungsprozess beteiligten Mikroorganismen befasst, bereits getan ist. Grundlegende Mitteilungen, an deren Prinzip sich bis heute kaum etwas geändert hat, stammen besonders von *Beijerinck* und von *Winogradski*, und letzterer bemerkte zuerst, dass man sich nicht darauf verlassen könne, was ein Bodenorganismus in der Laboratoriumskultur tue – er könne im Boden ganz andere Eigenschaften haben; und damit ist nur eine der zahlreichen Schwierigkeiten gekennzeichnet, denen die Bodenmikrobiologie begegnet.

Zwar sind viele Bodenorganismen »ubiquitäre Kosmopoliten« (*Hawker* et al.), finden sich praktisch also in jeder Mutter Erde, wo sie auch sei; zugleich aber sind die Standorte ganz außerordentlich wechselhaft, denn sie stellen »Mikrostandorte« dar, von denen Hunderte, ja Tausende der groben ökologischen Forschung nicht zugänglich, in jedem Gramm Erde beinander liegen, wie *Stanier* sagt. Das ist eine zweite, fast unüberwindliche Schwierigkeit, wenn es darum geht, über die kasuistische Registratur hinaus ökologische Bedingungen zu erforschen und einem ganzheitlichen Urteil zu dienen. Im Boden sind die Möglichkeiten der Mikrobenvariation bedeutend größer als in jedem anderen Nährmedium, nicht nur, weil es unübersehbar viele mineralische Verschiedenheiten gibt, sondern auch organische, klimatische, vegetative und viele andere.

Ein weiteres: Auf dem Acker wird gedüngt, so oder so; die Verteilung der Dünger fällt jeweils verschieden aus, hier gibt es viel, dort wenig Mikrobennahrung. Auch die Dünger sind verschieden, einmal mehr pflanzlicher, ein andermal mehr tierischer Herkunft, und mit erheblichen mineralischen Differenzen. So kommt es, dass allein die Düngung die Ökologie der Bodenorganismen ständig verwirrt und verändert; es ist kein Wunder, wenn man bisher nicht über erste Anfänge hinausgekommen ist, und lediglich der Entwurf einer Bodenökologie, den ich bei *Annie Francé-Harrar* sehen durfte, scheint mir ein gelungener Versuch, erste Ordnung in die Vielfalt des Geschehens zu bringen. Nimmt man nun noch hinzu, dass sich die Mikrobengesellschaft mit den Jahreszeiten, der Witterung, dem Bewuchs und vielem anderen fortlaufend ändert, so erscheint ein Versuch, die biologischen Ordnungen dieser kompliziertesten aller Organischengemeinschaften klar kenntlich zu machen, hoffnungslos.

Nun dient der Mutterboden seit einiger Zeit mehr und mehr als Lieferant von Pilz-, Hefen- und Bakterienstämmen, zur Ausstattung von Mikrobenbänken, zur Antibiotikagewinnung, Wirkstofftestung und zum praktischem Gebrauch als fruchtbarkeitsfördernde Kulturen, und auf diese Weise hat sich das kasuistische Material seit den 80 Jahren mikrobiologischer Bodenforschung ins Unübersehbare vervielfacht.

In letzter Zeit wird die Registratur der Bodenmikroben dadurch kompliziert, dass die Entwicklung verfeinerter Identifizierungsmethoden zuweilen Hunderte von Arten und Varianten zu unterscheiden zwingt, wo früher nur eine oder einige wenige bekannt waren. Würde man alle modernen Methoden der klassifizierenden Bakteriologie anwenden, so wäre – ohne Übertreibung die Untersuchung einer einzigen Bodenprobe mehr als eine Lebensaufgabe. Ein statistisches Vorgehen zu Zwecken der Kontrolle und Lenkung agrikultureller Handlungen ist demnach praktisch unmöglich, auch dann, wenn es nur teilweise und in abgekürzter Form durchgeführt würde.

Es bleibt nichts anderes übrig als die Beschränkung auf wesentliche Teilabläufe der mikrobiologischen Lebensvorgänge, wenn wir den Weg über die Mikroben gehen wollen. Da aber taucht die neue Schwierigkeit auf: Was sind wesentliche Teilabläufe? Ist es die Tätigkeit der Pilze, der Aktinomyceten, der Kleintiere, der Protozoen, der Algen, der Bakterien, und wenn eine von ihnen, welcher ihrer Unterarten?

Es gibt im Boden Mikroben, die man, zu den Tieren rechnet, und solche, die zu den Pflanzen gezählt werden; zu ersteren gehören noch die Protozoen und Flagellaten, zu letzteren die Bakterien, Pilze und Algen-Arten. Die Angaben über die in ein Gramm Mutter Erde aufgefundenen Mengen an Mikrobien-Arten schwanken ganz beträchtlich; für die Bakterien gibt *Hawker* für drei verschiedene Böden folgende Zahlen an:

| | Nach direkter Zählung | Nach der Plattenverdünnungsmethode |
|---|---|---|
| 1. Boden | 3733 Millionen | 29 Millionen |
| 2. Boden | 1055 Millionen | 8 Millionen |
| 3. Boden | 2403 Millionen | 1 Million |

*Burges* teilt die folgenden Zahlen als »typisch« für einen fruchtbaren Ackerboden mit:

| | | |
|---|---|---|
| 2 500 | Millionen | Bakterien |
| 700 000 | | Aktinomyceten |
| 400 000 | | Pilze |
| 50 000 | | Algen |
| 30 000 | | Protozoen |

Die lebende Masse, in Gewichtseinheiten ausgedrückt, von Pilzen und Bakterien soll etwa die gleiche sein, obwohl es im Boden acht- bis zehnmal so viel Bakterien wie Pilze gibt.

Man kann, biologisch-funktionell betrachtet, solchen statistischen Angaben nicht viel Wert beimessen; nehmen wir beispielsweise die Pilze: Es gibt von ihnen heute rund 100 000 registrierte Arten; alle sind irgendwo und irgendwie am Gareprozess beteiligt, alle haben irgendeine enzymatische Stoffwechselbesonderheit, die heute hier, morgen dort gebraucht wird. Jede Art kann für Stunden, Tage oder Wochen in irgendeinem Acker auftauchen, verschwinden und wieder erscheinen, und man hätte nicht einmal die Möglichkeit zu erfahren, warum nun gerade diese Art unter den 100 000 heute hier nötig war und es morgen nicht mehr ist. Um so weniger kann man behaupten, ein fruchtbarer Boden müsse diese oder jene Menge ganz bestimmter Mikroorganismen enthalten; nichtsdestoweniger wird dies von vielen Arten behauptet, so von Azotobakter, und doch ist eigentlich bekannt, dass er nicht überall lebensfähig ist und dass es viele fruchtbare Böden gibt, in denen er nicht vorkommt, bei denen also auch eine Einimpfung – sinnlos ist – wäre er hier lebensfähig, dann wäre er von selbst da. Es gibt hochfruchtbare Mutter Erden und Komposte, die verschwindend geringe Mikrobenzahlen enthalten und deren Garnituren aus wenigen Arten bestehen, jedenfalls zur Zeit der Prüfung. Das Bild wechselt so sehr, dass bisher von irgendeiner Klarheit nicht die Rede sein kann.

Daher kommt es, dass der eine Bodenkundler mehr die Pilze, der andere die Protozoen, ein dritter die Algen, ein vierter die Bakterien in den Vordergrund stellt und versucht, mit der erwählten Gattung einen Überblick über die Lebensvorgänge zu gewinnen. Aber keiner dieser Bemühungen ist ein Erfolg beschieden gewesen, keine hat zu einer ersten Klarheit, geschweige denn zu einer experimentellen Auswertbarkeit geführt. In erster Linie gibt wohl die schon zitierte Auffassung von *Winogradski* die Erklärung, dass der aus einer Lebensgemeinschaft isolierte Mikroorganismus eher falsche als richtige Antworten gibt, eine Schwierigkeit, mit der man wohl niemals ganz fertig werden wird, denn um sie zu untersuchen, muss man sie ja auch aus der komplexen Gemeinschaft herausnehmen, sie künstlich züchten und unter Bedingungen prüfen, die denen der Mutter Erde nicht mehr im geringsten gleichen. Es wird trotz aller technischen Entwicklung niemals möglich werden, das natürliche Milieu »Mutterboden« in seiner jahreszeitlichen, klimatischen und kulturellen

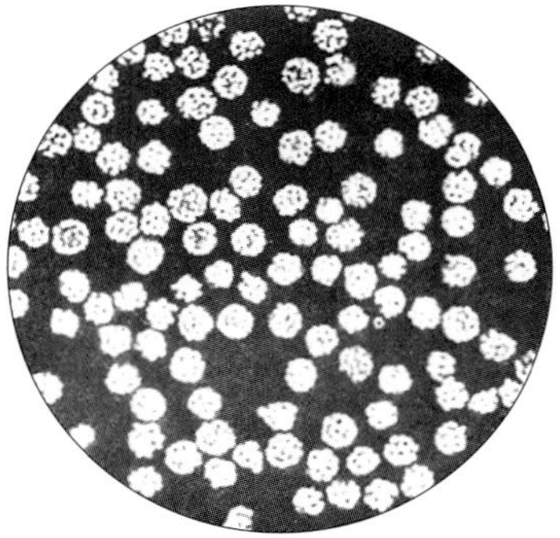

*Abb. 3* Hammelblutkörperchen in Selbstauflösung: Vor dem Auflösen der Zellen formiert sich die lebende Substanz zu extrazellulär lebensfähigen Gebilden um, hier zu kokkoiden Bakterien, die später züchtbar werden (entnommen aus »Das Gesetz von der Erhaltung der lebenden Substanz«) [*Santo Rusch*] in Wien. med. Wschr. 101 [1951], 37/38).

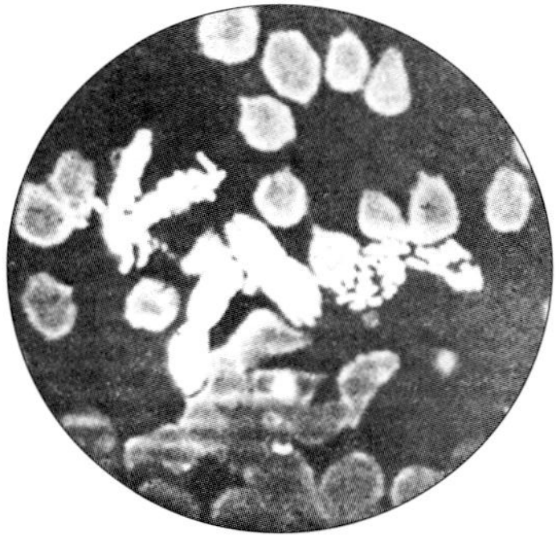

*Abb. 4* Selbstauflösung von Makromyceten in Hammelblut; man erkennt die verschiedenen Stadien der Umwandlung in eine große Anzahl selbstständig lebensfähiger Kurzstäbchen-Bakterien, die nach Ablauf bestimmter Fristen kultivierbar werden (entn. aus »Das Gesetz von der Erhaltung der lebenden Substanz« [*Santo Rusch*] in Wien. med. Wschr. 101 [1951], 37/38).

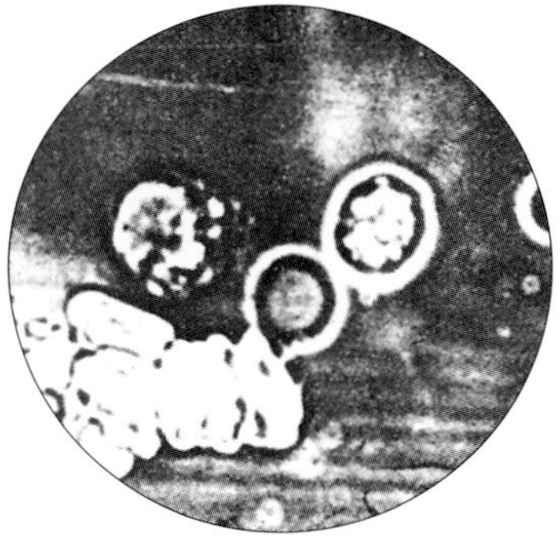

*Abb. 5* Selbstauflösung von roten Blutkörperchen des Menschen; es handelt sich um eine Phasenkontrastaufnahme, mit der mögliche Täuschungen durch Farbenbehandlung des Materiales ausgeschlossen werden. (entnommen aus »Das Gesetz von der Erhaltung der lebenden Substanz« [*Santo Rusch*] in Wien. med. Wschr. 101 [1951], 37/38).

*Abb. 8 u. 9:* Die biologische Güte eines Kulturbodens kann am Wuchs abgelesen werden.

*Abb. 8:* Sehr ungleicher Wuchs, mindere Bodenqualität

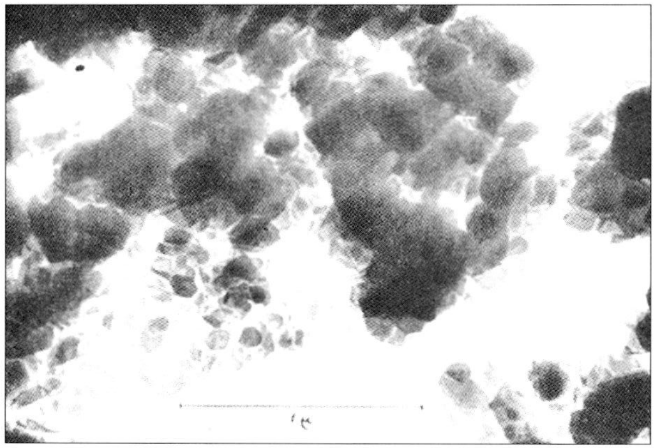

*Abb. 6* Kaolinitkristalle (Schönbacher Ton). Elektronenmikroskopische Aufnahme, die mit frdl. Genehmigung des Verlages Th. Steinkopff-Dresden entnommen ist aus *Laatsch, W.*: Dynamik der mitteleuropäischen Mineralböden, 4. Auflage. 1957.

*Abb. 7* Bringt man Aufschwemmungen von Erden auf eine Bakterien-Nährplatte, auf der infolge besonderer Zutaten nur Wurzelsymbionten der Pflanze wachsen, so erhält man je nach Güte der Erde keine bis viele Bakterienkolonien (die Punkte in den Sektoren sind die gewachsenen Kolonien).

*Abb. 9:* Fast gleichmäßiger Wuchs, höhere Bodenqualität. Der Vergleich wurde durch den mikrobiologischen Test bestätigt.

Abb. 10

*Abb. 11*

*Abb. 10, 11 u. 12:* 3 Beispiele aus dem biologischen Feldgemüsebau (Salat, Schwarzwurzel, Bohnen, Paprika, Sellerie). Aus diesen Schlägen wird kein »Unkraut« mehr herausgeschafft, sondern unmittelbar zur Bodendeckung ( «Nährdecke«) benutzt.

*Abb. 12*

*Abb. 13:* Praxis der Bodenbedeckung im Gemüsebau. Kohl in einem Hausgarten.

*Abb. 14 u. 15:* Ziegel des so genannten Brikolare-Verfahrens (Presstrocknung Nach *Caspari-Meyer*), Aufnahmen aus einer Versuchsanlage. *Abb. 14:* Ziegel frisch aus der hydraulischen Presse (s. Text, S. 213); *Abb. 15:* Die Ziegel beginnen nun zu verpilzen und sterilisieren sich selbst.

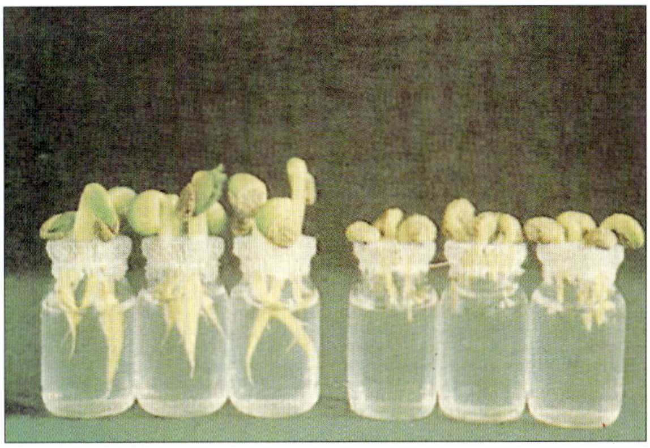

*Abb. 16:* Ein Beispiel für viele aus der Praxis der vergleichsweisen Prüfung organischer Substrate (Nährlösungen, Bodenextrakte, Düngersubstanz, Bakterienkulturen und viele andere) mit Hilfe der Auskeimung und Entwicklung von Lupinensamen; hier wurden verschiedene Arten von Bodenbakterien-Stämmen vergleichsweise geprüft.

*Abb. 17:* Gewächshaus-Erden, geprüft auf ihr Verhalten bei der Keimung (hier: Kressesamen): Eine Gewächshauserde, die nicht umgesetzte, organische Materie, das heißt viel zelluläre Gare enthält, hemmt die Keimung um so mehr, je mehr sie davon enthält. Die Samen werden nur aufgestreut (abgezählt!) und normal feucht gehalten.

*Abb. 18 u. 19:* Aufnahmen aus ersten Freiland- Vergleichsversuchen; der einzige Unterschied zwischen beiden Schlägen besteht darin, dass auf dem auf *Abb. 19* abgebildeten Feldstück physiologische Wurzelbakterien (Rhizospärensymbionten) zugeführt wurden, dem auf *Abb. 18* abgebildeten Feld aber nur die bakterienfreie Nährlösung, um den Nährstoffeinfluss auszuschalten.

*Abb. 20 u. 21:* Benachbarte Kartoffelfelder, das wie üblich gespritzte Feld eines Kunstdüngerbauern. *Abb. 20* ein biologisches Feld, zur gleichen Stunde aufgenommen.

*Abb. 22 u. 23:* Benachbarte Futterklee-Schläge, *Abb. 22* Kunstdünger-, *Abb. 23* biologische Wirtschaft. Aufnahmen Ende Juni, *Abb. 22* nach einem Schnitt, *Abb. 23* vor dem dritten Schnitt. Bei Leguminosen kommt der Unterschied in der Erschöpfbarkeit des Bodens besonders deutlich zum Ausdruck.

*Abb. 24:* Im Weinbau können Mauerterrassen vielfach entbehrt werden ( Aufnahme *Dr. F. Caspari*); links im Bild: Die Stützmauern wurden entfernt und die erste Lebendverbauung durch eine Decke aus Heidelberger Stadtkompost bewirkt.

*Abb. 25:* Weinberge, links eines Kunstdüngerbauern, rechts eines biologischen Bauern, nebeneinander: Links übliche Spritzung, rechts keine Spritzung notwendig.

Variation, mit seinen stündlich wechselnden Nährbodeneigenschaften künstlich nachzuahmen. Was wir bei solchen biologisch-analytischen Verfahren erforschen, kann nicht viel mehr aussagen als die chemische Analyse und kann ebenso irreführen.

## Die untaugliche Einzelbestimmung

Ein typisches Beispiel für die Forschungsschwierigkeiten ist die Frage der Bindung atmosphärischen Stickstoffs durch Bodenmikroben, die erstmals *Beijerinck* (Bakt. radicicola 1888, Azotobakter 1901) erfolgreich anging. Man hat die Sache zuerst nicht recht ernst genommen, denn die Mengen, die sowohl Leguminosensymbionten wie Azotobakter im Laboratorium an molekularem Stickstoff zu binden vermochten, waren so gering, dass man ihnen keinen Einfluss auf den Stickstoffhaushalt des Bodens und die Pflanzenernährung zugestehen konnte.

Inzwischen hat man eine ganze Reihe methodischer Fehler – die Russen waren da besonders aktiv – entdeckt und auszuschalten gelernt; sprach man noch vor 30 Jahren von nur fünf bis zehn Kilogramm pro Hektar an N, das mikrobiell gebunden wurde, so nimmt man heute schon an (*Fedorow* 1960), dass allein die Bodenbakterien bis zu 100 Kilogramm pro Hektar in den biologischen Kreislauf einbeziehen können; noch vor wenigen Jahren lehrte man, dass die Leguminosensymbionten nur unter besonderen Umständen einige Dutzende von Kilogramm, höchstens aber 100 Kilogramm pro Hektar binden – *Federow* gibt jetzt auf der Basis umfangreicher Arbeiten und kritischer Methoden bereits 300 Kilogramm pro Hektar an. Rechnet man den ohnehin im Kreislauf gebundenen Stickstoff des Bodens hinzu, so kommt man auf Werte, die in der Kunstdüngung als viel zu hoch angesehen werden, mit denen jedenfalls die anspruchsvollste Kultur überreichlich versorgt ist. Wozu also sollte die Humuswirtschaft noch künstlichen Stickstoff gebrauchen? Der Organismus Mutter Erde gibt ihn umsonst, wenn er nur richtig ernährt wird.

Die $N_2$-Bindung im Boden geht offenbar nur im Zusammenhang mit anderen Umwandlungsprozessen optimal vor sich; einiges davon ist bekannt geworden: Sie wird aktiviert durch Antagonismen (Paramaecien, Amöben, Aktinomyceten), durch vitaminbildende Partner ($B_1$), durch Spurenelemente (Molybdän, Eisen, Aluminium, Kupfer, Zink, Wolfram), durch die von den Pflanzen gelieferten Kohlehydrate. Und die Möglichkeiten sind offenbar nicht auf Knöllchenbakterien und Azotobakter begrenzt, sondern umfassen auch die Clostridium-Gruppe, Bakterien der Rhizosphäre überhaupt, Symbionten der Blätter, zuweilen in besonderen Organen (deren Symbionteninhalt mit Hilfe der Samen sogar vererbt werden können wie bei den Insekten) und sicher eine ganze Reihe weiterer Organismen, die noch nicht als $N_2$-Binder erkannt sind. Zweifellos haben wir solche Mikroben vorwiegend unter denjenigen zu suchen, die nicht unmittelbar an der zellularen Gare teilnehmen, zum Beispiel in der Rhizosphäre; denn erst hier entsteht das N-Bedürfnis, nicht dort, wo der Abbau noch genügend N-haltige organische Verbindungen liefert. Allerdings beweist der *Caspar*ische Stadtkompostziegel aus unverrottetem, aber schon stickstoffarm gewordenem Material, dass auch in der »Pilzphase«, die der zellularen Gare entspricht, Stickstoff in großen Mengen gebunden wird, wenn er gebraucht wird.

Schon an diesem einzigen Beispiel einer Lebensäußerung des Bodenorganismus erweist sich, dass man an den einzelnen dabei tätigen Lebewesen das, was man wissen will, nicht nachweisen kann; man hat vielmehr den Eindruck, dass es sich bei den Mikrobiengesellschaften fruchtbarer Böden um eine omnipotente Gemeinschaft handelt, in der jeweils die Spezialisten auftreten, die im Interesse des Ganzen, das heißt im Interesse der Bodenfruchtbarkeit gebraucht werden. Vergleicht man diese Kongregation mit einem tierischen Gewebe, so würde es sich um ein Gewebe handeln, dessen einzelne Zellen beliebig ausgetauscht werden könnten und die sich keineswegs gleichen wie die Zellen tierischen Gewebes, sondern ein eben gerade erforderliches Team von Fachleuten darstellen, das sich nach Bedürfnis variieren lässt. Es gibt nur eine Voraussetzung, und das ist die fortlaufende und vielgestaltige organische Ernährung; alles andere besorgt dann das in jedem Augenblick bereitzustellende Team.

Auf dem Wege der Einzelbestimmungen ist also die Aufgabe, die Fruchtbarkeit des Bodens zu bestimmen, nicht zu lösen. Nach allem, was bisher bekannt ist, ist dieser Versuch hoffnungslos aus folgenden prinzipiellen Gründen:

1. Unsere Kenntnisse über die Tätigkeiten unzähliger Varianten der an der Fruchtbarkeit tätigen Mikrobengruppen sind gering im Vergleich zu dem, was man wissen müsste, wenn man aus der Art der auffindbaren Organismen bindende Schlüsse auf die Fruchtbarkeit ziehen will.

2. Es ist praktisch nicht möglich, innerhalb kurzer Zeit auch nur im groben die Zusammensetzung der Mikrobengesellschaft einer Bodenprobe zu bestimmen; das würde Jahre dauern und trotzdem ungenau sein. Ein nicht bemerkter Faktor könnte entscheidend sein.

3. Die Mikrobengesellschaft wechselt zuweilen von Stunde zu Stunde, sie wäre schon im Laufe der Bestimmung verschieden und man würde täglich mit einem anderen Material arbeiten müssen.

4. Eine Bodenprobe verhält sich nicht wie die Mutter Erde, aus der sie stammt, schon allein deshalb, weil die Pflanze fehlt, die auf die Entwicklung wesentlichen Einfluss hat.

## Fruchtbarkeitsbestimmung an der Pflanze

Man pflegt die Fruchtbarkeit meist mit Hilfe des Pflanzenwachstums selbst zu messen, wie es auf landwirtschaftlichen Untersuchungsstationen in aller Welt geschieht, indem man Testpflanzen unter möglichst gleichartigen Bedingungen in Töpfen oder ähnlichem wachsen lässt und das Resultat anhand der mess- und sichtbaren Merkmale, insbesondere anhand der entstandenen Pflanzenmasse fixiert. Man geht dabei sowohl von angezogenen Pflanzen wie von Samen aus und kann auch die Beobachtung der Keimung mit einbeziehen.

Es soll nicht bestritten sein, dass man auf diese Weise einige wesentliche Feststellungen machen kann, und auch wir haben von solchen und ähnlichen Verfahren reichlich Gebrauch gemacht; solange man die Antwort, die der Versuch gibt, nicht überbewertet, ist er am Rande der biologischen Ganzheitsforschung als Hilfsmittel brauchbar. Die komplexe Größe Bodenfruchtbarkeit als Teilstück der natürlichen Fruchtbarkeit im biologischen Substanzkreislauf ist aber anhand der Kriterien, die wir hier zur Verfügung haben, nicht bestimmbar:

1. Die messbare Größe der entstandenen Pflanzenmasse, das Aussehen der Testpflanze, ihr Chlorophyllgehalt oder andere analytische Befunde sind kein Kriterium für die biologische Qualität, die sich nur im Gesamtablauf aller nachfolgenden Lebensvorgänge dokumentiert, wenn die Pflanze als Nahrung verwertet wird. Allenfalls könnte man die Pflanze fruchten lassen und ihre Nachkommen weiter prüfen, aber das ist praktisch indiskutabel.

2. Wesentliche natürliche Bedingungen – natürlicher Niederschlag, Gasstoffwechsel, Bestrahlung, elektrische Einflüsse, Ablauf der Garung, Zufuhr von Makromolekularsubstanz aus der Garung, Wirkstoffeinflüsse der Umwelt und vieles andere – sind nicht erfüllbar; der eruierte Fruchtbarkeitswert bezieht sich also nur auf einen Teil der Fruchtbarkeit und kann stark verfälscht sein.

3. Verschiedene Testpflanzen geben verschiedene Antworten, das Resultat ist also von dem Zufall abhängig, welche Testpflanzen oder -samen ausgewählt wurden, und selbst die gewählte Art kann sich an anderem Ort ganz anders verhalten.

4. Wesentliche Versuchsbedingungen, die durch die lebendige Umwelt gegeben sind und nicht nachgeahmt werden können, zum Beispiel Angriffe durch Mikroben, Insekten, Sporen und andere, sind von entscheidender Bedeutung für das Schicksal der Pflanze, die Ausbildung ihrer Resistenzen und damit ihrer biologisch-funktionellen Leistungsfähigkeit. Das aber ist ein entscheidendes Kriterium für die Bodenfruchtbarkeit, die kein »Ding an sich« ist, sondern nur ein Wert im Rahmen des Ganzen. Aus diesen und weiteren Gründen kann der Topf-, Saatbeet-, Labor- und Gewächshausversuch

nicht als Fruchtbarkeitstest im biologischen Sinne gewertet werden, er vermag erheblich irrezuführen. Er kann nur für eng umgrenzte Teilfragestellungen gebraucht werden, wie wir ihn auch gebrauchen. In diesem Bewusstsein hat ja auch die agrikulturchemische Forschung ihre Testversuche längst aufs freie Feld verlegt.

Selbstverständlich kann man auch bei diesen Versuchen nicht alle naturgegebenen Bedingungen erfüllen, insbesondere dann nicht, wenn es sich um allzu kleine Parzellen handelt. Überflüssig zu betonen, dass das reale Kulturergebnis auf einer natürlichen Fläche sehr wohl gültige Aussagen macht, wenn es richtig gedeutet wird. Jeder Anbau in jedem Betrieb ist ein solch realer Versuch, und wenn das Resultat anhand aller Kriterien die in biologischen Substanzkreisläufen auftreten, beurteilt wird, dann ist es auch für den Biologen gültig und von hohem Wert. Nun hat die Agrikulturchemie allerdings kaum auf Böden gearbeitet, wie sie der Humuswirtschaft eigen sind und nur entstehen, wenn man alle ihre Voraussetzungen über längere Zeit hinweg erfüllt hat. Solche Böden beantworten die Fragen anders; auf den humusreichen Schwarzerdeböden der Ukraine und Rumäniens stimmt das Minimumgesetz nicht, wie *Liebig* selbst schon bemerkt hat (*C. E. Kellog*), und *Mitscherlich* entwickelte eigens ein »Gesetz vom schwindenden Ertrag«, um abweichende Versuchsergebnisse zu erklären.

## Fruchtbarkeit und Zahl der Bodenmikroben

Einer der auffälligsten Lebensvorgänge des Bodens ist die Ausbildung von Mikrobenzellen, sobald organische Nahrung zur Verfügung steht und Wachstumsbedingungen herrschen. Im Groben sind die biologischen Voraussetzungen für die Bildungen von Zellen in allen Lebensbereichen dieselben. Man kann also postulieren, dass ein fruchtbarer Boden zu Wachstumszeiten rein zahlenmäßig mehr Zellen produziert als ein unfruchtbarer, und wir hätten damit einen Lebensvorgang vor uns, dessen Umfang sich mit einfachen Methoden abschätzen ließe, ohne Rücksicht auf die Spezifitäten, allein anhand der Zahl der gebildeten Zellen. Ein solches Verfahren würde also in idealer Weise allen unseren Forderungen entsprechen, soweit es sich um ein quantitatives Maß für die Bodenfruchtbarkeit handelt, und wir würden nicht Gefahr laufen, falsche Schlüsse zu ziehen, wie sie bei Stoffanalysen nicht vermeidbar wären, denn wir testen ja einen Lebensvorgang und seinen Umfang, und sein Umfang ist direkt abhängig von einem Material, das unter gleichen Bedingungen in anderer Form später als Pflanzennahrung dient und in der Pflanze etwa die gleiche Zellzahl, das heißt den gleichen Wachstumsumfang gestattet, wie sie die Mikrobenpopulation erreicht.

Wir haben versucht, die Organismen der Bodengare zur Testung heranzuziehen in dem Gedanken, dass hohe Zellzahlen zugleich hohe Fruchtbarkeit bedeuten, niedrige eine geringe. Die Methoden der direkten und indirekten Zellzählung findet man in den einschlägigen Lehrbüchern, wir wollen uns hier ersparen, sie aufzuzählen; sie sind technisch einfach und rasch durchzuführen.

Zu Beginn unserer Arbeiten an Mutter Erden haben wir Bakterien-Bestimmungen in großer Zahl und mittels verschiedener Techniken durchgeführt; die Mühe war umsonst. Man bekommt erstaunlich unterschiedliche Zellzahlen dabei heraus, auch am gleichen Material, und irgendeine Beziehung zur Fruchtbarkeit ist nicht aufzufinden. Der kleinste von uns in Mutterböden gefundene Wert ergab vier Millionen Zellen pro Kubikzentimeter, der größte fünf Milliarden Zellen pro Kubikzentimeter. Diese Werte sind mit der gleichen Technik (isotonische Erdaufschwemmung 1:4 in Thomakammer) und auf der Höhe der Bodenaktivität gezählt worden. Es können sich also in ein Gramm Mutterboden sowohl vier Millionen als auch fünf Milliarden von Einzellern befinden; der Unterschied ist enorm (1:1250!) und verdächtig groß, denn solche Unterschiede der Fruchtbarkeit gibt es nicht.

Tatsächlich schwanken, wie sich weiter ergeben hat, die Mikrobenzahlen nicht nur in einzelnen Bezirken desselben Ackers ganz beträchtlich, sondern ändern sich im Laufe der Vegetationsperiode und Wachstumruhe ebenso stark. Und das ist gut verständlich: Was wir da vorfinden, ist kein Dauerzustand, sondern ein recht rasch ablaufendes, vergängliches, bereits als »zellulare Gare« gekennzeichnetes Geschehen, das aus vielen Gründen für eine Fruchtbarkeitsbestimmung unbrauchbar ist:

1. Auch in sehr fruchtbaren Mutterböden findet man nur während bestimmter Perioden hohe Zellzahlen.
2. Auch im Sommer findet man hohe Zellzahlen in fruchtbaren Erden nur kurzzeitig in Abhängigkeit von der Düngung und anderen, nur temporär erfüllten Bedingungen.
3. Ein zellarmer Boden kann auch in der warmen Jahreszeit und auf der Höhe des Wachstums sehr fruchtbar sein.

Die Konsequenz: Die durch Mikrobenzellen gebildete, durch faserige Überreste der Rottung verstrebte und die Wühlarbeit von Kleintieren gestaltete, grobporige zellulare Gare ist offenbar kein verlässliches Maß für die Bodenfruchtbarkeit, es gibt Fruchtbarkeit auch ohne sie, und sie ist im Verlaufe der Humifizierung eine vorübergehende Erscheinung, zwar notwendig für die Entstehung von Fruchtbarkeit und unentbehrlich für die physikalische Bodenstruktur, aber nicht typisch für den Umfang der daraus hervorgehenden Fertilität.

Das geht auch aus den folgenden, hier zum Verständnis zitierten Vergleichsversuchen hervor, die wir mit verschiedenen Boden-Arten in großer Zahl angestellt haben: In einem leichten, warmen, hungrigen, stark sandhaltigen Boden entstehen nach einer sommerlichen organischen Düngung rasch hohe Zellzahlen, sie halten sich aber nur kurze Zeit auf höchster Höhe; in einem schweren, kühlen, stark tonhaltigen Boden findet man nach einer sommerlichen Düngung zwar auch erhöhte Zellzahlen, diese kommen aber im Vergleich zum leichten Boden nur langsam-zögernd zustande und bleiben dafür um so länger erhalten. Beide Böden aber können unter normalen Bedingungen gleiches Wachstum hervorbringen, unabhängig vom Verlauf der Kurve (siehe Kurve 1).

Wie Kurve 2 zeigt, ähnelt sich der Verlauf der Zellzahlen ① in derartigen fortlaufenden Bestimmungen; es kommt nach einer kräftigen organischen Düngung erst dann zu einer deutlichen Erhöhung der Zahlen, die außerhalb der Fehlergrenzen liegt, wenn die Bodenerwärmung ausreicht, um die Verrottung zu gestatten, und es vergeht zwischen Düngung und Zellzahlerhöhung ① eine verhältnismäßig lange Zeit. Dabei dürfte auch mitsprechen, dass zunächst ein Kontakt zwischen Dünger und Erde hergestellt werden muss, ehe die zellenproduzierende Verdauungstätigkeit einsetzt (Der Vorschlag, dies durch leichtes Einhacken der Dünger zu beschleunigen, ist nicht in unserem Sinne, solange man nicht weiß, welche Abänderungen sich im Verlauf ergeben; für die Humuswirtschaft ist das auch nicht wesentlich, denn da wird kein Wert auf raschere, sondern nur auf die Dauereinwirkungen gelegt).

Dem Mediziner drängt sich der Vergleich mit der Hypo- und Hyperthyreose auf; der leichte Boden würde dem Menschen mit erhöhtem Grundumsatz, der schwere dem mit erniedrigtem entsprechen – die Summe der Leistungen kann bei beiden durchaus die gleiche sein, nur kommt sie bei der Hyperthyreose im Wechsel zwischen hektischer Steigerung und erschöpftem Versagen, im Falle des Hypothyreotischen in gleichmäßig stetiger Arbeit zustande. Der Grundumsatz ist es ja, der die verschiedenen Boden-Arten bezüglich ihrer Gesamtleistung unterscheiden lässt; und ihre Ernährung muss ihm ebenso angepasst werden, wie man das bei Menschen tut, die überhöhten oder erniedrigten Umsatz haben.

Andererseits entsteht nur dort Fruchtbarkeit, wo im Verlaufe der aktiven Bodenperioden ein oder mehrere Male hohe Zellzahlen aufgetreten sind. Je umfangreicher die zellulare Gare war, desto höher die resultierende Fertilität. Schon aus diesem Grunde sollte man auf die Möglichkeit nicht verzichten, durch die direkte Zellzählung etwas über die Fruchtbarkeit zu erfahren; wenigstens lässt sich eine unlängst angebrachte Düngung bezüglich ihrer Bodenwirkung teilweise testen, wenn man weiß, ob sie relativ viele oder wenige Zellen hervorbringt; ratsam auch deshalb, weil

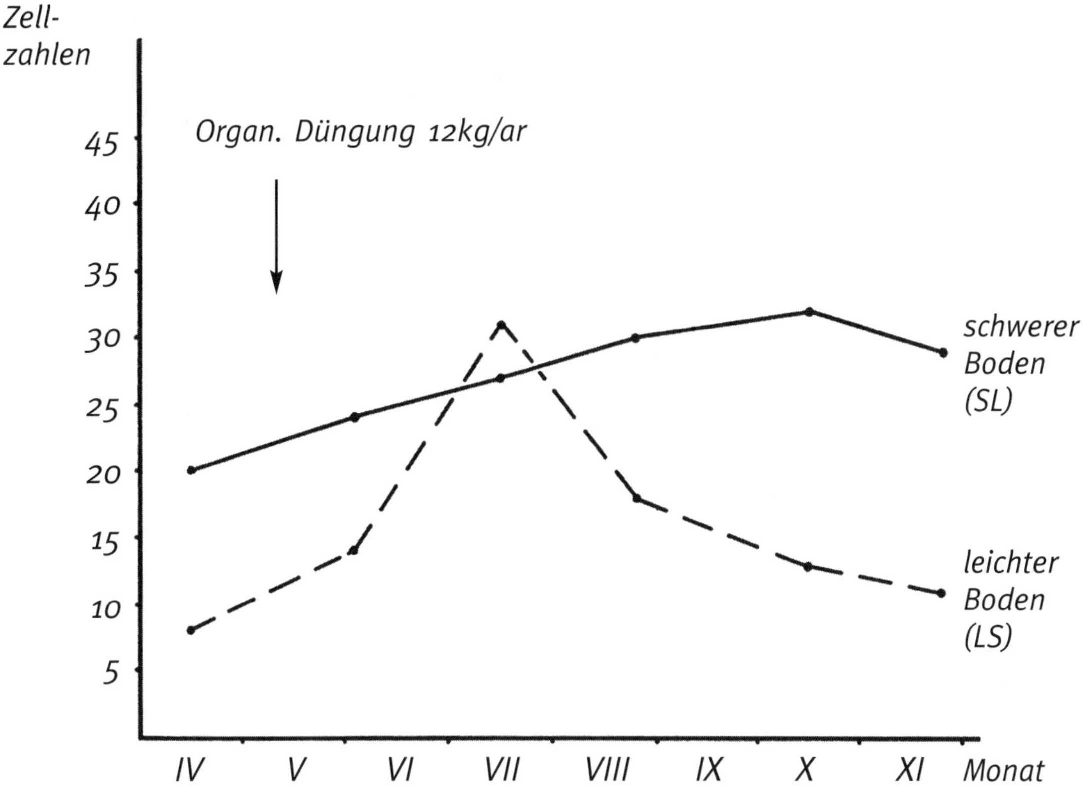


*Kurve 1:* Die Wirkung organischer Frühjahrsdüngung auf die Zellzahlen (1) bei einem schweren und einem leichten Boden. Vergleiche auch *Kurve 3*, S. 163.

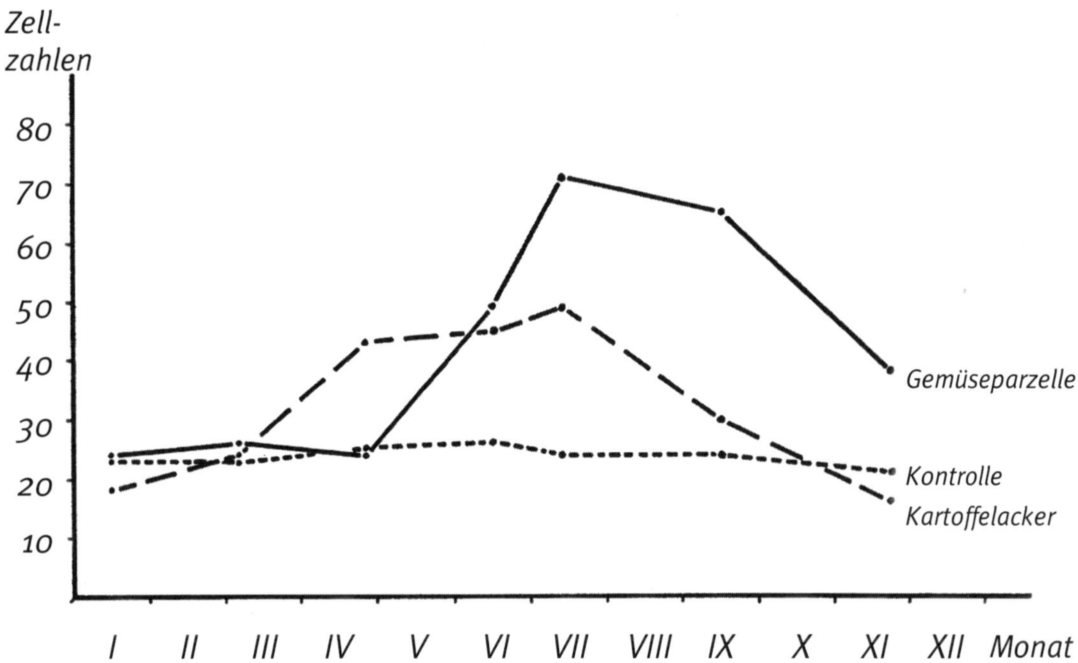


*Kurve 2:* Zellzahlen (1) in mittelschwerem Boden unter dem Einfluss organischer Düngung. Bodenbedeckung mit organischem Handelsdünger je 20 kg/ar. Kontrollparzelle ohne Düngung und Bepflanzung. Vergleiche auch *Kurve 4*, S. 163.

während des sommerlichen Wachstums ein Teil des Substanzkreislaufs aus der zellularen, durch die direkten Zellzahlen markierten Gare direkt in die Pflanze fließt, nach Ablauf der zellularen Garung also nicht mehr nachweisbar ist. Die direkten Zellzahlen sind durchaus verwertbar, wenn man bei der Auswertung immer bedenkt, was diese Zahlen aussagen können, was nicht, wenn man vor allem auch andere Zahlen gleichzeitig zur Verfügung hat und sie immer nur als ein relatives Maß betrachtet, wie es biologischen Vergleichsmaßen allgemein zukommt.

Allerdings muss die direkte Zellzählung so gestaltet werden, dass sie unabhängig wird von Bedingungen, die nur temporär vorhanden sind, unabhäng insbesonders von der Jahreszeit. Es ist unmöglich, Bodenproben gerade dann zu ziehen, wenn vermutlich die mikrobielle Aktivität auf der Höhe ist, und Bauern und Probenehmer haben gerade dann Zeit zur Probenahme und zum Schreiben von Protokollen, wenn sie es nicht ist. Dann aber ist der Boden inaktiv, also zellarm. Die Probe muss also vorbehandelt werden.

## Technik ① der Zellzählung

Der Boden braucht zur Entwicklung der mikrobiellen Aktivität außer der zu testenden Nahrung Wärme, Wasser und Luft. Was fehlt, muss experimentell dargestellt werden. Wie sich gezeigt hat, lässt sich unter aeroben Bedingungen einer Bodenproben-Aufschwemmung, die zur Zellzählung ohnehin gut brauchbar ist, die Mikrobenentwicklung durch Bebrütung der Probe ausreichend anregen, und die erforderlichen Testorganismen sind nachweislich in jeder Probe gegenwärtig; wir haben auch nicht ein einziges Mal bei Proben aus der ganzen Welt Laborstämme als Testorganismen zufügen müssen, sie waren immer vorhanden.

Im Prinzip benutzt man bei dieser einfachen und billigen Methode (vergleiche »Technik ①«, S. 136) die Bodenprobe als bakteriologischen Nährboden ohne besondere Zusätze; man stellt die Hauptwachstumsbedingungen her und liest das Resultat ab. Setzt man die gewonnenen Zahlen miteinander in Beziehung, so erhält man ein relatives Vergleichsmaß für diejenige Masse an organischer und mineralischer Substanz, die unter Wachstumsbedingungen für die spontan vorhandene Mikrobengesellschaft umsetzbar ist, und zwar ohne die Mitwirkung der Pflanze; und da die Pflanze nachweislich an der zellularen Gare nicht mitwirkt, jedenfalls nicht direkt, auch keine Wurzeln in die Zone des Abbaues entsendet, kann ein Einfluss der Pflanze auf die Resultate außer Betracht bleiben, solange man nicht mehr erfahren will als die Zellbildungskapazität durch die umsetzbare organische Masse.

Wird unter immer den gleichen Versuchsbedingungen gezüchtet und gezählt, so ist es ziemlich gleichgültig, ob man sich auf eine zwei-, drei- oder siebentägige Bebrütung einigt, ob man plus 20, 25 oder 27 Grad Celsius anwendet, ob man das Verdünnungsverhältnis vergrößert oder verkleinert und ob man diese oder jene Salze zur Herstellung der isotonischen Aufschwemmungsflüssigkeit benutzt (vergleiche Tab. 2, S. 135). Es ist aber auch gleichgültig, ob die Probe im Winter oder im Sommer entnommen wird; die Differenzbeziehung als relatives Maß genügt, um alle Proben miteinander vergleichen zu können.

Ebenso gleichgültig scheint uns die Frage, welche Mikroorganismen hier nun unfreiwillig als Testorganismus dienen; zunächst dürfen wir, wie schon erwähnt, voraussetzen, dass Mikroben in jeder fruchtbaren Erde vorkommen, und zwar gerade diejenigen, die der organischen Materie der Probe genau entsprechen, in lebens- und vermehrungsfähigem Zustand. Die Erfahrung hat gelehrt, dass es ein mikrobenfreies Verwitterungsprodukt praktisch nicht gibt, weil Spuren von Substanz organischer Herkunft immer vorhanden sind, und sei es noch so wenig. Wir haben keine einzige Erdprobe gefunden, in der nicht wenigstens einige wenige Zellen pro Zählkammereinheit zu finden sind, und selbst Erden, die vorher aus irgendeinem Grunde oder absichtlich experimentell auf hohe Wärme gebracht waren (bis zu plus 140 Grad Celsius in strömendem Dampf!), entwickeln nach der beschriebenen Technik nach einigen Wochen eine vollständig anmutende Mikrobengarnitur und sogar nicht sporulierende Bakterien. Wir können immer damit rechnen, dass eine Probe Mikroben enthält, die unter den gegebenen Bedingungen zu wachsen verstehen.

Wir haben über 30 000 derartige Zählungen vorgenommen; aus diesem Material stammen alle unsere Angaben. Dafür standen uns zuerst die Erden unserer eigenen Topf-, Saatbeet-, Gewächshaus- und Parzellenversuche zur Verfügung, später Proben aus Land- und Gartenbaubetrieben in fast allen europäischen Ländern und aus Übersee; wir haben ferner die von eingearbeiteten, verpflichteten Landbauberatern gezogenen Proben aus annähernd 400 mittleren und kleinen Betrieben einer Landbauorganisation zur Verfügung, vorwiegend aus Familienbetrieben, auch aus viehlosen Erwerbsbetrieben mit Feldgemüsebau, und alle diese Betriebe arbeiten ohne Treibdüngung und ohne chemischen Pflanzenschutz, sie sind seit teilweise Jahrzehnten auf reine Humuswirtschaft umgestellt oder befinden sich meist im letzten Stadium der Umstellung. An organischen Düngern haben wir die meisten europäischen Handelsdünger, die Produkte aus allen europäischen Stadtkompostbetrieben, teilweise in langen Versuchsreihen, und die verschiedensten Komposte aus kontrollierten und nicht kontrollierten biologischen Betrieben zur Verfügung gehabt – gewiss als Arbeitsgrundlage ein sehr umfangreiches und vielgestaltiges Material.

*Tab. 2:* Zellzahlen nach Technik ① und ② aus drei Substraten nach Aufschwemmung in unterschiedlichen, isotonischen Salzlösungen.

| Isotonische Lösung von | ① – ② | Zellzahlen nach Technik<br>① – ② | ① – ② |
|---|---|---|---|
| Ringerlösung | 45 – 180 | 23 – 84 | 120 – 380 |
| NaCl | 60 – 170 | 29 – 80 | 132 – 365 |
| Meersalz | 62 – 162 | 28 – 78 | 138 – 410 |
| Meerwasser | 58 – 164 | 29 – 81 | 141 – 380 |
| KCI | 44 – 46 | 18 – 29 | 84 – 204 |

Wir errechnen nicht mehr die Grammgehalte, sondern geben nur die Zellzahlen an, die man bei der Auszählung eines mittleren Quadrates = 1/25 der »Thoma-Kammer « bekommt. Die Erfahrung hat gelehrt, dass sich die folgenden Abstufungen ergeben:

| | |
|---|---|
| Unfruchtbarer Boden | ca. 3 – 9 Zellen |
| wenig fruchtbarer Boden | ca. 10 – 15 Zellen |
| mäßig gute Mutter Erde | ca. 15 – 25 Zellen |
| gute Mutter Erde | ca. 25 – 35 Zellen |
| sehr gute Mutter Erde | mehr als 35 Zellen |

pro Kammerquadrat. Die Untersuchung von Komposten und organischen Düngern ergab im Durchschnitt die folgenden Erfahrungswerte:

| | |
|---|---|
| Unbrauchbare Dünger | weniger als 30 Zellen |
| wenig brauchbare Dünger | ca. 30 – 50 Zellen |
| bedingt brauchbare Dünger | ca. 50 –100 Zellen |
| mittelgute Dünger | ca. 100 –200 Zellen |
| gute und sehr gute Dünger | mehr als 200 Zellen |

Annähernd die Hälfte der untersuchten Proben enthielt vor der Bebrütung schon ebenso viele Zellen wie nachher; das ist immer der Fall, wenn ausreichend feuchte Proben nach der Entnahme einige Zeit (Versand, Lagerung) bei Wachstumstemperaturen gehalten werden. Das war an sich zu erwarten, und man könnte sich die künstliche Bebrütung ersparen, indem man jede Probe bei genügender Feuchte einige Tage bei Zimmertemperaturen lagert, wenn nicht ein Teil der Proben nach der Bebrütung doch höhere Zellzahlen erbringen würde; und da man gleichzeitig andere Zubereitungen bebrüten muss, ist ohnehin die gleichartige Behandlung aller Zubereitungen vorzuziehen.

## Technik ①

***Ansatz*** *Von dem in üblicher Weise gut vermischten Material einer Boden- oder Kompostprobe werden 10 g (bei Komposten 20 g) abgewogen und – ohne Berührung mit der Hand! – in einen »Erlenmeyer-Kolben«, von 200 ml gefüllt. Dann werden 50 ml (bei Kompost 100 ml) physiol. Kochsalzlösung zugefügt und kräftig von Hand oder mit dem Schüttelgerät geschüttelt. Der Kolben kommt alsbald so für sich in einen Brutschrank, der auf 27 °C eingestellt ist. Anschließend wird die Suspension – nach abermaligem kräftigen Schütteln – filtriert (Fa. Schleicher & Schüll, Papierfilter Nr. 588, 15 cm = Ø; es wird aber nicht der ganze Kolbeninhalt filtriert, sondern die Filtration abgebrochen, sobald 1-2 ml durchgelaufen sind. (Diese Vorschrift ist besonders wichtig, weil sich die Filter je nach Beschaffenheit der Probe mehr oder minder schnell zusetzen.)*

***Zählung*** *Alsbald wird eine »Thoma-Kammer« mittels Pipette unter Deckglas gefüllt und unter dem Mikroskop eingestellt (Okular 6 X, Objektiv 45:1). Beim Auszählen muss berücksichtigt werden, dass bei vielen Boden-Arten auch mineralische Teilchen im Bild erscheinen; man kann sie aber von den organischen Teilchen (Mikrobenzellen) mit einiger Übung gut unterscheiden und zählt sie nicht mit. Ausgezählt werden drei so genannte mittlere Quadrate = 16 Kleinquadrate = 3/25 mm³. Die aus den drei mittleren Quadraten ermittelten Zahlen werden addiert und durch 3 dividiert. Will man den Zellgehalt von 1 ml errechnen, so muss man die erhaltene Zahl mit 1 Million multiplizieren.*

*Um das Resultat zu sichern, kann man a) einen 2. Ansatz mitführen, b) aus dem gleichen Ansatz eine 2. Filtration vornehmen und c) aus dem gleichen Filtrat mehrmals zählen. Die damit erzielbaren Korrekturen sind aber fast ausnahmslos so gering, dass sie für ein Routineverfahren entbehrlich sind.*

*Befinden sich (zum Beispiel bei sehr guten Erden, bei Komposten und organischen Düngern) in einem mittleren Quadrat der Kammer mehr als 25 Zellen, so verdünnt man das Filtrat im Verhältnis 1:10 mit Aq. font., weil sonst das Resultat nicht aussagekräftig wird; die ermittelte Zahl wird dann nachträglich mit 10 multipliziert. In seltenen Fällen muss eine weitere Verdünnung vorgenommen werden.*

## Bewertung der Zellzahlen ①

Es fragt sich nun, wie man die Zellzahl nach Technik ① zu bewerten hat. Da wir zu Anfang unserer Arbeiten nur diese Technik angewandt haben, versuchten wir, Zusammenhänge zwischen Zellzahl und Bodenfruchtbarkeit herzustellen, wobei wir die letztere mittels üblicher Kriterien getestet haben (Wachstum, Keimung, Fruchtung, Hektarertrag usw.). Es stellte sich nach kurzer Zeit heraus, dass eine Beziehung der Zellzahl ① zur Bodenfruchtbarkeit nur bei einem Teil der Befunde angenommen werden konnte, insbesondere bei Acker- und Wiesenböden mäßiger Güte, nicht aber bei guten Gartenböden und erst recht nicht bei Komposten.

Wir fanden im Stallmist beispielsweise im frischen Zustand zwischen 2 500 und 6 000 Zellen ①; in diesem Zustand ist er aber keineswegs fruchtbar, sondern ganz unzuträglich. Wird er fachgerecht kompostiert, so geht die Zellzahl ① anfangs rasch, dann allmählich langsamer auf Bruchteile des Anfangswertes zurück, und wenn reifer Stallmistkompost entstanden ist, findet man nach der Technik ① nur noch etwa den 10. Teil der Anfangszahlen ①. In diesem Zustand ist aber der Kompost erst uneingeschränkt pflanzentauglich und fruchtbar. Es blieb zunächst kein anderer

Schluss als der: Komposte mit hohen Zellzahlen ① sind nicht fruchtbar, sie werden es erst, wenn diese Zahl bis auf einen kleinen Bruchteil abgesunken ist.

Ähnlich verhielten sich gute Gartenböden, wie sie uns zur Verfügung standen, insbesondere im Gewächshaus und nach einer organischen Düngung; es traten Keimungs- und Wachstumshemmungen auf, die erst nach mehreren Wochen verschwanden, und erst nach mehreren Monaten schien die volle Fruchtbarkeit wiederzukehren. In der Zeit der Hemmung waren aber die Zellzahlen ① am höchsten – sie überstiegen die Durchschnittswerte teilweise um ein Mehrfaches –, und in der Zeit der Fruchtbarkeit am niedrigsten.

Andererseits kann nicht gut angenommen werden, dass eine rege Mikrobentätigkeit Zeichen für mindere Fruchtbarkeit ist, und es ist auch daran kein Zweifel, dass Komposte und Erden, die allezeit und von vornherein geringe Zellzahlen ① haben, weder zur Zeit noch später fruchtbar sind; auch schien auf wenig oder mittelmäßig fruchtbaren Böden durchaus eine Relation zwischen Zellzahl ① und Fruchtbarkeit zu bestehen.

Wir wählten deshalb einen LS-Boden aus, um die Beziehungen zwischen der Mikrobentätigkeit und der Bodenfruchtbarkeit dort zu studieren, wo sie vorhanden zu sein schienen. Wir brachten zu Beginn eine nach Parzellen abgestufte organische Düngung an, beginnend mit einer ungedüngten, endend mit einer stark übertriebenen Stallmistdüngung durch Bodenbedeckung. Der Boden, der ursprünglich eine Zellzahl ① von 16 i. D. aufwies, erreichte auf der hoch gedüngten Parzelle nach drei Monaten die ungewöhnlich hohe Zellzahl von 420 ohne, und 760 mit Bebrütung nach Technik ①. Diese Parzelle war aber am wenigsten fruchtbar; hier ging nicht ein einziger Samen auf, und eingesetzte Pflanzen starben sämtlich ab. Erst im darauf folgenden Jahr gab es eine leidliche Fruchtbarkeit bei Zellzahl ① von 80-120 i. D., aber noch Krankheitszeichen an der Pflanzung, und die volle, nun alle anderen Parzellen übertreffende Fruchtbarkeit zeigte sich erst im 3. Versuchsjahr, die Zellzahlen aber waren nun auf 30 i. D. abgesunken.

Die bei Komposten und guten Erden aufgefundenen Verhältnisse ließen sich also bei minderen Böden erst darstellen, nachdem wir die organische Düngung mit frischem Material stark übertrieben hatten; dann schien es auch hier, dass während hoher Zellzahlen ① keine Fruchtbarkeit existiert, sondern erst dann, wenn diese Zahlen auf einen kleinen Bruchteil abgesunken sind. Andererseits entstand die höchste Fruchtbarkeit dort, wo vorher außergewöhnlich hohe Zellzahlen ① aufgetreten waren. Die Fruchtbarkeit kam offenbar in den Zahlen des 1. Versuchsjahres zum Ausdruck, wird aber erst zwei Jahre später wirksam.

Damit war offenbar, dass eine direkte Beziehung zwischen Zellzahl ① und Fruchtbarkeit nicht vorliegt, dass diese Zahl also kein unmittelbar brauchbares Maß für die Fruchtbarkeit darstellt. Eine solche Beziehung besteht vielmehr nur unter abnormen Verhältnissen, denn die stark übertriebene Düngung minderer Böden ist ebenso unnatürlich wie die Aufhäufung organischer Massen als Kompost. Im Normalfall und unter physiologischen Bedingungen lässt sich die Bodenfruchtbarkeit demnach nicht mit der Zellzahl ① messen.

Was aber lässt sich damit messen? Auch das ist aus unseren Versuchen zu entnehmen: Die Zellzahl ① stellt ein Maß für den Umfang der zellularen Gare dar und daher auch ein Maß für vorausgegangene organische Düngungen; sie ist nur ein indirekter Fruchtbarkeitstest und zeigt an, welches Maß die Fruchtbarkeit in ein oder zwei Jahren erreichen wird. Insofern ist die Zellzahl ① für die fortlaufende mikrobiologische Kontrolle organisch gedüngter Böden brauchbar, nicht aber zur Prüfung der gegenwärtigen Fruchtbarkeit.

## Zellzahlen ① und Bodengare

Wir haben gesehen, dass Substrate, die sehr hohe Zellzahlen ① aufweisen, unfruchtbar sind. Das steht im Widerspruch zu der Meinung, reiches Bakterienwachstum im Boden bedeute Fruchtbarkeit; es bedeutet nur, dass lange Zeit später Fruchtbarkeit entsteht. Es scheint also, dass die Pflanze, zumindest die von uns benutzte Kulturpflanze, die Zellgare nicht verträgt, und daraus kann zunächst nur der Schluss gezogen werden, dass die Pflanzenwurzel überhaupt keine Mikroben verträgt. Das aber steht wiederum im Widerspruch zu der Tatsache, dass man auch in der Rhizosphäre der wachsenden Pflanze große Mengen von Mikroorganismen auffindet, um so mehr, je besser das Wachstum ist.

Die Aufklärung solcher Widersprüche ergab sich aus zahlreichen weiteren Beobachtungen. Wir bemerkten schon, dass Komposte erst dann voll wurzelverträglich und wachstumsfördernd sind, wenn sie »ausgereift« sind, wie man zu sagen pflegt; in diesem Zustand enthalten die Komposte aber kaum noch Mikrobenzellen, und man erhält nach Technik ① ausgesprochen niedrige Werte. Setzt man nun in solche Komposte angezogene Pflanzen, so bemerkt man nach ihrem Anwachsen, dass die Zellwerte wieder ansteigen, es entsteht wieder eine zellenreiche Bodenflora, nämlich die Rhizosphärenflora. Man kann aber schon beinahe auf den ersten Blick sagen, dass es sich dabei um eine grundsätzlich andere Flora handelt, als bei der zellularen Gare, und offenbar haben diese beiden Floren direkt nichts miteinander zu tun. Wir durften jetzt vermuten, dass die Flora der zellularen Gare grundsätzlich für die Pflanze giftig und wurzelschädlich ist, und tatsächlich ließ sich auch beobachten, dass die Pflanze im Bereich der Zellgare kein Nährwurzelsystem ausbildet, sondern sie offensichtlich meidet.

*Tab. 3*: Zellzahlen aus Erden eines Grundversuchs im Vergleich zu Wachstum und Keimung.

| Alter der Erde | Zellzahl in 0,1 mm³ ① | ② | Frischpflanzenmasse in kg / ar | Keimung |
|---|---|---|---|---|
| Beginn | 3800 | 3800 | Ø | Ø |
| 4 Wochen | 3350 | 3950 | Ø | 1% |
| 3 Monate | 480 | 2740 | 4,24 | 20% |
| 1 Jahr | 162 | 1260 | 52,6 | 75% |
| 2 Jahre | 76 | 640 | 144,0 | 100% |

Wir wurden dadurch zu Versuchen angeregt, Erden mit einer hohen Zellzahl ① besonderen Prüfungen zu unterwerfen. Wir greifen einen besonders typischen Versuch (Tab. 3) heraus (die angegebenen Werte stellen den Durchschnitt aus drei analogen Versuchen dar), den wir mit einer aus einem Freilandversuch stammenden Erde mit hoher Zellgare angelegt haben, von der jeweils zu den angegebenen Zeiten Proben entnommen wurden. Man streut am besten in Saatkästen auf Keimfähigkeit geprüfte Kressesamen auf, ohne sie in die Erde einzubringen, und hält sie mit Regenwasser normal feucht, aber nicht nass. Wie man sieht, tritt in der Erde auf der Höhe der Zellgare (Zellzahl ①, die Zellzahl ② sei hier zunächst übersehen) kein Wachstum auf, nicht einmal Keimung. Vier Wochen später lässt sich geringfügige Keimung nachweisen, aber noch kein Wachstum; erst dann, wenn die Zellzahl ① stark abgesunken ist, setzt Keimung und Wachstum ein, aber erst mit dem Rückgang der Zellzahl auf 76 im 2. Versuchsjahr ist die Erde voll fruchtbar geworden, alle Samen keimen aus und wachsen zu einem normalen Ertrag an Pflanzenmasse heran. Die Zellzahlen ① sind von 3 800 (aus organischier Düngung) auf 76 abgesunken, während die Fruchtbarkeit – umgekehrt proportional – fortlaufend zugenommen hat.

In dem hier angegebenen Versuch sind absichtlich sehr hohe Anfangswerte herbeigeführt worden, indem wir eine um das Vielfache übertriebene Stoßdüngung mit hochwertigsten Düngern angebracht haben; das geschah, um die Beziehungen zwischen maximaler Zellgare und Bodenfruchtbarkeit aufzudecken, und es ergab sich dabei, wie wir es theoretisch erwartet haben, dass Fruchtbarkeit schrittweise erst entsteht, wenn die durch Technik ① dargestellte Zellgare mehr und mehr verschwindet, weil die Nährstoffe der Düngemasse aufgezehrt worden sind. Die in einer Bodenprobe vorhandenen Mikroben-Zahlen können demnach nicht zur Messung der Bodenfruchtbarkeit benutzt werden, denn sie sagen offensichtlich nicht aus wie fruchtbar der Boden zur Zeit der Untersuchung ist; er kann, wie man wieder sieht, bei einem Maximum an Zellgare (Lebendverbauung) sogar total unfruchtbar, keimungshemmend und pflanzenunzuträglich sein. Eine maximale Zellgare sagt lediglich aus, dass große Mengen von Nährstoffen aus organischer Abfallmasse zur Verfügung stehen, die offenbar verbraucht sein müssen, ehe Bodenfruchtbarkeit entsteht.

## Beziehung Dünger – Boden – Pflanze

Wir erhalten da einen ersten Einblick in die Beziehungen zwischen Dünger, Boden und Pflanze, der in mehrfacher Hinsicht interessant ist. Die Nährstoffe der gedüngten Abfallmassen dürfen offenbar nicht einmal zum Teil als Pflanzennahrung betrachtet werden; ihre Energien kommen der Pflanze nicht direkt, sondern erst auf Umwegen und nach Ablauf eines lang dauernden Lebensprozesses zugute. Die Pflanze legt anscheinend auch keinen Wert darauf sich die Düngernährstoffe anzueignen, denn sie machte in keinem unserer Versuche Anstrengungen um sie zu erreichen, im Gegenteil, sie gedeiht niemals optimal, solange noch Düngernährstoffe greifbar sind. Diese Nährstoffe sind also eindeutig nicht für die Pflanze bestimmt, sondern sollen ohne Ausnahme die für den mikrobiologischen Umbau der Substanzen erforderlichen Energien liefern, und erst dann, wenn dieser Umbau beendet ist – und das kann Jahre dauern –, sind die Abfallmassen der Dünger in Pflanzennahrung verwandelt und werden von der Pflanze aufgesucht und angenommen.

Freilich ist die Pflanze ohnehin nicht auf die Düngernährstoffe angewiesen, denn sie vermag sie ja selbst herzustellen; aber das ist keine Erklärung, denn es ist nicht einzusehen, warum sie sie nicht trotzdem nehmen sollte, wenn sie ihr geboten werden. Offenbar soll sie die Abfallnährstoffe aus anderen Gründen nicht aufnehmen, deshalb wird ihr die Aufnahme mit Mitteln verweigert, die nicht in der Natur der Nährstoffe selbst zu sehen sind – es sind ja die gleichen, die sie selbst bildet –, sondern mit Wirkstoffen, die im Stoffwechsel der Zellgare entstehen, mit Stoffwechselprodukten der abbauenden Mikroben. Diese Stoffe sind ultrafiltrabel und lassen sich nachweisen; alle von uns hergestellten Filtrate aus zellulärer Gare wirken stark keimhemmend, wurzelschädigend und wachstumshemmend bis zur Abtötung von Samen und Pflanzen.

Es ist schon sehr interessant zu erfahren, dass im Mutterboden dicht beieinander ein tödliches und ein lebenspendendes Prinzip existieren, und wer sich mit der Bodenbiologie abgibt, sollte sich das immer vor Augen halten. Erst so wird begreiflich, dass wir es da mit einem lebendigen Gewebe zu tun haben, das ebenso empfindlich und verletzbar ist wie das pflanzliche und tierische Gewebe. Es kann nicht anders sein: jede Bodenarbeit, die über die Schichtentiefe der Zellgare – und das sind auf jeden Fall nur einige Zentimeter – hinausgeht in die Tiefe, bringt die Gefahr der Pflanzenhemmung und -schädigung. Jedes gewaltsame Verlegen der Zellgarung in die Rhizosphäre bedeutet, dass die pflanzenfeindliche Garungszone, die tödliche Wirkstoffe produziert, ihre natürliche Begrenzung auf die Oberschicht verliert, dass also ein Lebensvorgang, mit dem die Pflanze nichts zu tun haben darf, gewaltsam mit ihr in Beziehung gebracht wird. Da die Abgrenzungen zwischen Zellgare und übrigem Mutterboden überall verschieden verlaufen – hier in einigen Zentimetern, dort in wenigen Millimetern Tiefe –, ist an sich jede Bodenbearbeitung für den Organismus »Mutter Erde« schädlich; bedeutsam und unverantwortlich wird sie dann, wenn der Boden auf der Höhe der Zellgare umgepflügt oder umgegraben wird, und das Einpflügen und Eingraben frischer organischer Dünger (Gründüngung, Stallmist) muss vollends als schwere Sünde wider das Leben betrachtet werden.

Die Hemmwirkungen von mechanischen Eingriffen in die natürliche Bodenschichtung darf nicht unterschätzt werden, wie sich aus einer Reihe von Vergleichsversuchen ergeben hat, von denen hier folgende erwähnt werden sollen: In biologischen Betrieben wurden die Scheiben von mehreren Obstbäumen und Beerensträuchern vergleichsweise alljährlich ein- bis zweimal gehackt, während alle übrigen wie üblich unversehrt blieben. Das Resultat war sehr eindeutig: Die gehackten Pflanzen blieben im Wachstum erheblich zurück, neigten zum Schädlingsbefall und hatten einen wesentlich geringeren Ertrag, ja es zeigte sich sogar, dass man nicht einmal außerhalb des Kronenumfanges hacken darf, ohne die Gesundheit und Fruchtbarkeit der Gewächse zu gefährden. Künstliche Düngung und chemische Schädlingsbekämpfung vermögen den Schaden nur sehr kurzzeitig auszugleichen, vermochten aber in keinem Falle den Zustand der unbehandelten Gewächse herbeizuführen. Es sei betont, dass sich diese Beobachtungen auch auf Obstbaum-Unterlagen bezogen, von denen behauptet wird, man müsse die Scheiben auf jeden Fall offen halten. Selbstverständlich wurde das Hacken, wie üblich, oberflächlich ausgeführt.

Ähnlichen Schaden bringt eine organische Stoßdüngung mit übertrieben großen Düngermengen, wie sie mancher Neuling bei der Umstellung auf die organisch-biologische Wirtschaftsweise gern anwendet. Der Boden bekommt da unnatürlich große Nahrungsmengen, die er erst in mehreren Jahren verdauen kann, Mengen, die im Augenblick keinerlei Nutzen bringen, sondern eindeutigen Schaden. Der Vergleich mit dem tierischen Organismus ist nicht abwegig: Es ist schon schädlich, wenn ein Mensch, der an normale Nahrungsmengen gewöhnt ist, ausnahmsweise einmal doppelt so viel isst; wenn er aber, wie beispielsweise die Kriegsgefangenen aus Hungerlagern, lange Zeit sehr wenig bekommen hat, kann man seine Dystrophie und Unterernährung nicht dadurch rasch beheben, dass man ihm viel zu essen gibt, im Gegenteil – man bringt ihn dadurch in Lebensgefahr, und viele Heimkehrer haben daran sterben müssen. Ein lange Zeit ausgeraubter und vorwiegend kunstgedüngter Acker ist ebenso »dystrophisch« und muss erst allmählich an die normale organische Nahrungsmenge gewöhnt werden; es ist also ganz falsch, wenn man sofort im ersten Jahr einer Umstellung große Mengen organischen Düngers ausbringt, weil der Boden sie nicht bewältigt und die Pflanzenschädigung nicht zu verhindern ist.

Wie man sieht, lassen sich aus der Zellzählung nach Technik ① schon eine ganze Reihe von wesentlichen Schlüssen ziehen; wir haben sie deshalb bis heute beibehalten und wenden sie bei jeder eingehenden Boden- und Düngerprobe an. Wir werden sehen, dass sie weitere wichtige Aussagen macht, von denen weiter unten zu sprechen sein wird; fassen wir hier zunächst zusammen, was sich bisher ergeben hat:

1. Hohe Zellgare ist kein Maß für die Fruchtbarkeit, sondern nur für eine zukünftige Fruchtbarkeit des Bodens. Andererseits ist eine hohe Zellgare für zukünftige Fruchtbarkeit vonnöten.
2. Die Zellzahl ① kann zur Kontrolle der organischen Düngung benutzt werden, weil sie ein Maß für die unlängst verabreichte organische Masse ist.
3. Die Region der Zellgare ist für die Pflanze (Kulturpflanze) unzuträglich. Die Giftigkeit der Zellgare ist eine Folge von Stoffwechselprodukten der abbauenden Mikroorganismen.
4. Ein Boden, der fortlaufend niedrige Zellzahlen ① zeigt, bleibt auch in Zukunft so unfruchtbar, wie er ist.
5. Agrikulturell muss sowohl eine übertriebene, stoßartige Zellgare wie das Einbringen unzersetzter organischer Massen in die Tiefe der Krume streng vermieden werden.

Es sei ergänzend hinzugefügt, dass das Absinken der nach der Technik ① ermittelten Zellzahlen dem Verbrauch der Abfallnährstoffe (Kohlehydrate, Zellulose, Hemizellulose) zuweilen parallel geht; wenn es billiger wäre, die Nährstoffanalyse durchzuführen, so könnte man erwägen, sie an Stelle der mikrobiologischen Technik zu gebrauchen, Aber erstens ist sie nicht billiger, und zweitens hält sie sich praktisch an den Kohlenstoffgehalt; dieser aber geht der Zahl der tatsächlich anwachsenden Zellen nicht unbedingt parallel, kann also die Zellzählung nicht ersetzen.

## Prinzip eines allgemeinen Versuchsmodells

Wir haben uns nun zu fragen, wie man zu einem direkten mikrobiologischen Maß für die Fruchtbarkeit gelangt. Nach unseren Arbeiten nach Technik ① durfte schon gesagt werden, dass die Bodenfruchtbarkeit nicht auf der Ebene der Zelle Ereignis wird, sondern erst dann, wenn die Zellgare beendet, die Abfallnährstoffe aufgebraucht und die Substanzen des biologischen Kreislaufs auf die Ebene des Makromolekularen zurückgeführt worden sind. Wir durften außerdem annehmen, dass sich die Makromolekularsubstanz grundsätzlich in einer anderen, tiefer gelegenen Bodenschicht befindet, soweit sie die Pflanzenwurzel erreicht; die Schicht der Zellgare ist für sie unzuträglich und die dort befindlichen Substanzen unerreichbar.

Wir hatten deshalb die Aufgabe, den Ablauf der Fertilisation vom organischen Dünger bis zur fertigen Pflanzennahrung zunächst anatomisch zu studieren. Das war um so notwendiger, als man in den üblichen Bodenproben stets ein Gemisch aus zellularer und makromolekularer Gare vor sich hat, die sich nicht ohne weiteres voneinander trennen lassen. Es kam darauf an, ein Substrat in die Hand zu bekommen, anhand dessen man studieren kann, mit welchem Verfahren sich die eigentliche Bodenfruchtbarkeit, das heißt der Umfang der plasmatischen, makromolekularen Gare messen lässt.

Es ist ungewöhnlich schwierig, in normalen Mutter Erden eine saubere mechanische Trennung von mikrobiologisch unterscheidbaren Schichten vorzunehmen, und man kann das ohnehin nur auf Böden versuchen, die lange Zeit nicht bearbeitet wurden und bei denen deshalb die natürliche Schichtung erhalten ist. In den uns zugänglichen Naturböden war aber die Schichtendicke so gering, dass die Abtrennung technisch unmöglich war. Wir haben trotzdem auf solche Weise die ersten Unterschiede in der mikrobiologischen Beschaffenheit der Gareformen gefunden, sie mit Unterschieden der Struktur in Beziehung setzen können und auch bemerkt, dass die Pflanze nicht in der zellularen, sondern in der makromolekularen Gare gedeiht. Da aber in praxi der Wechsel von der einen in die andere Gareform fast auf jedem Quadratzentimeter Boden anders verläuft, lassen sich die Unterschiede bei den normalerweise zugänglichen Substraten nicht eindeutig festlegen.

Das mag sich ändern, wenn man gelernt hat, mit anderen, zum Beispiel biochemischen Methoden, den Substanzumbau bei der Humifizierung zu verfolgen und zu unterscheiden, welche Substanzen noch in den Bereich der unfruchtbaren, welche in den der fruchtbaren Gareform gehören. Man wäre dann anhand der letzteren in der Lage, ein exaktes Urteil über den Umfang der verfügbaren Pflanzennahrung abzugeben. Im Augenblick will es scheinen, als stünde man vor einer unlösbaren Aufgabe.

Wir mussten uns deshalb der Mühe unterziehen, eine Versuchsanordnung zu finden, die uns einen ausreichenden Einblick in den Ablauf der Garung vermittelt und uns Substrate an die Hand gibt, an denen sich die Unterschiede zwischen Zell- und Plasmagare studieren lassen. Das gelang mit folgender Versuchsanordnung:

**Grundversuch** Auf eine planebene, natürliche Bodenfläche, von der man die Krume restlos entfernt hat, schichtet man in mindestens 30, besser 50 Zentimeter Höhe eine Erde mittlerer Güte auf, die nach Technik ① weniger als 10 Zellen enthält. Dann stellt man eine Mischung aus pflanzlichen und tierischen Düngern von hohem Zellgehalt ① her (Verhältnis 2:1), zerkleinert sie, so dass sie als Flächenkompost geeignet ist, und schichtet sie in drei bis fünf Zentimeter Dicke auf die Erdunterlage auf. Der Versuch wird ausdrücklich im Freien angelegt, um das Substrat den natürlichen Einwirkungen (Niederschlag, Sonne, Frost usw.) auszusetzen. Anwachsendes Unkraut wird, sobald es fassbar ist, vorsichtig ausgezogen und an Ort und Stelle belassen, nicht entfernt; es muss dafür gesorgt werden, dass keine größeren Gewächse entstehen, damit ein Umwühlen der tieferen Schichten durch das Ziehen der Wurzeln vermieden wird. Meist genügt der Unkrautanfall, um auch im 2. und 3. Versuchsjahr eine natürliche Bodenbedeckung darzustellen; wenn nicht, so muss die organische Auflage in geringer Dicke (unter einem Zentimeter) jeweils erneuert werden; es muss vermieden werden, dass der Boden selbst ohne Schutz ist und die Erde sichtbar wird. Abschnitte der Anlage, die für Probenahmen benutzt werden, werden unbrauchbar. Man muss die Anlage nicht nur einzäunen, sondern auch durch ein Netz vor Vögeln schützen, die sie sehr schätzen; besonders Amseln und andere Drosseln durchwühlen sie stark. Ebenso muss man natürlich Mäuse, Wühlmäuse und Maulwürfe fernhalten.

Der Grundversuch lässt sich in mannigfacher Weise modifizieren, indem man Erdunterlage, Schichtendicken, das Material der organischen Auflage und vieles andere abändert; wir haben ihn außerdem benutzt, um die unterschiedlichen Garungswirkungen aller verfügbaren organischen Materialien und Handelsdünger zu studieren, und ebenso erhält man bei der Anwendung üblicher chemischer Dünge-, Spritz- und Stäubemittel wertvolle Auskünfte über ihre Wirkungen auf die Kriterien der Bodenfruchtbarkeit.

Mit dieser Technik lässt sich der Gareablauf, wie wir ihn bereits oben vorweg theoretisch charakterisiert haben, gut darstellen. Man bekommt so am ehesten eine Trennung der Zell- und Plasmagare zustande und kann sowohl ihre anatomische als auch ihre mikrobiologische Eigenschaft studieren. Ich kann nur empfehlen, von der Methode reichlich Gebrauch zu machen, denn es gelingt nur auf diese oder eine ganz ähnliche Art, die Einzelheiten der Garungen und damit das Wesen der Bodenfruchtbarkeit kennen zu lernen. Man kann so auch die Prinzipien der Düngung, der Bodenbearbeitung, der Schädlings- und Krankheitsbekämpfung, der Wurzelgesundheit, der Spurenstoffwirkungen genauer darstellen, als es mit anderen Substraten, insbesondere mit den üblichen Bodenmischproben möglich ist. Außerdem bekommt man für fortlaufende Topf-, Kasten- und Pflanzbeetversuche ein Material, dessen Beschaffenheit und Herkunft bekannt ist.

## Anatomie der Bodengarung

Es ist nun hier nicht möglich und auch nicht nötig, alle derartigen Versuche aufzuführen, die wir im Laufe der Jahre gemacht haben. Wir würden die nicht gelesene Fachliteratur nur vermehren.

Es sollte nur bemerkt werden, dass man Hunderte von Doktorarbeiten allein an einem einzigen Grundversuch ansetzen könnte, weil das, was da abläuft, an Vielfalt des makro- und mikroskopischen Lebens, an Stoffwechselabläufen und biochemisch interessanten Einzelheiten schlechthin alles übertrifft, was wir im oberirdischen Leben zu sehen bekommen. Allein die Tatsache, dass im Bereich der Zellgare alles, aber auch alles aufgezehrt wird, was aufzuzehren ist, bietet die Möglichkeit, das Wesentliche vom Unwesentlichen, das Sekundäre vom Primären an den Substanzen des biologischen Kreislaufs zu unterscheiden. Für uns war entscheidend, dass wir hier ein zuverlässiges Substrat bekamen, um den Gareablauf, die Beziehung Boden – Pflanze, die mikrobiellen Zuordnungen und den Charakter der funktionellen Bodenschichtung zu erkennen, eine Möglichkeit, der wir letzten Endes unsere Methoden verdanken, die Bodenfruchtbarkeit zu messen, die biologische Bodenqualität darzustellen und damit schließlich den Zusammenhang zwischen allen Fruchtbarkeiten im Lebensbereich sichtbar zu machen. Im Folgenden werden wir verschiedentlich auf Einzelheiten einzugehen haben; methodisch sei noch erwähnt, dass es sich grundsätzlich empfiehlt, die mikrobiologischen Laboruntersuchungen durch Personen durchführen zu lassen, die nicht wissen, was man etwa als Resultat zu erwarten hat, die also nicht bei Probeentnahmen zugegen sind und nur chiffrierte oder neutral bezeichnete Proben untersuchen. Wer mit Lebendigem arbeitet, muss subjektive Einflüsse auszuschalten suchen, und jeder Mikrobiologe weiß, dass man viele Abläufe unbewusst beeinflussen kann. Biologische Tests sind ohnehin manchmal sehr vom

Untersucher abhängig, und bei einem Nacharbeiten unserer Tests wird man alsbald bemerken, dass man lange Zeit braucht, bis man aus dem gleichen Substrat auch die gleichen Resultate bekommt. Ich empfehle dringend, diese Schwierigkeit nicht zu unterschätzen.

Wir wollen uns darauf beschränken, zunächst nur das grundsätzlich Wesentliche aufzuzählen, das wir bei unseren Grundversuchen erfahren haben:

1. Die Oberfläche der organischen Decke (s. Abb. 2, S. 112) bleibt, obwohl sie äußeren Einwirkungen (Regen, Wind, Sonne usw.) am meisten ausgesetzt ist, so lange unverarbeitet, bis eine weitere Aufschichtung vorgenommen wird; nur die feineren Partikel, besonders der tierischen Abfälle, werden alsbald tiefer geschwemmt. Auf dem Material der dünnen Oberschicht finden nennenswerte Koloniebildungen durch Mikroben nur statt, wenn einige Zeit lang feuchtwarmes Wetter herrscht oder bei fortlaufender künstlicher Befeuchtung; das Auflegen von Kunststofffolien beschleunigt den Mikrobenbefall, behindert aber den Gasstoffwechsel, wobei anaerobe Vorgänge, insbesondere Fäulnis, in Gang kommen, die immer und überall unerwünscht sind. Die Natur behält die kaum verrottende Schutzdecke aus gutem Grund bei, man soll ihre Verrottung nicht künstlich fördern.

2. Unter der Deckschicht setzt kurze Zeit nach Beginn des Versuches – in der warmen Jahreshälfte! – eine intensive Lebenstätigkeit ein, es bildet sich eine Rotteschicht aus; die Tätigkeit wird von zahlreichen Bodentier-Arten begonnen und von einer ungeheuer mannigfaltigen Mikrobenpopulation, unter denen die pilzlichen bei weitem überwiegen, fortgesetzt. Zu Anfang entspricht die Dicke der Rotteschicht der organischen Auflage; alsbald aber verwischt sich die Grenze nach unten, und die mikrobielle Verbauung reicht je nach Menge des organischen Materials und nach Witterung mehr oder minder tief in die ursprünglich zellarme, vorwiegend mineralische Erdschicht der Unterlage hinein. In diesem Stadium bildet sich die anatomische Struktur der Zellgare-Schicht voll aus.

3. Die nun entstandene Schicht der mikrobiellen, zellularen Gare wird teils von der organischen Auflage, teils von der Erdunterlage dargestellt; sie ist mikroskopisch an der Ausbildung von Krümeln und Hohlräumen, mikroskopisch an ihren Mikrobenkolonien deutlich kenntlich und bleibt auch bei trockenem Wetter lange Zeit feucht. Interessant ist die Beobachtung, dass zu Anfang zwar die organische Auflage mit zahlreichen Pilzbesatzungen versehen ist, dass es aber zunächst zur Ausbildung einer typischen Zellgare nur dort kommt, wo bereits mineralische Feinsubstanz zur Verfügung steht, das heißt in dem angrenzenden Teil der Erdunterlage; das kann günstigsten Falles in wenigen Tagen sichtbar werden. Zur Ausbildung der Zellgare ist also mineralische Feinsubstanz wichtig, und man sollte als Zellgare auch nur die Bezirke des Bodens bezeichnen, deren Struktur durch den Kontakt von Mineral, Mikroben und einfließenden und -sickernden, noch nährstoffhaltigen organischen Partikeln zustande kommt. Erst wochenlang später fällt auch aus der Rotteschicht selbst mineralische Feinsubstanz an, und dann breitet sich die Zellgare weiter nach oben und nach unten aus, bis ihr Leben schließlich ganz allmählich – unter Abfall des KH-Gehaltes – erlischt und die typische Struktur der Zellgare mehr und mehr verfällt. Der großzügige Gasstoffwechsel, der durch die Hohlräume möglich wird, schränkt sich automatisch in dem Augenblick ein, in dem es nicht mehr viel zu verbrennen gibt. Der Zerfall der Zellgare kann stark beschleunigt werden, indem man die organische Deckschicht wegnimmt und die Erde der direkten Belichtung aussetzt. Die Zellgare hält sich normalerweise – je nach Verdaulichkeit des aufgelegten Materials – drei bis zwölf Monate lang.

4. Die Schicht der plasmatischen Gare ist in den ersten Wochen des Versuches niemals mikroskopisch zu erkennen; dass sie existiert, erweist sich fast nur mikrobiologisch. Bei zunächst wenig oder nicht angefärbten Erdunterlagen erweist sie sich manchmal durch eine zunehmende Anfärbung der Erde ohne Strukturänderung; meist wird sie erst deutlich, wenn die Zellgare ihrem natürlichen Ende zugeht und in eine feinkrümelige, stark sorptionsfähige Masse zerfällt, der man auf den ersten Blick ansieht, dass es sich nicht um rein mineralische Substanz, sondern um etwas ganz

anderes handelt. Die Entnahme von Schichtproben und ihre mikrobiologische Prüfung erweist aber, dass die Plasmagare nicht auf den Bereich der Zellgare beschränkt ist, sondern sich tief in die Erdunterlage fortsetzt, im zweiten oder dritten Versuchsjahr zuweilen bis auf den Grund der Erdunterlage. Die Zellzahlen nach Technik ① sind und bleiben in dieser Schicht niedrig; sind sie hoch, so handelt es sich um restliche Zellgare. Mit der Zeit wird die ganze Dicke der künstlichen Krume des Versuchs zu Plasmagare; sie enthält keine deutlichen Mikrobenpopulationen und -kolonien mehr, sondern wird zu einem zellarmen, fein strukturierten, äußerst sorptionsfähigen System, das durch seine Feinkrümelung einerseits und die Nichtausschwemmbarkeit im »*Köhler*schen Schwemmversuch« andererseits gekennzeichnet ist.

## Resultate der Schichtenzählungen

In der unteren Hälfte der Tab. 6 (S. 157), die wir hier vorwegnehmen, sind die Durchschnittswerte der Auf- und Unterlagen mehrerer Grundversuche nach Schichten getrennt aufgeführt, die sich mittels Zählung nach Technik ① ergeben haben. Wie man aus der sehr hohen Anfangszahl des Rotteschichtmaterials ersieht, wurden hochwertige Düngerauflagen verwandt, um möglichst große Zahlendifferenzen zu bekommen; die Erdunterlage brachte zu Beginn nur neun Zellen pro Zähleinheit zustande, die Auflage 3 400.

Vier Wochen später tritt die erste Zellvermehrung nach Technik ① in der Unterlage auf, sie steigt von 9 auf 293 an, nach drei Monaten sogar auf 489, um im nächsten und übernächsten Jahr wieder rapid abzufallen. In den ersten Wochen findet sich die höchste Zahl noch in der organischen Auflage, später in den obersten Zentimetern der Erdunterlage.

Die morphologisch-anatomischen Beobachtungen lassen sich also mit Hilfe der Zähltechnik ①, die ja die Zellgare darstellt, mikrobiologisch bestätigen: Die Zellgare, oder sagen wir besser, die Ausbildung von Mikrobenkolonien geht von einem Anfangswert von 3 409 auf 92 Zellen zurück, und zwar im Laufe von zwei Jahren, so dass dann die mikrobielle Umsetzung als beendet angesehen werden darf. Vorübergehend reicht, besonders im ersten Versuchsjahr, die Zellgare bis in die Erdunterlage hinein, vorwiegend auf die oberen Zentimeter begrenzt, aber auch noch in der Tiefe nachweisbar. Dass sie in der Tiefe noch im dritten Versuchsjahr einen relativ guten Zählwert hat, kann damit zusammenhängen, dass dort die Umsetzung wegen der ungünstigen Stoffwechselbedingungen sehr langsam erfolgt, so dass tief geschwemmte organische Partikel länger erhalten bleiben als an der Oberfläche.

In Keimungs- und Wachstumsversuchen (s. auch Tab. 3, S. 138) erweist sich, dass die Erdunterlage im ersten Versuchsjahr praktisch unbrauchbar, im zweiten leidlich gut und im dritten sehr gut fruchtbar ist. Auch hier erweist sich, dass die Zellzahl ① kein Maß für die Fruchtbarkeit ist, sondern nur eine zukünftige Fruchtbarkeit anzuzeigen vermag.

## Zellgare und Fruchtbarkeit

Die Beziehung der Pflanze zur zellulären Gare lässt sich im Allgemeinen auf gewöhnlichen Acker-, Wiesen- und Gartenböden nicht darstellen. Die Zellgareschicht ist hier nur ausnahmsweise und ganz vorübergehend stark genug ausgebildet und deutlich abgrenzbar, und das meist nur unter nicht-physiologischen Verhältnissen, das heißt nach einer zu reichlichen organischen Stoßdüngung bei warmem Boden. Bei fortlaufender organischer Bodenernährung gehen die einzelnen Vorgänge auf den einzelnen Abschnitten einer Ackerfläche so sehr ineinander über, dass sich die Beziehung der Pflanze, das heißt ihres Wurzelsystems zur Zellgare nicht studieren lässt.

Man kann aber sehr wohl einen Grundversuch dazu benutzen, um auf der Höhe der Zellgare Pflanzen einzusetzen, und man kann die Wurzelentwicklung auf verschiedenste Weise sichtbar machen, etwa durch das senkrechte Einsetzen einer Glasscheibe. Leider standen uns unterirdische Anlagen, wie sie zu diesem Zweck mancherorts gebaut wurden, nicht zur Verfügung; aber das, was uns wesentlich war, ließ sich auch so beobachten. Die Pflanze meidet die Zellgare in jedem Falle, und zwar alle von uns geprüften Kulturpflanzen (mit Ausnahme von Kopfsalat, bei dem man merkwürdigerweise auch Fäulniserreger – B. proteus vulg. und OX 19 – in den Saftkanälen finden kann); setzt man die angezogenen Pflanzen tief genug, so gedeihen sie meist schon drei bis vier Monate nach Versuchsbeginn, setzt man sie aber in die Bezirke der Zellgare, vertragen sie das Einpikieren nicht und gehen rasch zugrunde. Es erweist sich, dass das Feinwurzelsystem rasch von Mikroben bewuchert und aufgezehrt wird – es wird behandelt, als ob es sich um organischen Abfall handelt.

Wie schon erwähnt, lässt sich nachweisen, dass auch die Ultrafiltrate aus Zellgare, als Gießwasser angewandt, jede Kulturpflanze zum Absterben bringen (Versuche mit Wildpflanzen haben wir noch nicht angestellt); sie welken in wenigen Tagen unter Zersetzung ihres Feinwurzelsystems. Im Augenblick des Vorganges lassen sich aus Proben dieser Erde Organismen darstellen, die der Zellgare zugehörig sind, und wir dürfen annehmen, dass die destruktive Wirkung der Zellgare-Filtrate nicht allein auf direkte Giftwirkungen für die Pflanze zu beziehen ist, sondern auch durch das Aufkommen von Zellgare-Mikroben, denen man das Milieu durch die Wirkstoffe der Filtrate verbessert hat.

Wird die Pflanze in irgendeiner Weise gezwungen, sich direkt mit einer Zellgare auseinander zu setzen, so erleidet sie einen mehr oder minder großen Schaden, der sich bestenfalls auf einige wenige Symptome der Krankheit oder Resistenzminderung beschränkt, schlimmstenfalls zu ihrem Tod führt; ebenso wird die Keimung verhindert oder verzögert. Die Pflanze hat zur Zellgare natürlicherweise also keine Beziehung und meidet sie.

Für den Bauern und Gärtner ergeben sich daraus, eine ganze Reihe von praktischen Konsequenzen, die er meist nur dann zu ziehen vermag, wenn er das Prinzip verstanden und in sein Denken aufgenommen hat. In der praktischen Wirklichkeit liegen die Dinge so unterschiedlich und sind so miteinander verflochten, dass man allgemeingültige Regeln für die Lenkung der Zellgare und die Behandlung der Pflanze in Bezug auf sie nicht geben kann. Man kann nur ganz allgemein sagen: Wo die Pflanze gezwungen wird, mit Zellgare in Beziehung zu treten, zu der sie physiologischerweise keine Beziehung hat – zum Beispiel durch hohe organische Stoßdüngung, Einpflügen frischer organischer Massen, unnötige und tiefe Bodenbearbeitung –, dort treten auf jeden Fall folgenschwere Pflanzenschädigungen ein; diese machen sich dann besonders bemerkbar, wenn die Pflanze aus äußeren Gründen (Trockenheit, Nässe, Frost, Resistenzleistungen aller Art) ganz besonders auf die physiologische Funktion ihres Wurzelapparates angewiesen ist und wirken sich auch auf das Auflaufen von Saaten durch Keimungshemmung aus – es liegt nicht immer am »schlechten Saatgut«, wenn die Saat nicht aufgeht; nach unserer Überzeugung ist oft der Boden daran schuld.

Von derartigen Konsequenzen für die Praxis wird noch die Rede sein. Vorerst wenden wir uns der Betrachtung der plasmatischen Gare zu, die ganz offenbar das Geheimnis der Bodenfruchtbarkeit in sich trägt und sie in irgendeiner organisch-biologischen Gestalt als potentielle Funktionsgröße enthalten muss; sie kann nur dort dargestellt und schließlich auch nur dort gemessen werden.

# Bestimmung der Plasmagare

Morphologisch ist die Plasmagareschicht bedeutend mächtiger als die Zellgare und kann unter besonders günstigen Verhältnissen und bei gut aufgeschlossenen Unterböden 30 bis 50 Zentimeter in die Tiefe reichen, vielleicht manchmal noch viel tiefer; sie in größere Tiefen zu verfolgen, ist sehr schwer, weil der Anteil an organischen Bestandteilen, die sie kennzeichnen, dort so gering wird, dass die Methoden nicht mehr über ihre Fehlergrenzen hinausreichen. Die Plasmagare, soweit sie landbaulich wesentlich ist, befindet sich in der Krume, ihre Ausdehnung ist durch die örtlichen Gegebenheiten festgelegt; sie ist, wie schon gesagt, makroskopisch nicht gut abgrenzbar und physikalisch von lebloser mineralischer Feinsubstanz nur mittels des *Köhler*schen Schwemmversuchs oder durch die komplizierte Messung ihrer Adsorptionsdrücke zu unterscheiden.

Die in der Bodenforschung übliche, makroskopische Abgrenzung nach so genannten Horizonten deckt sich mit den mikrobiologischen und physiologischen Schichten, so dass wir sie hier nicht verwenden können.

Da ohnehin die üblichen Bodenproben, deren funktionelle Potenz wir bestimmen wollen, stets eine Mischung aus mineralischer Substanz, Zell- und Plasmagare, oft noch mit Resten organischer Bodendecken oder pflanzlichen Bestandteilen darstellen, lassen sich Methoden, die im Einzelfall und in besonderen, der Forschung dienlichen Versuchsanlagen angewandt werden könnten, nicht für die Routineuntersuchung von Bodenproben gebrauchen. Aber auch im Idealfall einer speziellen Versuchsanlage ist die Abgrenzung der Plasmagare schwierig, zumal kaum eine Begrenzung nach unten auszumachen ist; denn in der Tiefe entsteht Plasmagare fortlaufend allein dadurch, dass Pflanzenwurzeln zersetzt werden – sie reichen oft viele Meter tief in den Untergrund –, und auch die Bodentiere, voran die Regenwürmer, tragen organische Substanz in die Tiefe. Mit einer normalen Bodenprobe wird immer nur ein Teil der verfügbaren Plasmagare erfasst, wenn auch wohl der wesentlichste. Da wir aber fast immer auch Zellgare mitbekommen, bedarf es besonderer Methoden, um die biologisch-funktionelle Potenz der in der Probe enthaltenen Plasmagare, das heißt die eigentliche Fruchtbarkeit des zu prüfenden Bodens auszumachen.

## Beschaffenheit der Plasmagare

Aus einem Grundversuch oder mit Hilfe der langzeitigen, bis zur vollkommenen Vererdung geführten Kompostierung unter aeroben Bedingungen gelingt es, Erde zu isolieren, die praktisch nur noch plasmatische Gare enthält, deren organische Substanz also ganz die Ebene des makromolekularen Zustandes erreicht hat. Anhand solchen Materials lassen sich eine Reihe eindeutiger Unterschiede gegenüber der Zellgare feststellen, die für unser Problem wichtig sind:

a) Während die Pflanze in der Zellgare geschädigt wird, entwickelt sie in der Plasmagare sofort und rasch ein ausgedehntes Wurzelsystem, das schon nach dreimal 24 Stunden um das Mehrfache stärker ist als das einer Vergleichspflanze, die man in eine Mischung aus zellularer und plasmatischer Gare setzt, wie sie den normalen Bodenproben entspricht. In der Plasmagare wird alsbald jenes schnell wüchsige, fein strukturierte System der Nähr- und Haarwurzeln entwickelt, das ihr Rezeptionsorgan ist und direkt mit den Verdauungseinrichtungen des Tieres und insbesondere den Zellanordnungen seiner rasch austauschbaren Darmzotten verglichen werden darf. Wer einmal dieses empfindsame Pflanzenorgan zu Gesicht bekommen hat, vermag sich erst wirklich einen Begriff davon zu machen, welcher Rezeptionsapparat von Natur für die Versorgung der Pflanze mit Nahrung vorgesehen ist, welcher Ausdehnung er fähig ist und wie leicht er durch irgendwelche mechanischen, chemischen oder mikrobiologischen Eingriffe in die Gareabläufe geschädigt werden kann. Mit dem grob-anatomischen Standwurzel- und Sammelsystem, das nur Saftführungskanäle enthält und dessen Oberfläche biologisch inaktiv ist, hat das Rezeptionsorgan der Pflanze nicht das Geringste zu tun; wenn man eine Pflanze aus dem Boden zieht, werden die ausgedehnten Bestandteile dieses oft nur mit Lupe und Mikroskop sichtbaren Systems bis auf Reste abgerissen, und was man gemeinhin als »Wurzel« betrachtet, ist nur das sammelnde, saftführende Organ, das dem Lymphsystem des Darmes und dem Pfortadersystem der Leber zugleich entspricht.

Es kann nicht der geringste Zweifel daran sein: Während die Pflanze keinerlei direkte funktionelle Beziehung zur Zellgare hat, befindet sie sich in der Plasmagare in ihrem Element und breitet hier ihr Rezeptionsorgan aus, weil sie nur hier die ihr zugemessene Nahrung findet.

Für die Praxis halten wir einstweilen fest: Soweit wir uns bisher ein Bild darüber verschaffen konnten, breitet sich das Feinwurzelsystem der Pflanze in guter Plasmagarung weit über die Fläche der oberirdischen Pflanzengestalt hinaus soweit aus, wie es irgend möglich ist, ganz besonders bei Baum- und Strauchgewächsen; da dies als Anzeichen von Plasmagare gewertet werden darf, lässt sich durch Verfolgen der Feinwurzeln konstatieren, dass sich in praxi auf gewöhnlichen Nutzböden die Plasmagare oft bis dicht unter die Oberfläche erstreckt; ein Zeichen dafür, dass sich die Zellgare funktionell auf eine relativ dünne Bodenoberschicht begrenzen lässt, insbesondere auf Böden und in Anlagen, die nicht bearbeitet werden.

b) Nicht bewachsene Plasmagare ist arm an Kohlehydraten und ihr C/N-Verhältnis stark zugunsten des N verschoben, das heißt stark eingeengt. Diese Beobachtung stimmt mit der Annahme der Agrikulturchemie überein, dass die eingeengte C/N-Relation Zeichen für hohe Fruchtbarkeit ist, dass wir also die Bodenfruchtbarkeit in der Plasmagarezone zu suchen haben.

c) Die nicht bewachsene Plasmagare bietet Mikroben keinen günstigen Nährboden, auch dann nicht, wenn sich die Probe auf andere Weise als sehr potent erweist. Der spontane Zellwuchs, wie er mit unserer Technik ① in Gang gebracht und gemessen wird, besagt also nicht das geringste bezüglich der Bodenfruchtbarkeit, die dem Substrat im Augenblick zukommt – wie wir ja schon konstatiert haben.

Das lässt sich merkwürdigerweise aber auch nicht dadurch ändern, dass man irgendwelche Mikroben einimpft; auch sie finden keine Lebens- und Vermehrungsvoraussetzungen in der reinen Plasmagare mehr vor, und die Zahlen nach Technik ① bleiben so niedrig wie vorher, auch nach ausreichender Bebrütung. Von der Zellgare lässt sich die Plasmagare also mikrobiologisch gut abgrenzen, nicht aber von unfruchtbarer Mineralsubstanz, jedenfalls nicht mit der bisher beschriebenen Technik. Dass die Zellzahl mit der effektiven Bodenfruchtbarkeit nichts zu tun hat, wurde auch in der Routinetestung bestätigt; wie in der Tab. 7 (S. 159) unter anderem zu sehen ist, waren die Zellzahlen ① trotz sehr verschiedener Hackfruchterträge praktisch gleich.

## Messung des Makromolekulargehaltes

Fruchtbarkeit entsteht erst dann im Boden, wenn die Zellen der mikrobiellen Gare zerfallen und ihre Substanzen aus der zellularen in die plasmatische, aus der mikroskopischen in die submikroskopische, makromolekulare Phase übertreten. Demnach lässt sich die Bodenfruchtbarkeit nur in der kolloiden makromolekularen Stufe des biologischen Substanzkreislaufs messen; nicht die in einer Probe enthaltenen Mikrobenzellen zeigen sie an, sondern die in ihr enthaltenen Makromoleküle, und die Relation zwischen der Masse der Makromolekularsubstanz und der Masse der Probe wird man als Maß für die Bodenfruchtbarkeit ansehen dürfen. Es kommt also darauf an, den Makromolekülgehalt zu messen. Und das ist viel leichter gesagt als getan.

Färbt man eine Probe aus Zellgare mit Acridinorange an und betrachtet sie im Mikroskop unter UV-Licht, so findet man überwiegend Mikrobenhaufen vor, die hellgrünlich aufleuchten als Zeichen dafür, dass es sich um Zellhaufen handelt. Die Plasmagare enthält dagegen vorwiegend Partikel von lebendigen Substanzen, die in den Farben von rot bis orangegelb fluoreszieren, nicht aber mehr grün. Die grüne Fluoreszenz verschwindet mit abnehmenden Zellzahlen ①, an ihre Stelle tritt die je nach dem Lebendgehalt schwankende häufige rot-orange-gelbe Fluoreszenz.

Mit der Zeit bekommt man eine gewisse Fertigkeit darin, aus der Betrachtung vieler Einstellungen des Präparates Schlüsse auf die Fruchtbarkeit zu ziehen, besonders dann, wenn es sich um Proben handelt, die aus guten Böden oder gar aus organischen Düngern stammen; es ist sogar ratsam, Anfängern in der Bodenprobenbearbeitung solche Bilder zu zeigen, um den Unterschied zwischen der Zell- und der Plasmagare zu demonstrieren, und wir haben deshalb gelegentlichen Besuchern die UV-Präparate vorgeführt und ihnen damit das Verständnis für unsere Auffassungen von den Umwandlungsvorgängen im Mutterboden erleichtert. Bei mittleren und leichten Böden aber versagt das Verfahren, weil man viel zu wenig an fluoreszierenden Partikeln im einzelnen Bild und Präparat findet und greifbare Differenzen nicht mehr ausmachen kann; auch wäre eine solche Art der Kontrolle als Routinetest allzu subjektiv.

Nun unterscheidet sich die mikrobielle und die plasmatische Gare – und in einer Bodenprobe haben wir ja, immer beide vermischt vor uns – auch dadurch, dass die Zellgare vorwiegend aus Zellen in der Größenordnung oberhalb 1/1000 Millimeter, die Plasmagare aber aus Partikeln besteht, die auf jeden Fall weit darunter liegen.

Aus einer Bakterienzelle beispielsweise gehen meist 80 bis120 Partikel lebender Substanzen beim Zerfall hervor, der Größenabstand zwischen den Teilen einer Mikrobenkultur und denen ihres autolytischen Zerfallproduktes ist also auf jeden Fall ausreichend, um sie mechanisch trennen zu können. Man würde dann die Makromolekularsubstanz allein herausisolieren und in geeigneter Weise messbar machen. Man unterwirft zum Beispiel die Bodenlösung, die bei Technik ① benutzt wird, oder ähnliche Zubereitungen von Proben, mit oder ohne Vorbebrütung, der Ultrafiltration (*Berkefeld*-Kerze mit Porenlumen unter einem µ Glasfilternutschen Schott und Gen. oder ähnlichem) oder isoliert mittels der fraktionierten Ultrazentrifugierung.

Betrachtet man das zellfrei gemachte Filtrat, in dem sich die in der isotonischen Lösung suspendierten Makromoleküle befinden, mittels des Dunkelfeld- oder Phasenkontrastmikroskopes, so lassen sich die größeren Substanzen leicht ausmachen; bei Komposten und guten Erden findet man unzählbar große Mengen beweglicher Lichtpünktchen, die rasch aufleuchten und rasch wieder aus der optischen Ebene verschwinden, während man in weniger fruchtbaren Probefiltraten entsprechend weniger solcher Teilchen zu sehen bekommt. Wer viele solcher Bilder gesehen hat, zweifelt nicht daran, dass wir hier gewissermaßen die Fruchtbarkeit zu sehen bekommen, und mit einiger Übung kann man sie auch hier nach ihrem Umfang in etwa einschätzen.

Auch ließe sich die organische, lebende Substanz mit bestimmten Verfahren soweit isolieren oder darstellen, dass man sie direkt zu messen imstande wäre. Für die Praxis hat das Verfahren aber große Nachteile; es wäre von vornherein unmöglich, derartige Manipulationen, wie man sie bis zur Messbarkeit vornehmen müsste, routinemäßig täglich an vielen Dutzenden von Bodenproben auszuführen. Die einfache Filtration und abschätzende Betrachtung im Mikroskop aber ist viel zu unzuverlässig, ganz abgesehen davon, dass die benutzten Filter bei einem solchen Substrat nach ganz kurzer Zeit zugesetzt sind, so dass man zu einem einzigen Versuch allein mehrere Kerzen, Nutschen oder Einsätze verbrauchen muss. Der Weg über die Abtrennung von Zellen und Makromolekularsubstanz eignet sich deshalb zur Forschung und Demonstration, nicht aber für fortlaufende, einfache und billige Routinetests.

Nun kann man aber auf die Abtrennung verzichten und den »Tyndalleffekt« mit einem gewöhnlichen Kolorimeter messen, und tatsächlich lassen sich hier die Makromolekülegehalte recht gut im relativen Maß feststellen, wenn man dazu das während Technik ① hergestellte einfache Aufschwemmungsfiltrat benutzt. Wir konnten das feststellen, nachdem wir das Verfahren nach Technik ②, das weiter unten erläutert wird, entwickelt hatten; wir haben beide Verfahren jahrelang nebeneinander geführt, und im allgemeinen ergeben sich übereinstimmende Verhältniswerte. Eine wenig fruchtbare Erde erweist einen Tyndalleffekt von wenigen Prozent, eine hochfruchtbare einen solchen von 70 bis gegen 100 Prozent.

Wir haben diese Methode aber aufgegeben, sobald die Technik ② in praxi ihre Zuverlässigkeit und Brauchbarkeit erwiesen hatte; Erden sind bei wechselndem Humingehalt verschieden gefärbt, ganz unabhängig vom Makromolekülgehalt, weil sich ein Teil der Humine (Fulvosäuren und andere) bei der Aufschwemmung in Lösung begibt und den Tynadalleffekt sehr stark verfälschen kann. Versuche, die Anfärbung auszuschalten, erwiesen sich als langwierig und kostspielig, und da wir alsbald die Zähltechnik ② zur Verfügung hatten, haben wir die Messung routinemäßig nicht mehr vorgenommen. Zwar enthält praktisch nur ein kleinerer Teil der Erdeproben störend viel Huminstoffe (Schwarzerden, anmoorige Böden usw.), aber es gab keinen vernünftigen Grund, nach jahrelanger Erfahrung dieses Verfahren beizubehalten, nachdem ein anderes die gleichen und bessere Resultate lieferte.

## Rhizosphärensymbionten der Pflanze

Wir haben nun folgende Überlegung angestellt und auf ihre Richtigkeit mit den verschiedensten Untersuchungen nachgeprüft: Die lebende Substanz der organischen Abfallmassen wird von der Zellgare so lange festgehalten, wie mit ihren Begleitstoffen, den organischen und anorganischen Nährstoffen, Mikrobenleben ermöglicht wird; sind sie aufgezehrt, so setzt die Autolyse der Zellen ein, die Substanz wird frei. Im Idealfall, das heißt im Falle eines bindefähigen Bodens hoher Güteklasse, werden die Substanzen des Autolyse-Materials alsbald von den Bindekräften des Bodens festgehalten und sammeln sich an. Das nannten wir Plasmagare.

Die Plasmagare ist durch ihre Nährstoff- und daher auch durch ihre Zellarmut gekennzeichnet; die Energiequellen sind versiegt, und was die Mikroben noch an verwertbaren Nährstoffen hinterlassen (zum Beispiel Polysaccharide), wird ebenfalls von Tonmineral und Humin gebunden und ist jedenfalls zur Zeit nicht verfügbar. Auch ist der Stoffwechsel schon dadurch behindert, dass der Gasabtausch mit der Atmosphäre durch die Auflösung der Zellgare stark behindert wird. Der Boden stellt, wenn nichts weiter geschieht, nach und nach jede Lebenstätigkeit ein, er ruht. Sicher spielt dabei auch die bekannte Tatsache eine Rolle, dass Mikrobenpopulationen nicht unbegrenzt lange auf dem gleichen Nährboden wachsen können, weil sich ihre Stoffwechselprodukte anreichern, wenn das auch im Boden eine bedeutend geringere Rolle spielen dürfte als bei künstlichen Nährböden, weil durch die Niederschläge Auswaschungen stattfinden. Wie dem auch sei – nach Beendigung der Zellgare ruhen die Lebenstätigkeiten, wenn nichts weiter geschieht.

Normalerweise geschieht aber etwas: In jeder Vegetationsperiode sucht das Rezeptionsorgan der Pflanze die ruhende Plasmagare auf und versorgt sich aus ihr. Es ist die Frage, was dabei geschieht. Was wir diesbezüglich beobachtet haben, hat uns zu grundsätzlich anderer Auffassung geführt, als sie bisher vertreten wird: Wir sind nicht der Meinung, dass die Pflanze lediglich nötig hat, zwecks Ernährung mit dem täglich nach bestimmten Rhythmen aufgesaugten Bodenwasser die darin gelösten Stoffe mitzuführen, sondern erhebliche, biologisch-funktionelle Anstrengungen machen muss, um ihre Nahrung aus den Bindungen im Boden zu befreien, und wir sind der Meinung, dass sie dabei mit Hilfe ganz bestimmter und zugeordneter Lebensvorgänge bereits außerhalb ihres Organismus die entscheidende Nahrungsauswahl trifft.

In dem hier angezogenen Idealfall hochwertigen Mutterbodens tritt mit der Aufnahme der Lebenstätigkeit durch die Pflanze eine auffallende Veränderung im Bereich der Plasmagare ein. Während vorher bei direkter Zellzählung am Frischpräparat nur ganz vereinzelt Zellen nachweisbar sind, treten ziemlich plötzlich, schon im ersten Wachstumsstadium der Pflanze nach beendeter Auskeimung des Samens, massenhaft Bakterienpopulationen in Erscheinung, die sich insbesondere in der nächsten Umgebung von Feinwurzeln entwickeln und diese ständig zu begleiten scheinen. Meist findet man Bakterien und nur zuweilen, in manchen Boden-Arten öfters, auch Myceten und Pilze. Die Bakterien scheinen die wesentlichste Erscheinung dabei zu sein.

Züchtet man sie heraus, indem man sie mit den üblichen Methoden isoliert, zum Beispiel auch mit Hilfe des Mikromanipulators, so erweisen sie sich meist als Milchsäurebildner und als Kurzstäbchen, die man, wie mancherorts üblich, am besten als »Coliforme« bezeichnet (vergleiche auch die Identifizierungstabellen 12 und 13, S. 190 u. 192). Diese Anteile haben wir grundsätzlich vorgefunden, während andere je nach der Boden-Art stark zu wechseln scheinen, und haben sie deshalb als die entscheidenden angesehen. Es besteht wohl auch nicht der geringste Zweifel, dass es sich hier um eine der Pflanze zugeordnete Spezialflora, nämlich die Rhizosphärenflora, handelt, und wir haben schon in vorhergehenden Abschnitten die Ansicht vertreten, dass wir mit dieser Flora das Analogon zur tierischen Dickdarmflora vor uns haben dürften, die gleichartige Aufgaben zu erfüllen hat.

Wenn man nun Coliforme oder auch echte Esch. coli in ein Substrat aus Plasmagare einimpft in der Erwartung, dass diese Organismen imstande sein müssten, den Substanzvorrat und vor allem die Makromolekularsubstanz zu mobilisieren, so wird man enttäuscht – es tritt keine Vermehrung ein, die eingeimpften Zellen rühren das Material nicht an. Sie wachsen ebenso wenig in der Plasmagare, wie die Mikroben der Zellgare dies tun. Daran ändert sich auch dann nichts, wenn man die Proben vorbehandelt in dem Bestreben, das Gefüge der Gare aufzulockern und die Substanzen verfügbarer zu machen, was wir auf verschiedenste Weise versucht haben. Die Plasmagare, von Natur zellarm, bleibt es auch, wenn man Bakterien einimpft, die unter gewissen anderen Umständen massenhaft zum Wachstum kommen.

Unter gewissen Umständen – und das ist das Entscheidende: Ohne die Mitwirkung der Pflanze kommt es nicht zur Entwicklung derjenigen Organismen, die der Plasmagare zugeordnet sind; worin diese Mitwirkung besteht, lässt sich ganz gut beobachten: Sobald die Pflanze Chlorophyllträger ans Licht gebracht hat, also grün wird, erscheinen die Populationen der Rhizosphärenflora und vermehren sich proportional der Fähigkeit der Pflanze, Nährstoffe zu synthetisieren. Es kann kein Zweifel daran sein, dass sie einen Teil – und wahrscheinlich auch eine ganz bestimmte Auswahl dieser Assimilate dazu benutzt, um sie entgegen dem aufsteigenden Saftstrom und vielleicht sogar mittels besonderer Einrichtungen in den Boden auszuscheiden (die Abscheidung von Kohlehydraten ist auch anderenorts nachgewiesen worden; vergleiche *P. Martin*, *F. Eberhard*) und sich eine zugeordnete und symbiotische Wurzelflora zu verschaffen. Man darf sogar annehmen, dass es die Pflanze versteht, unter den vielerlei im Boden vorhandenen Bakterienmodellen die erwünschten zu bevorzugen; das kann ihr mit einer speziellen Nährstoffauswahl ebenso gelingen, wie es dem Bakteriologen gelingt. Und bei den erwünschten Modellen handelt es sich offensichtlich um diejenigen Arten, die auch das Tier und der Mensch als Symbionten bevorzugt, nämlich die Milchsäure bildenden, nicht alkalisierenden Bakterien-Arten.

Gewiss kann sich der tierische Organismus zufolge einer bereits spezifisch angepassten Nahrungsauswahl mit wenigen Symbionten-Arten begnügen, während wir der Pflanze zutrauen müssen, dass sie imstande ist, je nach Standort und vielen anderen Gegebenheiten Symbionten für sich einzusetzen, die ganz besondere, hoch spezialisierte Stoffwechselfähigkeiten haben; die zum beispielsweise imstande sind, bestimmte Spurenstoffe aus Urmineral herauszulösen oder im Bedarfsfalle ausreichende Mengen von Luftstickstoff zu binden; zukünftige Untersuchungen werden sich bemühen müssen, hier Klarheit im Einzelnen zu schaffen, insbesondere für die schwierigen Daseinsbedingungen gewisser Wildpflanzen. Für die Agrikultur ist das aber vorerst nicht so sehr wichtig; wir wollen ja keine Flechten auf den Alpenhängen, sondern Nahrungs- und Futterpflanzen auf mehr oder minder fruchtbaren Kulturböden ziehen und bemühen uns, deren Wachstumsbedingungen möglichst überall und gleichartig herzustellen. In diesem Falle haben wir es mit derjenigen Wurzelflora zu tun, die sich in den meisten Kulturböden findet, und das ist die von uns dargestellte Milchsäureflora.

## Kultivierung der Wurzelflora

Unsere Aufgabe bezüglich der Messung von Fruchtbarkeit besteht nun darin, die Lebewesen der Rhizosphärenflora in einer Probenzubereitung dazu zu bewegen, sich die Substanzen der Plasmagare einschließlich der makromolekularen anzueignen, sich zu vermehren und zählbar zu werden. Das gelingt nur, wenn wir das Verfahren der Pflanze nachahmen und Nährstoffe zur Verfügung stellen, wie sie auch die Pflanze zur Verfügung stellt. Wir dürfen dann erwarten, dass die Gare in gleicher Weise mobilisiert wird, wie sie die Pflanze mobilisiert, und es wäre vorher lediglich noch die Frage zu klären, ob denn die Makromolekularsubstanz tatsächlich von der Pflanze aufgenommen wird und mit ihrem Wachstum im Boden verschwindet. Es kommt uns ja erst in zweiter Linie auf das Verschwinden der anorganischen Nährstoffe an, von denen man weiß, dass sie von der Pflanze weggenommen werden.

Es ist allerdings nicht ganz einfach, experimentell das Verschwinden der Makromolekularsubstanz durch Pflanzenwachstum nachzuweisen. Zwar kann man mit allen zur Verfügung stehenden Methoden ganz eindeutig feststellen, dass die organischen Anteile garer Erde während des Pflanzenwachstums verschwinden, dass der Tyndalleffekt und die züchtbaren Zellzahlen unserer Methoden ständig absinken, dass das Filtrat immer weniger Substanz im Phasenkontrast oder Dunkelfeld enthält, dass schließlich die Versuchserde schon rein makroskopisch allmählich zu reiner Mineralsubstanz wird und die Eigenschaften der Gare verliert. Man kann aber damit nicht beweisen, dass die Makromoleküle nicht schon außerhalb der Pflanze beziehungsweise überhaupt zerlegt und »mineralisiert« worden sind, wie das der Agrikulturchemiker annimmt. Wohl ist es uns mehrfach gelungen, angefärbte lebende Substanzen besonderer Größe in den Saftkanälen wachsender Pflanzen nachzuweisen, aber auch da lässt sich der Einwand nicht widerlegen, dass nur der Farbstoff aufgenommen wurde, der nachträglich pflanzeneigene Substanzen gefärbt habe. Obwohl nach allen unseren Beobachtungen die Annahme, dass diese Substanzen von der Pflanze aufgenommen werden, die nahe liegendste und wahrscheinlichste ist, bleiben wir letzten Endes doch auf die – in den ersten Abschnitten ausführlich behandelte – indirekte Beweisführung angewiesen, zu der wir mit unseren im letzten Abschnitt notierten Versuchsresultaten beitragen wollen. Wir scheuen uns trotzdem nicht, unserem Begriffsmodell entsprechend, vorauszusetzen, dass die Rhizosphärenflora imstande ist, sich die Makromoleküle der Gare anzueignen, und wir sind durchaus überzeugt, dass wir nur auf diese Weise ihre relative Menge und damit den Umfang der Fruchtbarkeit eines Mutterbodens nachweisen können.

Bevor wir die von uns entwickelte Technik ② (s. S. 154) in Routinegebrauch genommen haben, wurde sie zahlreichen Prüfungen ausgesetzt und in verschiedenen Richtungen modifiziert, um die günstigste Methode auszumachen. Zunächst war die Frage zu klären, ob es nicht besser sei, an Stelle handelsüblicher KH frische Presssäfte wachsender Pflanzen zu gebrauchen; das erwies sich aber als überflüssig, weil man damit praktisch die gleichen Resultate bekommt, aber Gefahr läuft, bei Gebrauch bestimmter Pflanzensäfte, wie er anders praktisch nicht möglich ist, Hemmwirkungen durch spezifische Wirkstoffe zu produzieren, wie sie sich bei vielen Pflanzen nachweisen lassen. Auch lässt sich die Annahme, Presssäfte seien dasselbe wie das, was die Pflanze in den Boden abscheidet, in keiner Weise begründen. Es wäre nur die Frage, ob man nicht um der Zuverlässigkeit des Zählresultates willen diejenigen KH-Mischungen benutzen sollte, die bekanntermaßen in der Kulturpflanze vorkommen. Es hat sich aber gezeigt, dass alle solche Erwägungen praktisch überflüssig sind, denn man bekommt mit verschiedenen Zuckern fast die gleichen Zahlen, und da es sich ohnehin nur um relative Werte handelt, kommt es nicht auf die Höhe der jeweils ermittelten Zahl, sondern auf die Relationen an; und diese sind die gleichen, ob man nun diese oder jene KH benutzt. Außerdem würde die Methode ganz unnötig verteuert, wenn man auch die selteneren Zucker oder gar andere Substanzen benutzt, die für eine Ausscheidung der Pflanze in den Boden zwecks Floraaktivierung in Frage kommen.

Sehr wesentlich schien uns der Einwand, dass man mittels des Zufügens von KH zu einer einfachen Bodenproben-Aufschwemmung in praktisch jeder Probe nach der zugefügten Menge beliebig viele Zellen heranzüchten könne, dass man also auf diese Weise niemals zu einem wahrheitsentsprechenden Spiegelbild der Fruchtbarkeit in Form der verfügbaren Pflanzennahrung komme, sondern nur zu einem Zählbefund, der der Menge der zugefügten Kohlehydrate entspreche, zumindest größerenteils. Wir haben daraufhin sehr umfangreiche Vergleichsbestimmungen durchgeführt; in Tab. 4 ist ein solcher Versuch – als Beispiel für viele wiedergegeben. Wie man sieht, treten in einer 0,2 prozentigen KH-Lösung kaum andere Zahlen auf wie in der um das 25fache stär-

*Tab. 4:* Zellzahlen ② aus Ackererden bei Ansatz mit verschiedenen KH in unterschiedlicher Konzentration.

| KH-Konzentration | Zellzahlen ② bei Zusatz von<br>Laktose | Dextrose | Laktose 1:1<br>Dextrose |
|---|---|---|---|
| 0,2 % | 64 | 78 | 68 |
| 0,4 % | 70 | 88 | 88 |
| 0,6 % | 71 | 86 | 81 |
| 0,8 % | 80 | 100 | 101 |
| 1,0 % | 105 | 103 | 115 |
| 2,0 % | 116 | 85 | 112 |
| 3,0 % | 108 | 84 | 92 |
| 5,0 % | 97 | 54 | 78 |
| 10,0 % | 112 | 36 | 67 |
| Kontrollen: | | | |
| KH ohne Erde | Ø | 3 | 2 |
| Erde ohne KH | 30 | 30 | 30 |

keren fünfprozentigen. Es ändert sich überhaupt nicht viel daran, obwohl in diesem Versuch die höchste KH-Konzentration um das 50fache stärker ist als die niedrigste. Allerdings lässt sich (und deshalb habe ich den Versuch hier angeführt) für die etwa einprozentige Lösung ein Optimum an Zellbildung nachweisen; das Optimum bleibt ausdrücklich auch dann bestehen, wenn man die Lösungen höher verdünnt, um die Hemmwirkung höherer Nährstoffkonzentrationen auszuschalten. Es scheint, dass die einprozentige Lösung den physiologischen Bedingungen am nächsten kommt. Die ermittelten Zellzahlen entsprechen also nicht der Menge der zugesetzten KH, sondern den Nährbodeneigenschaften des Substrates.

Das geht auch aus der Tatsache hervor, dass man mit der gleichen Technik und unter Zusatz der gleichen KH-Menge in dem einen Substrat nur einige wenige Zellen zur Entwicklung bringen kann, in einem anderen dagegen viele Tausende (die höchste bisher ermittelte Zellzahl nach Technik ② in einem organischen Dünger betrug 27 000!). Es ist gar kein Zweifel möglich: Die ermittelte Zellzahl wird durch das angebotene Testmaterial bestimmt und nicht durch irgendeine methodische Besonderheit.

## Einimpfen von Testorganismen

Wie man sieht, verlassen wir uns bei dieser Technik abermals darauf, dass im Substrat, das heißt in jeder normalen Boden- und Düngerprobe spontan genügend Mikrobenmodelle enthalten sind, um das gewünschte Zellwachstum zustande zu bringen; dies ist aber erst aus der Erfahrung heraus entstanden.

Ursprünglich bemühten wir uns auf vielerlei Weise, das Substrat keimfrei zu machen und Testorganismen einzuimpfen; das erwies sich aber als unmöglich. Eine irgendwie geartete, ausreichend wirksame Hitzesterilisation verändert die Qualitätszeichen (siehe unten), weil sie die Spezifitäten der lebenden Bodensubstanzen beseitigt, und irgendeine mechanische Isolierung durch Ultrafilter oder -zentrifuge entfernt ohnehin aus dem Substrat Wertigkeiten, die mit dem Test erfasst werden sollen. Es bleibt also eigentlich gar nichts anderes übrig, als sich auf die vorhandenen Mikroben zu verlassen, und tatsächlich haben wir bis jetzt nicht eine einzige Probe aufgefunden, in der kein Wachstum zustande gekommen wäre. Wir können es uns deshalb hier ersparen, alle solche Versuche hier anzuführen; auf die Zellzahlen ① und ②, das heißt auf den Quantitätstest hat eine Hitzesterilisation keinen Einfluss. Wenn man vergleichsweise das gleiche Material einmal nach unserer Technik bearbeitet, ein andermal nach Hitzesterilisation beimpft (Esch. coli LS 18), ein drittesmal nicht beimpft und alle Proben 14 Tage lang liegen lässt, so ergeben sich (Tab. 5) keine merklichen Unterschiede; diese liegen noch im Bereich der Fehlergrenze und haben keine praktische Bedeutung, denn die Urteile wären in allen Fällen die gleichen (der so genannte biologische Index bleibt noch außer Betracht). Man muss die Proben deshalb eine Zeitlang stehen lassen, weil in den hoch sterilisierten Erden erst nach einiger Zeit ausreichendes Wachstum auftritt; wenn das geschieht, tritt in allen Proben, die sterilisiert wurden, das nach unseren Verfahren erforderliche, dem Substrat entsprechende Wachstum auf.

*Tab. 5:* Zellzahlen und biologischer Index stark unterschiedlicher Erdproben ohne und mit Hitzesterilisation (30′ bei etwa 2,5 bar im ström. Dampf), ohne und mit Beimpfung (Esch. coli) der sterilisierten Fraktonen. Die Proben wurden nach der Behandlung 14 Tage feucht gelagert (Zimmertemperatur).

| Erdprobe | Zellzahlen ① und ② | | | Biolog. Index | | |
|---|---|---|---|---|---|---|
| | | mit Sterilisation | | | mit Sterilisation | |
| | ohne | ohne | mit Impfg. | ohne | ohne | mit Impfg. |
| Mü 1/61 | 29 – 32 | 27 – 101 | 30 – 105 | 2,3 | 7,4 | 7,6 |
| Mü 3/61 | 28 – 100 | 48 – 178 | 64 – 178 | 0,1 | 0,6 | 1,8 |
| | 54 – 173 | | | | | |
| P 83 | | 28 – 32 | 28 – 35 | 0,9 | 1,3 | 0,9 |
| B 17 | 19 – 54 | 16 – 49 | 19 – 59 | 0,3 | 4,4 | 4,4 |
| Hd 9–21 | 206 – 780 | 184 – 760 | 230 – 770 | 1,6 | | >20 |
| V 181 | 65 – 236 | 56 – 244 | 64 – 264 | 6,0 | >20 | 2,7 |

Aus allen solchen Befunden durften wir schließen, dass die Einimpfung besonderer Bodenmikroben oder -symbionten überflüssig ist, weil jedes Material aus Kulturböden genügende Mengen derjenigen Organismen-Arten enthält, die der Zählung zugrunde liegen. Dabei sei erwähnt, dass die Einimpfung besonderer Organismen zum Zwecke der besseren oder schnelleren Verrottung von Stadtkomposten und ähnlichem Material vollkommen überflüssig ist und die Unkosten ganz unnötig erhöht. Wir haben im Laufe der letzten 12 Jahre aus Dutzenden europäischer Kompostbetriebe auch Vergleichsproben erhalten, die mit und ohne spezifische Beimpfung behandelt waren, auch haben wir selbst derartige Vergleiche angestellt unter Benutzen irgendwie angebotener Bakterienlösungen oder -pulver. In keinem einzigen Falle hat sich irgendein Unterschied, weder quantitativ noch qualitativ, ergeben, und beimpfte und nicht beimpfte Komposte hatten, soweit sie aus der gleichen Herstellung stammten, auch immer die gleiche Flora. Ein ausländischer Großstadtkompost, der unter Verwendung thermophiler Mikroorganismen hergestellt wurde, enthielt nicht mehr und nicht weniger Thermophile als mehrere unbehandelte Vergleichskomposte und entwickelte ebenfalls nur die seinem KH-Gehalt entsprechende Wärme. Thermophile finden sich nach unseren Befunden in jedem normalen Abfallmaterial und brauchen nicht eingeimpft zu werden. Es mag sein, dass man die so genannte Schnellrottung durch vorzeitiges Zufügen von Thermophilen oder anderen Organismen beschleunigen kann, weil die Spontanentwicklung einige Stunden oder ungünstigenfalls einige Tage später einsetzt; ich glaube aber nicht, dass sich die Beimpfung mit Zersetzern nur deshalb lohnt, denn es wäre technisch billiger zu erreichen, die Spontanentwicklung zu fördern. Unsere Ablehnung der Beimpfung bezieht sich allerdings nicht auf die Einimpfung von Rhizosphären und Pflanzensymbionten, über deren Bedeutung noch gesprochen wird (siehe Qualitätstest).

## Technik ②

*Von der Boden-(Kompost-, Dünger-)Probe werden, wie bei Technik ①, 10 g (bei Kompost 20 g) abgewogen und in einen Kolben gefüllt. In 50 ml (100 ml) physiol. NaCl-Lösung werden 0,5 g (1 g) Laktose-Dextrose-Mischung 1:1 (Fa. E. Merck, Darmstadt) gelöst und in den Kolben eingefüllt. Kräftiges Umschütteln wie bei ①. Der Kolben kommt ebenfalls für 48 Stunden in den auf plus 27 Grad Celsius eingestellten Brutschrank. Anschließend verfährt man genau wie bei Technik ①, nur muss das Filtrat hier nachträglich etwas öfter verdünnt werden, wenn die Zellzahlen erheblich höher sind.*

*Die Fehlergrenzen bei Technik ① und ② bewegen sich bei der gleichen Person unterhalb ± 5%. Da sowohl bei Erden als auch bei Komposten hohe Unterschiede auftreten (1:50), ist auch die höchste, von der gleichen Assistentin ermittelten Zähldifferenz von ± 12,1 % praktisch unerheblich. Wesentlich höher sind aber die Abweichungen bei der Kammerfüllung und -auszählung, wenn jeweils verschiedene Personen zählen; es kommt vor, dass manchmal anfangs um 1/3 mehr oder weniger gezählt wird, und erst mit zunehmender Übung gleicht sich der Fehler aus. Wenn sich das auch im Allgemeinen vermeiden lässt, so ist doch sehr zu empfehlen, bei Testreihen und in Fällen, in denen es auf größere Genauigkeit ankommt (bei wenig fruchtbaren Böden und Landstrichen), die gleiche Person alle Proben auszählen zu lassen.*

*Eine große Zahl von blind durchgeführten Parallelversuchen haben gezeigt, dass die Methode in mutmaßlich gleichartigem Material, zum Beispiel einer Fläche gleicher Güte oder der Erde eines Gewächshauses, einem Handelsdünger oder Kompost, gleiche Resultate ergibt. In 9/10 der Fälle stimmen die Resultate praktisch genau überein, selten wird eine Abweichung von ± 20% erreicht, und auch diese ist praktisch unerheblich und beeinflusst das quantitative Urteil nicht. Nur bei Erden, die unlängst gedüngt wurden, kommt es vor, dass sich in der einen oder anderen Stichprobe zufällig hoch zellhaltige Düngerpartikel befinden, die das Resultat verfälschen; das muss durch die übliche Vermischung (Heruntervierteln) vieler Stichproben möglichst vermieden werden.*

*Dass die Verwendung verschiedener, gebräuchlicher physiol. Salzmischungen (mit Ausnahme des KCl s. Tab. 2, S. 135) keine bedeutsamen Zellzahl-Unterschiede bringt, wurde für Technik ① schon konstatiert und gilt auch für Technik ②.*

*Auch im Falle der Technik ② ist es gleichgültig, welche Organismen nun unbekannterweise (da man ja routinemäßig nicht identifiziert) und unfreiwillig als Testorganismen dienen; es genügt vollkommen, wenn wir das Vorgehen der Pflanze nachahmen, die aus dem gleichen Material durch den Zusatz von Nährstoffen Bakterienwachstum produziert, wir werden dann erwarten dürfen, ein Maß für die biologisch-funktionelle Potenz der untersuchten Probe zu bekommen, denn wir dürfen annehmen, dass die pflanzenverfügbare Bodensubstanz quantitativ in der Dichte der anwachsenden Zellkultur zum Ausdruck kommt. Das hat sich in der täglichen Praxis auch absolut bestätigt, und wir nehmen hier die von uns empirisch entwickelten Verhältniszahlen, auf denen sich das Urteil aufbaut, vorweg, um über die prinzipiellen Größenordnungen zu diskutieren, die bei unseren Testungen auftreten (Tab. 8, S. 160).*

Jede weitere Modifikation, die wir versucht haben, hat sich entweder als überflüssig oder als zu teuer erwiesen. Wir glauben deshalb nicht, dass irgendwelche modifizierenden Komplikationen Vorteile bringen würden, und wir sind deshalb bei den beschriebenen Techniken geblieben. Allerdings ist sehr entscheidend die Sorgfalt bei der Probenahme; da wir aber vorwiegend mit Proben arbeiten, die von eingeschulten, neutralen Landbauberatern genommen werden, dürfen wir im Allgemeinen Proben erwarten, die der Wirklichkeit entsprechen. Man darf trotzdem niemals übersehen, dass man bestenfalls den etwa 100 000sten Teil eines Ackers zur Prüfung ins Labor bekommt, und zuweilen kann auch die zuverlässigste Methode nicht verhindern, dass das Ergebnis nicht der Wirklichkeit entspricht. Nach meiner Schätzung kommt es unter 100 Tests höchstens einmal vor, dass man dem Resultat misstrauen muss, weil andere Zeichen dagegensprechen; und das ist durchaus vertretbar. Der Fehler durch falsche Probenahme lässt sich aber leicht ausgleichen, indem man einmalige Test grundsätzlich vorsichtig bewertet und die fortlaufende Prüfung der Mutterböden organisiert.

## Die Bedeutung der Zellzahl ②

Die Zellzahlen ② unterscheiden sich sehr wesentlich von denen aus Technik ②. Sie sind mit wenigen Ausnahmen durchweg höher, teilweise ganz bedeutend höher. Um zu klären, was sie aussagen, mussten vor allem praktische Versuche angelegt und festgestellt werden, wie sie sich im Verhältnis zu der mit anderen Methoden bemerkbaren Fruchtbarkeit verhalten.

In einer üblichen Bodenprobe haben wir nun immer sowohl die mit Technik ① bereits erfassten als auch die mit Technik ② zusätzlich gewonnenen Zellen im Substrat, ohne sie unterscheiden zu können. In der Zählung ② sind also auch stets die Zellzahlen nach Technik ① mit enthalten. Da mit Technik ① vornehmlich diejenige Zellzahl erfasst wird, die spontan auf Basis der vorhandenen Nährstoffe aus organischem Abfallmaterial anwachsen, sollte man deren Zahl von der Zellzahl ② abziehen, um die echte Plasmagare abschätzen zu können, das heißt um diejenigen Zell-Arten zu erhalten, die ausschließlich durch den Zusatz von KH zustande kommen. Das ist gerechtfertigt, weil die wachsende Pflanze zur Zellgare (das heißt zu den Zellen nach Technik ① keine Beziehungen hat und ihre Nahrung erst mit Hilfe solcher Zellen mobilisiert, die sie selbst durch Nährstoffausscheidung heranzüchtet (das heißt den Zellen, die zusätzlich nach Technik ② anwachsen).

Wir hatten schon beobachtet, dass frische organische Materialien (zum Beispiel frischer Stallmist) fast immer nach Technik ① die gleichen Zellzahlen produziert wie nach ②, während man bei alten Stallmistkomposten große Unterschiede zwischen ① und ② findet. Da bekamen wir – ganz zu Anfang unserer Arbeiten – zufällig ein sehr seltenes Material zur Untersuchung, nämlich einen alten, vergessenen Stallmistkompost, der über 10 Jahre lang unter guten Bedingungen (aerob, feucht) im Freien gelegen hatte. Im Wachstumsversuch erwies sich das Material als vorzüglich fruchtbar; die Auszählung nach Technik ① ergab den für Komposte indiskutablen Wert von nur 23 Zellen pro Kubikmillimeter, und das Direktpräparat bestätigte die absolute Zellarmut. Die Zählung nach Technik ② ergab aber die rund 20fache Zahl, nämlich 500 pro Kubikmillimeter. Und da sich diese Beobachtung ohne Ausnahme in der Zukunft bestätigen ließ, hatten wir keinen Zweifel daran, dass die Zellzahl ② tatsächlich Ausdruck und Maß für die Bodenfruchtbarkeit ist. Wir hatten im Falle des uralten Kompostes ja mit einem Material zu tun, bei dem eine Zellgare gewiss nicht mehr vorlag, während wir es, in Form reiner Plasmagare, mit hoher Fruchtbarkeit zu tun hatten.

Umgekehrt erfuhren wir bereits, dass Erden und Komposte mit sehr hohen Zellzahlen ① meist nicht fruchtbar sind, und zwar dann, wenn die Zellzahl ② nicht wesentlich oder überhaupt nicht höher ist als ①. Wenden wir nun die eben vorgeschlagene Substraktion der Zellzahl (1) von ② an, so ergibt sich als Urteil im Idealfall eine Null, das heißt »keine Fruchtbarkeit«. Das entspricht der Wirklichkeit.

Solche Befunde haben uns zunächst veranlasst, systematisch die Entwicklung der Zellzahlen bei Versuchskomposten zu studieren, die unter verschiedenen Bedingungen und über lange Zeit hinweg behandelt und beobachtet wurden. Dabei stellte sich heraus, dass die Zellzahlen ① bei der optimalen, aeroben Rottung in wenigen Wochen rasch, danach allmählich langsamer auf weniger als zehn Prozent des Anfangswertes abfallen; dieser Abfall kann auf keine Weise verhindert werden, sondern nur durch falsche Lagerung und Behandlung verzögert. Die Zellzahl ② dagegen fällt im Idealfall höchstens auf die Hälfte des Anfangswertes, bei falscher Behandlung aber ebenfalls auf Bruchteile zurück, das heißt auf Werte, die kaum höher liegen als die Zahl ①. Wie sich erwiesen hat, kann man bei der betriebseigenen Kompostierung, beispielsweise dem Aufsetzen von Stallmist- oder Stallmist-Erd-Komposten höhere Verluste an Zellbildungskapazität nicht verhindern, auch nicht dann, wenn man den älteren Methoden der Kompostierung auf hohen Haufen folgt. Wir haben zunächst den Fehler darin gesehen, dass die Haufenkompostierung (mit der Bildung trockner Kerne und Zeichen der Inkohlung) an sich die aerobe Verrottung nicht zulasse und haben angeraten, durch Unterlagen von luftdurchlässigen Rosten, Einlegen von Drainagerohren und anderen, den Luffzutritt zu verbessern; die Testresultate wurden aber dadurch nicht wesentlich besser. Wir haben schließlich in ausgedehntem Maße auf Dutzenden von Höfen versucht, bessere Komposte dadurch herzustellen, dass wir die Materialien nur cirka 30 Zentimeter hoch aufsetzen ließen; tatsächlich wurden die Substrate leistungsfähiger und wiesen keine »Speckschichten« oder andere Zeichen einer anaeroben Zersetzung mehr auf, sondern ergaben ein feinkrümeliges, wohl riechendes und mikrobiologisch bedeutend besseres Material. Nur sind eben die Bodenresultate bei der so genannten Flächenkompostierung noch bedeutend höher, die Leistungsübertragung Abfall – Plasmagare erheblich größer; immerhin ließen sich aus diesen Arbeiten die Direktiven für die fabrikatorische Umwandlung von Abfallmassen in Fruchtbarkeit (zum Beispiel Stadtkompostwerke) ableiten. Wir dürfen annehmen, dass aus beispielsweise 1000 Zellen der mikrobiellen Bodengare im Idealfall 500 Zellen der Plasmagare hervorgehen; und damit haben wir eine genügend exakte Grundlage für die Beurteilung der Zellzahl ② bei Komposten.

Wir haben darauf verzichtet, routinemäßig die Zellzahl ① von der Zahl ② abzuziehen, um die »Fruchtbarkeitszahl« zu errechnen; wer mit den Zahlen zu tun hat, braucht diese Ausrechnung nicht. Es genügt, dass ein Boden oder ein Dünger, der annähernd gleich hohe Zellzahlen ① und ② aufweist, nicht ideal ist und kaum Plasmagare, das heißt fertige Pflanzennahrung enthält, und bei derartigen Böden wird man auch entsprechende Schäden (und Qualitätseinbußen, siehe dort) zu erwarten haben. Organische Dünger und Komposte mit etwa gleichhohen Zellzahlen sind nicht wurzeltauglich und dürfen nur als Bedeckung benutzt werden.

## Zellzahlen, Düngung und Bodenart

Die Entwicklung der Zellzahlen haben wir mit Hilfe unseres »Grundversuches« (s. S. 144) lange Zeit beobachtet; ein derartiges Experiment ist in Tab. 6 wiedergegeben, die wir bei der Erörterung der Zahl ① schon erwähnt haben. Der Versuch ist sehr lehrreich und gibt etwa die Verhältnisse wieder, die man in der Praxis antrifft. Die Zellzahlen ① wurden schon besprochen; die Zahlen ② sind in der unteren Hälfte dargestellt. Unter der Tabelle ist die Subtraktion ① von ② durchgeführt, und man sieht, dass die Erdunterlage im zweiten Versuchsjahr einen Höhepunkt an Plasmagare erreicht. Nur ganz vorübergehend gelangt dagegen Zellgare in die Erdunterlage, nämlich nur bis zum dritten Monat; das Einsickern der Plasmagare in den künstlichen Boden stellt sich recht gut dar, und man bekommt eine ausreichende Vorstellung von den mikrobiologischen Vorgängen.

Freilich ist die mechanische Abtrennung von Deck- und Rotteschicht nach einiger Zeit etwas willkürlich, und besonders im zweiten Jahr ist die Grenze zwischen Auf- und Unterlage stark verwischt, weil das Material – besonders durch die Tätigkeit der Bodentiere, die wir ja in einem biologischen Experiment nicht ausschalten dürfen – durcheinander gebracht. Geht man aber sorgfältig genug vor, so findet man in jedem Grundversuch analoge Verhältnisse vor; erst dann, wenn man mit kleinen Mengen organischen Materials arbeitet, wie sie etwa einer von mehreren jährlichen Düngungen entsprechen, so lassen sich die Abläufe so deutlich wie hier nicht mehr darstellen.

In der täglichen Prüfungspraxis ist es infolgedessen im Einzelfall nicht immer leicht, ein bindendes Urteil abzugeben. Es gibt da kaum je Verhältnisse, die den Bedingungen eines gezielten Experimentes entsprechen; da wird nicht einmal für drei Jahre eine organische Düngung bekannter Größe gegeben, sondern im Laufe eines jeden Jahres zuweilen mehrere (Stallmistdecke, organische Handelsdünger, Gründüngung, Komposte, Jauche, Gülle, Versprühen von Bakterienlösung

*Tab. 6:* Zellzahlen ① und ② aus den Schichten eines Grundversuchs (Beginn Mai) unter überstarker Düngerauflage und ihre Entwicklung während drei Jahren.

| Zellzahlen ① | bei Versuchsbeginn | nach 4 Wochen | nach 3 Monaten | nach 1 Jahr | nach 2 Jahren |
|---|---|---|---|---|---|
| organ. Decke | | 460 | 73 | 26 | – |
| Auflageschicht | 3700 | | | | |
| Rotteschicht | | 1300 | 310 | 47 | 23 |
| bis 8 cm tief | | 870 | 800 | 64 | 36 |
| Erdunterlage | 9 | | | | |
| 8-30 cm tief | | 240 | 660 | 54 | 34 |
| **Zellzahlen ②** | | | | | |
| organ. Decke | | 650 | 124 | 92 | – |
| Auflageschicht | 3800 | | | | |
| Rotteschicht | | 1740 | 1460 | 540 | 224 |
| bis 8 cm tief | | 900 | 1400 | 960 | 380 |
| Erdunterlage | 34 | | | | |
| 8-30 cm tief | | 250 | 320 | 630 | 480 |
| –Summe ① Erde | 34 | 1150 | 1720 | 1590 | 860 |
| Summe ② Erde | – 9 | – 1110 | – 1460 | – 118 | – 70 |
| Relative Fruchtbarkeit der Erde | = 25 | = 40 | = 260 | = 1472 | = 790 |

und anderem). Die Zellgare fällt nicht kontinuierlich ab wie bei einem »Grundversuch«, sondern wird fortlaufend von oben her erneuert, und in einer Probe tritt die organische Bodenernährung bezüglich der Zellgare (Zellzahl ①) in wenigen Wochen, bezüglich der Plasmagare, das heißt der eigentlichen Fruchtbarkeit (Zellzahl ②) aber zuweilen erst zwei Jahre nach der Düngung in Erscheinung. Da sich das Urteil vornehmlich nach der Zellzahl ② richten muss, kommt es immer wieder vor, dass sich eine richtige Bodenernährung, von der der Landwirt seit Bestehen der Kunstdüngung rasche Wirkung erwartet, vielleicht gerade erst in dem nachfolgenden Jahr im Testergebnis ausdrückt, in einem Jahr vielleicht, in dem er gerade wenig oder nicht gedüngt hat. Im biologischen Landbau kommt es darauf an, fortlaufend hohe Zellzahlen ② zu erreichen und zu halten. Das ist nicht mit einmaliger, großer Düngung zu erreichen, sondern viel eher mit der fortlaufenden, eben ausreichenden organischen Bodenernährung, und gleichmäßig mittlere Testzahlen sind höher zu bewerten als ein einmalig guter Test.

Eine weitere Schwierigkeit besteht darin: Wir erinnern uns, dass es nach unseren Auffassungen nicht nur einen Substanzkreislauf »Dünger Zellgare – Plasmagare –Pflanze« gibt, sondern auch einen Kurzschluss in Form des Ablaufes »Dünger – Zellgare – Pflanze«, und wir hatten schon bemerkt, dass dieser Kurzschluss vornehmlich in so genannten hungrigen, warmen, leichten, wenig bindekräftigen Böden stattfindet. Zum Glück für die Besitzer solcher Böden wird der Fehler dadurch ganz gut ausgeglichen, dass die Pflanzen in solchen Böden ebenfalls erhöhten Stoffwechsel haben und fähig sind, die anfallende Gare aufzunehmen, ehe sie in den Untergrund verloren geht, weil die Bindekraft des Bodens zu gering ist. In den Testzahlen ② kommt aber die Masse der tatsächlich verfügbaren Plasmagare nur zu gewissen Zeiten zum Ausdruck, nämlich in Wachstumszeiten, in denen kein Bauer Zeit hat, sich um Probenahmen zu kümmern; in der übrigen Jahreszeit sind die Testzahlen niedriger, als der effektiven Bodenleistung entspricht, weil sie natürlich nur diejenige makromolekulare Substanz erfassen, die der Boden binden kann, und das ist weniger als auf schweren, gut tonhaltigen Böden höherer Klasse. Man kann diesen Fehler der Methode nur dadurch ausgleichen, dass man die Klassifikation des zu prüfenden Bodens auf dem Testformular mitteilen lässt, je genauer, desto besser; und wer noch sicherer gehen will, der wird die entsprechenden Nebenuntersuchungen anstellen. In praxi genügt es aber, wenn derjenige Landbauberater, der die Testergebnisse an Ort und Stelle auswertet, darüber unterrichtet ist, welche Boden-Arten in seinem Gebiet im Einzelnen vorkommen, und er hat die Möglichkeit, seine Bewertung entsprechend einzurichten.

## Praktische Auswertung der Zellzahlen

Wir haben in Tab. 7 aus dem Material gewöhnlicher Routinetests sechs verschiedene Boden-Arten mit ihren Zahlen zusammengestellt, den Durchschnitt errechnet und sie nach den Ernteergebnissen, den Erträgen von Hackfrüchten geordnet. Es ergibt sich, wie man anhand der überwiegenden Mehrzahl aller Reihentests feststellt, dass zwar die Testzahlen ① fast gleich sind (Folge fortlaufend durchschnittlicher Düngung), also unabhängig vom Ertrag, dass aber die Zellzahlen ② sehr wohl ausdrücken, ob eine gute oder mäßige Ernte zu erwarten ist.

Freilich treten hier Zahlendifferenzen in der Höhe, wie wir sie in Grundversuchen mit übertriebenen Düngemengen antreffen, in praxi sehr selten auf, aber das ist nicht anders zu erwarten. Da dem biologischen Landbau noch kaum diejenigen Düngewerte zur Verfügung stehen, deren er im Idealfall während der Umstellung fortlaufend bedürfte, haben diejenigen Bauern, die in der Humuswirtschaft noch nicht sehr erfahren sind und von der Führung des biologischen Substanzkreislaufs noch nicht genug verstehen, ihre Schwierigkeiten, gute Bodenwerte zu erreichen und zu halten; es ist dann nicht immer leicht, sich davon zu überzeugen, dass die Testwerte doch sehr genau den tatsächlichen Verhältnissen entsprechen. Dazu gehört viel praktische Erfahrung der Befunddeutung. Aber das ist bei fast allen biologischen Tests so und fordert Einfühlungsgabe und Objektivität zugleich.

*Tab. 7:* Zellzahlen pro 0,1 $mm^3$ aus 6 Betrieben im Jahre 1961, nach den angegebenen Erträgen geordnet.

| Hackfr. Ernte | Zellzahlen i. D. der Acker nach Technik ① und ② | | | | | | Durch schnitt |
|---|---|---|---|---|---|---|---|
| »sehr gut« | 42–108 | 16–96 | 19–84 | 16–73 | 28–148 | 56–240 | 29–125 |
| »gut« | 38– 78 | 9–43 | 23–74 | 17–54 | 25– 72 | 47–134 | 26– 76 |
| »mäßig« | 41– 94 | 14–34 | 18–56 | 8–38 | 26– 88 | 36– 84 | 24– 66 |

Im Allgemeinen kann man sich an das in Tab. 8 wiedergegebene, empirisch erarbeitete und seit 15 Jahren angewandte Beurteilungsschema für die biologische Quantität der Bodenfruchtbarkeit halten. Dabei muss bedacht werden, dass die eigentliche Fruchtbarkeit nur in der Zellzahl ① zum Ausdruck kommt, ja dass man, genau genommen, die Zahl ① von der Zahl ② abziehen müsste, um die für die Bodenfruchtbarkeit gültige Verhältniszahl zu bekommen. Nähern sich die Zahlen ① und ② deutlich, so haben wir es mit einem relativ frisch gedüngten, bisher oder in den letzten beiden Jahren wenig gedüngten Boden zu tun, und je näher die beiden Zahlen stehen, desto eher besteht die Gefahr, dass Pflanzenschäden in irgendeiner Form auftreten, wenn die Witterung dies begünstigt. Wir haben es ja dann mit viel Zellgare, aber verhältnismäßig wenig Plasmagare zu tun; freilich gilt das nur bei mittleren und besonders bei hohen Zahlen ①; bei niedrigen ist der Stoffumsatz zu gering, um sich als Zellgare schädlich auszuwirken.

Für organische Dünger gilt, dass sie um so besser sind, je größer der Unterschied zwischen der Zellzahl ① und ② ist, denn dann sind sie hochwertig und unschädlich zugleich. Ein Dünger, zum Beispiel ein Handelsdünger, der die Zahlen 6 000/6 000 aufweist, ist zwar bezüglich seines Düngerwertes sehr gut, aber unreif und nicht wurzelverträglich; seine »Gare« besteht fast nur aus Zellgare, und er darf auf keinen Fall in den Boden eingebracht werden, auch nicht wenige Zentimeter. Die Zellgare würde sich bei so hohen Werten (wie auch aus den »Grundversuchen« ersichtlich) alsbald in den Boden begeben und auf jeden Fall in die Rhizosphäre gelangen; damit wären Wurzelschäden unausbleiblich und Wurzelschaden bedeutet immer Irritation des Stoffwechsels und bewirkt Abfall der Resistenz und der Fruchtbarkeit der Pflanze. Im Allgemeinen hat sich die Düngertestung als sehr zuverlässig erwiesen, und man kann anhand der ermittelten Zellzahlen (selbstverständlich nur im Zusammenhang mit der Qualitätstestung) sehr gut aussagen, wie viel ein Dünger wert ist und was man dafür bezahlen kann. Da die so genannten organischen Handelsdünger ganz beträchtliche Differenzen bezüglich ihres Wertes aufweisen (siehe unten), ist das für den Landbau von entscheidender Bedeutung.

Beziehungen zu den mineralischen Boden- und Düngeranalysen bestehen nach unserer Erfahrung nicht. Nach agrikulturchemischer Auffassung kann ein Boden oder ein Dünger durchaus hochwertig sein, der sich in unserem Test als minderwertig erweist, und umgekehrt. Wir haben daher schon seit langer Zeit die Mitführung der Mineralstoffanalysen aufgegeben.

Anders ist es selbstverständlich mit den moderneren Methoden der Bestimmung des C/N-Verhältnisses, der Sorptionskapazität und der Schwarm-Ionen-Garnitur. Wären diese Bestimmungen einfacher als unsere Technik ① und ②, so könnte man sie vielleicht an ihrer Stelle einsetzen; das ist leider nicht der Fall, und oft haben wir sogar den Eindruck, als stellten diese Tests doch noch etwas anderes dar als unsere. Aber es ist ohnehin für uns müßig, uns darüber Gedanken zu machen, denn wir brauchen die Ansätze zu unseren quantitativen Bestimmungen ohnehin für die qualitativen, und da wir außerdem zu dem biologischen Effekt des Zellwachstums als Biologen mehr Zutrauen haben als zu jeder Analyse physikalisch-chemischer Art, fällt uns die Entscheidung nicht schwer.

*Tab. 8:* Empirische Richttabelle für die Auswertung der relativen Zellzahlen nach Technik ① und ②.

| **Mutterböden** | Zellzahlen ① | Zellzahlen ② |
|---|---|---|
| Unfruchtbare | 3– 9 | unter 30 |
| Wenig fruchtbare | 10–15 | 30– 45 |
| Mäßig fruchtbare | 15–25 | 45– 75 |
| Gut fruchtbare | 25–35 | 75–100 |
| Sehr gut fruchtbare | über 35 | über 100 |
| **Komposte, organ. Dünger** | | |
| Unbrauchbare | unter 30 | unter 100 |
| Wenig brauchbare | 30– 50 | 100– 200 |
| Bedingt brauchbare | 50–100 | 200– 500 |
| mittelgute | 100–200 | 500–2000 |
| gute und sehr gute | über 200 | über 2000 |

Ein Blick auf Tab. 3, S. 138 macht deutlich, dass die durch Keimung und Wachstum gemessene Fruchtbarkeit eines Bodens aus einem Grundversuch zwar nicht, wie erwartet, in den Zellzahlen ① sondern in den Zellzahlen ② zum Ausdruck kommt. Hier wird, wie in vielen Grundversuchen, der Wert der Plasmagare zwar schon zu einer Zeit maximal (nach drei Monaten), in der von voller Fruchtbarkeit noch lange nicht die Rede sein kann; es lässt sich aber leicht nachweisen, dass daran nur die noch recht hohe Zellgare schuld ist. Wegen ihrer Wirkung wird die effektiv vorhandene Fruchtbarkeit noch nicht Ereignis, sie kann es nicht, weil die Zellgare noch hemmt. Erst dann, wenn die Zellzahlen ① auf zehn Prozent und weniger ihres Anfangswertes zurückgefallen sind, darf man das Substrat als wirklich und uneingeschränkt fruchtbar bezeichnen. Ein solcher Versuch lässt sich jederzeit, auch in modifizierten Ausführungen, reproduzieren und lässt wohl keine Zweifel mehr an der Deutung der Zellzahlen in ihrem Verhältnis zueinander. In praxi hat man reichlich Gelegenheit, davon Gebrauch zu machen. Man bekommt auf diese Weise Aufschlüsse, wie sie mir von keinem anderen Verfahren bekannt sind, auch nicht annähernd.

Es ist wohl überflüssig zu betonen, dass es eine absolute Relation »Quantitätstest – Bodenertrag« nicht gibt und nicht geben kann, insbesondere nicht beim Einzeltest. Der Ertrag ist ja nicht allein von der Menge der verfügbaren Pflanzennahrung im Boden abhängig, sondern ebenso von allen anderen Wachstumsbedingungen, wie der Witterung, der Güte des Saat- und Pflanzgutes, speziellen geographischen und geologischen Bedingungen und vielem anderen. Wir wollen vorausnehmen, dass er erfahrungsgemäß sehr von der biologischen Bodenqualität, wie sie mit unseren Tests ③ und ④ erfasst wird, abhängt, und auf Böden, die von Natur leicht, ton- und huminarm und stark sandhaltig sind, kann man die erwähnte, mindere Zuverlässigkeit der Quantitätstests durch die Qualitätstests ausgleichen; auch der Charakter der Rhizosphärenflora zeigt an, was quantitativ geschieht, denn es ist immer auch eine Frage biologischer Güte, ob die Bodenfruchtbarkeit auch mengenmäßig als Pflanzenwachstum funktionell wirksam werden kann oder nicht.

Es sind Arbeiten im Gang, um die Relationen zwischen Sand- und Tonfraktionen des Bodens einerseits und den mikrobiologischen Befunden andererseits zu klären; dieses Problem ist uns insofern wichtig, als es ein Routineurteil dort erleichtert, wo besonders ungünstige Verhältnisse herrschen, und wir streben an, Bewertungsschemata für die Hauptgüteklassen getrennt zu entwickeln, um die Deutung an Ort und Stelle zu erleichtern und so zuverlässig als möglich zu gestalten.

## Zellzahl und Rentabilität

Einen Vergleich zwischen den Boden-Zellzahlen aus sieben normalen Landbaubetrieben und der prozentualen Steigerung ihrer Rentabilität findet sich in Tab. 9; die Rentabilität ist wie üblich an Hand der Betriebseinnahmen und -ausgaben, der hypothekarischen Belastung und des Wertes toten und lebenden Inventars errechnet. Es handelt sich nicht um eine Auswahl von Musterbetrieben, sondern um eine dem Durchschnitt entsprechende Auswahl (und um eine Auswahl nur deshalb, weil wir keine Zeit dazu haben, in Hunderten von Betrieben spezielle Statistiken zu führen); auch die hier wiedergegebene Rentabilitätssteigerung ist keine Ausnahmeerscheinung, sondern eine normale Begleiterscheinung bei der Umstellung auf die biologisch-organische Bewirtschaftung. Die Zunahme der quantitativen Bodenwerte haben wir, wie die Zunahme der Rentabilität, in Prozent ausgedrückt. Zu unserer eigenen Überraschung ergab sich eine recht gute Übereinstimmung, wo die Zellzahlen wenig gestiegen waren, nahm auch die Rentabilität wenig zu und umgekehrt. Die Humusvermehrung ist – einer alten, noch nicht ganz vergessenen Bauernweisheit zufolge – doch die sicherste Kapitalanlage im Landbau; wer in organischer Bodensubstanz investiert, kann sicher sein, dass sich dies Kapital verzinst.

*Tab. 9*: Vergleich der Rentabilitätssteigerungen bei sieben Landbaubetrieben mit der Zunahme ihrer quantitativen Bodentests (Ausgangswerte = 100%)

| Betrieb | von | bis | Zunahme der Rentabilität | Quant. Test i. D. | Zunahme d. Humusmenge |
|---|---|---|---|---|---|
| 1 | 1951 | | + 26% | 12 – 80 | + 16% |
| | | 1961 | | 26 – 81 | |
| 2 | 1950 | | + 51% | 26 – 51 | + 114% |
| | | 1961 | | 55 – 100 | |
| 3 | 1956 | | + 68% | 18 – 74 | + 51% |
| | | 1961 | | 50 – 89 | |
| 4 | 1952 | | + 96% | 14 – 44 | + 113% |
| | | 1961 | | 38 – 86 | |
| 5 | 1950 | | + 141% | 28 – 52 | + 163% |
| | | 1961 | | 70 – 140 | |
| 6 | 1950 | | + 146% | 14 – 56 | + 137% |
| | | 1961 | | 40 – 124 | |
| 7 | 1954 | | + 263% | 17 – 38 | + 187% |
| | | 1961 | | 54 – 104 | |

Hier aber – und das ist uns ungleich wichtiger – kommt zum erstenmal zum Ausdruck, dass die von uns ermittelten Bodenwerte tatsächlich diejenige biologische Potenz sichtbar machen, die wir meinen, wenn wir von Fruchtbarkeit sprechen, denn an der Leistungssteigerung sind nicht nur die Erträge des Bodens beteiligt, sondern auch die Funktionsleistung des Nutztieres und diese, wie wir später noch sehen werden, ganz besonders. Die Funktion des Bodens ist hier nicht, wie sonst üblich, allein an den Hektarerträgen und Markterlösen gemessen, sondern an der gesamten Betriebsentwicklung, wie sie nach der Umstellung vor sich gegangen ist. Wir entsprechen erst damit den Anforderungen eines echten biologischen Ganzheitsexperimentes.

Die Kurve 3 (S. 163) wird hier wiedergegeben, weil sie nicht nur einen aufschlussreichen Vergleich zwischen dem Verlauf der Zellzahlen ① und ② nach einer organischen Düngung bietet, der für alle derartigen Versuche typisch ist, sondern vor allem demonstriert, wie sich die Zellzahlen ① und ② unterscheiden, je nachdem, ob die Verarbeitung des Materials durch den Boden in einem schweren oder in einem leichten Boden stattfindet. Es kommt zum Ausdruck, dass der Vorgang auf leichten Böden rascher abläuft, wobei sich eine Spitze für die Zahl ② im August abgezeichnet hat (die Spitzen erscheinen je nach Witterung in verschiedenen Jahren zeitlich anders gelegen). In dem schon von Anfang an fruchtbareren schweren Boden kommt keine sehr deutliche Erhöhung zustande, und die Spitze liegt auch deutlich später. Die Düngung hat aber bei dem schweren Boden eine für das folgende Jahr bleibende Erhöhung der Zellzahlen hinterlassen, nachdem die Vegetationsperiode abgelaufen war; bei dem leichten Boden dagegen wurde der Vorrat noch im gleichen Jahr aufgezehrt. Wir haben es also mit einem »hungrigen« Boden zu tun. Die höhere, natürliche Fruchtbarkeit eines schweren Bodens kommt auch hier zur Darstellung; der schwere Boden ist offensichtlich zur Dauerfruchtbarkeit und Beständigkeit erheblich besser geeignet als ein leichter, wie ja auch jeder Bauer weiß.

In Kurve 4 (S. 163) finden wir einen ganz ähnlichen Versuch dargestellt; nur handelt es sich hier jeweils um die gleiche Boden-Art, nämlich einen mittelschweren Boden, der mit zwei Kultur-Arten vergleichsweise bepflanzt war. Die Spitzen der Zellgare nach früher, organischer Düngung liegen hier im Juli, die der Plasmagare im September. Die Leerparzelle zeigt Werte im Bereich der Fehlergrenzen, womit man, wenn man es für nötig hält, beweisen kann, dass die Erhöhungen der Zellzahlen auf die Düngung zu beziehen sind. Der Kartoffelabschnitt hinterlässt eine etwas geringere Herbstfruchtbarkeit als die Gemüseparzelle; ob das mit dem höheren Verzehr der Hackfrucht zusammenhängt, sei dahingestellt.

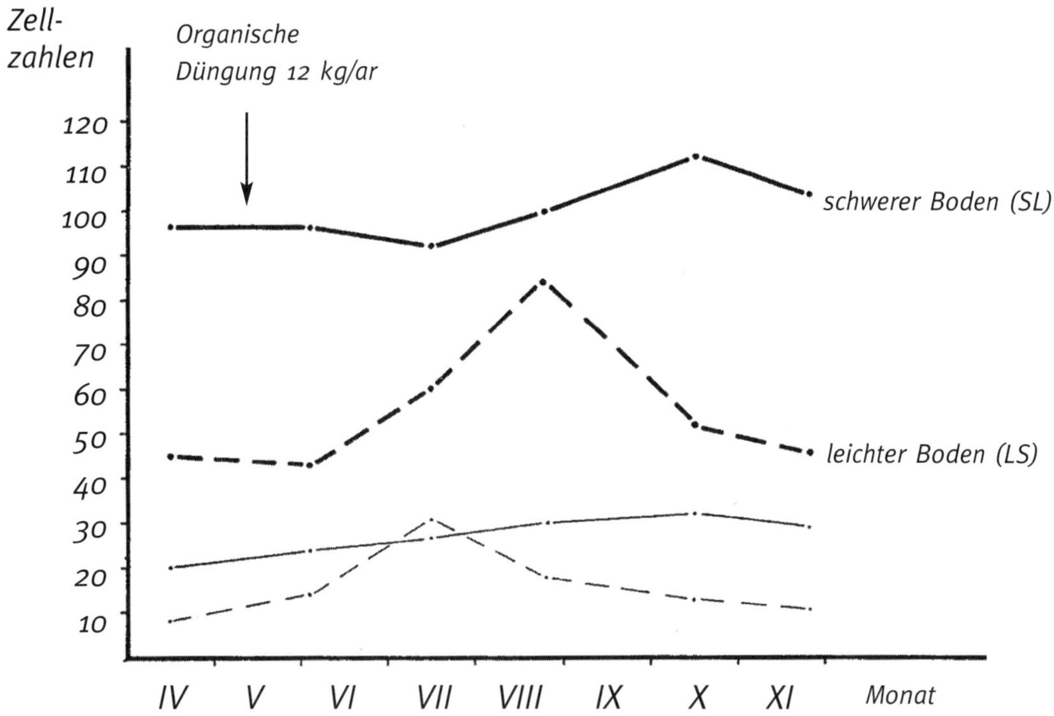


*Kurve 3:* Organische Düngewirkung bei einem leichten und einem schweren Boden auf die Zellzahlen ②. Die Werte der Zellzahlen ① (Kurve 1, S. 133) sind mit eingetragen.

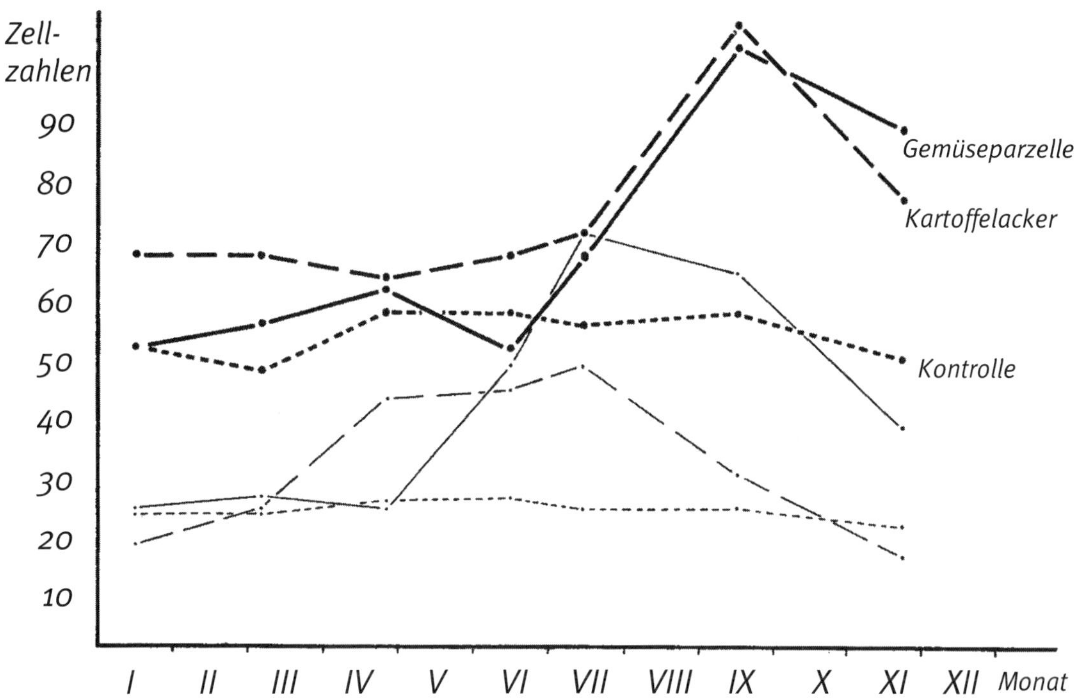


*Kurve 4:* Zellzahlen ② in mittelschwerem Boden unter dem Einfluss organischer Düngung. Die Zellzahlen ① (Kurve 1, S. 133) sind mit eingetragen. Kontrolle ohne Kultur und Düngung.

## Wirkung der Nährdecke und Flächenkompostierung

Wir sagten schon, dass Betriebe mit leichten, physikalisch-mineralisch ungünstigen Böden selten so hohe Zahlen erreichen können wie sie schwere, als fruchtbar bekannte Böden zeigen; solche Betriebe aber haben, wenn sie klug wirtschaften, trotzdem rentable, ja auch überdurchschnittliche Ernten, wie die Erfahrung gezeigt hat. Wir wollen anhand von Beispielen aus unserer Arbeit dieser Frage noch einmal genauer nachgehen, nicht zuletzt, um zu praktischen Schlüssen zu kommen, das heißt zu erfahren, wie man die leichten, von Natur wenig fruchtbaren Böden behandeln muss, um gute Ernten zu bekommen.

Aus Tab. 11 (S. 166) darf man entnehmen, dass grundsätzlich auch leichteste Böden humifiziert werden können, denn diese Arbeiten wurden auf einem Gelände durchgeführt, das kaum eine der Voraussetzungen für eine Dauerfruchtbarkeit besitzt (hoch durchlässiger, »saugender« Unterboden, hohe Sandfraktion, dürftiger, krüppelhafter Baumbestand, als Spargelland benutzt; Grundwasser in 18 Meter Tiefe nur zeitweilig erreichbar). Bei Beginn der Versuche trug der teilweise nackte Boden wenig »Hungerkräuter« und hatte extrem niedrige Zellzahlen (6/15!); unsere auf mittelschweren, lehmigen Böden auf Urgestein entwickelten Grundsätze für die organische Bewirtschaftung schienen total zu versagen, und noch nach drei Jahren war der Boden stark witterungsabhängig, brachte meist nur geringe Erträge, die Kulturen hatten stark mit Schädlingsbefall zu kämpfen und die Zellzahlen lagen nur um 15/40. Der Aufwand entsprach keineswegs dem Ergebnis.

Die erste, merkliche Besserung in der Lebendverbauung brachte eine über die ganze Vegetationsperiode durchgeführte organische Bodenbedeckung unter Verwendung des anfallenden Unkrautes; der Boden blieb deutlich länger feucht, wies die ersten Zeichen einer Zellgare auf, der Schädlingsbefall wurde teilweise geringer und die Zellzahlen ① stiegen deutlich an, die Zellzahlen ② dagegen kaum. Die Bodendecke hatte also eine vermehrte Zellgare bewirkt, von einer Erhöhung der Bindefähigkeit des Bodens war aber noch nichts zu bemerken.

Wir hatten damals wie üblich kompostiert, das heißt das anfallende Pflanzenmaterial, Laub, Küchenabfälle und angekaufte Stalldünger mindestens ein Jahr lang auf hohe Haufen gesetzt, die Haufen mit Erde, Grasschnitt oder Laub abgedeckt und zwei bis dreimal umgesetzt – wie man es eben in den Kompostierungsempfehlungen fand. Als wir solche Komposte nun mit unseren inzwischen entwickelten Methoden untersuchten, stellte sich heraus, dass sie zwar von hoher biologischer Qualität waren, aber nur niedrige Zellzahlen entwickelten, kaum mehr, als das Land selbst. Die Frischmaterialien hatten aber, wie immer, Zählwerte zwischen 1 000 und 6 000; wir hatten also mit der Kompostierung aus hochwertigen Rohstoffen wertlose Komposterden gemacht; von solchen Düngern, die selbst nur die Zählwerte eines wenig fruchtbaren Ackers hatten, durften wir keine Düngewirkung erwarten.

Daraufhin entdeckten wir zahlreiche weitere Beispiele, von denen eines besonders zuverlässig war: Ein vorzüglich geführter Mustergarten trug zwar immer sehr gesunde, schädlingsfreie Gewächse, ließ aber oft die rechte Triebigkeit vermissen. Auch dort wurde nach herkömmlichen Methoden kompostiert, die fertigen Komposte wiesen niedrige Zellzahlen auf, während die Rohmaterialien hochwertig waren; trotz vorbildlicher Behandlung der Komposte waren sie, fertig vererdet, nicht besser als mittelgute Ackererden, eine nennenswerte Düngewirkung quantitativer Art also nicht zu erwarten. Damit war die mangelhafte Fruchtbarkeit, soweit sie sich auf den Gewichtsertrag bezieht, erklärt. Bei der herkömmlichen Art der Kompostierung ergaben sich in den Untersuchungen durchschnittlich folgende Entwicklungen der Zellzahlen:

*Tab. 10*: Entwicklungen der Zellzahlen

| Zellzahlen | ① | ② |
|---|---|---|
| Anfangswerte | 4000 | 5000 |
| nach 1 Woche | 2500 | 4000 |
| nach 4 Wochen | 1000 | 2500 |
| nach 2 Monaten | 600 | 1500 |
| nach 4 Monaten | 300 | 700 |
| nach 6 Monaten | 120 | 400 |
| nach 1 Jahr | 70 | 250 |
| nach 2 Jahren | 40 | 100 |

Bei schlechter Führung der Komposte sind die Endwerte noch deutlich geringer, und aus geringwertigem Rohmaterial entstehen nach langer Kompostierung Komposterden, die wertloser sein können als die Erde, die man damit düngen will.

Alle Versuche, den Abfall der Zählwerte bei der Kompostierung zu verhindern, sind fehlgeschlagen; man kann bei einer langdauernden Lagerung (siehe auch Stadtkomposte S. 213) nicht verhindern, dass die biologisch-funktionelle Potenz der Dünger auf einen kleinen Bruchteil absinkt, auch nicht durch streng aerobe Führung, ständige Feuchthaltung, Beimpfung und dauerndes Umsetzen. Nicht einmal bei der so genannten Kurzkompostierung, die bei den Versuchen zu Tab. 11 (S. 166) am Stallmist ebenfalls angewandt wurde (zehn Wochen Dauer!) konnte ein erheblicher Abfall der Zählwerte verhindert werden. Die einzig richtige Überlegung: Die Natur kompostiert nicht. Sie lässt normalerweise nirgends hochwertiges, organisches Material auf Haufen liegen; wenn wir es anders machen, sorgt sie dafür, dass die biologischen Funktionswerte alsbald auf irgendeine Weise in den Substanzkreislauf gelangen. Wie die Natur das bewerkstelligt, ist nicht schwer zu beobachten, wenn man es einmal weiß.

Mit diesen Beobachtungen war erklärt, warum der damals übliche organische Landbau zwar hohe biologische Qualität erzeugen konnte, ausreichende Erträge aber nur auf spontan fruchtbaren Böden; dort, wo die Höfe auf weniger guten Böden standen – und das ist auch heute noch die Mehrzahl –, hat mancher seine Zuflucht zu einer Kombination von künstlicher und organischer Düngung genommen und insbesondere wieder angefangen, Stickstoff zu säen. Mit der Entwertung der organischen Rohmaterialien durch die übliche Kompostierung oder falsche Anwendung nahm sich der biologische Landbau selbst das Wichtigste weg, dessen er bedarf, die volle Leistungsfähigkeit seiner Böden. Wie aber kann man die Entwertung verhindern, wie muss man die Rohmaterialien anwenden, um ihre volle Leistung auf den Boden zu übertragen?

*Tab. 11:* Die Düngewirkung von Stallmist auf die Zellzahlen beim Einpflügen, Haufen- und Flächenkompostierung

| Düngung zweimal (a, b) Spätherbst 1954 und 1955 mit je | im Dünger je vor Düngung | Zellzahlen (1) und (2). i. D. aus 3 Parzellen i. Boden vor der Düng. | im Mai 1955 (6. Mon.) | vor der 2. Düng. (12. Monat) | im Mai 1956 (18. Monat) |
|---|---|---|---|---|---|
| Stallmist | a) 3800 – 4600 | 12 – 38 | 46 – 58 | 27 – 106 | 65 – 98 |
| frisch 20 cm | b) 2100 – 2800 | 17 – 34 | 33 – 76 | 45 – 92 | 87 – 124 |
| eingebracht | | 7 – 23 | 58 – 144 | 32 – 129 | 38 – 76 |
| | i. D. | 12 – 32 | 44 – 93 | 35 – 109 | 63 – 99 |
| Reifer Stall- | a) 240 – 1950 | 12 – 38 | 42 – 176 | 23 – 88 | 41 – 196 |
| mistkompost, | b) 138 – 980 | 17 – 34 | 29 – 217 | 25 – 107 | 38 – 164 |
| gesiebt und | | 7 – 23 | 35 – 164 | 31 – 104 | 37 – 210 |
| eingebracht | i. D. | 12 – 32 | 35 – 186 | 26 – 99 | 39 – 190 |
| Flächenkompost | a) 3800 – 4600 | 12 – 38 | 44 – 63 | 32 – 160 | 76 – 308 |
| mit frischem | b) 2100 – 2800 | 17 – 34 | 35 – 96 | 36 – 212 | 56 – 345 |
| Stallmist, im | | 7 – 23 | 47 – 162 | 20 – 380 | 64 – 720! |
| Frühjahr 3–5 cm | i. D. | 12 – 32 | 42 – 107 | 32 – 251 | 65 – 458! |
| eingebracht | | | | | |

Der in den Versuchen zu Tab. 11 verwendete Boden war von Natur höchst unfruchtbar, also ein übertrieben passendes Modell für die Bemühung, minderwertige Böden fruchtbar zu machen. In diesem beispielhaften Experiment wurden jene drei Arten organischer Düngung angebracht, die praktisch in Frage kommen: Das Einbringen der frischen Massen in die ganze Krume, das Einbringen der vorkompostierten Masse und die Anwendung als Bodendecke, jeweils im Herbst. In den errechneten Durchschnitts-Zellzahlen des Bodens kommt die effektive Wirkung der reichlichen Düngung auf die Leistungsfähigkeit des Bodens sehr gut zum Ausdruck: Eine volle biologische Potenzübertragung von organischen Düngern auf den Mutterboden findet nur statt, wenn man die so genannte Flächenkompostierung durchführt, das heißt nur dann, wenn man dem Vorbild der Natur folgt. Die Natur kennt nur die Flächenkompostierung.

Im Einzelnen: Die Verwendung organischer Materialien als Bodendecke ergibt auf jeden Fall die doppelte, zuweilen die vierfache funktionelle Bodenleistung, gemessen an den Zellzahlen, wie die bisher übliche Anwendung. Der eingepflügte Stallmist ergab im Durchschnitt von drei Parzellen die Zahlen 63/99, der als Flächenkompost angewandte Stallmist den erstaunlich hohen Wert von 65/458. Die Zellbildungskapazität ist um mehr als das vierfache höher, die Voraussetzungen für einen vollen Ertrag, unter günstigen Vegetationsbedingungen sogar für eine Rekordernte sind zweifellos gegeben, und zwar auf einem Boden, der als höchst unzulänglich angesehen werden muss. Wir dürfen daraus schließen: Auch ein höchst unfruchtbarer Boden kann bei richtiger Behandlung (Dauerbodendecke, Flächenkompostierung) mit biologischen Methoden zu hoher Fruchtbarkeit gebracht werden.

Der Boden wurde während des ganzen Versuches vollkommen in Ruhe gelassen. Das anwachsende Unkraut wurde lediglich ausgerupft, nicht ausgehackt oder ausgegraben. Bei so leichten Böden ist das ohne weiteres möglich; auch das erleichtert die Aufgabe, leichte Böden fruchtbar zu machen. Der Austrocknung wird durch eine möglichst wenig irritierte Dauerdecke vorgebeugt, und der Wasserhaushalt, der auf leichten Böden stets kritisch wird, ist dadurch erheblich ökonomischer. Die bei leichten Böden bedeutend höhere und raschere Bodenerwärmung wird durch die Bedeckung wesentlich gedämpft und die unerwünschte Beschleunigung der Umsetzungen in Boden und Pflanze weitgehend verhindert.

Die Vorkompostierung von Stallmist verhütet auf jeden Fall, wie sich leicht nachweisen lässt, diejenigen Schäden, die durch das Einbringen von Zellgare in die tieferen Bodenschichten am Wurzelsystem der Pflanze bewirkt werden und von denen wir schon gesprochen haben. Die biologische Qualität wird dann nicht oder wenig beeinträchtigt, und nennenswerte Mengen von Fäulniskeimen – als Zeichen anaerober Zersetzung – sind nicht nachzuweisen, während sie beim Einpflügen frischen Stallmistes in jedem Fall mit absoluter Sicherheit auftreten. Zugleich wird die Verrottung erheblich gebremst; man findet zuweilen noch nach Jahren in der Tiefe die Reste der pflanzlichen Düngeranteile, zum Beispiel Stroh, das lediglich durch die beginnende »Inkohlung« verfärbt, aber nicht zersetzt ist. Auf die quantitative Fruchtbarkeit hat die falsche Düngerverwendung insofern Einfluss, als allein die Vorkompostierung, die ja den Hauptanteil der Zellgarung vorher ablaufen lässt, eine bedeutende Erhöhung der Bodenleistung bewirkt, und das, obwohl die Zellzahlen des Materials während der Vorkompostierung beträchtlich abgesunken sind (von 3800/4600 auf 240/1950 und von 2100/2800 auf 138/98). Das Resultat der Flächenkompostierung mit nicht abgewertetem Material aber wird in keinem Falle, auch nicht annähernd erreicht. Wo man also die Möglichkeit hat, frisch anfallende Betriebsdünger auszubringen – und das ist öfter der Fall, als der Unerfahrene annehmen möchte! –, da soll man sie auf jeden Fall ergreifen, ob im Sommer, ob im Winter. Nur wenn diese Möglichkeit nicht besteht, muss das Material so gelagert werden, dass es weder zur Austrocknung noch zu anaeroben Vorgängen kommt; da sich die meisten betriebseigenen Dünger mikrobiologisch sofort in Aktion befinden, soll man sie nicht einmal wenige Tage unter falschen Lagerungsbedingungen liegen lassen. Es steht absolut fest, dass die Zellbildungskapazität des Bodens nur dann Höchstwerte erreicht, wenn der organische Dünger noch auf der Höhe seiner Zellbildungsfähigkeit als Decke an den Boden gebracht wird.

Wer nach den Gründen für diese ungeheuer wichtige Beobachtung fragt, wird momentan eine eindeutige Antwort noch nicht erwarten dürfen. Wir dürfen aber annehmen, dass der Bestand der Dünger an Brennstoffenergien dabei eine entscheidende Rolle spielt; es ist nachgewiesen (und *F. Caspari* hat das unlängst bezüglich der Stadtkomposte bestätigt), dass der Zellulosegehalt der Dünger schon in wenigen Wochen, ja schon nach einigen Tagen unter mehr oder minder starker Wärmeentwicklung ganz beträchtlich abfällt, mindestens auf 50 Prozent des Ausgangswertes, öfters auf weniger als 20 Prozent. Der Abfall der Zählwerte ① geht diesem KH-Abfall in etwa parallel. Die Umwandlung der biologisch-funktionellen Wertigkeiten wird offenbar zum größten Teil mit Hilfe der Energien der Düngernährstoffe bewirkt; ihr vorzeitiger Verbrauch bei der Kompostierung ist unwirtschaftlich, auch die beste Kompostierung vermag nicht annähernd Bodenleistungen herbeizuführen, wie sie die Flächenkompostierung der frisch-lebendigen Materialien bewirkt, und wir dürfen annehmen, dass die Humifizierung während der Kompostierung anders verläuft als imMutterboden.

Auf die Bedeutung dieser Tatsache für die Behandlung organischer Handelsdünger und Stadtkomposte kommen wir später zu sprechen. Hier noch eine Beobachtung, die wir während der Untersuchungen gemacht haben und die ebenfalls von praktischer Bedeutung ist: Laub jeder Art wirkt als Bodenbedeckung wachstumshemmend. Wir nehmen an, dass dabei nicht allein die von *A. Winter* aufgefundenen Hemmstoffe der Baum- und Strauchgewächse wirksam werden (die Hemmwirkung ist auch auf Ackern in Waldnähe bemerkbar), sondern dass auch die Abdichtung des Bodens eine Rolle spielt, die anaerobe Zersetzung fördert. Das lässt sich sehr gut an Komposten nachweisen, bei denen Laub mitverwendet wird; hier entsteht schon nach kurzer Zeit anaerobe Fäulnis und Gärung mit der zugehörigen Mikroflora. Das Material verhält sich, als ob man es untergepflügt habe. Man kann die natürliche Verrottung auch experimentell durch das Auflegen dichter Folien hemmen und erzielt dann ähnliche Resultate, so dass auch die Abdichtungswirkung von Laub bei der Hemmung der Zellbildungsleistung und Humifizierung beteiligt ist. Man soll Laub demnach nicht als »organischen Dünger« betrachten und kann es lediglich nach zwei- bis dreijähriger Kompostierung als gewöhnliche Pflanzerde ohne Düngewert verwenden, wie es praktisch ja auch meist geschieht. Von der Verwendung von Laub als Bodendecke und Zusatz zu wertvollen Betriebsdüngern raten wir jedenfalls seitdem dringend ab.

## Das Verhalten leichter Böden

Die Einführung der Flächenkompostierung in der Praxis des biologischen Landbaues hat unsere Vermutungen bestätigt. Der Wegfall prinzipiellen Kompostierens erspart eine Menge an Arbeitsleistung, bewirkt erhöhte Bodenleistungen ebenso wie einen allgemeinen Anstieg der routinemäßig ermittelten Zellzahlen; diese sind – trotz fortlaufender Aufnahme neuer Betriebe mit geringen Bodenwerten – im Ganzen auf etwas mehr als das Doppelte angestiegen. Statistische Nachweise – soweit wir sie für nötig halten – werden noch später angeführt werden; hier sei nur die Feststellung erlaubt, dass wir die Voraussetzungen für eine dauerhafte und ausreichende Bodenfruchtbarkeit nur ermitteln konnten, weil wir für die Boden- und Düngertestungen mikrobiologische Methoden entwickelt haben.

Wir legen seitdem natürlich jedem Urteil über die Bodenfruchtbarkeit, den Wert eines organischen Düngers, jedem Urteil über irgendeine praktische Maßnahme oder die Situation eines Betriebes den mikrobiologischen Bodentest zugrunde, ergänzt durch alle zugänglichen, biologischen Beobachtungen anderer Art. Die komplexe Größe »Bodenfruchtbarkeit«, als Lebensvorgang und biologisches Ereignis anders nicht fassbar, ist damit in dem Umfange messbar gemacht worden, wie das nach dem derzeitigen Stande unseres Wissens möglich ist.

Doch zurück zu den Fruchtbarkeitsbedingungen bei den so genannten leichten Böden: Sie sind hervorragend geeignet, die Voraussetzungen zur Bodenfruchtbarkeit überhaupt auszumachen, und die bei ihnen zuerst beobachteten Vorzüge der Flächenkompostierung gelten selbstverständlich nicht nur für die leichten Böden, sondern ganz allgemein.

Wie die Tab. 11 (S. 166) ausweist und wie sich auch in allen weiteren Experimenten und Beobachtungen bestätigt hat, kann man auch leichteste, »hungrige« Böden durchaus fruchtbar machen; wir haben vereinzelt Zellzahlen gesehen, die zu den höchsten, jemals ermittelten Bodenwerten gehören. In einem Versuch haben wir eine Zellzahl ② von 720 Zellen pro Kubikmillimeter erreicht, das sind immerhin 720 000 Symbiontenzellen pro Gramm Erde; in dem guten Boden eines Mustergartens (SL) fanden wir maximal 760 Zellen pro Kubikmillimeter, also kaum mehr. Solche Höchstwerte findet man auf leichten Böden freilich nur in günstigen Jahren und auf der Höhe des Wachstums, und man findet sie nur für recht kurze Zeit, zuweilen nur an wenigen Tagen, bemerkt sie also auch nur, wenn man fortlaufend testet. Zu dieser Zeit produziert der Boden aber auch reichlich Unkraut und meist übertriebenes Kulturpflanzenwachstum, er erschöpft sich bedeutend rascher als ein besserer Boden. Wir dürfen daraus auf einen hektischen Ablauf der Zellgarung schließen, die in einem unverhältnismäßig höheren Anstieg der Zellzahlen ① zum Ausdruck kommt, während die Zellzahlen ② nur unter ganz bestimmten Voraussetzungen ansteigen. Ein solches Verhalten des Bodens wurde zunächst in Versuchen bemerkt, bei denen eine jährlich einmalige, übertriebene organische Düngung angebracht wurde.

Verteilt man dagegen die Düngergaben, so nähern sich die Testergebnisse den Resultaten der Landbaupraxis auf leichten Böden: Trotz gutem Wachstum bleiben die Zellzahlen ② relativ niedrig (je nach Boden zwischen 50 und 90 Zellen pro Kubikmillimeter), während die Zellzahlen ① relativ hoch sind (über 35 Zellen pro Kubikmillimeter). Wer sich die von uns ermittelten Durchschnitts-Relationen zwischen den Zellzahlen ① und ② ansieht, die wir auf S. 157 aufgeführt haben, wird bestätigt finden, dass bei leichten Böden die Relation zugunsten der Zahl ① verschoben ist. Das entspricht den Ergebnissen der Routinepraxis insofern, als erfolgreich wirtschaftende Bauern, die es mit leichten Böden zu tun haben, fortlaufend relativ geringe Zellzahlen ②, aber relativ hohe Zellzahlen ① haben; ist auch die Zellzahl ① klein, so ist die Bodenfruchtbarkeit dagegen gering. Nun haben wir weiter beobachtet, dass die Zellzahlen auf leichten, aber ausgesprochen humosen, anmoorigen Böden stabiler sind als auf Böden, deren Humingehalt gering ist. Das ist insofern verständlich, als der Humingehalt den mangelhaften Tongehalt wettmachen kann, weil die Bindefähigkeit der Humine sehr hoch ist, manchmal um das zehnfache höher als die der Tonkristalle. Da die fortlaufende organische Düngung auch immer Humine produziert, dürfen wir daraus den Schluss ziehen, dass die konsequente organische Bodenernährung die Bindekraft leichter und leichtester Böden ganz wesentlich erhöht, langsam, aber stetig. Und dem entsprechen die praktischen Erfahrungen voll und ganz. Es sei am Rande erwähnt, dass man zugleich den Tonkristallgehalt durch die Anwendung von Urgesteinsmehlen erhöhen kann; diese Urminerale in leichter zugänglicher Form als Mehle sind also umso wichtiger und unentbehrlicher, je leichter der Boden eines Betriebes ist.

Theoretisch wird es darauf ankommen, eine für leichte Böden typische Gefahr des Kurzschlusses zwischen Dünger und Pflanze zu verhindern. Eine übertriebene Zellgare durch organische Stoßdüngung erhöht diese Gefahr natürlich, eine kluge Verteilung der Bodenernährungsportionen vermindert sie. Jeder Eingriff in die Schichtenbildung erhöht sie, jede Einsparung an Bodenarbeit vermindert sie. Die Gefahr ist außerdem um so geringer, je höher der Ton- und Humingehalt des Bodens ist; jede Möglichkeit, diese Gehalte zu erhöhen, sollte also benutzt werden. Eine möglichst fortlaufende Bodenbedeckung beruhigt den Ablauf der Zellgare und gleicht die unerwünschten Spitzen aus. Damit sind die Voraussetzungen für die Dauerfruchtbarkeit leichter Böden gegeben.

## Das Verhalten schwerer Böden

Auf schweren Böden, deren Verhalten unter mikrobiologischer Untersuchung in den Kurven 1 und 3 dargestellt ist, erreicht man sowohl in entsprechenden Experimenten als auch in der Praxis einer Umstellung auf die organische Wirtschaft hohe Zellzahlen keineswegs mit der Geschwindigkeit, wie es auf leichten Böden möglich ist. Auch bei hohen Düngergaben steigen sowohl die Werte der Zellgare wie die der Plasmagare nur langsam an; sie steigen aber stetig und fallen auch nicht nach Ablauf der Wachstumszeit in dem Ausmaß ab, wie man das bei Sandböden sieht. Zwar wird eine hohe Dauerfruchtbarkeit nur im Laufe mehrerer Jahre erreicht (sie beginnt durchschnittlich im 3. Jahr), sie wird aber mit Sicherheit durch eine mäßig fortlaufende organische Bodenernährung herbeigeführt und bleibt für längere Zeit stabil auch dann, wenn man eine Zeitlang nicht mehr düngt. Es ist für diese Böden bezeichnend, dass man bei gleichem Aufwand (SL und L) etwa die doppelten Zellzahlen ② findet wie auf leichten Böden, dagegen keineswegs höhere Zellzahlen ①.

Der Nahrungsvorrat ist demnach bedeutend größer, die Zellgare aber nicht umfangreicher als in leichten Böden. Tatsächlich sind erfahrungsgemäß diejenigen Böden die landbaulich günstigsten, bei denen niedrige Zellzahlen ①, aber hohe Zellzahlen ② auftreten (zum Beispiel 35/180). Hier hat die Pflanze keine Veranlassung, sich die Produkte der Zellgare unmittelbar zunutze zu machen, sie braucht sich den Gefahren der mikrobiellen Zersetzungszone nicht auszusetzen, sondern kann sich voll aus der Plasmagare, aus dem Vorrat an Nahrung versorgen, den der Boden dank seines höheren Bindevermögens anlegen kann. Da die Böden zugleich auch einen geregelteren Wasserhaushalt haben als leichte, stellen diese Bodenklassen den Idealfall für den biologischen Substanzkreislauf dar, eine allgemein bekannte Tatsache, die unmittelbar im Verlauf und in den Relationen der Zellzahlen ① und (2) zum Ausdruck kommt.

Der Boden funktioniert wie ein umsichtig geleiteter, ruhiger Gewerbebetrieb mit ausreichender Kapitalrücklage und kristenfestem Vorratslager; er ist nicht unmittelbar auf die Düngung angewiesen und gleicht die Fehler einer unregelmäßigen oder stoßartigen Düngung leicht aus. Die Zellzahlen ② sind und bleiben konstant, wenn sie nicht gewaltsam erniedrigt werden (zum Beispiel durch eine künstliche Stickstoff- oder Harnstoffdüngung); zu ihrer Erhaltung genügt eine durchschnittliche Düngermenge, und wir haben hier die Gewissheit, dass der Düngeraufwand nicht verloren geht, weil der Boden die Produkte der mikrobiellen Gare festzuhalten vermag.

Allerdings erwärmen sich diese Idealböden langsamer als leichte; das drückt sich besonders in einer Verzögerung der Bodentätigkeit im Frühjahr aus, in einer Zeit, in der das Bedürfnis der Pflanzen nach N-haltigen Nahrungssubstanzen groß ist, wenn sie wachsen sollen. Da wir bewusst auf künstliche Nachhilfe verzichten, muss in Kauf genommen werden, dass das Wachstum erst einsetzt und die Saat erst richtig aufläuft, wenn der Boden genügend warm geworden ist, um die natürliche Stickstoffbindung und den biologischen Substanzkreislauf überhaupt in Gang zu bringen. Unterhalb einer Bodentemperatur von plus 10 bis 12 Grad Celsius findet kaum mikrobielles Leben statt, und erst oberhalb von plus 15 bis 17 Grad Celsius ist Aktivität zu verzeichnen. Da der ideale Boden aber bei richtiger Behandlung stets einen genügenden Vorrat an Zell- und Plasmagare hat, bedeutet die anfängliche Verzögerung praktisch nur, dass man volles natürliches Wachstum zu Anfang der Vegetationsperiode nur mit Hilfe künstlicher Bodenerwärmung unter Glas erzielen kann, wie es im speziellen Erwerbsgartenbau betrieben wird. Im Freiland muss man lernen zu warten; sobald der Boden ausreichend erwärmt ist, holt er innerhalb kürzester Zeit alles nach, was er vorher versäumt hat.

Wer vor der Aufgabe steht, einen schweren Boden zu beleben und für die natürliche Fruchtbarkeit geeignet zu machen, muss allerdings wissen, dass hier mehr als sonst der Satz gilt: Was in diesem Jahr gedüngt wird, erhöht die Fruchtbarkeit erst im darauf folgenden. Der Stoffwechsel schwerer Böden ist träge; dafür ist die Bodenfruchtbarkeit stabiler als in leichten Böden.

In Einzelfällen hatten wir es mit schwersten Tonböden zu tun. Deren Belebung stößt auf große Schwierigkeiten, weil Bodenatmung und Wasserhaushalt stark beeinträchtigt sind; diese Böden sind zu dicht und physikalisch wie mikrobiologisch ungünstig. Wir empfehlen aus der Erfahrung heraus, bei der Umstellung auf die organische Wirtschaft in den ersten zwei bis drei Jahren die Betriebsdünger zu kompostieren, trotz der Leistungsverluste, und sie entgegen der Regel einzupflügen. Man muss dann allerdings annähernd bis zur Plasmagare kompostieren oder ausgereifte Handelsdünger verwenden, und der Aufwand ist merklich größer als auf anderen Böden. Wenn Tonböden aber einmal ausreichend belebt sind, so ist ihre Fruchtbarkeit stabil und die Ansprüche an die Düngung werden erheblich geringer.

## Prinzip der Auswertung

Der Leser möge beim Studieren dieser Ausführungen nicht auf den Gedanken kommen, wir seien nun der Quantifizierungswut der früheren Naturwissenschaften verfallen. Wir haben nicht die Absicht, die Bedeutung der ermittelten Zahlen zu überschätzen. Die Messung biologisch-funktioneller Fähigkeiten im Substanzkreislauf ist und bleibt keine Messung im physikalisch-chemischen Sinn, sondern lediglich der Versuch, eine funktionelle Größe, so gut es geht, in leicht fasslicher Form auszudrücken. Am Ablauf von Lebensvorgängen sind viele Faktoren beteiligt, neben den bekannten auch unbekannte, zuweilen solche, die der Wissenschaft für immer unbekannt bleiben werden. Darüber muss sich jeder im Klaren sein, der solche Messungen durchführt oder ihre Ergebnisse auswertet. Im Rahmen ganzheitlichen Geschehens ist ein Messresultat immer nur ein kleiner, sehr spezieller und niemals ganz zuverlässiger Ausschnitt aus dem Ganzen; die Messung der Bodenfruchtbarkeit macht das lebendige Geschehen für einen kleinen Augenblick sichtbar so,

als ob man vom biologischen Substanzkreislauf an seiner kritischsten Stelle eine Blitzlichtaufnahme gemacht hätte und diese nun betrachtet.
Wir halten es deshalb auch nicht für richtig, aus dem ungeheuren Zahlenmaterial, das uns aus 20 Jahren emsiger Untersuchungen zur Verfügung steht, Gesamtstatistiken zu entwickeln; sie können in üblicher Art unserem Material deshalb keine wesentlichen Aussagen machen, weil wir es teils mit vorbildlichen Humuswirtschaften, teils mit noch nicht umgestellten Betrieben zu tun hatten; und da zugleich die verschiedensten Boden-Arten, Landschaften und lokalen Bedingungen auftreten, die Proben sogar aus den verschiedensten Ländern stammen, müssten wir das ganze, riesenhafte Material vielfältig und sorgsam aufgliedern, um es statistisch einigermaßen verwertbar zu machen. Da unsere Arbeit bisher keinerlei öffentliche Förderung genießt, sondern bis zum letzten Pfennig aus privaten Mitteln bestritten werden muss, müssen wir darauf verzichten.

Wir glauben nicht, dass dies zum Schaden ist. Es wird sich wohl, wie in der Heilkunde, auch in der Biologie allmählich wieder der alte Grundsatz durchsetzen, dass man am gut beobachteten Einzelfall mehr Wahrheit erfährt als an einem statistisch vergewaltigten Massenmaterial.

An den Beispielen leichtester und schwerster Mutterböden sehen wir, dass es in der Natur viele und sehr unterschiedliche Arten des biologischen Substanzkreislaufs gibt; die Messungen, die sich bemühen, Aufschlüsse über seine Beschaffenheit und Wertigkeit zu bekommen, sind a priori nicht ohne Vorbehalte miteinander vergleichbar. Es ist viel richtiger – ganz besonders bei der Entwicklung ganz neuartiger Methoden –, möglichst viele Einzelbeobachtungen zu registrieren, sie exakt auszuwerten, in das Begriffsmodell vom Substanzkreislauf einzuordnen und daraus die Direktiven für den praktischen Landbau abzuleiten. Das ist, wie sich gezeigt hat, der einzig richtige Weg, um den biologischen Landbau in seiner gegenwärtigen Situation von den Ungewissheiten des »Arbeitens im Dunkeln« zu befreien und ihn zu einer allgemein anwendbaren, wissenschaftlich fundierten Methode zu machen.

# Bestimmung der biologischen Qualität

Mit der Auszählung der Zellen, die sich nach Technik ① und ② in einer Bodenproben- oder Düngeraufschwemmung bei Bebrütung bilden, bekommen wir ein relatives Maß für die zukünftige beziehungsweise gegenwärtige Bodenfruchtbarkeit, genauer für die relative Menge der mobilisationsfähigen, pflanzenverwendbaren Anteile des biologischen Substanzkreislaufs. Da es sich hier letzten Endes aber doch nur um eine Quantifizierung von »Substanz« verschiedenster Formen handelt, die mit gewissen Methoden der modernen Bodenprüfung ebenso möglich wäre, würde sich, wenn diese Methoden billiger wären, ein mikrobiologischer Quantifizierungstest erübrigen.

Wenn wir auch die »lebendige« Methode der Zellzählung vorziehen, so hatten wir von Anfang an nicht die Absicht, die seit Jahrzehnten eingespielten Verfahren um ein weiteres zu vermehren, sondern haben vor allem angestrebt, eine Methode zu finden, die eine Aussage über die biologische Qualität der verfügbaren Nahrungsmasse von Mutter Erden gestattet. Im Besonderen haben wir von vornherein verlangt, dass sich dieses Urteil über die biologische Güte der Bodenfruchtbarkeit ohne jede Einschränkung auf die biologische Qualität der erzeugten Pflanzenmasse, und darüber hinaus auf das gesundheitliche Schicksal von Tier und Mensch beziehen lässt, die von den Bodenprodukten leben.

Wir wurden zu unseren Arbeiten durch Erfahrungen angeregt, die wir mit dem Versuch gemacht hatten, biologische Qualitäten von Lebensmitteln, Nahrungs- und Futterpflanzen zu bestimmen; ein Verlangen, das bis heute von vielen Seiten an uns gestellt wird. Das naturgegebene biologische Verfahren, nämlich der langdauernde und möglichst über mehrere Generationen fortgeführte Fütterungsversuch am tauglichen Objekt ist entweder unmöglich oder viel zu langwierig und teuer; er ist nur für die Forschung auf weite Sicht, nicht für die praktische Beratung brauchbar. Chemisch-analytische Verfahren sind, wie wir schon begründet haben, nicht tauglich, weil sie nur einen sehr kleinen Teilausschnitt aus den Faktoren biologischer Qualität erfassen oder überhaupt keine Beziehung dazu haben. Beim Lebendigen ist das Ganze nicht nur mehr als die Summe der Teile, sondern auch etwas anderes.

Die Bemühungen, anhand mikrobieller Testorganismen Nahrungen qualitativ zu prüfen, hatten zwar Erfolg und konnten auch mehrfach mittels Blindproben unter Beweis gestellt werden; sie sind aber ebenfalls technisch schwierig, teuer und nicht immer einwandfrei deutbar. Die Kristallisationsmethode nach *E. Pfeiffer* ergibt nach unseren Erfahrungen zwar öfters überraschend zutreffende Deutungen, scheint uns aber noch stark von subjektiven Einflüssen abhängig und für Routineverfahren nicht ausreichend sicher, obwohl wir empfehlen möchten, sich derartiger Methoden in der Forschung mehr anzunehmen als bisher.

Alle solche Erfahrungen führten uns zu dem Gedanken, die biologische Güte der Pflanzen nicht am fertigen Landbauprodukt, sondern am Boden selbst zu prüfen, aus dem die Pflanze ernährt wird. Unser Modell des biologischen Substanzkreislaufs garantiert uns die Übereinstimmung des Geschehens in Pflanze und Boden; es lässt erwarten, dass auch die biologische Güte übereinstimmt in dem Sinne, dass aus einem biologisch minderwertigen Boden niemals eine hochwertige Pflanze, aus einem hochwertigen Boden keine minderwertige Pflanze hervorgehen kann – mit der selbstverständlichen Einschränkung, dass das pflanzliche Objekt überhaupt essbar ist, dass es sich um eine Nahrungs- oder Futterpflanze handelt.

Wir haben zu erwarten, dass diejenigen Kriterien, die zur Bestimmung biologischer Qualitäten, zur Bestimmung der Gesundheit und Fruchtbarkeit tierischer Organismen dienen, in der Beziehung Boden – Pflanze ebenso benutzt werden können für den Fall, dass sie dort überhaupt auftreten; es müsste sich freilich außerdem um testbare Lebensvorgänge handeln, weil wir nur ihnen die verlangte Kritik an der Tauglichkeit des Substrates »Bodennahrung« zutrauen. Und in dieser Beziehung kommt uns die Natur wieder einmal bereitwillig entgegen; in jedem fruchtbaren Substrat bildet sich alsbald unter günstigen, allgemeinen Lebensbedingungen eine Mikroflora aus, deren Charakter absolut genau den ökologischen Bedingungen entspricht. Das bezieht sich nicht nur auf die pflanzlichen und tierischen Nahrungen, sondern auch auf die Organismen selbst; und es bezieht sich nicht nur auf die Vorräte eines Mutterbodens an Pflanzennahrung, sondern auch auf die Funktion des Bodenorganismus. Es kommt nur darauf an, die aufgefundenen Mikrofloren in ihrem biologischen Charakter richtig einzuschätzen. Um eine solche Behauptung zu begründen, muss etwas weiter ausgeholt werden. Da wir auf biologische Zusammenhänge dieser Art schon verschiedentlich eingegangen sind, müssen gelegentliche Wiederholungen in Kauf genommen werden, um den Zusammenhang nicht zu verlieren.

## Bedeutung der Bakterienfloren bei Mensch und Tier

Vor Beginn unserer Arbeiten am Mutterboden haben wir uns ausführlich mit menschlichen und tierischen Bakterienfloren beschäftigt, die in der medizinisch-bakteriologischen Forschung allmählich besondere Bedeutung erlangen. Nachdem *A. Nissle* und *A. Becker* unabhängig voneinander nachgewiesen hatten, dass die insbesondere auf den Schleimhäuten lebende Bakteriengesellschaft einen maßgeblichen Einfluss auf das gesundheitliche Schicksal des Wirtsorganismus hat, wurden von ihnen erstmals haltbare Bakterienkulturen entwickelt, die therapeutischen Zwecken dienen, Kulturen, wie man sie heute in jeder Apotheke bekommt (»Symbioflor«). Zahlreiche Autoren haben inzwischen über ihre teilweise neuartigen Erfolge berichtet; *H. Mommsen* vertritt als Kinderarzt sogar die Ansicht, dass symbiontische Bakterien, lange Zeit in relativ geringen Mengen an erbgeschädigte, kränkelnde, anfällige, mandelkranke und verdauungsgestörte Kinder verabreicht, den gesundheitlichen Lebensweg so entscheidend zu lenken vermögen, dass aus ihnen, das heißt den Anwärtern für chronische Dauerkrankheiten, vollgesunde Menschen werden (vergleiche auch *H. P. Rusch*: »Naturwissenschaft von morgen«).

Unsere medizinisch-bakteriologische Arbeit hatte unter anderem zum Ziel, zu erfahren, wie die Bakterienfloren Gesunder und Kranker zu unterscheiden sind und welche Aussagen man über die Grundgesundheit des Wirtsorganismus anhand seiner Bakterienfloren machen kann. Die bis heute weitergeführten Arbeiten sagen aus, dass als hauptverantwortlich für die Ausprägung der symbiontischen Bakteriengesellschaft nicht Umwelteinflüsse, wie beispielsweise die Nahrung zu bezeichnen sind, sondern der Organismus selbst, seine Gesundheit, sein biologischer Zustand, und wenn man so sagen darf, seine biologische Qualität. Man muss demnach Organismen als bakteriologischen »Nährboden« betrachten, dessen biologische Tauglichkeit und Ordnung oder auch Untauglichkeit und Unordnung im Charakter derjenigen Mikrobenflora zum Ausdruck kommt, die spontan darauf anwächst; die Möglichkeit einer solchen Auswahl ist in praxi bei jedem Organismus gegeben, weil die lebendige Umwelt an Mikroben alles bereithält, was es gibt.

Das drückt sich bereits bei der Erstbesiedelung eines Neugeborenen sehr deutlich aus: Das Neugeborene bekommt, sobald es, noch bakterienfrei, geboren ist, innerhalb kurzer Frist eine charakteristische Flora; diese Flora ist für die erste Lebenszeit der mütterlichen auffallend ähnlich, ja beinahe gleich. Diese Erscheinung kommt nachweislich nicht dadurch zustande, dass das Kind nur Gelegenheit hat, sich bei seiner Mutter zu infizieren; es hat alsbald reichlich Gelegenheit, sich auch anders zu infizieren. Das geschieht aber deshalb nicht, weil das Kind von der Mutter für die erste Lebenszeit als Schutz die serologische Individualität, das heißt einen Anteil von der Abwehrstoffsammlung der Mutter mitbekommt, die die Ausbildung einer fast gleichartigen Bakterienflora beim Kind bewirkt und alle diejenigen Arten hemmt, die auch im mütterlichen Organismus gehemmt werden. Das Kind bekommt zuerst also mit großer Sicherheit diejenige Bakterienflora, die auch die Mutter hat, und zwar – das ist sehr wichtig! – bekommt es sie ohne Rücksicht darauf, ob sie physiologisch ist oder nicht. Ein erstes Anzeichen dafür, dass die Flora Ausdruck der vererbten Grundgesundheit ist; das aber ist eine »Nährboden«-Eigenschaft des Organismus, nicht ein Umwelteinfluss. Folgerichtig müsste sich der Charakter der Bakterienfloren auch nur ändern, wenn sich etwas an der Grundgesundheit ändert; das ist tatsächlich der Fall, geht aber nur in längeren Zeiträumen vor sich, und da die Grundgesundheit ebenso oder fast ebenso konstant ist wie die Erbsubstanzen, ist es auch die Bakterienflora. Eine bleibende, längere Zeit nachgewiesene Änderung des Floracharakters geht mit einer Änderung der Grundgesundheit und des Erbsubstanzvorrates Hand in Hand. Experimentell oder therapeutisch vermag man den Floracharakter nur abzuändern, indem man den Nährboden »Organismus« beeinflusst.

Es steht heute fest, dass absolut gesunde Menschen und Tiere ganz bestimmte identifizierbare Floren beherbergen, nur ist die Aufklärung einer so bedeutsamen Naturerscheinung wie der Bakteriensymbiose dadurch behindert worden, dass sich nicht alle Forscher darüber im Klaren waren, welch hohe Anforderungen man an einen Organismus und seine Funktion stellen muss, wenn man ihn als gesund bezeichnen darf. Das kann man nicht, wenn er wesentliche Funktionen, wie die symptomlose Infektabwehr oder die Aufgabe der Fortpflanzung mit erblich intakten Nachkommen nicht zu erfüllen vermag. Man kann es gleichermaßen dann nicht, wenn man Keime auf seinen Schleimhäuten findet, die man beim besten Willen nicht als »physiologische Symbionten« bezeichnen kann (zum Beispiel haemolytische Strepto- und Staphylokokken und andere); letztere findet man gegenwärtig (siehe *Rusch* i. c.) auf den Mandeln jedes zweiten Kindes, auch bei Kindern, die gemeinhin als »gesund« bezeichnet würden.

*Nissle, Becker* und ihre Schüler haben ähnliche Verhältnisse bei der Testung von Darmfloren gefunden.

Nun ist aber die Verfütterung von Bakterien zum Zwecke der Symbioselenkung ohne jeden Zweifel wirksam, wie die 30-jährige Erfahrung beweist. Ja sogar die Verfütterung von Dünn- und Dickdarmsymbionten ist wirksam und lenkt die Symbiose mit Sicherheit in die erstrebte Richtung, obwohl sie während der Passage durch den Magen und oberen Dünndarm, den normalerweise sterilen Abschnitt des Verdauungskanals, ohne Zweifel geschädigt oder abgetötet werden. Und die Verfütterung ist wirksam, obwohl es noch niemandem – auch uns nicht – gelungen ist, die Ansiedlung markierter Bakterienstämme nachzuweisen; selbst auf den Rachenschleimhäuten kommen Bakterien, deren Arten dort als physiologische Symbionten angesehen werden dürfen, nicht zur Ansiedlung. Die erwünschte Abänderung der Flora kommt nur zustande, indem die etwa gleiche Art, nicht aber der verfütterte Stamm selbst in der Flora die Oberhand gewinnt. Im Zuge dieser Umwandlung werden die unerwünschten, für eine mangelhafte Gesundheit und verminderte biologische Qualität typischen Bakterien-Arten verdrängt, wenn man nur die Verfütterung der Symbionten lange genug fortsetzt. Dazu ist ausdrücklich die Zufuhr lebender Bakterien nötig, nicht irgendwelcher Bestandteile oder Stoffwechselprodukte.

Wir müssen zur Erklärung wieder unser Modell vom biologischen Substanzkreislauf zu Hilfe nehmen, weil es anders keine Deutung solch komplizierter biologischer Vorgänge gibt: Obwohl es sich nicht um eine Neuansiedlung erwünschter und verfütterter Symbionten handelt, wenn die Flora sich im positiven Sinne ändert, findet doch diese Änderung mit Sicherheit statt, wenn man längere Zeit mit Bakteriensymbionten behandelt. Es kann also nur so sein, dass der Organismus mit Hilfe der Verdauung der Bakterienleiber ihre mikro- und makromolekularen Bestandteile in sich aufzunehmen und mit ihrer Hilfe seine Nährboden-Eigenschaft so zu wandeln vermag, dass die von ihm verdauten und als Symbionten erkannten Bakterien-Arten mehr und mehr von ihm bevorzugt werden und schließlich als Dauersymbionten erscheinen.

## Symbiose und Gesundheit

Denkt man sich in diesen verwickelten, kaum durchsichtigen Vorgang hinein, so wird verständlich, warum bei der Besiedlung von nicht sichtbar organismusgebundenen Nährsubstraten, zum Beispiel der Mutter Erden, der Begriff »Infektion« zur Erklärung der Florabildung einfach untauglich ist; die Mutter Erde kann ja mehr als jedes andere Substrat mit allem »infiziert« werden, was es an Mikroben gibt, und trotzdem finden stets nur bestimmte Arten ihr Auskommen, die meisten davon nur für recht kurze Zeit, nämlich für die Zeit der Zellgare. Es ist nur die Frage, ob sich die Deutung, die uns unser Begriffsmodell bezüglich der Bakterienfloren der Organismen vermittelt, ohne weiteres auf den Organismus »Mutter Erde« übertragen lässt. Das ist auf den ersten Blick ganz unwahrscheinlich.

Andererseits haben wir gesagt, dass die Beschäftigung mit den Bakterienfloren bei Mensch und Tier nicht nur die Abhängigkeit der Symbiose von den bei der Geburt mitgegebenen Erbeigenschaften des Organismus offenbart hat, sondern auch den viel aufregenderen Zusammenhang zwischen Nahrung, Symbiose und Gesundheit. Nahrung aber ist auch das, was die Bodenfruchtbarkeit ausmacht, und wir dürfen arbeitshypothetisch zunächst einmal annehmen, es bestehe auch da eine Beziehung zwischen Bodenfruchtbarkeit, biologischer Güte und Bakterienflora. Es käme darauf an, Anhaltspunkte dafür aufzufinden. Da uns einstweilen die funktionellen Eigenschaften lebender Substanzen, wenigstens diejenigen Eigenschaften, die als Kriterien biologischer Qualität dienen könnten, nicht zugänglich sind, würden wir uns an die Bakterien halten müssen, die als regelmäßige Begleiter hochwertiger Pflanzennahrung auftreten. Es fragt sich nur, ob es solche Bakterien gibt.

Symbionten gibt es nicht nur beim Menschen und bei den Säugetieren, sondern auch bei anderen Tieren. *Buchner* und *A. Koch* haben in umfangreichen und sehr sorgfältigen Arbeiten nachgewiesen, dass die Insekten viele Symbionten-Arten besitzen und sie oft in ganz speziellen Einrichtungen (Mycetomen) beherbergen; sie pflegen sogar ihre Symbionten mittels raffiniertester Methoden auf die Nachkommenschaft zu vererben, und wenn man sie ihnen wegnimmt, so beobachtet man teils leichtere, teils schwere Schäden der Entwicklung. Man darf daraus schließen, dass es sich auch hier nicht um zufällige »Infektionen«, um ein notwendiges Übel handelt, wie man das früher meinte, sondern um eine sinnreiche Einrichtung, eine echte Symbiose; und hier ist meines Wissens auch zum ersten Mal das Wort von der »intrazellulären Symbiose« gefallen, das die überlieferten Vorstellungen von den Beziehungen zwischen Einzeller und den Geweben der Organismen einmal mehr durchbricht zugunsten der Vermutung, dass wesentliche Teile der tierischen und pflanzlichen Gewebszellen aus dem Reich der Mikroben, insbesondere der symbiotischen Bakterien stammen. Wir erinnern uns, dass eine solche Vermutung dem Begriffsmodell »Kreislauf der lebendigen Substanzen« ganz und gar entspricht.

Nun bekommt die Beobachtung, dass die Bakterien der Nahrung und ihre offenbar verdauten Bestandteile die Säugetier-Symbiose zum Positiven oder Negativen hin verändern können, im Rahmen unserer Arbeitshypothese ihre besondere Bedeutung; wie die therapeutischen Erfahrungen der Symbioselenkung auf weite Sicht bestätigen, ist die »biologische Qualität« eines Großorganismus, das heißt seine Grundgesundheit, durch die bakteriellen Nahrungssubstanzen beeinflussbar. Anders ausgedrückt: Die Gesundheit eines Organismus ist auf die Dauer von der biologischen Güte seiner Nahrungssubstanzen direkt abhängig. Zugleich ist auch die Symbiose und ihr Charakter – als Zeichen für die Grundgesundheit des Wirtsorganismus – abhängig von der Güte der lebenden Nahrungssubstanzen, so dass sich letzten Endes Grundgesundheit eines Organismus, seine Symbiontenflora und die Güte seiner Nahrung entsprechen. Da in allen nährenden Medien auch diejenigen Bakterien auftreten oder auftreten können, die man als Symbionten von Organismen kennen gelernt hat, und da andererseits sich auf die Dauer die Eigenschaften des Nährbodens »Nahrung« und des Nährbodens »Organismus« entsprechen, dürfen wir die Symbionten, die uns seit langem als Indikatoren der »Güte« eines Organismus dienen, auch als Indikatoren für die biologische Qualität von Nahrung betrachten.

Als Symbionten kommen zum Beispiel beim Menschen in Betracht:

Streptococcus lactis, vornehmlich der serologischen Gruppe N
Enterococcus sive Str. faecalis, besonders der serologischen Gruppe D
Lactobacillus bifidus
Lactobacillus acidophilus
Escherichia coli humana

Alle diese Spezies werden seit geraumer Zeit zur Symbiontentherapie und Symbioselenkung benutzt und haben sich auch experimentell und statistisch als echte Symbionten des Menschen erwiesen. Es ist dabei für uns unerheblich, wenn die Grenzen zwischen »physiologisch« und »pathologisch« noch immer nicht exakt abgesteckt sind, obwohl sie es beim derzeitigen Stand bakteriologischer Methoden längst hätten sein können; wir haben bei unseren Arbeiten ja die Möglichkeit, mit denjenigen Spezies und denjenigen ihrer Variationsformen zu arbeiten, die man mit Sicherheit als Symbionten ansehen darf; ganz abgesehen davon, dass die Natur wahrscheinlich überhaupt keine exakten Grenzen einhält, dass vielmehr die Übergänge zwischen Symbiont, Schmarotzer und Krankheitserreger sehr fließend sind.

Wir hätten damit auch einen Indikator für die biologische Qualität der natürlichen Pflanzennahrung, das heißt für die Güte dessen, was man als »Substanz« der Bodenfruchtbarkeit bezeichnen kann, sofern wir wahrscheinlich machen könnten, dass die Beziehung »Nahrung – Organismus – Symbiont« auch in diesem Bereich des biologischen Substanzkreislaufes gilt.

## Verhalten lebender und toter Nahrung

Die erste Frage wäre die: Macht die auf einer Nahrung, in einem Nährmedium wachsende Bakterienflora über die biologische Güte dieser Nahrung eine ebenso sichere Aussage wie die Bakterienflora eines Organismus über dessen Grundgesundheit? Das ist in dieser Form sicher nicht der Fall, denn die Symbiose eines Organismus mit »seinen« Bakterien kommt zustande, weil er Einrichtungen besitzt, die nur in einem vielzelligen Organismus denkbar und an spezifische Zellen und Gewebe gebunden sind, Einrichtungen, die vor allem verhindern, dass er von seinen eigenen Symbionten verzehrt wird und das kann grundsätzlich auch jeder harmlose Symbiont; er ist nur so lange harmlos, wie er von seinem Wirt in Schach gehalten wird.

Nahrung aber wird aufgezehrt, sie hat generell die unpraktische Eigenschaft, mehr oder weniger für jeden Mikroorganismus brauchbar zu sein. Die Nahrung, das heißt organische, für die Ernährung von Vielzellern geeignete Substrate, besitzen an sich keine typische, individuelle, spezifische Bakterienflora im Sinne der organismischen Floren, es sei denn, man betrachtet die Flora der mikrobiellen Gare als »Symbiontenflora«, die für zerfallsbereite, organische Substrate – und das ist ja Nahrung ganz allgemein – typische Flora; das entspricht aber nicht unbedingt dem Begriff der Bakteriensymbiose, denn man kann nicht ohne weiteres sagen, es handele sich bei zufällig zusammengewürfelten Abfallsubstanzen um einen Wirtsorganismus mit einer Bakteriensymbiose. Man kann das nicht, obwohl auch hier der Nährboden den Charakter der Mikrobenflora bestimmt; denn organische Abfälle und Nahrung können sich nicht, wie ein Wirtsorganismus, gegen die mikrobielle Zersetzung wehren; sie sind ihrer Flora ausgeliefert.

Wenn man genauer zusieht, besteht der Unterschied zwischen einem lebendigen, symbiosefähigen Organismus und den organischen Abfällen im biologischen Kreislauf darin, dass es sich im einen Falle um intakte Organismen handelt, die noch zu leben haben, im anderen um gestorbene Organismen oder um gestorbene Teile von ihnen. Es gibt aber auch Nahrung, die »lebend« der Verdauung durch Organismen zugeführt wird, ja bei den frei und natürlich lebenden, tierischen Organismen ist das üblich: Das Tier frisst in der Mehrzahl nur lebendige Organismen oder ihre Teile, soweit es sich um organische Nahrung handelt; und diese haben, ganz gleich, ob es sich um Pflanzen, Würmer, Insekten oder höhere Tiere handelt, sehr wohl eine typische Bakterienflora, eine Symbiontengarnitur. Erst dann, wenn zur Nahrung dienliche Organismen aufbereitet und aufbewahrt werden, betrachtet die Natur solche Nahrung als »Abfall« und führt sie der mikrobiellen Aufbereitung zu; wir nennen das dann »Verderb«. Es ist schon ein Unterschied, ob man nährende Organismen aufbewahrt oder nicht; ein Salatkopf, den man von der Wurzel trennt, stirbt genau so wie ein Tier, das man schlachtet. Verderb, Kompostierung, Überführung in die Zellgare ist biologisch dasselbe und beginnt sofort mit dem Tode eines Organismus oder seiner Teile; unmittelbar mit dem Tode erlischt auch das, was man Bakteriensymbiose nennt, und macht einer anderen Ordnung Platz, einem Zustand, der auf den ersten Blick als Chaos imponiert.

Die vom Menschen in großem Maßstab geübte Herstellung von »toter« und »sterbender« Nahrung muss als künstlich bewirkter Sonderzustand von Nahrung angesehen werden, während wir natürliche Nahrung noch als symbiosefähige Organisation betrachten dürfen. Folgerichtig kann man die auf einem Stück Fleisch oder einem Pflanzenbrei anwachsende Bakterienflora nicht als Güte anzeigende Symbiontenflora ansehen, wohl aber die Bakterienflora des Tieres oder der Pflanze selbst, die zu ihren Lebzeiten existieren. Und hier darf, wie sich bei allen unseren Untersuchungen gezeigt hat, ganz genauso verfahren werden wie beim Menschen: Die bei einem Tier oder einer Pflanze auftretende Bakterienflora ist typisch; sie ist wie beim Menschen ein Spiegelbild der Grundgesundheit und kann zu einem Urteil über die biologische Qualität herangezogen werden.

Freilich gibt es da bemerkenswerte Unterschiede; Regenwürmer beispielsweise, als Bodenbewohner für den Landbau besonders interessant, beherbergen in organisch versorgten Böden (vergleiche Tab. 21 u. 22, S. 208/209) eine Symbiose von coliformen Bakterien und Aktinomyceten, und auch sonst kommen sowohl Bakterien als auch pilzliche Mikroorganismen als Symbionten vor, obligat und fakultativ. Die Coliformen spielen offenbar eine ähnliche Rolle wie beim Menschen, während die Myceten als Zellulosezersetzer für den Regenwurm unentbehrlich sind. Die erste, bei Pflanzen entdeckte Bakteriensymbiose (*Hellriegel* und *Willfahrt* 1888) ist die der Leguminosen mit Rhizobium leguminosarum, für die *Beijeringk* nachwies, dass die Stickstofffixierung aus der Atmosphäre nur stattfindet, wenn Leguminose und Bakterium symbiotisch zusammenwirken, indem die Pflanze den Bakterien die bekannten Wurzelknöllchen als Aufenthaltsort zur Verfügung stellt.

In einzelnen Fällen ist es uns gelungen, an Rhizobien die Stoffwechseleigenschaften der Colioformen nachzuweisen, und aus zahlreichen anderen Pflanzen ließen sich ebenfalls Coliforme, manchmal auch echte Esch. coli nachweisen. Es hat den Anschein, als handle es sich im Prinzip immer um milchsäurebildende Mikroben-Arten, die als Symbionten verwandt werden; jedenfalls lassen sich auch Insektensymbionten auf geeigneten Nährböden oft als kokkenähnliche Kurzstäbchen erweisen mit den biochemischen, kulturellen und mikroskopischen Eigenschaften der Coliformen. Streptococcus lactis und eine ganze Reihe anderer Milchbakterien findet man bei grünen Pflanzen, nicht nur auf ihren Oberflächen, sondern auch im Innern, und aus Früchten vielerlei Art (Kürbis, Gurken, Erbsen, Bohnen und vielen anderen) kann man bei aller Vorsicht und unter Einhalten streng steriler Maßnahmen fast mit Sicherheit milchsäurebildende, den Säugetiersymbionten entsprechende Bakterien-Arten isolieren. Wir haben zu solchen Versuchen möglichst Objekte ausgewählt, bei denen sich die Abtrennung der äußeren Oberflächen leicht durchführen ließ, und sind überzeugt, dass sich diese Bakterien (oder ihre Anlagen nach Art der »intracellulären Symbionten«) im Stoffwechselsystem der Pflanze ebenso wie beim höheren Tier befinden. Uns schiene es freilich merkwürdig, wenn es anders wäre; denn bei allen solchen Versuchen bemerkt man wohl immer spezifische Variationsformen grundlegender Lebenserscheinungen – sicher ebenso viele und mehr, als es spezifische Lebewesen gibt –, findet aber immer wieder das Grundprinzip, in diesem Falle die Lebenserscheinung »Bakteriensymbiose«.

Nun hat man bei höheren Tieren experimentell sterile Verdauungsapparaturen, sterile Haut und Schleimhäute, also überhaupt vollkommen bakterienfreie Tiere erzeugt, um nachzuweisen, dass die Bakterienfloren überflüssig, nicht lebensnotwendig und vielleicht nur schädlich sind. Derartige Experimente an künstlich dargestellten lebenden Objekten sind immer gefährlich, denn sie führen die biologische Forschung gern in die Irre. Da die Idee, dass gerade bei höheren Tieren, auch beim Menschen, die Bakteriensymbiose als entbehrlich nachzuweisen sei, den von uns angestrebten Weg zur biologischen Testung von Qualitäten von vornherein verbauen würde, haben wir uns mit ihr auseinander zu setzen.

## Leben ohne Bakterien?

Tatsache ist, dass die Pflanzen und Tiere, auch das Säugetier und der Mensch eine obligate Bakterienflora besitzen, die sie von Geburt an bis zum Tode begleitet – diese Tatsache würde an sich der Forschung nur die Frage erlauben, was diese allgemeine Naturerscheinung bedeutet, und nicht die Frage, ob sie entbehrlich sei.

Wir haben kein Recht, irgend etwas für entbehrlich zu halten, was natürlicherweise vorkommt, schon ganz und gar nicht dann, wenn es sich um eine so generelle Erscheinung handelt wie die Bakteriensymbiose, es sei denn, man betrachte alle Mikroben als Feinde der Vielzeller; und das wäre absurd. Experimente mit Steriltieren wären nur vertretbar, wenn sie dazu dienen sollen, nachzuweisen, warum es die Bakteriensymbiosen gibt und welche allgemeine und spezielle Bedeutung sie haben. Die Hypothese, man werde nachweisen können, dass sie überflüssig sind, ist ebenso unsinnig wie der Versuch, nachzuweisen, dass der Mensch entbehrlich ist, dass es Leben auch ohne ihn gibt.

Freilich gibt es organisches Leben auch ohne Bakterien, es fragt sich nur, wie lange, und es fragt sich, ob es ein vollkommenes Leben ist. Lebewesen haben die Eigenschaft, unter den merkwürdigsten Umständen noch lebensfähig zu sein, auch unter den unnatürlichen, ja widernatürlichen und zuweilen absurden Umständen eines Experimentes, wie es die künstliche Sterilhaltung von Versuchstieren darstellt. Erst im Laufe vieler Generationen, manchmal aber schon in der 2. und sogar schon an den Generationsorganen der 1. Generation stellt sich heraus, dass die Experimente Unfruchtbarkeit, Lebensuntüchtigkeit und Ausmerzung des untauglich gewordenen Objektes bewirkt haben.

Die nach wir vor aktuelle Warnung des Physiologen *Joh. Müller*, eines Zeitgenossen *Goethes*, Experimente am Lebendigen gäben sehr vieldeutige Antworten und seien deshalb gefährlich für die Lebensforschung, wird noch heute kaum beachtet. Ein typisches Beispiel dafür ist die Behauptung, gekochte Milch sei besser als rohe, weil sich erwiesen hat, dass die Verdauungsenzyme bei gekochter und pasteurisierter Milch wirksamer seien als bei roher; wer das sagt, kann einfach nicht biologisch denken und wird es wohl auch niemals lernen. Die Verdauung ist nämlich ein Abbauvorgang, dem sich ein »lebendiges« Substrat wie die rohe, frische Milch zu widersetzen versucht, ein Widerstand, der durchaus im Plan der Relation zwischen der Nahrung und ihrer Verdauung einkalkuliert sein wird, der geeignet scheint, die Verdauungsleistung fortlaufend zu aktivieren. Tötet man das Substrat ab, so wird es freilich leichter verdaulich, aber damit kann man nicht beweisen, diese erleichterte Verdaulichkeit sei biologisch erwünscht; sie ist es ganz bestimmt nicht, denn dann gäben alle Säugetiere pasteurisierte Milch. Die Fragestellung an sich ist unzulässig, unerheblich und allenfalls irreführend, es sei denn, sie diene dem Nachweis, warum Säugetiere rohe und nicht gekochte Milch geben; das aber lässt sich ebenso wenig stofflich-analytisch darstellen wie andere biologisch-funktionelle Potenzen – der Aufwand wäre eines Besseren wert; es wird viel Geld an Fragestellungen verschwendet, die von vornherein als biologisch unsinnig zu erkennen sind. Auf jeden Fall ist die rohe Milch besser als die pasteurisierte, ganz unabhängig davon, dass die gegenwärtige Zivilisation mit ihren abgewerteten Grundgesundheiten aus hygienischen, das heißt rein Menschen bezogenen Rücksichten gezwungen ist, einen Teil des Nahrungswertes der Milch, vielleicht sogar den wichtigsten, durch Pasteurisation zu vernichten; und ganz unabhängig auch davon, ob die Wissenschaft im Augenblick den Schaden nachweisen kann oder nicht.

Wenn das einzelne, isolierte Tier am Leben und scheinbar zuweilen auch gesund bleibt, so beweist das zunächst nur, dass die Lebewesen auch in ihren höheren Formen noch enorm anpassungsfähig sind und einen Zustand ertragen, der natürlicherweise nicht vorkommt. Oberflächlich betrachtet, könnte das Experiment vielleicht sogar beweisen, dass ein künstlich isoliertes, künstlich ernährtes Tier ohne Bakterien zu leben imstande sei. Bei genauem Zusehen aber ist auch das nicht bewiesen; es ist einfach nicht möglich, das Tier zu ernähren, wenn man ihm nur Nahrung geben würde, die ohne jede Mitwirkung von Mikroben zustande gekommen ist – eine solche Nahrung gibt es nämlich nicht.

Es könnte also höchstens sein, dass die beim Tier selbst lebenden Bakterien entbehrlich seien; aber auch das ist nicht der Fall, denn Steriltiere verlieren erblich ihr lymphatisches System, eines der wichtigsten Organe zur Regelung der Umweltbeziehungen, zu denen natürlich auch die Bakteriensymbiose gehört; setzt man die Steriltiere dem »freien Spiel der Kräfte« aus, das heißt bringt man sie aus ihrem sterilen Käfig in die freie Natur, so sterben sie unweigerlich und auf der Stelle, sind also lebensuntüchtig – womit bewiesen wäre, dass Tiere, die keine Bakteriensymbiose haben, nicht lebensfähig sind.

Man darf daraus schließen, dass die Funktionstüchtigkeit des lymphatischen Systems (zu dem auch die Mandeln und der Blinddarm gehören!) für die Grundgesundheit unentbehrlich ist, und dieses System scheint nur unter der Einwirkung der Bakteriensymbiose funktionstüchtig zu bleiben; tatsächlich wirken Bakterientherapie und Symbioselenkung ganz in diesem Sinne und greifen an einem System des Abwehrapparates an, das unter den allzu sterilen Bedingungen des modernen Lebens allgemein gelitten hat; sie stellen das System nachweislich wieder her, regulieren den Blutgehalt an Lymphocyten und vermögen eine chronische Krankheit mit dem Stigma der Reaktionsschwäche zunächst in eine akute, fieberhafte, erlösende Abwehrhandlung des Organismus zu verwandeln und dann der echten Heilung zuzuführen. Solche Regeneration der Grundgesundheit aber vermag offenbar nur das lebende Bakterium zustande zu bringen, wie sogar in den Steriltierversuchen nachgewiesen wurde. Gibt man der Nahrung nur fünf Prozent ihres natürlichen Bakteriengehaltes an lebendigen Bakterien zu, so bleibt die Degeneration des lymphatischen Apparates aus oder er stellt sich wieder her; abgetötete Bakterien erwiesen sich ebenso als unwirksam wie in der Symbiontentherapie (Näheres bei *A. Kumpf*). Man sieht: Wer biologisch denkt, den führen selbst gewagte und zweifelhafte Experimente am Lebendigen zu richtigen Schlüssen. Allein die Tatsache, dass alle Organismen auf der Erde in irgendeiner Weise von dem tätigen Zusammenleben mit Bakterien Gebrauch machen, müsste schon genügen, um vor der Vermutung zu bewahren, dies sei gewissermaßen ein Fehler der Natur, es gehe anders besser.

## Die dreistufige Verdauung der Wiederkäuer

Das beste Beispiel aus dem Tierreich ist die Flora der Pflanzenfresser, speziell der Wiederkäuer; für sie ist die größte Energiequelle der Zellulosegehalt ihrer Nahrung. Meines Wissens hat sich noch kein Organismus gefunden, der imstande wäre, ohne Mithilfe der Mikroben Zellulosen zu verdauen, das heißt in oxydierbare KH umzuwandeln; dagegen ist in zahlreichen Fällen nachgewiesen, dass sich sowohl Wirbellose als auch Wirbeltiere der Mitarbeit von Mikroben bedienen, um sich die Zellulosen nutzbar zu machen.

Die Termiten sind mit Flagellaten und Basiomyceten vergesellschaftet, und die Wiederkäuer, die in Form des Pansen und der Haube schon vorab der chemischen Verdauung eine mikrobielle besitzen, benutzen als Zelluloselöser viele Symbionten, darunter Chlostridien, Streptokokken und jodophile Bakterien, wahrscheinlich auch Protozoen, deren Zellulose-Produktion allerdings wiederum das Werk intrazellulärer Protozoen-Symbionten sein soll. Für die Pflanzenfresser ist offenbar die Bakteriensymbiose noch lebenswichtiger als für andere; sie würden verhungern, wenn man ihnen die Symbionten nehmen könnte, denn sie verschaffen sich auf diese Weise nicht nur verdauliche KH, sondern verdauen anschließend auch noch die Proteine, Vitamine und Makromoleküle der Symbionten selbst, und nur so kann der Mangel ihrer zuständigen Nahrung an essentiellen Arminosäuren, Vitaminen der B-Gruppe und vielen anderen ausgeglichen werden.

Der Wiederkäuer hat sich unter den Wirbeltieren am deutlichsten unabhängig gemacht von fermentativen Vorgängen außerhalb des Organismus; er macht sie bei sich selbst. In einem vergrößerten Magensystem lässt er zunächst eine bunte Mikrobien-Gesellschaft auf die mehrmals wiedergekaute Nahrung los und gestattet, dass sie sich in Wärme, Feuchtigkeit und Sauerstoffreichtum der ständig umgewälzten Nahrung rasch und stark vermehren, führt das Ganze samt den Symbionten der chemischen Verdauung zu und verfährt erst dann wie andere Tiere. So entstehen drei Stufen der Verdauung:

1. Eine mikrobiell-fermentative Vorverdauung zwecks Zellulose-Erschließung, wobei der Wirt die Aufgabe hat, die Floraentwicklung zu fördern.

2. Eine »normale« Verdauung mit organismus-eigener Enzym-, Säure- und Basenproduktion, wobei Nahrung, mikrobielle Produktion und Mikroben selbst verdaut werden, und

3. eine abermals »normale« Nachverdauung mit Hilfe einer Dickdarmflora, die wie überall fähig ist, die Überbleibsel der Magen-Dünndarm-Verdauung zu verwerten und sie noch teilweise dem Wirt nutzbar zu machen.

Der Vergleich dieser dreistufigen Verdauung mit den Vorgängen bei der Humusbildung drängt sich wohl geradezu auf. Hier wie dort haben wir den Vorgang der mikrobiell-fermentativen Aufschließung organischer Nahrung, die Proteinproduktion, die Vitaminsynthese, die Entwicklung einer mikrobiellen »Gare« mit ihren wachstumsfördernden Eigenschaften der Belüftung, Feuchtigkeit, Erwärmung und leichten Zugänglichkeit. Der Wiederkäuer macht sich wie der Mutterboden weitgehend unabhängig von der Nahrungsauswahl, vermag auf diese Weise auch die schwerstzugänglichen Stoffe zu verwerten, der erstere für sich selbst, letzterer für die Pflanze.

Auch die beim Tier folgende Verwertung der vorverdauten Nahrung lässt Analogieschlüsse zu, die für unser Problem hochwichtig sind; denn das, was der Wiederkäuer mit seinem Panseninhalt in den nachfolgenden Stufen der Verdauung macht, geschieht analog auch in der mikrobiellen Gare: Die Abbaubakterien zerfallen und hinterlassen ein als Nahrung hochwertiges Material, das bis zum letzten Molekül für die Bildung der Dauergare, der makromolekularen Stufe der Bodenfruchtbarkeit ausnutzbar ist und ausgenutzt wird, ja selbst die unverdaulichen Rückstände dienen noch als Huminstoffe dem Aufbau der Plasmagare.

Wir durften also von vornherein vermuten, dass der Mutterboden auch die dritte Stufe der Wiederkäuerverdauung besitzt; dass er nicht nur eine »Pansenflora« (Zellgare), sondern auch eine »Dickdarmflora« besitzt, und zwar räumlich voneinander getrennt, ja es darf sogar vermutet werden, dass die Pflanze zwar auf die Bildung der Zellgare nur indirekt Einfluss hat (da ja an der Zellgare auch Reste der Spezies Pflanze beteiligt sind), dass sie aber vielleicht schon bei der Bildung der Plasmagare beziehungsweise der Beendigung der Zellgare mitwirkt, auf jeden Fall aber bei der Ausbildung ihrer »Dickdarm«-Flora, der bei der Pflanze eindeutig der so genannten Rhizosphärenflora entspricht.

Um Missverständnissen vorzubeugen, sei wiederholt, dass wir von Analogien sprechen; wir haben anzunehmen, dass sich lediglich die Prinzipien entsprechen, wie sie sich sonst im Lebensbereich auch zu entsprechen pflegen – die Einzelheiten sind selbstverständlich verschieden; was beim Tier sehr ausgeprägt sein kann, ist bei der Pflanze vielleicht nur angedeutet und umgekehrt. Um des Prinzips willen aber haben wir das Recht, die Rhizosphärenflora von Pflanzen unter den gleichen Kriterien und mit den gleichen Methoden zu erforschen wie die Dickdarmflora von Mensch und Tier, und hier ergibt sich erst die Möglichkeit, auch diese Flora zu einem Urteil über die biologische Qualität der Bodenfruchtbarkeit heranzuziehen.

## Floradiagnostik an Mensch, Tier und Pflanze

Es muss betont werden, dass eine Diagnose bezüglich der gesundheitlichen Situation eines Menschen oder eines Tieres aus dem Bild seiner Floren nicht so gestellt werden kann, wie das zu Anfang der Symbioseforschung üblich war, indem man formulierte: »Gute« Bakterien (Eubakterie) = gute Gesundheit, »schlechte« Bakterien (Dysbakterie) = Krankheit.

Man könnte dies allenfalls noch von den tierischen Vaginalfloren sagen; herrschen dort die Milchsäurebildner, die Laktobazillen (Lb. acidophilus = *Döderlein*sche Stäbchen) vor und stellen demnach mit dem »Reinheitsgrad 1« eine Eubakterie dar, so kann man sagen, dass der Selbstschutzmechanismus des Vaginalepithels funktioniert, dass dieses Organ gesund ist; ja, man kann sogar beinahe sagen, dass eine ideale Vaginalflora nur möglich ist in einem Organismus, der als Ganzes »in der Ordnung« ist, der auch anderen Ortes keine »Dysbakterie« hat.

Ähnlich verhält sich die Rachenflora des Menschen. Man hat beobachtet, dass schwer kranke Kinder, besonders nach Behandlung mit bakterienhemmenden Medikamenten, ganz »harmlose« Bakterien in den Mandelbuchten beherbergen (soweit sie noch Mandeln haben), eine Flora also, die keineswegs den kranken Zustand ausdrückt; behandelt man solche Kinder mit dem Erfolg echter Heilung, so bekommen sie vorübergehend eine meist sehr bösartige, ja als »pathogen« zu bezeichnende Rachenflora, und sie werden nur gesund, wenn sie sie bekommen. Ist aber die »Ausscheidung«, die auch hier zugrunde liegt, beendet, so entsteht eine physiologische Dauerflora, vorausgesetzt, dass man die Behandlung auch fortsetzt, wenn das Kind schon als gesund betrachtet wird, weil es keine Krankheitssymptome mehr hat.

Mit diesen Beispielen aus dem Bereich der Diagnostik an menschlichen und tierischen Floren soll gesagt sein, dass die Methoden zur Beurteilung schon recht weit fortgeschritten sind. Allerdings tritt nach Ablauf der Zellgare und mit Beginn der Plasmagare – neben Einflüssen der Witterung, Boden-Art usw. – bei der pflanzlichen Verdauung ebenfalls ein Faktor in Kraft, der auch beim tierischen Organismus wirksam ist und die Deutung der Floren beträchtlich erschwert: Die Plasmagareschicht ist die Region, in der sich während der Wachstumszeit die nicht nur aufnehmenden, sondern auch abscheidenden Organe der Pflanze befinden; sie sind vergleichbar den Dünn- und Dickdarmzotten und erfüllen ähnliche Aufgaben, auch bezüglich der Floraausbildung. Tatsächlich findet man diesbezüglich viele Analogien; es scheint sogar, dass Pflanzen nicht nur – wie bereits erwiesen ist – Nährstoffe ausscheiden und mit ihrer Hilfe eine »Symbioselenkung« betreiben, sondern auch spezifische Antikörper entwickeln und ausscheiden, mit denen sie auf die Umwelt im Sinne einer Symbiose einwirken, dass Pflanzen also auch immunologisch aktiv sind wie der tierische Organismus.

Wir betreten mit solchen Untersuchungen ein fast unbeackertes Neuland. Ein Bodenbiologe, der keine medizinisch-bakteriologischen Erfahrungen hat, kommt nicht auf den Gedanken, mit dem Bodenorganismus und dem Nährsubstrat Mutter Erde analog zu verfahren; das ist denn auch nicht geschehen. Die im Bereich des Verdauungssystems der Pflanze auftretende Bakterienflora kann einstweilen nur der richtig beurteilen, der über Erfahrungen an Mensch und Tier verfügt; nur wer sich in jahrelangem Studium davon überzeugt hat, in wie engem Zusammenhang die Schleimhautflora der Tiere und des Menschen mit ihrer individuellen Gesundheit stehen, ist imstande, die Charakteristika der physiologischen und nicht physiologischen Rhizosphärenflora zu erkennen.

Für uns war die Aufgabe deshalb erleichtert, zumal man im Prinzip auch methodisch-technisch genau so verfahren kann wie in der medizinischen Symbiontenbakteriologie. Dafür tritt aber eine andere Schwierigkeit auf: Bei Mensch und Tier ist es relativ einfach, die Floren zur Darstellung zu bringen, bei der Mutter Erde aber nicht.

## Die Analyse der Darm- und Wurzelflora

In gewöhnlichen Bodenproben lässt sich die Rhizosphärenflora nicht in quasi »Reinkultur« darstellen. In einer schematischen Zeichnung kann man beispielsweise die Zell- und Plasmagareschicht schön getrennt darstellen, in der Natur gibt es das nicht, und in einer Bodenprobe sind sie vollends durcheinander. Eine mechanisch-methodische Trennung wie bei tierischen Organismen ist unmöglich. Gäbe es nicht bakteriologische Verfahren der Selektierung, wäre das Unternehmen bei Bodenmischproben hoffnungslos.

Man kann sich aber die Floren der Plasmagare und Rhizosphäre, die sich zu unserem Glück weitgehend entsprechen, experimentell darstellen: Kompostierungsfähiges organisches Material wird mit Erde vermischt und unter idealen Bedingungen vollständig »vererdet«, bis auch der letzte Rest von Zellgare verschwunden ist, kontrollierbar dadurch, dass die mit Hilfe der Plattenmethode, des Klatschpräparates oder unserer Technik ① ermittelten Zellzahlen auf geringste Werte abgefallen sind. Während des Ablaufens der Zellgare bis zur vollen »Reife« wandelt sich die Bakterienflora fortlaufend um, und schließlich entsteht eine Flora, die sich den Charakteristika der tierischen Floren mehr und mehr nähert; insbesondere nehmen die Anteile an Esch. coli, coliformen Stäbchen und in Diploform und kurzen Ketten wachsenden Milchsäure-Rundzellenbakterien fortlaufend zu. Wenn es aber einmal gelingt, Mutter Erde dort zu isolieren, wo man die stärkste Nährwurzelbildung der Pflanze findet, so besteht an der Analogie zwischen der tierischen Darm- und der pflanzlichen Wurzelflora nicht der geringste Zweifel mehr.

Es ist schon längst bekannt, dass tierischer und pflanzlicher Stoffwechsel identisch sind mit der einen großen Ausnahme der Befähigung der Pflanze zur Chlorophyll-Nährstoffsynthese; es ist nun auch offenbar, dass sich die Pflanze ebenfalls einer Darmflora bedient, sogar einer Flora, die der tierischen recht genau entspricht. Und erst damit bietet uns die Natur die Chance, in ihre Werkstatt Mutter Erde einen tieferen Einblick zu tun als bisher.

Allerdings gibt es da noch einige Schwierigkeiten, mit denen wir uns auseinander setzen müssen. Die natürliche Mikrobengesellschaft einer Bodenprobe und sämtliche Sporen, Vorstufen und Anlagen, auch die zur Zeit nicht aktiven Mikroben bilden eine Ansammlung, die theoretisch sogar alte bisher identifizierten Mikroben – und das sind jedenfalls mehr als 100 000 – enthalten könnte. Es wäre für einen einzelnen total unmöglich, die Organismen einer einzigen Bodenprobe in absehbarer Zeit sämtlich zu identifizieren. Die Forschung beschränkt sich deshalb bewusst auf jeweils einzelne Arten, die der Fragestellung entsprechend ausgewählt werden. Für uns wäre diese Frage theoretisch geklärt, denn es kann kein Zweifel sein, dass wir diejenigen Organismen wählen, die durch die Pflanze selbst in ihrem Wurzelsystem als Symbionten behandelt werden, die sie innerhalb ihres Lebensbereiches duldet und aktiv fördert; unter diesen werden wir wieder denjenigen Arten den Vorzug geben, die wir aus der medizinischen-tiermedizinischen Bakteriologie kennen. Soweit herrscht Klarheit.

Nun gibt es aber auch im tierischen und menschlichen Darm sehr viele Bakterien-Arten, und es herrscht noch keineswegs absolute Einmütigkeit der Auffassungen, welche Arten man nun als physiologisch wesentlich, welche als unwesentlich zu betrachten habe. Nicht einmal die Meinungen über die normale, prozentuale Verteilung der einzelnen Symbionten sind einhellig unter einen Hut zu bringen; Esch. coli soll nach der Meinung mancher Autoren nur zu wenigen Prozent, nach Meinung anderer zu 50 Prozent und mehr auftreten, und während frühere Untersuchungen ergaben, dass Lb. bifidus, der Darmkeim des Brustkindes, im späteren Alter kaum und nur ausnahmsweise vorkommt, geben jetzt andere Autoren an, er bilde bis zu 80 Prozent der Darmflora auch beim Erwachsenen. Neue und neueste Identifizierungsmethoden haben das Bild eher kompliziert als geklärt, und *Kauffmann* äußert sogar die Ansicht – womit ihm durchaus recht zu geben ist –, die Untersuchung einer einzigen Faecesprobe mit allen verfügbaren bakteriologischen, biochemischen und physikalischen Methoden stelle eine Lebensaufgabe dar.

Aber es kommt eigentlich nicht darauf an, die gesamte Mikrobenpopulation darzustellen, weder beim Darminhalt noch in der Mutter Erde. Man ist in jedem Falle auf Abimpfungen angewiesen, auf sekundäre, stets unzulängliche und einseitige künstliche Nährböden, und es wird nie möglich sein, auf diese Weise ein absolut wahrheitsentsprechendes Bild zu bekommen. Wenn man sich auf ganz bestimmte Mikroben-Arten beschränkt – und das geschieht, seit es eine Bakteriologie gibt –, so lassen sich die Befunde ohnehin nur auswerten, indem man sie miteinander in Beziehung setzt, indem man sie außerdem mit anderen Beobachtungen in Beziehung setzt. So geschah es zunächst in der Darmbakteriologie, bei den Vaginalfloren und schließlich den Rachen- und Dünndarmfloren; es ist nichts dagegen einzuwenden, wenn es bezüglich der Rhizosphärenflora ebenso geschieht.

Wir waren anfangs selbst sehr skeptisch gegenüber der Beobachtung, dass man bei der Verwendung der in der Darmbakteriologie gebräuchlichen Nährböden in Mutter Erden besonders in der reinen Plasmagare eine ähnliche Flora findet wie bei Mensch und Tier. Heute, nach 20-jähriger Routineerfahrung mit Boden- und Düngerproben, wissen wir, dass es überhaupt keine Mutter Erde gibt, die keine solche Flora enthielte, wie wir sie bei Mensch und Tier gewöhnt sind. Freilich finden sich empfindliche Variationsformen beispielsweise von Lactobazillen, wie der Lb. bifidus und acidophilus offenbar nicht in Muttererden, sondern nur die »einfacheren«; Milchsäurekokken, Enterokokken und Esch. coli mitsamt zahlreichen, coliformen Varianten aber finden sich ebenso wie im tierischen Darm.

Wir wollen hier gleich einem Einwand begegnen, den jeder Bakteriologe alter Schule sofort machen würde, ein Einwand, der erst dann entkräftet ist, wenn einmal die ganz auf die Pathologie gerichtete Mentalität wirklich überwunden ist: Man argumentiert, dass man die Kulturböden ja mit den Ausscheidungen von Tieren, wie dem Stallmist, dünge, dass es deshalb nicht sonderlich erstaunlich sei, wenn man hier die tierische Darmflora wiederfinde, denn im Boden sei sie ja lebensfähig, sofern nur genügend organische und anorganische Nahrung zur Verfügung sei; der Boden sei eben durch den tierischen Dünger »infiziert«. In Wirklichkeit ist es aber müßig, sich mit einer solchen Nomenklatur – denn mehr ist es nicht – aufzuhalten; wenn man so will, sind alle Lebewesen »infiziert«, und selbst ein strenger Vegetarier, der niemals und aus Prinzip seinen Gartenboden mit tierischen Düngern versieht, kann nicht verhindern, dass er durch Regenwürmer und Schmetterlinge, Raupen, Käfer und Vögel mit Symbionten »infiziert« wird. Denkt man zu Ende, so bleibt nur der Schluss: Alles Lebendige ist mit Symbionten »infiziert«; wo es Leben gibt, sind auch Bakterien und besonders symbiotische, sie sind also im biologischen Kreislauf allgegenwärtig – so bekommt die Erscheinung erst das ihr gemäße Gesicht, nicht mit Nomenklaturen, die aus der bakteriologischen Pathologie stammen.

Wird aber ein Mutterboden, dessen Organismus intakt ist, wirklich infiziert, zum Beispiel mit Typhuskeimen, so beseitigt er sie innerhalb weniger Tage; man darf daraus schließen, dass die Symbionten-Garnitur, von der beim Menschen der Typhusantagonismus schon durch *A. Nissle* 1916 nachgewiesen wurde, von sich aus das physiologische und das pathologische Prinzip zu unterscheiden vermag, weil es in allen Lebensbereichen dasselbe ist. Wir haben uns jedenfalls mit der Vorstellung abzufinden, dass grundsätzlich Lebensvorgänge unter der direkten und indirekten Mitwirkung von bakteriellen Symbionten ablaufen, deren Eigenschaften ein vorhandenes oder fehlendes Optimum biologischer Funktionstüchtigkeit mit der gleichen Präzision widerspiegeln wie die Summe der Erbsubstanzen einer Zelle oder eines ganzen Organismus. Nur diese Tatsache erlaubt es uns, aus dem Charakter der begleitenden Flora Rückschlüsse auf den Charakter der

Lebensvorgänge selbst zu ziehen. Es wäre sehr bedauerlich, wenn diese Chance weiterhin so wenig wahrgenommen wird wie bisher.

## Der Charakter einer Flora und seine Darstellung

Es ist nicht einmal so wesentlich, welcher Methode man sich speziell bedient. Auch in der Darmbakteriologie sind bis heute die verschiedensten Techniken in der Übung, auch da bedient man sich der verschiedensten Selektions-Nährböden und verschiedener Testorganismen. Wenn man sich auch noch keineswegs einig darüber ist, ob nun diese oder jene Bakterien-Art überwiegt, mehr diese oder mehr jene als Indikator für Gesundheit oder Krankheit anzusehen sei, so ist man sich doch darin ganz einig, dass es solche Organismen gibt, und dass es sich vermutlich um diejenigen handelt, mit denen ganz allgemein gearbeitet wird. Dem werden selbst die Bakteriologen alter Schule zustimmen können. Da wir aber ohnehin noch nicht sehr viel von der mikrobiellen Ökologie der Mutterböden verstehen, kommt es zunächst eigentlich nur darauf an, sich für eine bestimmte Methode, einen bestimmten Testorganismus zu entschließen, sobald man diesen Entschluss – und sei es zunächst nur arbeitshypothetisch – begründen kann.

In diesem Sinne haben wir uns zur Darstellung der Bakterienflora der Plasmagare auf eine Bakterien-Art beschränkt, die sich analog dem Verfahren bei menschlichen und tierischen Darmfloren mit einer selektiv wirksamen, aeroben, Pilze und Anaerobier hemmenden, die laktose-vergärenden und milchsäurebildenden Arten aber fördernden Nährplatte (ENDO-Platte) herauszüchten lassen; die Vergleichsversuche mit anderen, gebräuchlichen Nährböden haben erwiesen, dass sich die kritischsten Arten, die coliformen Bakterien, auf ENDO am besten darstellen, und wir gebrauchen seitdem keine andere Platte mehr. Im Routineverfahren benutzt man am besten nicht eine selbst zubereitete Platte, sondern handelsübliche; sie haben vielleicht kleine Nachteile, aber den Vorzug der größeren Gleichmäßigkeit. Es ist selbstverständlich, dass man jede neue Zubereitung in üblicher Weise prüfen muss, ehe sie zum laufenden Testen benutzt wird.

Wir haben ferner bezüglich der Beurteilung des Floracharakters die Erfahrungen verwertet, die wir in der Darmbakteriologie und bei allen anderen Floratests gemacht haben; unsere Erfahrungen stützen sich auf etwa 25 000 derartige Befunde, die auf der Basis von anamnestischen, Befund- und Therapieangaben zu Fachberatungen in der Handhabung der bakteriellen Symbioselenkung benutzt wurden, deren Erfolg oder Misserfolg auch durch Kontrollen beobachtet wird. Aus dieser ärztlichen Beratungstätigkeit hat sich eine recht hohe Sicherheit im Urteil über den Charakter der Symbiontenflora entwickelt, die uns bei der Beurteilung der Gare- und Wurzelflora der Pflanze sehr zustatten kommt. Wir fühlen uns deshalb berechtigt, den Anfänger zur kritischen Vorsicht zu mahnen; zur Deutung solcher mikrobiologischen Befunde braucht man sehr viel Erfahrung.

Heute können wir sagen, dass sich sogar die aus Bodenproben herauszüchtbare Milchsäureflora ebenso verhält wie die aus tierischem oder menschlichem Material mit gleicher Technik dargestellte Flora. Von unwesentlichen Standortvariationen abgesehen, gibt es hier wie dort hoch leistungsfähige und weniger leistungsfähige Coliforme, wie man auch aus der Übersicht über die genauere Identifikation ersehen mag (Tab. 14 und 15, S. 195/196), vom echten Kolibakterium bis zur kaum noch als »coliform« identifizierbaren Variante. Die Identifizierungstabelle erhebt keinen Anspruch auf Vollständigkeit; es gibt offenbar derart viele Varianten in Mutter-Erden, dass man wohl niemals bis zur letzten Art kommen wird, wenn man sich vornimmt, sie alle zu erfassen; aber das ist auch nicht nötig. Wir brauchen, genau wie in der medizinischen Bakteriologie, lediglich einen zuverlässigen Überblick über den Floracharakter im Ganzen, nicht die genaue Einordnung des einzelnen Mikroorganismus; dazu genügt aber eine Einordnung, wie wir sie vornehmen, vollkommen. Allerdings muss berücksichtigt werden, dass beim Tier die Hochleistungsarten der Coliformen vergleichsweise bedeutend häufiger, ihr prozentualer Anteil also größer ist, sofern man die gleichen Techniken benutzt; das ist auch ohne weiteres verständlich, denn der tierisch-menschliche Symbiont hat es ja besser als der Rhizosphärensymbiont. Während Mensch und Tier im vollgesunden Zustand ohne temporäre Störungen eine fast100-prozentige Reinkultur hoch leistungsfähiger Esch. coli auf der ENDO-Platte zeigen, erreicht ein Boden, auch im besten Zustand, selten mehr als 50 Prozent der gleichen Arten. Das Florabild von Mutter Erden und Düngern verlangt also eine günstigere Einschätzung als bei Mensch und Tier.

## Symbionten, Schmarotzer oder Krankheitserreger?

Aus dem organischen Substrat tierischer Dickdarminhalte kann man eine Unmenge von Bakterien-Arten herauszüchten, nicht nur Esch. coli, Coliforme, Enterokokken, Lactiskokken, Lactobazillen, denen am ehesten die Bezeichnung »Symbiont« zusteht, sondern unzählige weitere; in jedem anderen Nährmedium findet sich ein anderer Floracharakter. Im Mutterboden, speziell in einer Bodenmischprobe ist das scheinbare Chaos noch um ein Vielfaches größer, und auch da ist man sich noch keineswegs einig darin, welche Mikroben-Arten man nun für »biologisch wertvoll« halten und sogar als Symbionten der Pflanze ansehen darf. Immerhin heben sich einige Gruppen aus der Riesenarmee der Bodenorganismen deutlich heraus: Die Pilze der Mykorrhizen (seit *Howard*), die Aktinomyceten (*Glathe*), die Azotobakter-Gruppe und die Kolibakterien (*Ruschmann*). Wie kann man es anstellen, zu erfahren, welche von diesen Arten als wertvollste Symbionten gelten dürfen? Bisher haben wir nur eine statistische Antwort, die nicht eindeutig genug ist, weil je nach angewandtem Züchtungsverfahren die Statistik anders ausfällt. Wahrscheinlich kommt es sogar viel weniger auf die Zahl oder den prozentualen Anteil gewisser Organismen an, sondern auf ihre funktionelle Leistung; dies ist wohl der Grund dafür, dass die Statistik bisher nicht imstande war zu unterscheiden, welche Bakterien als Symbionten der Organismen anzusehen sind.

Es gibt aber eine Möglichkeit, nämlich den biologischen Versuch. Stellt man von einem mutmaßlichen Symbionten Laborkulturen her und lässt sie auf Organismen einwirken, so werden wir eine Antwort erwarten dürfen. So geschah es vorher in der medizinischen Forschung und führte zum vollen Erfolg, und so verfuhren wir nun auch gegenüber pflanzlichen Objekten, vor allem Kulturpflanzen (Tomaten, Gurken, Kohl-Arten, Blumen, Gewürzkräutern, Erbsen, Bohnen und vielen anderen). Man nimmt am besten nicht allzu junge und bereits verwurzelte Versuchspflanzen, weil man sonst durch die gewaltsame Bakterienzufuhr Erscheinungen auslösen kann, die nicht zum Normalen gehören; eine Pflanze, die noch keine Gelegenheit hatte, sich mit dem symbioselenkenden Wurzelsystem auszurüsten, kann sich gegenüber massenhaft eingebrachten Bakterien nicht durchsetzen und leidet darunter wie jeder andere Organismus. Die verdünnt als Gießwasser angewandte Kultur entfaltet bei der bereits verwurzelten Pflanze alsbald in der Rhizosphäre eine entweder fördernde, hemmende oder unbemerkbare Wirksamkeit, die sich am Schicksal der Pflanze in extremen Fällen (das heißt beim wertvollen Symbionten oder »Schädling«) in wenigen Tagen, sonst in wenigen Wochen ablesen lässt.

Ausgesprochene Hemmwirkungen wurden von allen Angehörigen der Proteusgruppen ausgeübt, die stärksten, die wir jemals beobachtet haben; besonders B. proteus vulgare wirkt stark giftig und bringt die meisten Pflanzen in drei bis fünf Tagen zum Absterben. Wie wir schon in anderem Zusammenhang erwähnt haben, ist diese Wirkung nicht an die Gegenwart von lebenden Bakterien gebunden, sondern lässt sich auch mit zellfreien Filtraten demonstrieren. Auch in »scharfen« Jauchen und Güllen, die nicht aerob vergoren, sondern anaerob »verfault« sind, und in so genannten Faulschlämmen ist das, die Haarwurzel schädigende Agens nachzuweisen und auf die Fäulnis zu beziehen.

Ähnliche, aber bedeutend schwächere Hemmwirkungen entfalten die Mikroben der Zellgare, soweit wir darüber Erfahrungen besitzen, am meisten die pilzlichen Organismen. Bei den Aktinomyceten sind wir dagegen nicht sicher, es scheint, dass es Variationsformen gibt, die eher fördern als hemmen. Azotobakterkulturen dagegen und solche von Leguminosensymbionten, die wir teilweise auch aus dem Fachhandel bezogen, lassen auch in größeren Mengen deutliche Hemmwirkungen nicht erkennen, sondern scheinen nach zuweilen anfänglicher Hemmung fördernd zu wirken, so dass man sie schon als Symbionten für viele Kulturpflanzen-Arten ansehen muss.

Ganz eindeutig ist die fördernde Wirkung bei den Kulturen aller derjenigen Bakterien-Arten, die beim Tier als milchsäurebildende Symbionten auftreten, sowohl die Stäbchen als auch die Kokkenformen. Wir sind seitdem überzeugt, dass wir es hier mit denjenigen Arten zu tun haben, die die Pflanze selbst als zuständige Mitarbeiter anzieht und aktiv fördert.

Es wird in Zukunft nötig sein, die Relationen weit genauer zu erforschen, und es wird richtig sein, dazu auch serologische Methoden zu Hilfe zu nehmen, weil erst der Nachweis der immunologischen Einstimmung eines Organismus letzten Endes entscheiden lässt, welche Organismen die Pflanze selbst als Symbionten ansieht, welche nicht. Bei Mensch und Tier sind solche Arbeiten durchgeführt worden und haben zu dem Beweis geführt, dass der tierische Organismus gegen ganz bestimmte, auch von uns als leistungsfähigste Symbionten angesehene Arten der Esch. coli keine nennenswerten Mengen von spezifischen Antikörpern entwickelt, sie also eindeutig immunbiologisch bevorzugt. Für uns musste zunächst die Beobachtung genügen, dass als physiologische Rhizosphärensymbionten offenbar die gleichen Bakterien-Arten angesehen werden dürfen, die sich bei Mensch und Tier als wertvollste Flora-Mitglieder erwiesen haben.

## Die Symbiontentherapie von Boden und Pflanze

In solchen und ähnlichen, reproduzierbaren Versuchen zeichnet sich ein Bild der mikrobiellen Ökologie ab, dessen wir für die Humuswirtschaft und die Bestimmung biologischer Bodenqualitäten bedürfen; besonders für die Qualitätstestung können ja nur die spontanen Lebensvorgänge maßgebend sein, die in einer Region ablaufen, aus der die Pflanze ihre Nahrung entnimmt. Wir haben es in der Muttererde mit zwei ganz verschiedenen, ja gegensätzlichen Lebensvorgängen zu tun: Einerseits werden die verschiedensten Abfälle des oberirdischen Lebens ihres spezifischen Charakters beraubt und zerstört, sie »ver-wesen«, andererseits warten gewisse andere Mikroorganismen auf die Endprodukte der biologischen Reinigung, um sie in Zusammenwirken mit dem Rezeptionsorgan der Pflanze zu vollkommener Nahrung zu machen. Während zu erwarten ist, dass erstere das Gedeihen der Pflanze hemmen, ist zu erwarten, dass letztere es fördern, wie wir beobachtet haben – zukünftige Arbeiten werden diese natürliche Ordnung der Ökologie zugrundelegen müssen.

Seit etwa 14 Jahren wenden wir systematisch in großer Landbaupraxis Symbiontenkulturen an (»Symbioflor-Humusferment«), die sich im Handel befinden. Wie schon erwähnt, halten wir diese Art der Boden- und Kompostbeimpfung für die einzige, die sich lohnt, vor allem da, wo man eine Umstellung auf die Humuswirtschaft beschleunigen will oder die Schäden eines langen Winters ausgleichen muss. Als vorteilhaft und wirtschaftlich hat sich die Beimpfung von Saatgut erwiesen (Getreide, Kartoffeln, Rübensamen und andere); beimpftes Saatgut ist im Vergleichsversuch gegenüber ungeimpftem qualitativ, meist auch quantitativ im Vorteil. Bei der Wintersaat entwickelt das Getreide eine erheblich größere Wurzelmasse und wird dadurch frostbeständiger, so dass die Auswinterung im Gegensatz zu den nicht behandelten Abschnitten eines Vergleichsversuches ausbleibt. Die Beimpfung wird in großem Maßstab verwendet, und die Beobachtungen bestätigen unsere Annahme, dass es sich bei den benutzten Bakterienstämmen um echte Wurzelsymbionten handelt.

In normalen Bodenproben, aber auch in den normalen Mutterböden selbst, bekommt man freilich keine rechte Vorstellung von der biologischen Ordnung der Bodenfloren in der Art, wie man sie bei Mensch und Tier wegen der anatomischen Gliederung der floratragenden Organe ganz leicht erkennen kann. Die Ökologie ist deshalb so kompliziert und schlecht erkennbar, weil sich die Nährbodeneigenschaften von Millimeter zu Millimeter ändern. Es darf vermutet werden, dass die Pflanze selbst keine scharfe Abtrennung zwischen den Organismen der destruktiven Zersetzungszone (Zellgare) und der konstruktiven Aufbauzone (Plasmagare) des Bodens braucht, sondern sich auch noch mit Organismen auseinander setzen kann, die nicht eindeutig entweder der Zellgare oder der Plasmagare zugeordnet werden können. Bezüglich der häufigsten, pilzlichen Mikroben der Zellgare hat *Sekera* in einer nachgelassenen Arbeit über den Pilzbefall nitratgedüngter Kulturen wahrscheinlich gemacht, dass diese Spezies sicher nur in die destruktive Zone gehören, nicht in die Wurzelsphäre; auch bezüglich der Myxobakterien, der Aktinomyceten und vielleicht auch der Mykorrhizen ist wohl das letzte Wort noch nicht gesprochen; ich möchte der Meinung Ausdruck geben, dass lediglich den Azotobaktergruppen, den Leguminosensymbionten, manchen Aktinomycetenstämmen und gewissen stickstoffbindenden Bakterien (*Federow*) das Recht zugesprochen werden darf, sich neben den Milchsäurebildnern in der Rhizosphäre aktiv zu betätigen. Ob dies überall gilt, ob sich die Kultur- und Wildpflanzen diesbezüglich verschieden verhalten, ob es hier »Vollsymbionten« und »Halb- oder Nebensymbionten« gibt – dies und vieles andere steht einstweilen dahin.

## Der taugliche Testorganismus

Ungeachtet solcher Unsicherheiten mussten wir uns für einen Testorganismus oder eine Gruppe entscheiden, um ähnlich wie in der Darmbakteriologie Qualitätsurteile abgeben zu können. Wir haben uns verständlicherweise für die milchsäurebildenden Bakterien entschieden, weil wir hier methodisch genügend Erfahrung hatten; die weitere Entscheidung wollten wir der Erfahrung überlassen.

Das Verfahren hat sich nachträglich als richtig erwiesen, und wir haben die aerobe Stäbchenflora als Testorganismus aus folgenden Gründen beibehalten:

1. Coliforme und Esch. coli findet man in jedem Boden; bei Proben aus allen Erdteilen gab es – selbstverständlich sterile und total unfruchtbare Erden ausgenommen – nicht eine einzige, die keine charakteristische Stäbchenflora gehabt hätte. Dagegen findet man andere, sonst oft als Rhizosphärensymbionten angesprochene Mikroben in vielen Böden nicht.

2. Mykorrhizen sind uns des aktiven Parasitismus verdächtig und kommen weniger in normalen Nutzböden als in sauren und Waldböden vor. Aktinomyceten, Myxobakterien und viele andere sind als besonders zum Abbau befähigte Organismen wohl doch eher der Zellgare zuzurechnen; da sich offenbar viele Arten der Aktinomyceten in größeren Mengen auch in der Wurzelregion aufhalten können, ohne der Pflanze merklich zu schaden, könnte vermuten lassen, dass sie sich den Bedingungen der Plasmagare anzupassen vermögen und auch hier irgendwelche Aufgaben erfüllen können, sie können aber ganz eindeutig auch in reiner Zellgare leben und wachsen, und das können die Milchsäurestäbchen nicht.

3. Die aerobe Stäbchenflora ist gegenüber bakteriostatischen Hemmstoffeinwirkungen die bei weitem empfindlichste Flora (s. auch die Tab. 18 u. 19, S. 204/205) und als einzige uneingeschränkt für solche Untersuchungen geeignet, die entscheiden sollen, welche giftigen Substanzen (Pflanzenschutzmittel usw.) über die Wurzel und ihre Flora wirksam werden. Die Flora reagiert darauf ebenso empfindlich wie auf die Selbstschutzstoffe der Zellgare-Organismen und kann ebenso wie hier vollständig unterdrückt werden. Ganz gleich, welche Organismen also zur Gütebestimmung herangezogen werden könnten – die empfindlichsten sind immer am meisten geeignet.

4. Coliforme Stäbchen kommen dort, wo man ideale Plasmagare zur Untersuchung bekommt, viel leichter zur Entwicklung als alle anderen Bodenbewohner; das Milieu sagt ihnen am ehesten zu. Setzt man auch noch Nährstoffe zu (Pflanzenpresssäfte, Zuckermischungen), so kommen sie am ehesten zur Entwicklung. Man darf also annehmen, dass die Pflanze diese Flora einseitig bevorzugt.

5. Aus einem sorgfältig präparierten Pflanzeninneren, das heißt wohl aus den saftführenden Gefäßsystemen, lassen sich vorzugsweise milchsäurebildende, stäbchen- oder rundzellenförmige Bakterien herauszüchten (die Substrate müssen mindestens einige Wochen lang, zuweilen monatelang beobachtet werden; rasche Zellentwicklungen sind »verunreinigungs«-verdächtig!). In manchen Fällen haben wir Milchsäurestreptokokken und echte Esch. coli nachgewiesen, wobei wir ausdrücklich die strengen Maßstäbe der Darm- und Milchbakteriologie angewandt haben. Ohne hier näher auf die große Bedeutung der Beobachtung einzugehen, dürfen wir sagen, dass die Pflanze doch wohl am ehesten diejenigen Mikrobenanlagen oder diejenigen Mikroben selbst in ihrem Inneren duldet, die sie außerhalb ihres Organismus als Symbionten betrachtet.

Aus allen diesen Gründen glauben wir uns berechtigt, die aerobe Milchsäureflora als Testorganismen vorzuziehen; wir haben sie deshalb seit 18 Jahren dazu benutzt, um die biologische Qualität von Muttererden, Stadtkomposten und organischen Betriebs- und Handelsdüngern zu bestimmen. Unsere Auffassung lässt sich auch noch auf andere Weise als richtig bestätigen:

## Gelenkte Verschiebung des Floracharakters

Das so genannte Dämpfen von Kulturerden in besonderen Geräten, wie es besonders in den Unterglas-Betrieben der Erwerbsgärtnereien üblich ist, bewirkt mikrobiologisch eine Verschiebung des Bodenfloracharakters. Man kennt diesen Vorgang von der Pasteurisation der Milch her; er ist in vielen milchbakteriologischen Arbeiten beschrieben worden. Die Tatsache, dass nicht physiologische Milchkeime, vor allem menschen-pathogene Erreger fast ausnahmslos empfindlicher sind als die physiologischen Milchstreptokokken, bewirkt, dass die Milchflora für einige Tage nach der Erhitzung einen mehr physiologischen Charakter hat, weil sich die Milchstreptokokken rascher erholen und vorübergehend das Feld beherrschen; viele Pathogene fallen sogar für immer aus. Erst nach drei bis sieben Tagen stellt sich (nach unseren Erfahrungen) die ursprüngliche Flora, soweit sie sich erholt, wieder her; bis dahin ist aber die Frischmilch bereits verbraucht.

Genau dasselbe haben wir bei der Dämpfung von Erden beobachtet, nicht nur im Laborversuch, sondern in den Erden von Treibhäusern normaler Erwerbsbetriebe. Hier tritt die coliforme Flora ebenso deutlich hervor wie die Milchkokkenflora bei der Pasteurisation. Wir dürfen also von dieser Flora ebenso annehmen, dass es sich um die symbiotische handelt, wie man das bei der Milch tut; und selbstverständlich ist diese Flora wie keine andere für die Gütebeurteilung geignet.

Pikiert man einjährige Kulturpflanzen, die sehr rasch auf den Floracharakter der Setzerde reagieren, in eine kurz zuvor »pasteurisierte« (Erhitzung bis nahe plus 80 Grad Celsius anstreben!) Pflanzerde hinein (vergleichsweise natürlich auch in die gleiche, nichterhitzte Erde), so entwickeln sich die Pflanzen in der pasteurisierten Erde ganz augenfällig rascher, besser und vor allem gleichmäßiger als in der nicht erhitzten Erde. Als mikrobiologische Begleiterscheinung kann man in jedem Falle registrieren, dass für einige Zeit die aerobe Milchsäureflora dominiert, und wir dürfen vermuten, dass die Pflanze diese Phase benutzt, um sich gegenüber der Bodenflora durchzusetzen; eine erheblich vermehrte Wurzelentwicklung gibt die makroskopische Bestätigung dieser Auffassung ab, und unsere Erfahrungen mit der Dämpfung der Pflanzerden in Großbetrieben entsprechen unseren Gewächshausbeobachtungen.

Übertreibt man die Erhitzung, so verschwindet der Effekt mit zunehmender Erhitzung und Einwirkungsdauer. In diesem Falle lässt sich die Symbiontenflora auch nicht nachweisen. Man kann aber das Auftreten einer mikrobenfreien Phase durch Hocherhitzung ausnutzen, um künstlich Symbionten einzuimpfen; die Symbionten können da leicht das Feld beherrschen, weil die ursprüngliche Flora vorübergehend stoffwechsel- und vermehrungsunfähig ist, soweit sie sich überhaupt erholt.

In einem von uns entwickelten, patentierten Verfahren zur Wiederbeimpfung pasteurisierter Milch wird die Schockphase nach der Erhitzung benutzt, um mit Hilfe weniger, inokulierter Milchstreptokokken bestimmter Eigenschaften den Floracharakter der Milch im Sinne der eingeimpften Keime zu verschieben, das heißt in physiologischer Richtung (*Rusch* 1. c.); diese Milch hat nachweisbar (*Mommsen* und *Rusch* 1. c.) einen bedeutend höheren gesundheitlichen Wert als die nicht beimpfte und hat in Großversuchen zu nachweisbaren physiologischen Gesundungswirkungen geführt.

Die Verschiebung des Floracharakters ließ sich auch auf folgende Weise demonstrieren: Eine Käsefabrik stand vor dem Bankrott, weil ihre Produkte mehr und mehr bitter schmeckten; alle bis dahin getroffenen, von anderer Seite veranlassten Maßnahmen – Selektion der Milcheinzugsgebiete, energische Desinfektion und andere – blieben ganz ohne Wirkung. Die Käseprodukte enthielten, wie auch vorher schon ein Bundesinstitut festgestellt hatte, Str. liquefaciens (Bitterkeim), eine Variante der physiologischen Milchkokken. Wir wiesen den Keim aber bereits in der angelieferten Milch nach. Chemisch-physikalisch ist der Keim nicht auszuschalten, wohl aber biologisch: Man benutzt die Schockphase nach der ohnehin vorgeschriebenen Pasteurisation zur Einimpfung von physiologischen Milchkokken (Str. lactis der serologischen Gruppe N nach *Seelemann*), um den Floracharakter ausreichend weit ins physiologische zu verschieben; wendet man alsbald die üblichen Käsepilze an, so genügt das, um den Bitterkeim ganz zu unterdrücken. Die Käse erwiesen sich als wohlschmeckend und bitterkeimfrei.

Genauso kann man mit Pflanzenerden verfahren, indem man in der Schockphase Symbionten einimpft. Wir haben davon Gebrauch gemacht und erfahren, dass es kein so sicheres Verfahren gibt wie dieses, um Symbionten von Nichtsymbionten zu unterscheiden. Man benutzt dazu am besten flüssige, nicht zu dünne, aber auch nicht zu dichte Kulturen, die man entweder aus Laborstämmen reingezüchteter Bodensymbionten herstellt oder direkt aus einzeln abgehobenen Plattenkolonien (siehe Technik ③ und ④ entwickelt (Bebrütungstemperatur nicht über plus 27 Gard Celsius!) Die bakterienarme Phase dauert bei Erden nur wenige Tage an; je rascher man nach der Erhitzung beimpft, um so eindeutiger sind die Vergleichsergebnisse. Zu Beginn ist ratsam, immer nur die gleiche Erde und die gleiche Testpflanze zu benutzen; erst nach einiger Erfahrung sollte man variieren.

## Technik ③ und ④

*Vorbereitung der Bodenprobe wie bei Technik ①, unter KH-Zusatz wie bei Technik ②, das heißt, man benutzt zur Ausimpfung dieselben Ansätze. Nach der Bebrütung wird eine ENDO-Platte aus der erneut kräftig geschüttelten Suspension beimpft (bei Komposten in Verdünnungstechnik). Herstellung des ENDO-Agar: (»Fuchsin-Lactose-Agar« Fa. Merck, Darmstadt. Nicht nach der Fabrikvorschrift sterilisieren, sondern fraktioniert (zwei- bis dreimal Dampftopf). Das verwendete Wasser sollte nicht unter pH 6,5 reagieren). Die Platte wird mittels Fettstift in zwei Hälften unterteilt; auf die eine Hälfte wird aus der Aufschwemmung zu Technik ① verimpft, auf die andere aus ②. Die Platte wird 48 Stunden bei plus 27 Grad Celsius bebrütet und anschließend alsbald abgelesen.*

***Makroskopische Differenzierung:*** *Auf der Platte wachsen sehr verschiedenartige Kolonie-Arten an, wenn die geeignete Verdünnungstechnik angewandt wurde. Diese Arten werden in drei Gruppen eingeteilt; zur Gruppe I werden Kolonien gerechnet, die guten Fuchsinglanz aufweisen, zu Gruppe II die nur dunkelrot erscheinenden Kolonien und diejenigen rosafarbenen, die ein dunkelrotes Zentrum aufweisen; zu Gruppe III kommen die Kolonien, die nur rosafarbig sind, Schleim bilden oder schwarzrot aussehen, ferner alle Kolonien, die sich nach den angegebenen Richtlinien nicht einordnen lassen. Das Auftreten von schwärmenden Bakterien wird besonders notiert. Die Verteilung der Kolonie-Arten wird in Prozent angegeben und in eine zweimal dreiteilige Rubrik eingetragen, links die aus Aufschwemmung ①, rechts aus ②.*

***Mikroskopische Differenzierung:*** *Von jeder Kolonie-Art aus allen drei Gruppen werden Stichproben auf Objektträger ausgestrichen, flammenfixiert und mit I' Methylenblau angefärbt, abgespült und getrocknet; Ölimmersion. In den makroskopisch zu Gruppe I gezählten Kolonien findet* *man gewöhnlich nur kräftige Kurzstäbchen; sind die Zellen aber stark granuliert, sehr klein oder stark gequollen (»Riesenstäbchen«), so werden sie nachträglich in die Gruppe II verwiesen, die makroskopische Einteilung also korrigiert, indem man den ihnen zukommenden Prozentanteil überschreibt. Die makroskopisch zu Gruppe II gezählten Kolonien enthalten vorwiegend noch leidlich gut ausgebildete Zellen; sind merkliche Anteile sehr gut ausgebildet, können diese nachträglich zu Gruppe I verwiesen werden, sind sie schlecht ausgebildet, zum Beispiel sehr stark granuliert oder schlecht gefärbt, so kann man sie in Gruppe III überschreiben, wohin man auch die manchmal auftretenden Sporenträger verweist. Analog verfährt man mit Zellen aus Kolonien der Gruppe III, die man nachträglich zu II rechnen kann, wenn ein merkbarer Anteil gut ausgebildet erscheint. Die entstehende Doppelrubrik hat dann folgendes Aussehen:*

*Tab. 12:* Doppelrubrik für das Qualitätsurteil.

| | Technik ③ | Technik ④ |
|---|---|---|
| Gruppe I | 10% | 30% |
| Gruppe II | 50% | 40% |
| Gruppe III | 40% | 30% |
| | 100% | 100% |

*Die Korrekturen nach mikroskopischer Kontrolle sind hier schon berücksichtigt.*

*Technisch bestehen an sich keine Schwierigkeiten, weil man bei der Abschätzung von Bakterienfloren überall ähnlich verfährt und verfahren muss. Die notgedrungen einseitige Auswahl der Milchsäurebildner mittels Selektionsnährboden ist ja beabsichtigt und gestattet überhaupt erst, aus üblichen Mischproben die Symbiontenflora, soweit sie aus Milchsäurebakterien besteht, herauszuzüchten. Mitarbeiter, die gewöhnt sind, Rachenabstriche, Stuhlproben oder andere Florapräparate zu identifizieren, haben auch bei Bodenproben keine Schwierigkeiten. Eine andere Frage ist die, wie man das Ergebnis für den bakteriologischen Laien darstellen kann, um es ihm verständlich zu machen; er kann mit der angegebenen Rubrik nicht viel anfangen. Mit den Zellzahlen kann auch der Laie gut umgehen, zumal man ihm ja Normtabellen zur Verfügung stellen kann, und höhere Zellzahlen sind besser als niedrige – das versteht jeder. Mit den Prozentzahlen der Qualitätsbestimmung durch die Analyse der Flora aber kann kein Laie umgehen.*

*Wir rechnen deshalb einen »biologischen Index« aus, der anhand des oben gegebenen Beispiels so ermittelt wird: Die Prozentzahl der Gruppe I wird mit 3 multipliziert, die Zahl der Gruppe II hinzugezählt und die Summe durch die Zahl der Gruppe III dividiert; der Einfachheit halber zieht man vorher die Gruppenziffern aus ③ und ④ zusammen: 10 + 30 = 40x3 = 120 + 90 = 210 : 70 = 3,0. Auf diese Weise liegt der »biologische Index« unter 1,0, wenn die Gruppe III überwiegt, und wir sehen dann die biologische Qualität als gering an. Steigt der Index über 5,0, so handelt es sich um qualitativ hochwertige Böden.*

*Diese Berechnung hat nur einen Schönheitsfehler: Treten Bakterien der Gruppe III überhaupt nicht auf, so ergibt die Rechnung »unendlich groß«; wir schreiben in diesem Falle die Zahl 20,0 an, womit ausgedrückt ist, dass es sich um eine sehr gute Qualität handelt. Es gibt trotz dieser Korrektur Fälle, in denen der schematisch ausgerechnete Index offensichtlich nicht der Güte des Materials entspricht; das kommt zwar selten vor, muss aber hier vermerkt werden.*

Es ist immer gefährlich, biologische Funktionsgrößen in Zahlen auszudrücken, und dessen muss man sich stets bewusst bleiben, wenn uns Menschen auch Zahlen mehr imponieren als andere Darstellungsweisen von Lebensvorgängen. Eine jede solcher Zahlen darf man niemals als eine Größe für sich betrachten, sondern immer nur als kleines Teilzeichen eines Geschehens, dessen Charakter letzlich doch nur in der biologischen Gesamtwirkung zuverlässig abschätzbar ist. Andererseits bedeutet die Einschränkung biologisch-funktioneller Zahlenauswertung nicht, dass sie unzuverlässig oder gar wertlos seien; in der weit überwiegenden Mehrzahl der Auszählungen dürfen wir zutreffende Angaben sehen, und nur in Ausnahmefällen müssen wir mit praktisch bedeutsamen Fehlbestimmungen rechnen, Ausnahmen, die in der fortlaufenden Untersuchung der Böden eines Landbaubetriebes ohnehin bedeutungslos werden. In den jetzt 15 Jahren fortlaufender Betriebsprüfungen haben wir erfahren, dass sozusagen jeder Betrieb »seine« biologische Qualität hat, die sich aus nachweisbaren Gründen zum Guten oder Schlechten ändert; für plötzliche, wesentliche Schwankungen hat sich bisher in jedem einzelnen Falle auch die Erklärung gefunden. So sind in den Frühjahrsproben der Jahre 1956 und 1963 plötzlich fast durchweg die Hochleistungssymbionten der Gruppe I ausgefallen, ohne dass man anzunehmen berechtigt wäre, es sei die biologische Qualität aus anderen Gründen abgefallen als eben deshalb, weil in den vorausgegangenen Wintern die Böden extrem lange »dicht« gelegen haben, wobei die Gruppe I der Flora ebenso verschwindet wie bei » gestauter Nässe« oder in unbelebten Tonböden, das heißt, immer dann, wenn die Lebensbedingungen für hochwertige Symbionten längere Zeit unerfüllt geblieben sind. Eine zuverlässige Auswertung der Gütetests ③ und ④ ist demnach nur möglich, wenn der Auswertende anhand der Formularangaben durch den Probenehmer ausreichend über die Situation informiert wird, wie das analog auch bei der Auswertung anderer Floratests, zum Beispiel der medizinischen, unentbehrlich ist. Irgendeine Abänderung der Techniken, wie wir sie angeben, lässt diesbezüglich keine Verbesserungen erwarten und wird deshalb widerraten.

In Tab. 5, S. 153, ist der Einfluss einer Sterilisation unter schonenden Bedingungen auf den »biologischen Index (siehe Technik ③ und ④ wiedergegeben; dort wurde die Symbiontenflora sowohl vor als auch nach der Erhitzung dargestellt, und der Effekt auf die Flora kommt sehr deutlich heraus. Wie der »Index« zeigt, hat die Erhitzung bewirkt, dass 14 Tage später das physiologische Prinzip noch die Oberhand behielt, der Symbiontengehalt ist merklich angestiegen. Der Anstieg ist so deutlich, dass nicht einmal die nach der Erhitzung vorgenommene Beimpfung mit einem Symbiontenstamm wesentlich größeren Effekt hatte.

Unter den stäbchen- und rundzellenförmigen Aerobiern, die eindeutige Effekte auf das Wurzelwachstum und natürlich auf das gesamte Pflanzenwachstum erkennen lassen, heben sich deutlich diejenigen Stämme als die wirksamsten heraus, die sich biochemisch als enzymatisch hochleistungsfähig und mikroskopisch als wohlgebildet ausweisen (vergleiche Identifizierungstabelle 14 und 15, S. 194-197); sie sind meist schon auf der Platte dadurch erkennbar, dass sie auf ENDO-Agar einen mehr oder minder deutlichen Fuchsinglanz entwickeln, auch schon bei Bebrütung in Zimmertemperatur, auf jeden Fall aber durch ihre dunkelrote Anfärbung kräftige Milchsäurebildung erweisen. Meist handelt es sich dann um Zellen, die im mikroskopischen, fixierten Färbepräparat als gut und gleichmäßig färbbar, kräftige Kurzstäbchen, wohlkonfiguriert oder auch als leicht ovoid gestaltete, zuweilen kurze Ketten bildende Kokken erscheinen. Esch. coli tritt dabei besonders hervor, und so sind die bei *A. Becker* beobachteten Beimpfungswirkungen mit diesem Keim nicht verwunderlich.

Es muss betont werden, dass es sich bei solchen Impfwirkungen nicht um reine Nährstoffwirkungen handelt, wie die Chemiker unbedingt einwenden; nährstoffärmste Plattenabschwemmungen, wie sie schon *Becker* benutzte, sind ebenso wirksam wie normale Lebendvaccinen, und außerdem sind die Nährlösungen auch bei denjenigen Mikroben, die sich als hemmend erweisen, genauso nährstoffreich oder -arm wie die Symbiontenkulturen. Die Unterschiede müssen schon auf den Bakterientyp selbst bezogen werden, und tatsächlich kann man sich sogar recht einseitig an Esch. coli halten, um Bodenqualitäten zu beurteilen.

# Auswertung der Befunde

Das von uns benutzte Routineverfahren zur Bestimmung der biologischen Qualität von Böden und Düngern ist als Technik ③ und ④ beschrieben. Um das Einarbeiten in diese Technik, insbesondere die sehr wesentliche Gruppeneinteilung in die Gruppen I, II und III zu erleichtern, haben wir die regelmäßig auftretenden Variationen in Tab. 14 (s. S. 194/195), nach Gruppen eingeordnet, aufgezählt. Das Verhältnis der Gruppen in dieser Tabelle entspricht in etwa den bei guten Erden und Düngern auffindbaren Relationen und verschiebt sich in den Befunden zugunsten der Gruppe I oder III je nach der Güte des Materials (s. S. 196/197).

*Tab. 13:* Zellzahlen und Florabild aus vier Substraten, von der gleichen Person zu verschiedenen Zeiten viermal unter Chiffre (blind) angesetzt und ausgewertet. Das Endurteil war in allen Fällen das gleiche.

| Substrat | Test Nr. | Zellzahlen nach Technik ①/② | Bakterienflora nach Technik ③ | | | ④ | | | Biolog. Index |
|---|---|---|---|---|---|---|---|---|---|
| Kompost-probe | 1. | 1200/2600 | 00 | 80 | 20 | 20 | 60 | 20 | 10,0 |
| | 2. | 1100/2600 | 00 | 70 | 30 | 30 | 50 | 20 | 9,3 |
| | 3. | 1250/2700 | 00 | 80 | 20 | 20 | 50 | 30 | 7,7 |
| | 4. | 1080/2450 | 00 | 80 | 20 | 15 | 60 | 25 | 8,2 |
| Urteil : Quantitativ und qualitativ »sehr gut« | | | | | | | | | |
| Kompost-probe | 1. | 68/170 | 00 | 40 | 60 | 00 | 00 | 100 | 0,6 |
| | 2. | 64/165 | 00 | 30 | 70 | 00 | 10 | 90 | 0,5 |
| | 3. | 47/170 | 00 | 40 | 60 | 00 | 00 | 100 | 0,6 |
| | 4. | 74/230 | 00 | 10 | 90 | 00 | 20 | 80 | 0,5 |
| Urteil: Quantitativ »geringwertig«, qualitativ »schlecht« | | | | | | | | | |
| Bodenprobe | 1. | 9/34 | 10 | 40 | 50 | 40 | 40 | 20 | 9,4 |
| | 2. | 14/37 | 05 | 30 | 65 | 50 | 50 | 00 | 10,7 |
| | 3. | 8/46 | 10 | 50 | 40 | 40 | 30 | 30 | 7,0 |
| | 4. | 10/31 | 10 | 50 | 40 | 40 | 40 | 20 | 10,0 |
| Urteil: Humusvorrat »gering«, biologische Qualität »sehr gut« | | | | | | | | | |
| Bodenprobe | 1. | 45/130 | 00 | 10 | 90 | 00 | 30 | 70 | 0,5 |
| | 2. | 46/136 | 00 | 10 | 90 | 00 | 20 | 80 | 0,3 |
| | 3. | 42/130 | 00 | 20 | 80 | 00 | 00 | 100 | 0,2 |
| | 4. | 46/124 | 00 | 10 | 90 | 00 | 20 | 80 | 0,3 |
| Urteil: Humusvorrat »sehr gut«, biologische Qualität »schlecht« | | | | | | | | | |

Wie in allen Floracharakteristiken handelt es sich dabei um eine Einteilung, die nur dann verwertbar ist, wenn sie sich an die gegebenen Richtlinien hält, die sowohl in der Schrift als auch in der Tab. 14 (s. S. 194/195) gut kenntlich gemacht sind. Die makroskopische Einteilung anhand der Koloniebilder auf der Platte wird durch die mikroskopische Einteilung (rechte Tabellenseite) nachträglich kontrolliert und korrigiert; dabei treten zuweilen erhebliche Unterschiede der makro- und mikroskopischen Einteilung auf, die aus der Tabelle nicht ersichtlich sind, weil hier die mikroskopische Korrektur schon vorgenommen ist. Ursprünglich waren zum Beispiel hier mehrere Kolonie-Arten aus der Gruppe II in Gruppe III eingeordnet und wurden nachträglich erst in die Gruppe II verwiesen, weil sie sich mikroskopisch doch als »höherwertig« erwiesen. Man muss trotz solcher Korrekturen damit rechnen, dass sich die Einteilung bei einem kleinen Teil der Flora nicht mit absoluter Sicherheit vornehmen lässt; nur die Gruppe I ist recht eindeutig bestimmbar, während man zuweilen im Zweifel sein kann, ob man diese oder jene Art besser in Gruppe II oder in Gruppe III unterbringt.

Wir begegnen solchen Schwierigkeiten immer bei Floratesten, auch in der Abschätzung der menschlichen und tierischen Floren, und man braucht schon einige Erfahrung, um zu gleichmäßigen, reproduzierbaren Resultaten zu kommen. Es ist deshalb sehr wichtig, dass man sich die angegebenen Merkmale für die Eingruppierung immer wieder einprägt. Es hat sich vor allem bewährt, die Auszählung der Anteile mit Blindtests so lange zu üben, bis die nötige Sicherheit erworben ist und die Resultate gleichmäßig werden. Ein solches Beispiel haben wir in Tab. 13 vor uns; es wurden von je zwei Komposten und Erden zu verschiedenen Zeiten von der gleichen Person je vier Blindtests durchgeführt, die trotz kleiner Unterschiede, wie man sie niemals vermeiden kann, zu dem gleichen Urteil über das untersuchte Substrat führen. Assistenten, die solche Resultate noch nicht erzielen, kann man nicht zu Routinetests einsetzen; sind die Zählungen aber gleichmäßig geworden, so ist das Resultat ausreichend exakt.

In Tab. 15 (s. S. 196/197) haben wir nun das biologisch-funktionelle Verhalten derjenigen Bakterien notiert, die wir in Tab. 14 (s. S. 194/195) in die Gruppen I-III eingeteilt hatten, wie es unserem Routineverfahren entspricht. Wie man sieht, kann man mit der makro- und mikroskopischen Einordnung recht genau diejenigen Bakterien-Arten voneinander abgrenzen, die als hochleistungsfähig«, »noch leistungsfähig« und »wenig leistungsfähig« bezeichnet werden dürfen (s. S. 196/197).

Die Einzelheiten können der Tabelle entnommen werden und bedürfen wohl keiner ausführlichen Besprechung; es kommt freilich vor (da man ja nicht mit »Ein-Zell-Kulturen« arbeitet), dass sich in der zwecks Identifizierung vorgenommenen Weiterzüchtung aus einer Mischkolonie ein Organismus durchsetzt, der nicht in die Gruppe gehört, in die die Kolonie eingeordnet wurde (zum Beispiel Nr. 18 der beiden Tabellen). Das ist aber für die Beurteilung praktisch unerheblich, weil es, wie man sieht, nur ausnahmsweise vorkommt; im Allgemeinen ist offenbar die von uns geübte, vereinfachte Einordnung ausreichend genau.

Wir haben außer den hier wiedergegebenen auch die sonst noch üblichen Prüfungen wiederholt vorgenommen; sie sind hier nicht aufgeführt, weil sie keine weiteren Merkmale ergeben haben. Wie wir erfahren haben, ist bezüglich der Stoffwechseleigenschaften am ehesten die Dextrose- und Lactosevergärung kennzeichnend für die Leistungsfähigkeit der Rhizosphärensymbionten, und wir benutzen deshalb auch seitdem eine Dextrose-Lactose-Mischung 1:1 als KH-Zusatz zu den Probeaufschwemmungen; dieser Zusatz bringt die Leistungsfähigkeit der einzelnen Bakterien-Arten soweit sie auf ENDO-Agar anwachsen, eindeutig zur Darstellung. Irgendwelche Modifikationen sind nicht vonnöten. Verwendet man nur Dextrose als Zusatz, so ändert sich an dem Verhalten der in Gruppe I eingeordneten Bakterien nichts; sie vergären auch dann gleichermaßen Dextrose und Laktose. Ebensogut kann man auch andere Zucker verwenden, und wir haben die Dextrose-Laktose-Mischung hauptsächlich deshalb vorgezogen, weil sie wohl den natürlichen Verhältnissen am nächsten kommt und bei der Zellzählung ① und ② die zuverlässigsten Vergleichswerte ergibt (s. Tab. 4, S. 152). Am mitgeführten Beispiel der Mannitvergärung sieht man aber, dass die Hochleistungssymbionten des Bodens auch andere Zucker vergären können, eine Leistung, die sie sogar noch eindeutiger von den in die Gruppen II und III eingestuften Bakterien unterscheiden lässt. Es darf noch einmal betont werden: Die mikro- und makroskopische Einordnung erfolgte vorher, das heißt ehe die Ergebnisse der »Erweiterten bunten Reihe« bekannt waren. Die Einordnung ist also recht zuverlässig.

| | Makroskopische Einordnung | | | | Mikroskopische Einordnung | | |
|---|---|---|---|---|---|---|---|
| Nr. d. Protokolls | Größe d. Kolonie auf ENDO-Agar [Technik③ u. ④] | Fuchsinglanz auf ENDO-Agar | Färbung der d.Kolonien auf ENDO-Agar | Oberfläche d. Kolonien auf ENDO-Agar | Zellbild im fix. Präparat (Methylenblau) | Besonderheiten d. Zellbildes Granulation | Färbbarkeit der Zellen |
| In Gruppe I eingeordnet | | | | | | | |
| 1 | mittel | sehr gut | dunkelrot | glatt | Kurzstäbchen | keine | sehr gut |
| 2 | mittel | sehr gut | dunkelrot | glatt | Kurzstäbchen | keine | sehr gut |
| 3 | mittel | sehr gut | dunkelrot | glatt | mittelgroße Stäbchen | keine | sehr gut |
| 4 | mittel | sehr gut | dunkelrot | glatt | Kurzstäbchen | keine | sehr gut |
| 5 | mittel | sehr gut | dunkelrot | glatt | Kurzstäbchen | keine | sehr gut |
| 6 | mittel | sehr gut | dunkelrot | Schleim | plump. Kurzstäbchen | keine | sehr gut |
| 7 | klein | sehr gut | dunkelrot | glatt | Kurzstäbchen | 1. granuliert | gut |
| 8 | mittel | sehr gut | dunkelrot | glatt | Kurzstäbchen | keine | sehr gut |
| 9 | mittel | sehr gut | dunkelrot | glatt | Kurzstäbchen | keine | sehr gut |
| 10 | mittel | sehr gut | dunkelrot | glatt | Kurzstäbchen | 1. granuliert | gut |
| 11 | mittel | sehr gut | dunkelrot | feucht | Kurzstäbchen | granuliert | mäßig |
| 12 | mittel | sehr gut | dunkelrot | glatt | Kurzst. u. zerfall. Formen | keine zerfallen | gut / schlecht |
| 13 | mittel | sehr gut | dunkelrot | glatt | Kurzstäbchen | 1. granuliert | gut |
| 14 | mittel | sehr gut | dunkelrot | feucht | Kurzstäbchen | granuliert | gut |
| 15 | mittel | sehr gut | dunkelrot | feucht | Stäbchen versch. Gr. | 1. granuliert | mäßig |
| 16 | mittel | sehr gut | dunkelrot | glatt | mittelgr. Stäbchen | keine | sehr gut |
| 17 | mittel | sehr gut | dunkelrot | glatt | Kurzstäbchen | granuliert | gut |
| 18 | mittel | sehr gut | dunkelrot | glatt | verschied. gr. Stäbchen | 1. granuliert | gut |
| 19 | mittel | sehr gut | dunkelrot | rau | Kurzstäbchen | keine | sehr gut |
| Kontrolle (Laborstamm Esch. coli 9) | | | | | | | |
| 20 | mittel | sehr gut | dunkelrot | glatt | Kurzstäbchen | keine | sehr gut |
| In Gruppe II eingeordnet | | | | | | | |
| 21 | mittel | mäßig | dunkelrot | rau | Kurzstäbchen | granuliert | gut |
| 22 | mittel | matt | dunkelrot | feucht | mittelgroße Stäbchen | keine | sehr gut |
| 23 | klein | kein | dunkelrot | glatt | Kurzstäbchen | wechselnd | gut |
| 24 | groß | kein | dunkelrot | trocken | Kurz- u. Riesenstäbchen | keine | gut |
| 25 | mittel | kein | dunkelrot | glatt | mittelgroße Stäbchen | keine | sehr gut |
| 26 | mittel | kein | hellrot | glatt | Kurzstäbchen | keine | sehr gut |

| | | | | | | | |
|---|---|---|---|---|---|---|---|
| 27 | sehr klein | sehr gut | dunkelrot | glatt | Kurzstäbchen | keine | sehr gut |
| 28 | klein | kein | dunkelrot | glatt | Kurzstäbchen | granuliert | gut |
| 29 | mittel | kein | hellrot | glatt | Kurzstäbchen | keine | gut |
| 30 | klein | kein | dunkelrot | glatt | Kurzstäbchen | keine | gut |
| 31 | klein | kein | rosa | glatt | Kurzstäbchen | keine | gut |
| 32 | mittel | kein | dunkelrot | glatt | Kurzstäbchen | granuliert | mäßig |
| 33 | groß | kein | dunkelrot | glatt | Kurzstäbchen | keine | gut |
| 34 | klein | kein | rot | glatt | Kurzstäbchen | keine | gut |
| 35 | klein | kein | dunkelrot | glatt | Kurzstäbchen | keine | sehr gut |
| 36 | mittel | kein | rot | rauh | Kurzstäbchen | keine | gut |
| 37 | mittel | kein | rot | glatt | Kurzstäbchen | granuliert | mäßig |
| 38 | mittel | kein | dunkelrot | feucht | Kurzstäbchen | granuliert | mäßig |
| 39 | mittel | kein | rot | glatt | mittelgroße Kokken | keine | gut |
| 40 | groß | kein | dunkelrot | glatt | mittelgroße Kokken | wechselnd | gut |
| 41 | mittel | kein | rot | glatt | Kurzstäbchen | granuliert | mäßig |
| 42 | groß | kein | dunkelrot | glatt | Kurzstäbchen | st. granuliert | schlecht |
| 43 | mittel | kein | rot | kugelig | Kurzstäbchen | st. granuliert | mäßig |
| In Gruppe III eingeordnet | | | | | | | |
| 44 | mittel | kein | rosa | feucht | Kurzstäbchen | st. granuliert | mäßig |
| 45 | klein | kein | rot | feucht | Kurzstäbchen | st. granuliert | mäßig |
| 46 | mittel | kein | rosa | trocken | Kurzstäbchen, pl. | st. granuliert | schlecht |
| 47 | dick | kein | rosa | feucht | Kurzstäbchen | st. granuliert | mäßig |
| 48 | klein | kein | rosa | glatt | Kurzstäbchen | wechselnd | schlecht |
| 49 | groß | kein | rosa | rau | Kurzstäbchen | wechselnd | mäßig |
| 50 | groß | kein | dunkelrot | glatt | zerfallene Fomen | st. granuliert | schlecht |
| 51 | dick | kein | rosa | schleim. | sehr kleine Stäbchen | st. granuliert | schlecht |
| 52 | klein | kein | rosa | glatt | Kurzstäbchen | st. granuliert | schlecht |
| 53 | dick | kein | rosa | schleim. | verschiedene Stäbchen | st. granuliert | schlecht |
| 54 | mittel | kein | hellrosa | glatt | Kurzstäbchen | st. granuliert | schlecht |
| 55 | sehr klein | kein | rot | glatt | Kurzstäbchen | st. granuliert | schlecht |
| 56 | mittel | kein | rosa | feucht | Haufenkokken | st. granuliert | schlecht |
| 57 | klein | kein | rosa | trocken | Haufenkokken | st. granuliert | schlecht |
| 58 | klein | kein | rot | glatt | kleine Haufenkokken | st. granuliert | mäßig |
| 59 | mittel | kein | rot | glatt | Kurzstäbchen | st. granuliert | schlecht |
| 60 | mittel | kein | rosa | schleim. | lg. schl. Stäbchen | keine | gut |
| 61 | groß | kein | schwarz | glatt | zerfallene Formen | st. granuliert | schlecht |
| 62 | mittel | kein | rosa | kugelig | zerfallene Formen | st. granuliert | schlecht |
| 63 | mittel | kein | rosa | rau | Haufenkokken | s. kl. Zell | mäßig |

*Tab. 14:* Technik der makro- und mikroskopischen Einordnung in drei Gütegruppen von Bakterien, die nach Technik ③④ auf ENDO-Agar anwachsen, anhand typischer und häufiger Beispiele.

| Nr. des Protokolls | 1 | 2 | 3 | 4 | 5 | 6 | 7 | 8 | 9 | 10 | 11 | 12 | 13 | 14 | 15 | 16 | 17 | 18 | 19 | 20 |
|---|---|---|---|---|---|---|---|---|---|---|---|---|---|---|---|---|---|---|---|---|
| Beweglichkeit | +++ | ++ | + | +++ | +++ | + | ++ | +++ | +++ | ++ | + | ++ | ++ | +++ | +++ | +++ | ++ | ++ | +++ | ++ |
| Pigmentbildung | ø | ø | ø | ø | ø | ø | ø | ø | ø | ø | ø | ø | ø | ø | ø | ø | ø | ø | ø | ø |
| Gasbildung (Eisenagar n. *Kligler*) | + | ø | + | + | + | + | + | + | + | ø | ø | ø | + | + | ø | ø | ø | ø | + | + |
| H2S- Bildung (Eisenagar n. *Kligler*) | ø | ø | ø | ø | ø | ø | ø | ø | ø | ø | ø | ø | (+) | (+) | ø | (+) | ø | ø | ø | ø |
| Stich (Eisenagar n. *Kligler*) | gelb | gelb | gelb | gelb | gelb | gelb | gelb | gelb | gelb | gelb | gelb | gelb | gelb | gelb | gelb | gelb | rot | rot | gelb | gelb |
| Schrägfläche (Eisenagar n. *Kligler*) | gelb | gelb | gelb | gelb | gelb | gelb | gelb | gelb | gelb | gelb | gelb | gelb | gelb | gelb | gelb | gelb | rot | rot | gelb | gelb |
| Voges-Prosk.-Reaktion | ø | ø | ø | ø | ø | + | ø | ø | ø | ø | ø | ø | ø | ø | ø | ø | ø | ø | ø | ø |
| Indolbildung | ø | + | ø | (+) | ø | + | + | ø | + | + | + | + | ø | ø | (+) | + | ø | ø | + | + |
| Harnstoffspaltung | ø | ø | ø | (+) | ø | (+) | (+) | ø | ø | ø | ø | ø | ø | ø | ø | (+) | ø | ø | ø | ø |
| Mannitvergärung | + | + | + | + | + | + | + | + | + | + | + | + | + | + | + | + | ø | ø | (+) | + |
| Saccharosevergärung | ø | + | ø | ø | ø | + | + | ø | ø | + | + | + | ø | + | + | + | ø | ø | + | ø |
| Lackmusmolke | rot | rot | rot | rot | rot | rot | rot | rot | rot | rot | rot | rot | rot | rot | rot | rot | rot | blau | rot | rot |
| Methylrot | + | + | (+) | + | + | + | + | + | + | + | + | + | + | + | + | + | + | ø | + | + |
| Laktose: Säurebildung | +++ | +++ | +++ | +++ | +++ | +++ | +++ | +++ | +++ | +++ | +++ | +++ | +++ | +++ | +++ | +++ | +++ | ø | +++ | +++ |
| Laktose: Gasbildung | +++ | +++ | +++ | +++ | +++ | +++ | +++ | +++ | +++ | +++ | +++ | +++ | +++ | +++ | +++ | +++ | +++ | ø | +++ | +++ |
| Dextrose: Säurebildung | +++ | +++ | +++ | +++ | +++ | +++ | +++ | +++ | +++ | +++ | +++ | +++ | +++ | +++ | +++ | +++ | +++ | ø | +++ | +++ |
| Dextrose: Gasbildung | +++ | +++ | +++ | +++ | +++ | +++ | +++ | +++ | +++ | +++ | +++ | +++ | +++ | +++ | +++ | +++ | +++ | ø | +++ | +++ |
| Gelantineverflüssigung | ø | ø | ø | ø | ø | ø | ø | ø | ø | ø | ø | ø | ø | ø | ø | ø | ø | ø | ø | ø |
| H2S- Bildung | ø | ø | ø | ø | ø | ø | ø | ø | ø | ø | ø | ø | ø | ø | + | + | ø | ø | ø | ø |

| Nr. des Protokolls | 21 | 22 | 23 | 24 | 25 | 26 | 27 | 28 | 29 | 30 | 31 |
|---|---|---|---|---|---|---|---|---|---|---|---|
| Beweglichkeit | ++ | + | + | ø | ø | ++ | + | ++ | +++ | +++ | +++ |
| Pigmentbildung | ø | ø | ø | grün | grün | ø | ø | ø | ø | ø | ø |
| Gasbildung (Eisenagar n. *Kligler*) | + | (+) | ø | ø | ø | + | ø | ø | + | + | + |
| H2S- Bildung (Eisenagar n. *Kligler*) | + | ø | ø | ø | ø | ø | ø | ø | ø | ø | ø |
| Stich (Eisenagar n. *Kligler*) | g.-s. | gelb | rot | rot | rot | gelb | rot | gelb | gelb | gelb | gelb |
| Schrägfläche (Eisenagar n. *Kligler*) | gelb | gelb | rot | rot | rot | gelb | rot | gelb | gelb | rot | rot |
| Voges-Prosk.-Reaktion | ø | ø | ø | ø | ø | ø | ø | ø | ø | ø | ø |
| Indolbildung | ø | ø | ø | ø | ø | ø | ø | + | + | + | + |
| Harnstoffspaltung | ø | ø | ø | ø | ø | ø | ø | ø | ø | ø | + |
| Mannitvergärung | – | – | – | – | – | – | – | – | – | – | – |
| Saccharosevergärung | + | + | ø | ø | ø | ø | ø | ø | + | ø | ø |
| Lackmusmolke | rot | rot | blau | blau | blau | lila | blau | rot | rot | rot | rot |
| Methylrot | + | + | ø | ø | ø | + | ø | + | + | + | + |
| Laktose: Säurebildung | +++ | ø | ø | ø | ø | (+) | ø | (+) | +++ | +++ | + |
| Laktose: Gasbildung | +++ | + | ø | ø | ø | + | ø | + | +++ | +++ | ++ |
| Dextrose: Säurebildung | +++ | (+) | ø | ø | ø | + | ø | + | +++ | +++ | ++ |
| Dextrose: Gasbildung | +++ | (+) | ø | ø | ø | +++ | ø | ++ | +++ | +++ | +++ |
| Gelantineverflüssigung | ø | ø | ø | ø | ø | ø | ø | ø | ø | ø | ø |
| H2S- Bildung | + | ø | ø | ø | ø | ø | ø | ø | ø | ø | ø |

| | | | | | | | | | | | | | | | | | | | |
|---|---|---|---|---|---|---|---|---|---|---|---|---|---|---|---|---|---|---|---|
| 32 | ø | ø | ø | ø | + | ø | ø | lila | ø | – | + | (+) | ø | rot | rot | ø | ø | ø | ++ |
| 33 | ø | ø | ++ | ø | ++ | ø | ø | blau | + | – | ø | + | ø | rot | gelb | ø | ø | ø | +++ |
| 34 | ø | ø | ø | ø | ø | ø | ø | blau | ø | – | + | ø | ø | rot | rot | ø | ø | grün | +++ |
| 35 | ø | ø | ø | ø | ø | ø | ø | blau | ø | – | + | ø | ø | rot | rot | ø | ø | ø | ++ |
| 36 | ø | ø | ø | ø | ø | ø | ø | lila | ø | – | + | ø | ø | rot | rot | ø | ø | ø | ø |
| 37 | ø | + | ++ | + | +++ | +++ | (+) | rot | + | – | (+) | + | ø | rot | gelb | ø | + | ø | +++ |
| 38 | ø | ø | +++ | +++ | +++ | +++ | (+) | rot | + | – | ø | + | ø | gelb | gelb | ø | ø | ø | ++ |
| 39 | ø | ø | + | ø | + | ø | + | rot | + | – | (+) | ø | ø | gelb | gelb | (+) | ø | grün | +++ |
| 40 | ø | + | ++ | (+) | ++ | (+) | + | rot | + | + | +++ | ø | ø | gelb | gelb | (+) | + | ø | +++ |
| 41 | ø | ø | ø | ø | ø | ø | ø | lila | ø | – | ++ | ø | ø | rot | rot | ø | ø | grün | ø |
| 42 | ø | + | + | ø | (+) | ø | ø | lila | + | – | ø | + | ø | rot | gelb | ø | ø | ø | +++ |
| 43 | ø | ø | ø | ø | ø | ø | ø | blau | + | – | + | ø | ø | rot | rot | ø | ø | ø | + |
| 44 | ø | ø | ø | ø | ø | ø | ø | blau | ø | – | ø | ø | ø | rot | rot | ø | ø | grün | +++ |
| 45 | ø | ø | ø | ø | ø | ø | ø | blau | ø | – | ø | ø | ø | rot | rot | ø | ø | ø | + |
| 46 | ø | ø | ø | ø | ø | ø | ø | blau | ø | – | ø | ø | ø | rot | rot | ø | ø | grün | ++ |
| 47 | ø | ø | + | ø | + | (+) | + | rot | + | – | ø | ø | ø | gelb | gelb | ø | + | ø | +++ |
| 48 | ø | ø | ø | ø | ø | ø | ø | blau | ø | – | + | ø | ø | rot | rot | ø | ø | ø | + |
| 49 | ø | ø | ++ | + | + | (+) | + | rot | ø | – | ø | + | ø | rot | gelb | ø | + | ø | +++ |
| 50 | ø | ø | ø | ø | ø | ø | ø | blau | ø | – | ø | ø | ø | rot | rot | ø | ø | ø | +++ |
| 51 | ø | ø | + | + | + | + | + | rot | + | – | ø | + | ø | gelb | gelb | ø | + | ø | ++ |
| 52 | ø | ø | ø | ø | ø | ø | ø | blau | ø | – | + | ø | ø | rot | rot | ø | ø | ø | ++ |
| 53 | + | ø | + | + | ++ | + | + | rot | ø | – | ø | ø | ø | gelb | grün | + | + | ø | ++ |
| 54 | ø | ø | ø | ø | ø | ø | ø | blau | ø | – | (+) | ø | ø | rot | rot | ø | ø | ø | + |
| 55 | ø | ø | + | ø | + | ø | ø | rot | + | – | ø | ø | ø | rot | gelb | ø | ø | ø | +++ |
| 56 | ø | ø | ø | ø | + | (+) | ø | lila | ø | – | + | ø | ø | gelb | rot | ø | ø | ø | ++ |
| 57 | ø | ø | ø | ø | + | (+) | ø | blau | ø | – | (+) | ø | ø | rot | rot | ø | ø | ø | +++ |
| 58 | ø | ø | ø | ø | ø | ø | ø | lila | ø | – | (+) | ø | ø | gelb | rot | ø | (+) | ø | + |
| 59 | ø | + | ++ | + | + | (+) | + | rot | + | – | ø | + | ø | rot | gelb | ø | (+) | ø | +++ |
| 60 | ø | ø | ø | ø | ø | ø | ø | blau | ø | – | ø | ø | ø | rot | rot | ø | ø | ø | ø |
| 61 | ø | ø | ø | ø | ø | ø | ø | blau | ø | – | ø | ø | ø | rot | rot | ø | ø | ø | ø |
| 62 | ø | + | ++ | + | + | (+) | + | lila | + | – | ø | + | ø | rot | gelb | ø | + | grün | + |
| 63 | ø | ø | ++ | + | + | (+) | + | lila | + | – | ø | + | ø | rot | gelb | ø | + | ø | + |

*Tab. 15:* Biologisch-funktionelles Verhalten der in Tab. 14 aufgeführten, von ENDO-Agar entnommenen Bakterienkolonien aus Bodenproben.

Im hängenden Tropfen zeigen gesunde Böden fast nur Stäbchen, die sich stark bewegen; rund zweidrittel aller Stäbchen erscheinen als kurze, plumpe, kräftige und relativ dicke Stäbchen, so dass man sie kaum von dickeren Kokken unterscheiden kann. Offenbar werden auch in der Wurzelflora, wie in der Darmflora, diese Zellen bevorzugt, die meist auch bezüglich ihrer enzymatischen Leistung am besten ausgestattet sind. Nur selten findet man auch dünne, lange Stäbchen. Diese Beobachtung, dass gesunde, fruchtbare Böden vornehmlich leistungskräftige Symbionten enthalten, haben wir schon in den ersten Monaten der Arbeiten gemacht und keinen Grund gehabt, in den folgenden 20 Jahren die Meinung zu korrigieren, es handele sich um die Indikatoren hoher biologischer Qualität. Da wir es bei der tierischen Darmflora mit analogen Verhältnissen zu tun haben, ist jeder versierte Darmbakteriologe ohne weiteres in der Lage, Bodenproben ganz ebenso zu bearbeiten wie den Darminhalt. Es bedarf lediglich unwesentlicher, methodischer Abänderungen der Untersuchungstechnik. Auch die übliche Verdünnungstechnik ist dieselbe wie in der Darmbakteriologie, und es kommt hier ebenso wie dort darauf an, die Abstrichverdünnungen so auszuführen, dass sich die einzelnen Kolonien gut nebeneinander darstellen, weil man sonst keine Einordnung vornehmen kann.

## Bewertungsgrundsätze

Grundsätzlich findet man in Böden, die sich anhand anderer Zeichen als »gesund« erweisen, deren Produkte keine Mangelerscheinungen haben, höhere Anteile in den Gruppen I und II als in der Gruppe III, und der »biologische Index« (s. unter Technik ③ und ④) steigt über 1,0, bei qualitativ guten Böden über 2,0 und bei sehr guten über 5,0. In der Routinepraxis reicht diese Art der Klassifizierung aus und gibt das Urteil ab, das wir brauchen.

Das Urteil ist zuverlässig mit einer scheinbaren Ausnahme: Überwiegt in einer Boden- oder Düngerprobe die Zellgare bei weitem, kenntlich an etwa gleichhohen Zellzahlen ① und ②, so kommt in der Aufschwemmung die Symbionten-Milchsäureflora nicht oder nur sehr gehemmt zur Entwicklung, ganz besonders dann, wenn Fäulnisbakterien auftreten. Das ist nicht verwunderlich, weil die Organismen der Zellgare die natürlichen Antagonisten der Wurzelflora sind; es ist vielmehr ein weiteres Anzeichen dafür, dass im Boden übereinander zwei grundverschiedene Floren existieren, die sich gegenseitig ausschließen, und auch dafür, dass es sich bei der herausgezüchteten Milchsäureflora um diejenige handelt, die der Plasmagare zuzurechnen ist und damit auch der Rhizosphäre. Man kann auch so sagen: Tritt in einem zellreichen Substrat keine Milchsäureflora auf, so muss es nach unseren Grundsätzen als »biologisch minderwertig« betrachtet werden; das ist insofern der Fall, als solche Substrate für die Pflanze unzuträglich sind; das Urteil trifft demnach durchaus zu, denn ein Boden, der übermäßig viel Zellgare enthält (wie zum Beispiel nach einer übertriebenen organischen Düngung), ist prädestiniert für Pflanzenschäden, und wenn dementsprechend überwiegend Bakterien der Gruppe III auf ENDO-Agar bemerkt werden, so ist die biologische Qualität tatsächlich gering, der biologische Index liegt unter 1,0 und Hochleistungssymbionten treten nicht auf, ganz unabhängig davon, dass bei einem Boden mit so viel Zellgare hohe Zählwerte ① und ② auftreten. Womit zum erstenmal zum Ausdruck kommt, dass man eine Mutter Erde nur dann als biologisch vertretbar bezeichnen darf, wenn sowohl die Quantitäts- als auch die Qualitätswerte ausreichend hoch sind.

Eine Ausnahme bilden aber Dünger, nicht bezüglich des Qualitätsurteils, wohl aber bezüglich dessen Bewertung, Die hochwertigsten Dünger sind diejenigen, bei denen die Zellgarung noch nicht oder nur in geringerem Umfang abgelaufen ist, denn sie vermögen, wie wir sahen, dem Boden die höchsten Leistungen zu vermitteln. Solche Dünger erweisen nach Technik ① und ② Höchstwerte und nahezu gleichhohe Zahlen, die Zeichen für die Zellgare. Wenn nun im Ansatz die Zellgareorganismen überwiegen, so wird die Milchsäureflora, die an sich nachweislich immer vorhanden ist, bei der von uns angewandten Technik weitgehend unterdrückt und es resultiert ein schlechtes Qualitätsurteil. Biologisch trifft es auch zu, aber man kann nicht damit präjudizieren, dass sich der Dünger nach seiner Umarbeitung im Boden noch ebenso verhält; es kommt durchaus vor, dass sich später eine gute biologische Qualität ergibt, denn man kann ja nicht voraussehen, ob die Verarbeitung nicht alle die Faktoren beseitigt, die zur Hemmung der Symbionten veranlassen, solange das Material noch nicht umgesetzt ist. Daran muss man bei der Beurteilung frischer Düngemassen denken, gegebenenfalls auch das Qualitätsurteil ablehnen. Allerdings muss bemerkt werden, dass ein solches ungünstiges Qualitätsurteil an frischen organischen Massen ebenso oft auch zutrifft, wie sich besonders bei der Reihentestung von Stadtkomposten gezeigt hat (s. Tab. 24, S. 215).

Entsprechende Beobachtungen macht man an den Erden eines »Grundversuchs«; solange die Zellgare überwiegt, was besonders bei Verwendung übertrieben großer Düngemengen bemerkt wird, solange ist die biologische Qualität nach Technik ③ und ④ gering und die Erde nicht wurzelverträglich. Dem Idealfall eines Bodens der Humuswirtschaft kommt man bei solchen Versuchen dann am nächsten, wenn eben ausreichende Düngermengen angewandt werden, deren Zellgarung die Entwicklung der Symbionten nicht zu hemmen vermag. Wir dürfen deshalb von der regelrechten Humuswirtschaft verlangen, dass sie – unabhängig von der Düngung – während des ganzen Jahres Böden mit ausreichenden Symbiontenmengen hat, das heißt eine gleichbleibend gute biologische Qualität. Jede stärkere Schwankung beweist, dass da ein Fehler gemacht wurde; und meist handelt es sich um eine der Boden-Art nicht genügend angepasste Handhabung der organischen Düngung oder um prinzipielle Fehler, beispielsweise um das Einpflügen organischer Frischdünger. Bei Bodenproben sind »Korrekturen« des Qualitätsurteils wie bei Düngern ganz unangebracht; sobald das Urteil nämlich auf die biologische Güte der erzeugten Pflanzen bezogen wird – und das geschieht ja –, dann ist der gegenwärtige Zustand des Bodens allein maßgebend, dann muss verlangt werden, dass der Anteil an gut säurebildenden Symbionten hoch genug ist, ohne Rücksicht auf irgenwelche Besonderheiten.

Wir möchten deshalb raten, dass man sich beim Nacharbeiten unserer Techniken möglichst genau an unsere Angaben hält; es sei ausdrücklich betont, dass auch die Unsicherheit, die bei dem Einordnungsversuch dieser oder jener Kolonie, dieses oder jenes Bakteriums auftritt, die Sicherheit des Urteils keineswegs beeinträchtigt. Die Gruppe I ist ohne Zweifel gut bestimmbar, die Gruppe II ebenfalls; der Rest kann bedenkenlos in Gruppe III eingestuft werden. Wollte man sich mit Einzelidentifizierungen abgeben, so würde das am Endurteil wenig oder nichts ändern, solange man keine pedantische Scheinexaktheit fordert, wo es keine geben kann. Das Urteil über die Führung eines Landbaubetriebes wird niemals aus einem einzigen Befund abgeleitet, sondern allenfalls aus Reihentesten, nicht zuletzt aber aus anderen Anzeichen, die jeder Betrieb reichlich dem bietet, der sie zu sehen vermag. Wir haben selbst längere Zeit hindurch überhaupt kein Urteil abgegeben, sondern vorsichtshalber nur Befunde notiert; erst nach Erfahrungen an Tausenden von Tests und den Vergleichen mit Boden-Art, physikalischem Bodenzustand, Bearbeitung, Pflanzenstand, Schädlingsbefall, Ertrag und vielen anderen Beobachtungen war erwiesen, dass es durchaus möglich ist, auf eine relativ einfache Art ein zutreffendes Urteil über die biologische Bodenqualität abzugeben, ein Urteil, das sich ebenso auf alle biologischen Folgezustände bezieht wie die Urteile, die man anhand menschlicher und tierischer Floren zu einem Urteil über das gesundheitliche Schicksal des Organismus selbst heranzieht.

Auf den Charakter der herausgezüchteten Milchsäureflora bleiben gewisse Umstände (Lagerung, Jahreszeit der Probenahme) ohne Einfluss; wir schreiben lediglich vor, dass die Proben in feuchtem Zustand und in nicht luftdichten Behältnissen auf den Weg gebracht werden sollen. Lässt man Proben (wie das auch bei medizinischen Substraten der Fall ist) längere Zeit lagern, so ändert sich am Befund nichts. Wir haben natürlich die Zuverlässigkeit des Qualitätsurteils viele Jahre lang an Hand von Blind- und Parallelproben immer wieder nachgeprüft, teils freiwillig, teils unfreiwillig, indem skeptische Einsender gleiche Proben zwei- und mehrfach unter unterschiedlicher Bezeichnung einsandten, um herauszubekommen, ob die Resultate übereinstimmen. Es ist kein Fall bekannt, in dem das nicht so gewesen wäre.

Wie aus vielen unserer statistischen Angaben zu entnehmen ist, sind die Zellzählungsergebnisse unabhängig von der biologischen Qualität; hohe biologische Qualität garantiert keineswegs etwa hohe Zellzählwerte, das heißt eine große Menge lebender Bodensubstanz, und bei hohen Zählwerten kann durchaus eine sehr geringe biologische Qualität ermittelt werden. Wir können heute sagen, dass sich in leichten Böden, die ja durchweg niedrigere Zellzahlen ② haben, im Laufe der Umstellung auf die Humuswirtschaft wesentlich schneller hohe biologische Qualitäten entwickeln können als bei schweren Böden. Der Grund ist natürlich im erhöhten »Grundumsatz« leichter Böden zu sehen, die im Sommer die Voraussetzungen für die Plasmagare und damit für die Wurzelsymbionten schneller herzustellen in der Lage sind als die schweren. Ein hoher Ton- und Humingehalt garantiert also keinesfalls auch eine hohe Qualität, wie sie höhere Zellzahlen garantiert, und die Nachteile leichter Böden werden schon dadurch zum Teil wettgemacht, dass sie gestatten, schneller gute Qualität zu erzielen. Diese Beobachtung entspricht den Erfahrungen mit leichten Böden in der Humuswirtschaft.

## Flora und elektrolytische Bodenreaktion

Ein Einfluss auf den Charakter der Milchsäureflora ist gegeben, wenn die elektrolytische Bodenreaktion (pH) stark vom Neutralpunkt abweicht, zum Beispiel bei vielen Düngern (deren pH oft 8,0 übersteigt) und in extrem sauren Böden (unter pH 5,0). Wir nehmen trotzdem keine Korrektur vor (etwa durch Pufferung), weil wir die Beobachtung gemacht haben, dass sich mit zunehmender Bodengesundung unter der richtig betriebenen Humuswirtschaft, auch ohne regulierende Maßnahmen (zum Beispiel durch Zufuhr von Kalk oder Kalium), die Bodenreaktion alsbald dem Neutralpunkt nähert. Um verständlich zu machen, was damit gemeint ist, sind in Tab. 16 einige Werte aus der fortlaufenden pH-Bestimmung über 10 Jahre hinweg zusammengestellt; die Auswahl entspricht etwa dem Durchschnitt aller ermittelten Werte und zeigt, dass sich bei richtiger Bodenbehandlung automatisch Reaktionswerte um pH 7,0 einstellen.

Es kommt aber auch vor, dass gerade als Folge der Humuswirtschaft mit ihrer Bemühung um den Aufschluss der Pflugsohlen und Untergrundverdichtungen nach früherer, intensiver Kunstdüngung bei Böden, die auf kalkreichem Untergrund liegen, der Kalk unverhältnismäßig stark mobilisiert wird, so dass die Bodenreaktion auf einige Zehntel über 7,0 ansteigt, und das ist unerwünscht; die durch die Bodenbelebung herbeigeführte Mobilisation mineralischer Materie führt hier ausnahmsweise zu einem Überwiegen eines Minerals mit allen seinen Folgen für die Pflanze. Es ist in diesem Falle erlaubt, den Ausgleich auch mit Hilfe eines Salzes (Kalimagnesia, Patenkali) herbeizuführen, solange die Kalkmobilisation anhält. Nach einigen Jahren ist das nicht mehr nötig; die Anwendung von Kalium, das als Salz an sich im biologischen Landbau nicht generell erlaubt wird, wird anhand der pH-Messung in jedem einzelnen Falle angeraten, wenn der Reaktionsausgleich nicht von selbst erfolgt und der Ionenaustausch erwünscht ist, um das mineralische Gleichgewicht herzustellen und damit der biologischen Qualität zu dienen.

*Tab. 16*: Bodenreaktion (pH) lt. elektrischer Messung aus zehn Landbaubetrieben (Durchschnitt aller geprüften Böden des Betriebes) während der Umstellung.

| Vor der Umstellung | 3 Jahre | 6 Jahre nach der Umstellung | 10 Jahre |
|---|---|---|---|
| 5,41 | 5,57 | 6,12 | 6,88 |
| 5,93 | 6,00 | 6,92 | 7,00 |
| 6,76 | 7,60! | 7,22 | 7,10 |
| 6,60 | 6,24 | 6,95 | 6,94 |
| 5,74 | 6,97 | 6,92 | 7,06 |
| 6,46 | 6,50 | 7,68! | 7,31 |
| 5,60 | 5,55 | 5,60 | 6,21 |
| 7,10 | 7,00 | 7,05 | 7,10 |
| 5,30 | 6,16 | 6,66 | 6,58 |
| 7,40 | 7,28 | 6,92 | 7,10 |

In den Bereichen von etwa pH 5,0-7,6 ist ein Einfluss auf den Charakter der Milchsäureflora nicht von Belang. Nun ist allerdings mit dem Zufügen von Zuckern zu der Bodenaufschwemmung auch eine vermehrte Säurebildung gegeben (Tab. 17); diese ist aber auf den Floracharakter nicht von Einfluss, wie sich aus entsprechenden Versuchen ergeben hat, von denen hier einer dargestellt ist. Die auftretenden Werte verändern das Güteurteil nicht; sie überschreiten die angegebenen Grenzen nicht und bewirken Verschiebungen hauptsächlich bei Proben mit einem pH um 7,0, während bei sauren Böden (Pufferwirkung organischer Säuren bei niedrigem pH) kein oder weniger Abfall erfolgt.

*Tab. 17:* Bewegungen der Säure-Basen-Relation (pH) während der Behandlung von quantitativ und qualitativ stark unterschiedlichen Erden nach Technik ① und ②.

| Zellzahlen (Menge) ① ② | Biol. Index (Güte) | pH der Erde | im Ansatz ohne KH der Auf-schwemm. | nach der Bebrütung | im Ansatz mit KH der Auf-schwemm. | nach der Bebrütung |
|---|---|---|---|---|---|---|
| 380 – 720 | 13,0 | 7,3 | 6,0 | 6,1 | 6,0 | 6,7 |
| 25 – 62 | 2,4 | 7,2 | 6,0 | 6,0 | 6,0 | 6,1 |
| 28 – 82 | 4,4 | 7,2 | 5,9 | 6,0 | 5,9 | 6,4 |
| 45 – 93 | 8,0 | 7,1 | 6,0 | 6,0 | 6,0 | 6,0 |
| 120 – 330 | 1,6 | 7,6 | 6,0 | 6,3 | 6,0 | 6,3 |
| 38 – 112 | 4,2 | 6,0 | 5,9 | 5,8 | 5,9 | 5,5 |
| 52 – 148 | 0,6 | 6,9 | 6,0 | 6,0 | 6,0 | 6,2 |
| 40 – 78 | 4,5 | 7,3 | 6,0 | 6,7 | 6,0 | 6,5 |

Es kann sogar vorkommen, dass saure Proben nach der Bebrütung alkalischer geworden sind, wie man bei der elektrischen Messung (Bekman-pH-meter, Glaselektrode) bemerkt, so dass man bei unserer Behandlung der Proben eher mit einem pH-Ausgleich als mit einer erhöhten Dissoziation rechnen darf; verständlich insofern, als wir das auch in den Böden umgestellter Betriebe bemerken, deren Bodenreaktionen sich je nach dem Erfolg der Bemühungen um die Humuswirtschaft in einigen Jahren neutralisieren. Erfahrene Bauern haben mit ganz wenigen Ausnahmen Bodenreaktionen um pH 7,0, ohne einen mineralischen Ausgleich vorzunehmen. Chemisch-physikalisch bedeutet das natürlich, dass die durch die Humuswirtschaft erhöhte Bindekraft der Böden die »Schwarmionen« mehr und mehr begrenzt und andererseits das Ionengleichgewicht nicht durch Salzdünger immer wieder beseitigt wird; biologisch betrachtet würden wir daraus schließen, dass bei der natürlichen Pflanzenernährung auch die Ionen gebunden, nicht »verfügbar« sind, dass sie sich die Pflanze vielmehr durch eine aktive Leistung verschaffen muss und verschaffen kann. Das ist offenbar erforderlich, wenn das Gleichgewicht zwischen Pflanzenwachstum und Garevorrat aufrecht erhalten werden soll.

Wir dürfen also bezüglich der Auswertung der pH-Zahlen einstweilen notieren, dass wir von der Humuswirtschaft den spontanen Abgleich der Bodenreaktionen erwarten müssen; tritt er nicht ein, so ist – von sehr seltenen Ausnahmen bei speziellen Boden-Arten abgesehen – die Schließung des biologischen Substanzkreislaufes noch nicht gelungen, und es liegt bestenfalls eine kunstdüngerfreie, aber keine echte Humuswirtschaft vor. Die methodischen Mängel und Fehler müssen im Betrieb selbst gesucht werden und sind erfahrungsgemäß auch zu finden.

## Anzeichen für Gifte bei Bodenproben

Wenn sich in einem Substrat besonders viele, in Gruppe III einzuordnende Abarten von Symbionten befinden, wie irreguläre Koloniebildungen, so genannte Rauformen und Riesenzellen der Kurzstäbchen, so ist das Substrat auf einen Gehalt an Wirkstoffen chemisch-synthetischer Natur verdächtig, und zwar an Wirkstoffen, die Mutationen auslösen.

Die Erscheinung ist aus der medizinischen Bakteriologie bekannt; sie tritt beim Tier beispielsweise unter einer chemotherapeutischen Behandlung auf, die immer auch florawirksam ist, auch bei parenteraler Therapie. Beim Menschen wird sie bemerkt unter dem Gebrauch abführender Tees, synthetischer Abführmittel, konservierten Lebensmitteln, Farbstoffen, Aromastoffen und vielen anderen, auch zuweilen bei dem Genuss von Sauermilchen, die unter Verwendung körperfremder Bakterien (Joghurt) hergestellt werden. Besonders charakteristisch ist das gehäufte Auftreten von mucinbildenden Symbionten, bei denen die Schleimhülle als Schutzorgan gegen unzuträgliche Substanzen zu bewerten ist. Derartige Abarten von Symbionten lassen sich auch experimentell sehr gut darstellen, und bei den total veränderten Bakterien glaubt man in diesem Zustand nicht, dass es sich um ganz normale Symbionten handelt, die durch die Mutagene entstellt wurden. Um solche Bilder zu erhalten, lässt man Mutagene (Medikamente, Abführmittel, Einmachmittel und ähnliches) in Verdünnungsreihen auf Bakteriensuspensionen einwirken; wir haben viele solcher Mutationen dargestellt, auch an der Darmflora von Versuchspersonen, die sich zur Einnahme der Mutagene zur Verfügung stellten. Die Veränderungen an den Bakterienzellen sind öfters rückgängig zu machen; sie scheint nur vorübergehend erblich zu sein und verschwindet, wenn man die Kultur einige Zeit in wirkstofffreien adaequaten und guten Nährmedien fortzüchtet.

Die Auslösung der Mutationen durch synthetische Gifte ist natürlich erst in Verdünnungen möglich, die über die zur Abtötung führende Verdünnung weit hinausreicht; bei manchen Substanzen bemerkt man Mutanten noch in millionenfachen, also homöopathischen Verdünnungen. Es wird auf diese Weise verständlich, dass schon Spuren von Insektiziden, Fungiziden, Herbiziden und anderen Substanzen dieser Art mutagen wirksam sind, auch Spuren, die chemisch nicht mehr nachzuweisen sind. Ohne jeden Zweifel gelangen bei der üblichen Anwendung wenigstens wirksame Spuren auch in die Plasmagare und Rhizosphäre, und es ist nur die Frage, ob der allgemein behauptete, rasche Abbau solcher Substanzen bedeutet, dass sie tatsächlich zerstört und ohne organische Folgen abgebaut werden, oder ob die scheinbare Zerstörung nur dadurch vorgetäuscht wird, dass die schädigenden Substanzen organisch maskiert und dadurch dem Nachweis entzogen werden, ohne wirklich beseitigt zu sein. Wie dem auch sei – die ausgelösten Mutationen liegen so und so vor und bedeuten, dass hier lebendige Systeme der Symbiontenzellen mit Gewalt zu einer Reaktion gezwungen werden, die ganz und gar nicht im Plan des biologischen Substanzkreislaufs vorgesehen ist; und eine solche Störung bedeutet immer auch Störung des biologischen Gleichgewichtes, das heißt Verringerung der biologischen Qualität.

Diese Verringerung durch Gifteinwirkung lässt sich nach Technik ③ und ④ sehr gut nachweisen, und es kann vorkommen, dass man insbesondere in der durch KH aktivierten Aufschwemmung ② nur noch mutierte Symbionten findet, die man sämtlich in die Gruppe III einzuordnen hat. Man ist in allen solchen Fällen berechtigt, den Verdacht auf die Anwendung von Mutagenen zu äußern; da diese Anwendung in den von uns kontrollierten Betrieben untersagt ist, hatten wir alle Veranlassung, besonders auf das Auftreten von Mutationsformen der Symbionten zu achten und sie zu melden. Wer darauf achtet, findet sie auch; es ist vorgekommen, dass uns skeptische Bauern Bodenproben einsandten, ohne uns zu sagen, dass sie von den Baumscheiben gespritzter Obstbäume eines Nachbarn stammten. In jedem dieser Fälle wurden sämtliche, auf ENDO-Agar aus der Aufschwemmung ② anwachsende Zellen in die Gruppe III eingeordnet und zahlreiche Mutanten notiert.

Man hat nach unseren Untersuchungen zwischen »Hemmsubstanzen« und »Mutagenen« zu unterscheiden; zu unseren Untersuchungen haben wir Handelsformen benutzt, deren Namen wir hier verschweigen. In Tab. 18, (s. S. 204) die einen solchen Versuch zeigt, sind sie nur als Hemm-beziehungsweise mutagene Substanzen bezeichnet. Bei nur bakteriostatisch wirksamen Stoffen bemerkt man keine Mutationen; ihnen kommt lediglich eine retardierende Wirkung auf den Bodenorganismus zu. Bei mutagenen Substanzen, die natürlich auch immer eine Hemmwirkung ausüben, werden schon in geringsten Konzentrationen gewisser Gifte (hier 1:200 000!) die Hauptcharakteristica der Esch. coli soweit beseitigt, dass die Zellen nach mehrtägiger Einwirkung nicht mehr als Esch. coli zu erkennen sind. Bei höheren Konzentrationen (1:20 000) kann man sie nicht einmal mehr prüfen, weil sie nicht mehr wachsen. Derartige Konzentrationen können sehr wohl in jedem Falle einer Spritzung im Boden auftreten, die Spurenwirkungen um so eher. Uns liegen zahlreiche derartiger Befunde vor, sowohl aus der Laboratoriumsarbeit als auch aus der Routineuntersuchung von Nutzböden.

Wie schon erwähnt, kann man unseren so genannten Grundversuch auch zum Studium von Fremdstoffwirkungen benutzen, indem man sie nach der Vorschrift anwendet. Ein derartiger Versuch ist in Tab. 19 (s. S. 205) wiedergegeben und besagt, dass jedem solcher Stoffe die mutagene Giftwirksamkeit anhand der Technik ③ und ④ nachzuweisen ist. Was wir eben in vitro nachgewiesen haben, geht hier im natürlichen Medium vor sich. Die Giftwirkung lässt bei manchen Stoffen nach sieben Tagen nach, bei manchen steigert sie sich weiter. Der hohe biologische Index der Versuchserde wird aber in jedem Falle dezimiert, zuweilen jeder Rest biologischer Qualität beseitigt. Wir sehen keinen Grund, an der Wirksamkeit solcher Gebrauchsgifte auf den biologischen Substanzkreislauf auch nur den geringsten Zweifel zu hegen und möchten nur unserer Verwunderung darüber Ausdruck geben, dass man davon bei dem so hohen Stande unserer Untersuchungstechniken außer vorsichtigen Andeutungen nichts zu hören bekommt. Nachweise wie die hier zitierten sind leicht zu erbringen und jederzeit reproduzierbar, und an ihrer Deutung besteht wohl kein Zweifel.

*Tab. 18:* Darstellung der unterschiedlichen Wirkung bakteriostatisch beziehungsweise mutagen wirksamer Substanzen auf frische Kulturen von Esch. coli (Ausgangslösung =1:1000).

| Konzentration ‰ | Ausimpf. nach | A. Hemmsubstanz Wachstum von E. coli | A. Hemmsubstanz Mutanten | B. Mutagene Substanz Wachstum von E. coli | B. Mutagene Substanz Wachstum von Mutanten | B. Mutagene Substanz Milchsäurebildung | B. Mutagene Substanz Fuchsinglanzbildung |
|---|---|---|---|---|---|---|---|
| | 24 h | ++ | ø | 5 Kol. | +++ | (+) | ø |
| 0,5 | 3 d | +(+) | ø | ø | ++ | (+) | ø |
| | 7 d | + | ø | ø | +(+) | ø | ø |
| | 24 h | ++ | ø | 1 Kol. | ++ | (+) | ø |
| 1,0 | 3 d | +(+) | ø | ø | ++(+) | (+) | ø |
| | 7 d | + | ø | ø | ++ | (+) | ø |
| | 24 h | ++ | ø | 1 Kol. | ø | – | – |
| 2,0 | 3 d | + | ø | ø | (+) | (+) | ø |
| | 7 d | (+) | ø | ø | + | ø | ø |
| | 24 h | + | ø | 11 Kol. | ø | – | – |
| 5,0 | 3 d | (+) | – | ø | (+) | (+) | ø |
| | 7 d | ø | ø | ø | ø | – | – |
| Kontrolle | | ++++ | ø | ++++ | ø | – | – |

## Die organischen Hemmstoffwirkungen

Reine Hemmstoffwirkungen werden beobachtet, wenn organische Massen in unzersetztem Zustand (frischer Stallmist, Gründüngung, nicht ausgereifte organische Dünger) tief in die Bodenkrume eingebracht werden. Wir haben die Hemmung des Symbiontenwachstums zuerst bei Frischkomposten beobachtet und bereits beschrieben. Der Vorgang lässt sich natürlich auch im Rahmen eines Grundversuches nachweisen. Interessanterweise findet man hier zwar die so genannten Schutzformen (Schleimbildner) und meist auch vermehrte Granulation der Zellen, aber keine echten, vererblichen Mutationen. Verantwortlich für die Hemmwirkung sind die Stoffwechselprodukte der Zellgare, wie sich leicht nachweisen lässt, das heißt Schutzgifte, die von den Mikroben der Zellgare entwickelt werden, um ihren Arbeitsbereich abzugrenzen. Stört man die Schichtenbildung bei der Humifizierung nicht, so ist eine Hemmwirkung nur gegeben, wenn man große Düngermassen im Grundversuch anwendet, also unter unnatürlichen Verhältnissen. Bei der normal-dosierten organischen Düngung haben wir bisher keine Hemmwirkungen im Bereich der Plasmagare nachweisen können.

Man beobachtet also zwei bedeutsame Unterschiede in der Wirkung natürlicher Hemmstoffkonzentrationen im Gegensatz zur Wirkung synthetischer Gifte:

1. Die Schutzgifte der Zellgareorganismen bewirken, wenn sie überhaupt an Pflanzensymbionten wirksam werden, lediglich Hemmungen, nicht aber erbliche Mutationen, und
2. Die Hemmstoffwirkung erlischt , sobald sie überflüssig ist, und reicht nicht über den biologisch begründeten Bereich hinaus.

*Tab. 19:* Darstellung der Abwertung der Bakterienflora auf ENDO-Agar aus einer qualitativ hochwertigen Pflanzerde nach Behandlung mit zellgiftigen Substanzen.

| Kenn-ziff. | Flora aus Techn. | Anfangs werte | | | Befund lt. Technik ③ und ④ aus Probeentnahmen nach 24 Std. | | | 3 Tagen | | | 7 Tagen | | |
|---|---|---|---|---|---|---|---|---|---|---|---|---|---|
| | ③ | 05 | 65 | 20 | 00 | 55 | 45 | 00 | 20 | 80 | 00 | 20 | 80 |
| IV. | ④ | 60 | 40 | 00 | 20 | 60 | 20 | 00 | 10 | 90 | 00 | 00 | 100 |
| | Index | | 14,0 | | | 7,2 | | | 2,6 | | | 2,5 | |
| | ③ | 05 | 65 | 20 | 00 | 10 | 90 | 00 | 30 | 70 | 00 | 20 | 80 |
| XIII. | ④ | 60 | 40 | 00 | 00 | 00 | 100 | 00 | 10 | 90 | 00 | 50 | 50 |
| | Index | | 14,0 | | | 0,1 | | | 0,5 | | | 1,2 | |
| | ③ | 05 | 65 | 20 | 00 | 80 | 20 | 00 | 30 | 70 | 05 | 10 | 90 |
| V. | ④ | 60 | 40 | 00 | 50 | 50 | 00 | 10 | 50 | 40 | 00 | 00 | 100 |
| | Index | | 14,0 | | | 14,0 | | | 2,4 | | | 0,3 | |
| | ③ | 05 | 65 | 20 | 00 | 50 | 50 | 00 | 10 | 90 | 00 | 00 | 100 |
| Vp. | ④ | 60 | 40 | 00 | 00 | 30 | 70 | 00 | 00 | 100 | 00 | 00 | 100 |
| | Index | | 14,0 | | | 1,4 | | | 0,5 | | | 0,0 | |

Damit ist auch hier ein Prinzip aufgefunden, von dem die Natur überall Gebrauch macht; sie stellt zwar zahlreiche Schutzgifte her, begrenzt aber ihre Wirksamkeit auf das unbedingt erforderliche Ausmaß, benutzt im Allgemeinen keine Mutagene und zerstört ihre Schutzgifte, sobald sie nicht mehr gebraucht werden. Ihre Existenz ist im Plan des biologischen Substanzkreislaufs einkalkuliert und so gestaltet, dass sie keine Qualitätsverluste bewirken.

*Tab. 20:* Bakterienflora und Index vor und nach dem Tiefeinpflügen frischer organischer Massen anhand von zehn Beispielen aus Routinekontrollen.

| Flora nach Technik ③ vor dem Einpflügen | | | Flora nach Technik ④ vor dem Einpflügen | | | Index | Flora nach Technik ③ 2-6 Mon. nach Einpflügen | | | Flora nach Technik ④ 2-6 Mon. nach Einpflügen | | | Index |
|---|---|---|---|---|---|---|---|---|---|---|---|---|---|
| 10 | 60 | 30 | 30 | 45 | 25 | 8,4 | 00 | 25 | 75 | 05 | 05 | 90 | 0,5 |
| 00 | 30 | 70 | 40 | 20 | 40 | 3,9 | 00 | 30 | 70 | 10 | 10 | 80 | 0,9 |
| 00 | 30 | 70 | 10 | 15 | 75 | 1,0 | 00 | 20 | 80 | 00 | 15 | 85 | 0,4 |
| 00 | 10 | 90 | 00 | 20 | 80 | 0,4 | 00 | 10 | 90 | 00 | 00 | 100 | 0,1 |
| 00 | 15 | 85 | 00 | 30 | 70 | 0,6 | 00 | 100 | 00 | 00 | 10 | 90 | 20,1 |
| 00 | 50 | 50 | 05 | 15 | 80 | 1,4 | 00 | 00 | 100 | 00 | 10 | 90 | 0,1 |
| 00 | 60 | 40 | 25 | 25 | 50 | 3,5 | 00 | 10 | 90 | 00 | 00 | 100 | 0,1 |
| 10 | 70 | 20 | 60 | 20 | 20 | 25,0 | 00 | 80 | 20 | 10 | 20 | 70 | 4,7 |
| 00 | 50 | 50 | 20 | 30 | 50 | 2,8 | 00 | 10 | 90 | 10 | 00 | 90 | 0,4 |
| 00 | 25 | 75 | 10 | 40 | 50 | 1,7 | 00 | 05 | 95 | 00 | 10 | 90 | 0,1 |

Pflügt oder gräbt man frische organische Masse in den Boden ein, so werden, wie gesagt, die Symbionten gehemmt; ihre Zellen sind dann schlecht ausgebildet, schlecht färbbar, stark granuliert und vieler Leistungsfähigkeiten beraubt. Da solche Zellen nach unserer Vorschrift in die Gruppe III eingeordnet werden, resultiert eine merkliche Verminderung der biologischen Bodenqualität. Die Probenehmer geben meist an, wo Stallmist und dergleichen eingepflügt wurde, sie beobachten hier sogar oft sichtbare Mängel an den Kulturen; wir haben als Beispiel einige solche Floraabwertungen in Tab. 20 (s. S. 205), die aus normalen Bodenuntersuchungen stammen, wiedergegeben. Die Abwertung der Bodengüte ist gut erkennbar.

(In der 5. Reihe ist absichtlich ein Befund aufgenommen, bei dem der schon erwähnte Fehler bei der Errechnung des »biologischen Index« auftritt; obwohl nach der maßgeblichen Technik ④ eine Abwertung stattgefunden hat, erscheint hier aus Technik ③, nach der alle Zellen in Gruppe II eingeordnet wurden, bei der Division die Zahl »unendlich«, die vereinbarungsgemäß als 20,0 notiert wird und den Index auf 20,1 bringt, während er vorher nur 0,6 betrug. (Der Fehler tritt nur auf, wenn man die Rubrik ③ mitrechnet; wenn man sicher gehen will, errechnet man den biologischen Index nur aus der Rubrik ④, wie wir seit einiger Zeit meist auch verfahren.)

Bei dieser Gelegenheit möchte ich eine Beobachtung erwähnen, die wir erst nach längerer Erfahrung gemacht haben, die aber vielleicht für denjenigen, der noch keine Erfahrungen besitzt, wichtig ist: Die aus Aufschwemmung ① mittels Technik ③ herausgezüchtete Bakterienflora ist praktisch niemals dieselbe wie die aus Aufschwemmung ② nach Technik ④. Zunächst nahmen wir an, dass es sich um eine Wirkung des KH-Zusatzes handele, das einzige, worin sich die beiden Substrate unterscheiden. Später bemerkten wir, dass die Flora ④ grundsätzlich entweder besser, also höher zu bewerten, oder schlechter, also geringer zu bewerten ist; die genauere Untersuchung ergab, dass ideale Böden der Humuswirtschaft, die schon in Flora ③ hochwertige Symbionten enthalten, in Flora ④ noch bedeutend mehr davon entwickeln, während umgekehrt Böden von »Anfängern«, die oft in Flora ③ noch eine leidlich gute Flora zeigen können, in Flora ④, meist sehr deutlich, eine schlecht ausgebildete Flora und keine Hochleistungsarten mehr enthalten. Wir durften vermuten, dass vermittels der Aktivierung der Symbionten durch KH-Zusatz das Zeichen hoher oder geringer Güte erheblich deutlicher wird. Diese Vermutung hat sich in entsprechenden Experimenten bestätigt; setzt man zum Beispiel Versuchserden Hemmstoffe zu, so wird die Schädigung der Symbiontenflora wohl auch durch die Flora ③, erheblich deutlicher aber durch die Flora ④ wiedergegeben.

Man kann nun deshalb auf die Darstellung der Flora ③ verzichten, was wir in vielen Fällen seit einiger Zeit auch tun; sie ist aber insofern doch von Wert, als man den Unterschied zwischen beiden Floren zur Sicherung des Urteils aus Flora ④ gut gebrauchen kann; findet eine Abwertung in ④ gegenüber ③ statt, so dürfen wir des qualitativen Mangels, den ④ anzeigt, noch sicherer sein, und findet umgekehrt eine Aufwertung statt, so können wir dem Bauern sagen, dass sein Boden im Begriff ist, eine höhere biologische Qualität zu entwickeln. Da wir aber jeden, bei dem Proben gezogen werden, gut kennen, hat sich mit zunehmender Erfahrung herausgestellt, dass sich der Eindruck, dieser und jener Betrieb nähere sich dem Ideal der Humuswirtschaft, jeweils in den Güte-Tests bestätigen oder auch widerlegen lässt. Wir möchten deshalb empfehlen, in den ersten Jahren solcher Bodenprüfungen nicht auf die Flora ③ zu verzichten; das sollte erst erwogen werden, wenn man größere Erfahrungen besitzt. Den »biologischen Index« allerdings sollte man vielleicht nur aus Flora ④ errechnen, bei der die Gütezeichen merklich deutlicher ausgeprägt sind.

## Der Regenwurm als Gütezeichen

Vielfach wird als Indikator für eine ausreichende organische Bodenernährung und gute Gare die Zahl der Bodentiere benutzt, voran die Zahl der Regenwürmer. Im Allgemeinen hatten wir den Eindruck, dass Regenwürmer die Zellgare suchen und dort seltener sind, wo die Plasmagare überwiegt; man kann sie mit Hilfe einer kräftigen organischen Düngung ja geradezu hochzüchten, und ihre Zahl ist in hochwertigen Komposten ungleich größer als in minderwertigen. Es schien, dass die Regenwürmer also eher Indikatoren für die Zellgare, das heißt für eine zukünftige Fruchtbarkeit sind, nicht aber für die wirkliche Bodenfruchtbarkeit, die ausschließlich in einer hohen Plasmagare zum Ausdruck kommt.

Wir haben diese Frage aus Zeitmangel bisher nicht endgültig klären können; ich möchte aber hier doch einige Resultate anführen, die zu denken geben.

Auf der Suche nach irgendwelchen objektiven Anzeichen dafür, dass es Regenwürmern in fruchtbaren Böden besser geht als in wenig fruchtbaren, fanden wir lediglich, dass sie in ersteren häufiger sind, wie es allgemein bekannt ist, nicht aber, warum sie dort häufiger sind. Man nimmt zwar an, dass sie von der Menge der organischen Bodensubstanzen abhängig sind, aber das muss noch bewiesen werden.

Nun haben auch Regenwürmer eine spezifische Darmflora, und wir dürfen voraussetzen, dass eine floride und zellreiche Darmflora das Wohlergehen des Wurmes ebenso anzeigt wie das eines höheren Tieres. Wir haben deshalb die Darmflora von insgesamt 14 Portionen von Regenwürmern bestimmt, von denen jeweils sieben aus armen, sieben aus fruchtbaren Böden (ermittelt anhand der Zellzahlen) stammten (Tab. 21, s. S. 208). Es ergab sich ein erheblicher Unterschied, wie man sieht; die übliche Funktionsprüfung ergab außerdem, was hier nicht dargestellt ist, bei den Würmern aus fruchtbaren Böden eine höhere Symbiontenleistung. Tatsächlich geht es also den Regenwürmern in fruchtbaren Böden besser, und deshalb vermehren sie sich deutlich stärker als in unfruchtbaren.

Merkwürdigerweise hat aber eine andere Untersuchungstechnik ergeben, dass die Regenwürmer ganz ohne jeden Zweifel nicht die Menge organischer Substanz suchen, sondern die Qualität, zum mindesten die biologische Güte mehr als die Menge der organischen Bodensubstanzen. In Tab. 22 (s. S. 209) finden wir eine Zusammenstellung von Zellzahlen, Bodenreaktionen und Bodenfloren aus 15 ganz normalen Protokollen, bei denen der Probenehmer gewissenhaft die aus mehreren Spatenstichen ermittelte Anzahl der Regenwürmer auf dem Formular notiert hat. Dabei kommt sehr deutlich zum Ausdruck, dass sich Böden, die keine, wenig oder viel Würmer enthalten, weder bezüglich der Zellzahl-Größen noch bezüglich des pH unterscheiden, wohl aber bezüglich der Floren und der daraus errechneten Indices, die am niedrigsten dort sind, wo man keine Regenwürmer fand, und am höchsten dort, wo man viele fand. Die Beobachtung hat sich in der Folge bestätigt.

Wir dürfen also sagen, dass der Regenwurm eher ein Zeichen für biologische Güte als für die quantitative Bodenwertigkeit, die Menge der organischen Substanz ist. Allerdings widerspricht dem die Beobachtung, dass massenhafte Zellgare die Vermehrung der Würmer zu fördern scheint. Soweit wir bis jetzt sehen, ist die Erklärung darin zu erblicken, dass es sich bei den fruchtbarkeitsanzeigenden Würmern um andere Arten handelt als bei denjenigen, die die Zellgare trotz ihrer geringen biologischen Wertigkeit als Pflanzennahrung lieben (die so genannten roten, kleineren »Dünger«-Würmer); letztere dürfte man dementsprechend nicht als Indikatoren für die biologische Güte ansehen. Ich bin aber kein Regenwurmfachmann und stelle die Erforschung der Zusammenhänge anheim; sie wäre für die Humuswirtschaft gewiss von Bedeutung.

## Das Protokoll der Probenentnahme

Eine gewisse Schwierigkeit der Bodenflora-Auswertung besteht darin, dass wir es bei normalen Bodenproben mit einem Durcheinander von Zell- und Plasmagare zu tun haben, bei deren Bearbeitung die Wirksamkeiten der Zellgare auf die Bodensymbionten mehr oder minder deutlich in Erscheinung treten. Nun wird zwar bei einer vorschriftsmäßigenVerpackung (feucht, nicht luftdicht) durch Versand- und Lagerungszeiten, die sich bei großen Probemengen nicht vermeiden lassen, die Zellgare aus frischeren organischen Düngungen teilweise abgebaut, besonders dann, wenn die Proben nicht kalt, sondern bei Zimmertemperatur aufbewahrt werden (was man vorschreiben soll). Es interessiert ja weniger, ob durch eine unlängst vorgenommene Düngung oder das Einbringen frischer Dünger die typischen Einflüsse auf den Floracharakter nachweisbar sind, sondern wir wollen wissen, was bei dem Ablauf der Zellgare herauskommt, welche biologische Güte letzten Endes resultiert. Das ideale Untersuchungsmaterial ist demnach dasjenige, das möglichst wenig Zell- und viel Plasmagare enthält; wir haben es dann hauptsächlich mit fertiger Pflanzennahrung zu tun, nicht mit den Wirksamkeiten der Umbauvorgänge, die Einfluss auf die Symbiontenflora und die Rhizosphärensituation haben.

*Tab. 21*: Koloniezahl auf ENDO-Agar nach Verimpfung des Darminhaltes von Regenwürmern aus Ackererden mit niedrigen und hohen Zellzahlen nach Technik ① und ②.

| Zellzahlen n. Technik ① ② | Aus dem Regenwurmdarminhalt wachsen in 48 h an ca. 1 | 2 | 3 | 4 | 5 | 6 | 7 | Durchschnitt |
|---|---|---|---|---|---|---|---|---|
| kleiner als 20–50 | 35 | 20 | 70 | 55 | 25 | 30 | 100 | 48 Kolonien |
| größer als 30–100 | 250 | 300 | 250 | 270 | 200 | 230 | 300 | 257 Kolonien |

Nun könnte man diesen Idealzustand herbeiführen, indem man im Zweifelsfalle die Proben unter möglichst natürlichen und günstigen Bedingungen lagert oder die Bebrütung so lange fortsetzt, bis die Abbauvorgänge abgelaufen sind; das ist aber praktisch unmöglich oder würde das Verfahren verteuern. Außerdem muss man einwenden, dass man nicht unbedingt und unter allen Umständen zu wünschen hat, das Substrat in einen anderen Zustand zu überführen, der der realen Situation nicht mehr entspricht.

Der »goldene Mittelweg«, der sich von selbst ergibt, ist wohl der richtige; man wird das Substrat nach dem Eintreffen möglichst nicht länger als einige Tage lagern, da es ohnehin gelagert hat. Die Höhe der Zellgare, die auch in den Zellzahlen zum Ausdruck kommt, wie wir gesehen haben, ist in Wirklichkeit zur Zeit der Probenahme noch größer gewesen, ist aber draußen auf dem Acker inzwischen ebenso abgefallen wie in der Probe; war die Zellgare auf dem Acker für das Umsatzvermögen der Boden-Art zu groß, so wird sie auch in der Probe zu groß bleiben und umgekehrt. Man muss dann nur bedenken, dass der augenblickliche Befund im Falle hoher Zellgare kein Urteil darüber zulässt, wie sich die biologische Bodengüte in der Zukunft entwickeln wird; er sagt nur aus, wie hoch oder niedrig die Güte im Augenblick ist. Und das wollen wir eigentlich erfahren.

Man hat die Möglichkeit, die Auswertung zu sichern, indem man ebenso verfährt, wie es bei der Auswertung menschlicher und tierischer Florabefunde allgemein gehandhabt wird: Es wird mit der Probesendung anhand eines Vordruckes eine kurze, aber vollständige Darstellung der gesundheitlichen Situation (Klagen, Befunde) und des gesundheitlichen Schicksals (Anamnese) verlangt, außerdem Angaben über die Ernährung und Therapie. Man muss bei Bodenproben ebenso verfahren:

1. Die »gesundheitliche Situation« des zu prüfenden Grundstücks offenbart sich im Zustand der Gare, der Bodenklassifizierung üblicher Art nebst Angabe spezieller Mängel, der Lage in der Landschaft (hängig oder eben, sonnig oder schattig, Waldrand, Grundwasserstand und anderes), der Unkrautflora (zum Beispiel Hahnenfuß, Quecke), dem Stand der Kulturen, ihren Mängeln, Krankheiten und Schädlingen.

*Tab. 22:* Beziehungen zwischen Regenwurmbesatz und Bakterienflora beziehungsweise biologischem Index. Die Befunde wurden auf normalen Ackern im Rahmen der Routinekontrollen erhoben.

| Zellzahlen | pH | Bakterienflora | | | | | | Index | Regenwürmer pro Spatenstich |
|---|---|---|---|---|---|---|---|---|---|
| 48 – 103 | 6,7 | 00 | 10 | 90 | 00 | 00 | 100 | 0,11 | Keine |
| 42 – 60 | 6,0 | 00 | 30 | 70 | 05 | 15 | 80 | 0,79 | Keine |
| 34 – 94 | 7,4 | 00 | 00 | 100 | 10 | 00 | 90 | 0,11 | Keine |
| 43 – 70 | 7,0 | 00 | 10 | 90 | 00 | 10 | 90 | 0,22 | Keine |
| 26 – 40 | 6,7 | 00 | 20 | 80 | 00 | 10 | 90 | 0,36 | Keine |
| 38 – 88 | 7,1 | 00 | 40 | 60 | 40 | 10 | 40 | 3,91 | Wenig (ca.1-3) |
| 42 – 180 | 6,8 | 00 | 60 | 40 | 10 | 10 | 80 | 2,00 | Wenig |
| 40 – 110 | 7,0 | 00 | 70 | 30 | 30 | 20 | 50 | 4,53 | Wenig |
| 58 – 190 | 7,3 | 00 | 30 | 70 | 20 | 30 | 50 | 2,23 | Wenig |
| 19 – 42 | 7,3 | 00 | 25 | 75 | 00 | 80 | 20 | 4,33 | Wenig |
| 43 – 80 | 7,2 | 00 | 20 | 80 | 40 | 40 | 20 | 8,25 | Viel (über 5) |
| 46 – 105 | 6,3 | 00 | 50 | 50 | 25 | 20 | 55 | 2,73 | Viel |
| 30 – 75 | 7,2 | 00 | 50 | 50 | 10 | 70 | 20 | 6,00 | Viel |
| 58 – 105 | 6,9 | 00 | 80 | 20 | 20 | 60 | 20 | 10,00 | Viel |
| 30 – 70 | 7,2 | 00 | 40 | 60 | 30 | 30 | 40 | 3,66 | Viel |

2. Die »Anamnese« hat festzuhalten, welche Besonderheiten früher aufgetreten sind, wie der Boden bearbeitet wurde, welche Fruchtfolge eingehalten wurde, ob es sich um einen Umbruch, Zukauf oder Zupacht handelt und wie lange der Boden nach den Regeln der Humuswirtschaft behandelt wird.

3. Die »Ernährung« ist beim Boden die Düngung einschließlich der Gründüngung oder Untersaat mit Angabe ihrer Handhabung und ihrer Menge (pro ar oder ha), soweit bekannt, auch ihrer Güte. In der Humuswirtschaft sind die Düngemaßnahmen mindestens der letzten zwei Jahre wichtig für die Beurteilung des gegenwärtigen Bodenernährungszustandes; ihr dienen auch die Angaben über die Ernten.

4. Bezüglich der »Therapie« wäre dann lediglich noch nachzutragen, dass angegeben wird, was man in der nächsten Zeit mit dem Grundstück vorhat, welche Kultur beziehungsweise weitere Fruchtfolge auch für das nachfolgende Jahr vorgesehen ist, oder ob besondere Arbeiten (zum Beispiel Drainage, Windschutz, Dauerkultur) vorgesehen sind.

Mit diesen und ähnlichen Angaben bekommt man schon eine ausreichende Vorstellung davon, mit welchem Bodenorganismus man es zu tun hat und wie es mit seiner »Grundgesundheit« beschaffen ist. Das Bild kann außerdem anhand von geologischen Karten, Bodenkarten, Angaben über die Meereshöhe und anderem vervollständigt werden. Die landschaftlichen Bedingungen – für die Humuswirtschaft von hoher Bedeutung – sollte man sich grundsätzlich auf wiederholten Besuchen selbst einprägen und insbesondere Höfe besuchen, bei denen die Deutung der Befunde Schwierigkeiten bereitet; wer nur im Laboratorium sitzt und ins Mikroskop schaut, wird niemals zu einer wahrheitsgemäßen Befundauswertung kommen. Man soll dabei nicht vergessen, sich immer den ganzen Betrieb anzuschauen, vor allem die Tiere und nicht zuletzt die Menschen.

## Prüfung organischer Dünger und Komposte

Wir hätten nun noch Befunde an Komposten, Betriebsdüngern, Stadtkomposten und Handelsdüngern zu besprechen; ihre Prüfung mit biologischen Methoden ist ebenso wichtig wie die Prüfung der Böden, weil die Humuswirtschaft abhängig ist von jedem Material, das dem Boden als Nahrung angeboten wird.

Da wäre zunächst der quantitative Gehalt an Lebensstoffen, der seinerseits die quantitative Düngeleistung bestimmt, die mit dem Dünger erzielt werden kann, ausgedrückt bei unseren Verfahren nach Technik ① und ② in der Zahl der Zellen, die das Substrat unter diesen Bedingungen zu entwickeln vermag.

Es war schon die Rede davon, dass wir grundsätzlich zur so genannten Flächenkompostierung raten; sie wird konsequent durchgeführt, so dass wir es praktisch nicht mehr mit Komposten aus Betriebsdüngern zu tun haben. Es erübrigt sich deshalb, Angaben über das recht umfangreiche Material zu machen, das wir zu Anfang erarbeitet haben – es ist nicht mehr aktuell, und die ehemals erforschten Regeln für die optimale Kompostierung kommen hier nicht mehr zur Sprache. Es ist praktisch durchaus möglich, jede längere Lagerung von Betriebsdüngern zu umgehen und sie alsbald der Flächenkompostierung zuzuführen. Die anzuwendenden Mengen richten sich viel mehr nach der Menge der anfallenden Dünger, die immer begrenzt ist, viel weniger nach den Bedürfnissen des Bodens. Es ist also auch überflüssig, besondere Angaben über die Düngermengen zu machen. Eine »Überfütterung« des Bodens mit Betriebsdünger ist nur möglich, wenn man große Mengen ansammelt; das aber findet grundsätzlich in den von uns beratenen Betrieben nicht statt.

Aber ein betriebseigener Dünger wird immer gesammelt und längere Zeit gelagert: Die Jauche und Gülle. Und hier ist es nötig, die Regeln für ihre Behandlung anzugeben. Was ist Jauche? *Justus von Liebig* hat einmal einen seiner Schüler ausgelacht, als er ihm berichtete, er habe mittels Elementaranalyse festgestellt, Jauche sei mit Wasser verdünnter Rinderharn; er meinte, dazu brauche man keine Chemie, das wisse jeder Bauer selber. Nun – Jauche ist im Wesentlichen verdünnter Rinderharn, das vornehmlich salzhaltige Produkt der Nieren. Der düngewirksamste Bestandteil ist der Harnstoff, heute noch – aus historischen Gründen – »organisch« genannt, in Wirklichkeit natürlich anorganisches Salz, also ein »Kunstdünger«, Nun machen sich über jeden abgesetzten Harn alsbald zersetzende Mikroben her, deren Natur je nach den Umständen verschieden ist; harnstoffspaltende Bakterien bilden dabei, wenn sie unter Luftzufuhr arbeiten können, keine Stoffwechselprodukte, die Hemmwirkungen ausüben, jedenfalls keine Hemmwirkungen, die noch in der Wurzelregion der Pflanzen wirksam werden. Anders, wenn die Jauche unter Luftabschluss die Anaerobier fördert, darunter die so genannten Fäulniskeime, die starke Gifte produzieren. Düngt man mit solidem »scharfen« Harn, einer übelriechenden Jauche, so »verbrennen« die Pflanzen; die Hemmwirkung ist offensichtlich und lässt sich als Wirkung der filtrierbaren Stoffwechselprodukte der Fäulniskeime nachweisen, wie schon erwähnt wurde. Da die Jauche- und Gülledüngung als Salzdüngung ohnehin nicht unbedenklich ist, muss man die anaerobe Vergärung in den Gruben nach Möglichkeit verhindern; wir raten ein Verfahren an, das sich in unseren Humusbetrieben bewährt hat: Das Anbringen einer Jauchepumpe, die nicht nur Jauche zu fördern vermag, sondern sich umschalten lässt und dann Luft in die Grube pumpt. Die Luft kann aber auch durch Rühren oder Stampfen mit einem geeigneten Werkzeug eingebracht werden; je öfter man diese Manipulation vornimmt, desto besser ist die Wirkung. Aerob vergorene Jauchen haben keinen üblen Geruch mehr, die natürliche, alkalische Reaktion des Pflanzenfresserharnes nähert sich dem Neutralpunkt und eine Hemmwirkung ist nicht nachzuweisen.

Es ist aber immer ratsam, nicht reine Jauchen zu verwenden, sondern sie durch Zusatz von (Regen-) Wasser zu verdünnen, wie es in vielen Ländern schon lange üblich ist, und sie möglichst auch mit Stallmist anzureichern (was allein durch die Anlage der Ställe geschehen kann und geschieht – Gülle). Damit wird die einseitige Salzwirkung gemildert und die Flora bereichert. Dies zur Frage der Jauchebehandlung, soweit sie mikrobiologisch interessiert.

## Organische Handelsdünger und ihre Bewertung

Die biologische Nachprüfung der so genannten organischen Handelsdünger ist nicht nur deshalb wichtig, weil sie als Zusatzdünger benutzt werden, sondern vor allem, weil sie für die viehlosen Betriebe die wesentliche Bodennahrung liefern. Die Dünger sind manchmal recht teuer; es ist deshalb entscheidend wichtig, zu erfahren, was man einkauft.

Es gibt auf dem Düngermarkt so genannte organische Dünger, die weniger Zellen produzieren als eine wenig fruchtbare Ackererde, bei genauerem Zusehen entpuppen sich solche »organischen« Dünger meist als getarnte Kunstdünger, denen lediglich auf Basis irgendeines, als »organisch« betrachteten Zusatzes das Odium eines »natürlichen« Düngers verschafft werden soll. Solche Dünger enthalten weder die von uns verlangte Symbiontenflora, noch haben sie auf die Entwicklung einer solchen Flora im Boden irgendeinen nachweisbaren Einfluss; sie vermehren lediglich die Ionenschwärme im Boden, aber nicht den biologischen Substanzkreislauf; das müsste aber verlangt werden, wenn man einen Dünger als »organisch« ausgibt. Die Lizensierung solcher Handelsdünger macht es sehr deutlich, wie sehr die Gesetzgebung nach chemisch-physikalischen, wie wenig nach biologischen Gesichtspunkten ausgerichtet ist. Einstweilen kann man mit amtlicher Hilfe auch nicht rechnen und muss sich darauf beschränken, die Handelsdünger, die »organisch« genannt werden (manchmal auch »biologisch«!), mit biologischen Methoden zu prüfen und die Betriebe entsprechend zu beraten.

Es gibt andererseits auf dem Markt organische Dünger, die imstande sind, 5 000, 8 000, ja in einem Falle mehr als 25 000 Zellen nach Technik ② zu entwickeln, Dünger also, die jeden Betriebsdünger noch an Leistungsfähigkeit übertreffen. Da die niedrigsten, von uns ermittelten Werte um 100 liegen, ist der zu fast gleichem Preis angebotene organische Dünger mit einer Leistung von 25 000 Zellen sage und schreibe – um das 250fache leistungsfähiger als ein »pseudoorganischer« Dünger. Man kann wohl kaum besser demonstrieren, wie groß die Unterschiede der Handelsdünger-Wertigkeiten sind, Unterschiede, die nicht wir allein behaupten, sondern die uns von *Keilling* (Paris), der die Leistungen von organischen Düngern mittels ihrer Enzymproduktionen prüft, bestätigt worden sind; er gibt an, dass er Unterschiede von etwa 1 : 50 gefunden habe.

Freilich ist hier ausschließlich die biologisch nachweisbare Leistung gemeint, nicht jene Salzwirkung, die mit der Vermehrung der Ionenschwärme durch Kunstdünger zustandekommt und die »fiebernde« Pflanze erzeugt; es mag durchaus sein, dass die »pseudo-organischen« Kunstdünger im Moment die gleiche Pflanzenmasse erzeugen, nur ist die so gewachsene Pflanze für uns prinzipiell indiskutabel aus allen schon ausführlich besprochenen Gründen. Für uns ist die biologisch-funktionelle Leistung eines Düngers ganz allein entscheidend, und diese lässt sich eben nur mit biologischen Methoden ermitteln, wie sie von *Albrecht* (Aminosäuren-Skala), *Howard* (Resistenzsteigerung bei Tieren), *Keilling* (Enzymproduktion) und von uns angewandt werden; die biologische Forschung wird wohl in Zukunft noch viele ähnliche Verfahren ausbauen oder entwickeln.

Wir verlangen heute von einem organischen Handelsdünger mittlerer Preislage, dass er nach Technik ② mindestens 3 000 Zellen pro Zähleinheit produziert, wenn die Zellzahl nach Technik ① weniger als ein Drittel, also weniger als 1 000 beträgt (in diesem Falle handelt es sich um einen teilreifen Dünger, dessen Zahlen insgesamt niedriger liegen bei gleicher Bodenleistung); ist die Zellzahl ① aber annähernd gleich hoch wie die Zellzahl ②, so müssen bei gleichem Preis mindestens 5 000 Zellen pro Zähleinheit verlangt werden (dann handelt es sich um einen nicht gereiften Dünger). Die Voraussetzungen für diese Zellzahl-Relationen haben wir ausführlich besprochen. Für teure Dünger müssen entsprechend höhere, für billige entsprechend niedrigere Zellwerte angesetzt werden. Wir haben damit ein ausreichend genaues Maß für die Düngerbewertung, soweit es ihre quantitative Seite betrifft.

Die biologische Qualität der Dünger wird genauso beurteilt wie die der Böden; lassen sich aus einem Dünger reichlich Hochleistungssymbionten entwickeln, so handelt es sich um einen Dünger hoher Qualität; entwickelt ein Dünger nur Bakterien der Gruppe III, so ist er als minderwertig anzusehen und eine regenerierende Wirkung nicht zu erwarten. Selbstverständlich müssen wir den biologischen Wert bei der Beurteilung mindestens ebenso berücksichtigen wie die Zellzahlen; ein Dünger, der zwar reichlich Zellen, aber keine leistungsfähigen Symbionten entwickelt, gehört unter allen Umständen zu den geringwertigen. Da wir mit allen Mitteln danach streben, den biologischen Substanzkreislauf auf eine hohe Wertigkeit zu bringen, ist die Gütefrage bei Handelsdüngern noch wichtiger als die quantitative Leistung.

Es ist nicht schwer, die angebotenen Dünger nach diesen Richtlinien einzustufen; es gibt nur eine sehr wichtige Ausnahme, die uns dabei viel zu schaffen gemacht hat: Ein nicht gereifter organischer Dünger kann für uns durchaus von hohem Wert sein, wenn er nur nicht in den Boden eingearbeitet wird, auch nicht oberflächlich, um keine Zellgare in die Wurzelregion zu bringen; er ist aber in diesem Zustand nicht anhand unseres Verfahrens bezüglich seiner Güte zu beurteilen, weil sich, wie wir schon erfahren haben, die milchsäurebildenden Symbionten in der Zellgare nicht entwickeln können – unser Testorganismus versagt. Es bleibt dann nichts anderes übrig, als die Zellgare mittels entsprechender Lagerung und Behandlung größerenteils ablaufen zu lassen, bis das Erscheinen der Symbionten zu erwarten ist; das dauert je nach Zustand der Dünger zwei bis sechs Wochen. Man muss diese Verzögerung schon in Kauf nehmen, um ein sicheres Güteurteil zu bekommen.

Es gibt aber auch einen anderen Weg, den wir bei der Beurteilung von Düngern, die uns besonders interessieren, stets zugleich beschreiten: die Prüfung der effektiven Düngeleistung auf den Boden anhand einer Anlage, deren Bodenwerte bekannt sind beziehungsweise vor dem Versuch bestimmt werden. Dabei werden die zu prüfenden Handelsdünger grundsätzlich in Form der Bodenbedeckung angewandt, niemals in den Boden eingebracht, auch wird ihre Wirkung auf die Pflanze in üblicher Weise notiert. Da die Umwandlung der Düngesubstanzen in Pflanzennahrung insgesamt bis zu zwei Jahren dauert, muss der Versuch auch so lange fortgeführt werden; besonders geeignet sind natürlich Böden mittlerer Güteklasse, die zu Versuchsbeginn geringe Mengen und Gütewerte zeigen, wie wir sie im »Grundversuch« gern verwenden. Einem Urteil legen wir prinzipiell nicht nur die mikrobiologische Prüfung, sondern stets auch den Düngeversuch zugrunde.

Während eine Aufzählung der bei Handelsdüngern gefundenen Werte wenig besagen würde – es gibt da von geringsten bis zu höchsten Werten alles –, ist die Darstellung einiger charakteristischer Düngeversuche mit organischen Handelsdüngern verschiedenster Wertigkeit sicher von Interesse (Tab. 23, s. S. 208).

Wir finden acht Prüfungsbeispiele von Handelsdüngern in der Tabelle, darunter zwei Stadtkomposte, als Beispiele haben wir solche ausgewählt, bei denen sich deutliche Unterschiede im Dünger- oder Bodenbefund markieren, und haben sie etwa nach ihrem Wert geordnet. Es kommt mir hauptsächlich darauf an, zu demonstrieren, dass die effektive Düngewirkung am Boden eine Funktion der Quantität und Qualität zugleich ist; es ist, wie am Beispiel A sichtbar, dann die höchste Leistung gegeben, wenn sowohl die Menge als auch die Güte des Düngers überdurchschnittlich ist. Wir haben mehrfach Dünger zur Prüfung gehabt, die sehr hohe Zellzählwerte zeigten, bei denen aber ganz auffälligerweise keine Hochleistungssymbionten zur Entwicklung kamen; in zwei solchen Fällen haben wir sogar den Versuch gemacht, sie einzuimpfen, um zu erfahren, ob es doch vielleicht eine Frage der »Infektion« sei (der Absolvent der klassischen Schule leidet leicht unter solchen Reminiszenzen) – die eingeimpften Symbionten sterben aber nach kurzer Zeit ab und sind nicht mehr nachweisbar. Man kann sich also ganz auf das Material selbst verlassen. Solche Dünger mit zwar hohen Zellzahlen, aber geringer biologischer Qualität, sind auch nicht imstande, im Boden eine ideale Gare zu bewirken; man kann sich leicht davon überzeugen.

*Tab. 23:* Vergleich der Wirkungen von acht verschiedenen organischen Handelsdüngern unterschiedlicher Wertigkeit auf Versuchsparzellen. Düngung je 20 kg/ar als Bodendecke.

| | Düngerwerte bei Lieferung | | | Bodenwerte vorher | | | Bodenwerte im 2. Jahr | | | Pflanzenstand im 2. Jahr | |
|---|---|---|---|---|---|---|---|---|---|---|---|
| | Zellzahlen | | Biol. | Zellzahlen | | Biol. | Zellzahlen | | Biol. | | |
| | ① | ② | Index | ① | ② | Index | ① | ② | Index | quant. | qual. |
| A | 5000 | 12000 | 20,0 | 21 | 65 | 1,4 | 76 | 460! | 20,0 | s. gut | s. gut |
| B | 2600 | 6400 | 6,8 | 23 | 52 | 1,0 | 54 | 180 | 12,0 | gut | s. gut |
| C | 5000 | 5400 | – | 19 | 52 | 2,3 | 74 | 240 | 20,0 | gut | s. gut |
| D | 800 | 3400 | 14,0 | 28 | 56 | 0,9 | 56 | 210 | 6,0 | gut | gut |
| E | 1000 | 1200 | 2,3 | 21 | 65 | 1,4 | 36 | 180 | 8,6 | gut | gut |
| F | 360 | 1600 | 3,3 | 28 | 56 | 0,9 | 65 | 240 | 4,4 | gut | mäßig |
| G | 120 | 760 | 6,8 | 28 | 56 | 0,9 | 34 | 110 | 2,3 | mäßig | mäßig |
| H | 600 | 960 | 0,3 | 22 | 48 | 2,3 | 46 | 130 | 0,7 | mäßig | gering |

## Mikrobiologische Kontrolle der Stadtkompostherstellung

Ein besonderes Kapitel sollten die Stadtkomposte beanspruchen, weil ihre weitere Entwicklung für den biologischen Landbau mit seinem ständig ansteigenden Umfang in absehbarer Zeit zur Lebensfrage werden kann. Wir wollen die technischen Fragen aber den Fachleuten überlassen, unter denen wir *F. Caspari*, Heidelberg, und *Keilling*, Paris, besonders schätzen. Besonders das – unter unserer Mitarbeit zustande gekommene – von *Caspari* entwickelte Verfahren der kombinierten, einwohnergleichen Verwendung aller Stadtabfälle entspricht nach den Resultaten der Versuchsanlage den Anforderungen, die wir nach unseren Erfahrungen stellen müssen.

Die erste große Schwierigkeit für die Verarbeitung von Stadtabfällen besteht darin, dass man sie lagern muss, ehe sie an den Boden kommen; dabei verlieren sie einen großen Teil ihrer ursprünglichen Leistung. In welchem Ausmaß diese Entwertung vor sich geht, kann man aus den in Tab. 24, (s. S. 215) angegebenen Reihenprüfungen ersehen; die Ausgangswerte fallen oft auf nur 10 Prozent ab. Solche Stadtkomposte kann der Landbau nicht brauchen und auf keinen Fall den Preis zahlen, der sich mit dem Aufwand ergibt. Wenn sie trotzdem unbesehen gekauft werden, so liegt das hauptsächlich an dem Humushunger der ausgeraubten Böden, nicht an dem Düngerwert. Uns liegen Testzahlen von Stadtkomposten aus aller Welt vor, darunter lange Reihentests; wir dürfen uns deshalb das Urteil erlauben: Unter 10 angebotenen Stadtkomposten gibt es etwa einen mengen- und gütemäßig hochwertigen, drei mäßigen Wertes und sechs minderwertige. Allerdings sind die Relationen bei anderen organischen Düngern kaum anders; man versteht im Allgemeinen noch nicht, mit lebendigem Material umzugehen.

Die Aufgabe, den umgearbeiten, organischen Stadtabfallmassen ihren vollen Düngewert, ihre volle quantitative Leistungsfähigkeit zu erhalten, ist nur auf einem einzigen Wege zu lösen: Das Material muss auf unschädliche Weise in einen biologisch inaktiven Zustand gebracht werden; das ist praktisch nur mit der Trocknung, das heißt dem Entzug des Wassergehaltes bis auf weniger als 20 Prozent möglich. Die Trocknung ist aber technisch außergewöhnlich schwierig und kostspielig, besonders bezüglich der letzten 20 bis 30 Prozent Feuchtigkeit. *Caspari* hat mit einem patentierten Verfahren einen geradezu genialen Ausweg gefunden; er nützt – nachdem dem Material mit einem technisch recht einfachen Verfahren etwa die Hälfte des Wassers entzogen wurde – die ungeheuren Oberflächenkräfte des makromolekularen Zustandes lebendiger Substrate zur Bindung des übrigen Wassers aus, indem er die organische Materie durch Anwendung höherer Drücke

(10 bis 30 bar) gewaltsam in den plasmatischen Zustand bringt. Man ist dann sehr erstaunt, dass ein noch recht dünner Brei des Müll-Klärschlammgemisches unter der »Presstrocknung« nicht einen einzigen Tropfen Wasser mehr abgibt, obwohl es nachweislich noch zur Hälfte aus Wasser besteht. Es resultieren »trockene«, feste Ziegel, die man anschließend ohne Schwierigkeit »auf Lücke« aufsetzen kann, um anaerobe Vorgänge zu verhüten.

Das Material macht anschließend eine »Hygienisierung« durch Heißvergärung durch, wobei es leider einen Teil des Zellulosegehaltes einbüßt; das ist aber bei solchem Material nicht zu vermeiden. Es kommt nun darauf an, die alsbald einsetzende »Verpilzung« nicht zu weit zu treiben, um die restliche Zellgarung dem Boden zugute kommen zu lassen; je höher die Zellzahlen ② bis zur Anwendung des Materials am Boden bleiben, desto besser wird das Problem gelöst, die ursprünglichen Leistungsgrößen auch an den Boden zu bringen. Und das ist das entscheidende Problem, soweit es sich auf die quantitative Leistung bezieht.

Eine zweite große Schwierigkeit, die bei Stadtabfällen existiert, ist ihr Gehalt an Hemmstoffen und Mutagenen; diese Stoffe begrenzen selbstverständlich die biologische Güte von vornherein, weil sie im Gareprozess ebenso wirksam werden wie in jedem anderen Lebensprozess; sie nehmen den organischen Teilen des Kompostes einen guten Teil ihres Wertes, ganz ebenso, wie sie die biologische Selbstreinigung der Flüsse zum Erliegen bringen.

Die Verluste wären nur wettzumachen, indem man entweder hochwertiges Material in großer Menge zumischt oder mit großen Mengen von Pflanzensymbionten beimpft. Beide Verfahren kommen einfach deshalb kaum in Betracht, weil niemand den Preis bezahlen würde, der dabei herauskommt.

So ist bisher bei den meisten Kompostbetrieben alles beim Alten geblieben: Die Produkte verlieren durch lange oder unsachgemäße Lagerung einen großen Teil ihrer Leistung, und die biologische Qualität liegt im Allgemeinen weit unter der Größe, die man für die Bodengesundheit fordern müsste. Was Wunder, wenn es den Gegnern der organischen Richtung nicht schwer fällt, den Unwert solcher Komposte für ihre Zwecke auszunutzen. Es ist sogar schon üblich geworden, die Stadtkomposte durch Zufügen von Kunstdüngern »aufzubessern«, und nur wenigen ist es bewusst, dass man biologische Substanzkreisläufe nicht durch Zufügen irgendwelcher Stoffe aufbessern kann, sondern nur dadurch, dass man sie in Ordnung bringt.

Einige Betriebe in Europa haben das Problem mit Hilfe der getrennten Einsammlung der organischen Abfälle gelöst, wie sie im letzten Krieg zum Schließen der Viehfutterlücke geübt wurde; sie zahlen den Hausfrauen dafür einen kleinen, wöchentlichen Betrag, der als Zuschuss zum Haushaltsgeld sehr willkommen ist. In der Tat ergeben sich hochwertige Frischkomposte, deren Leistungskapazität man auch an den Boden bringen könnte, wenn man sie anschließend nicht wieder falsch behandeln würde. Aber immerhin ist das ein gangbarer Weg; allerdings wurde er bisher nur in kleinen Gemeinden gegangen, während die natürliche Trägheit der Verwaltungsapparate größerer und großer Städte bisher verhindert hat, das Verfahren auch nur entfernt in Erwägung zu ziehen.

Wir haben schon früh, während der Mitarbeit an holländischen Kompostwerken betont, dass man die Wertigkeit, insbesondere die Qualität der Stadtkomposte nur dann auf ihre natürliche Höhe bringen kann, wenn man sie im natürlichen Verhältnis miteinander mischt, also Müll und Abwasser zugleich verarbeitet. Das biologische Verhältnis lässt sich leicht ermitteln. Allein das Prinzip der Ganzheit, auch der Abfälle, lässt erwarten, dass die Wertigkeit des Ganzen höher ist als die Summe der Wertigkeiten seiner Teile.

*Tab. 24:* Reihentests über Sommer an Garten- und Stadtkomposten zum Vergleich der Anfangs- und Endwerte aus Routineprüfungen. Die Gartenkomposte wurden durch uns geführt; die Stadtkomposte entstammen zwei städtischen Anlagen.

| Material | angesetzt – umgesetzt am | Zellzahlen ① | Zellzahlen ② | Bakterienflora ③ | | | Bakterienflora ④ | | | Biolog. Index |
|---|---|---|---|---|---|---|---|---|---|---|
| Gartenkompost | 14. Juni | 3800 | 3800 | 00 | 40 | 60 | 20 | 40 | 40 | 3,2 |
| (Stallmist, | 25. Juni | 3200 | 3900 | 00 | 10 | 90 | 00 | 50 | 50 | 1,1 |
| Unkraut, | 4. August | 900 | 2900 | 10 | 50 | 40 | 20 | 20 | 60 | 3,3 |
| Küchenabfall) | 3. Oktober | 320 | 2350 | 10 | 80 | 10 | 30 | 30 | 40 | 12,0 |
| Gartenkompost | 29. Juni | 880 | 960 | 00 | 80 | 20 | 10 | 80 | 10 | 15,0 |
| (nur Unkraut) | 2. August | 480 | 750 | 00 | 80 | 20 | 00 | 20 | 80 | 4,2 |
| | 31. August | 170 | 760 | 05 | 45 | 50 | 10 | 40 | 50 | 2,6 |
| | 4. Oktober | 180 | 560 | 10 | 70 | 20 | 20 | 30 | 50 | 6,8 |
| Müllkompost | 24. Mai | 2100 | 3150 | 10 | 05 | 85 | 10 | 05 | 85 | 0,8 |
| | 5. Juni | 1290 | 2500 | 10 | 25 | 65 | 05 | 05 | 90 | 1,1 |
| | 13. August | 1650 | 2900 | 05 | 00 | 95 | 05 | 00 | 95 | 0,2 |
| | 28. August | 1010 | 1550 | 00 | 30 | 70 | 00 | 20 | 80 | 0,6 |
| | 11. September | 1400 | 2000 | 00 | 10 | 90 | 00 | 00 | 100 | 0,1! |
| | 19. Oktober | 820 | 1400 | 00 | 00 | 100 | 10 | 10 | 80 | 0,5 |
| | 27. November | 310 | 700 | 00 | 00 | 100 | 10 | 00 | 90 | 0,3 |
| | 19. Dezember | 145 | 350! | 00 | 20 | 80 | 20 | 00 | 80 | 1,0 |
| Müllkompost | 9. Juni | 3400 | 3500 | 00 | 50 | 50 | 00 | 40 | 60 | 1,6 |
| | 25. Juni | 2700 | 2900 | 05 | 15 | 80 | 10 | 10 | 80 | 0,9 |
| | 22. August | 1100 | 1800 | 05 | 20 | 75 | 20 | 60 | 20 | 6,4 |
| | 4. September | 950 | 1850 | 00 | 50 | 50 | 20 | 10 | 70 | 1,6 |
| | 19. Oktober | 520 | 1000 | 10 | 20 | 80 | 05 | 15 | 80 | 1,0 |
| | 8. November | 590 | 1000 | 00 | 30 | 70 | 00 | 20 | 80 | 0,7 |
| | 19. Dezember | 210 | 380! | 00 | 30 | 70 | 10 | 00 | 90 | 0,8! |
| Müll- | 14. April | 3350 | 3900 | 05 | 15 | 80 | 80 | 00 | 20 | 4,3 |
| Klärschlamm- | 31. Mai | 1600 | 3100 | 00 | 40 | 60 | 20 | 40 | 40 | 3,2 |
| Kompost | 29. Juli | 480 | 4100! | 05 | 45 | 50 | 50 | 50 | 00 | 11,2 |
| | 9. August | 420 | 2100 | 20 | 30 | 50 | 90 | 00 | 10 | 28,8! |

Das ist tatsächlich auch nachweisbar; aus unserem Untersuchungsmaterial lassen sich die folgenden Durchschnittswerte errechnen:

| | | | |
|---|---|---|---|
| Für Müllkomposte | Zellzahl ① 120, ② 700; | Index | 1,2 |
| Für Schlammkomposte | Zellzahl ① 340, ② 1600; | Index | 8,6 |
| Für Müll-Schlammkomposte | Zellzahl ① 760, ② 4100; | Index | 20,0 |

Rein rechnerisch würde man erwarten, dass die Werte der Mischung in der Mitte zwischen ihren Anteilen liegen; das ist aber durchweg nicht der Fall. Die Ziffern der Mischung liegen grundsätzlich höher; es könnte sogar sein, dass sie dann, wenn man in allen den Fällen, deren Durchschnitt hier angegeben ist, immer ein hochwertiges Material verwendet hätte, noch viel höher liegen. An sich ist solche Beobachtung nur für den Uneingeweihten verblüffend und unglaubhaft; biologische Funktionsleistungen sind aber aus ihren anteiligen Größen niemals zu errechnen, hier ist 2 + 2 nicht = 4. Jedenfalls ergibt sich, dass die natürliche Abfallkombination die höchste Leistungsfähigkeit ergibt, die mit ihren Anteilen auch nicht annähernd zu erreichen ist.

Allerdings muss man, um solche Werte zu erreichen, die so genannten Klärschlämme, das heißt den organischen Gehalt der Abwässer frisch verarbeiten und sie nicht dem Faulturm oder der Faulgrube zuführen. Die Faulschlämme verlieren nach unseren Erfahrungen mindestens 80 Prozent, meist mehr als 90 Prozent ihres ursprünglichen Wertes; ihre Bakterienflora enthält zuweilen überhaupt keine Symbionten mehr, während die Frischschlämme hohe Anteile erweisen. Die Mischung von Frischmüll und Faulschlamm ergibt kaum höhere Werte, als man sie im Frischmüll allein findet; nur die frischen Abwässer haben noch den biologisch-funktionellen Faktor, der zur Hochleistung des Ganzen unentbehrlich ist. Leider aber ist die Realisation dieser Forderung vorerst fast nirgends möglich gewesen, weil die Frischschlämme entweder zu viel industrielle Abwässer mitbringen, die so nicht zu entfernen sind (Öle!), oder weil die Städte in komplizierte Kläranlagen investiert haben, in denen sogar meist noch unter Entwertung der humusfähigen Bestandteile – Methan produziert wird, und jeder Beamte, der eine Methananlage hat bauen lassen, wird gewissenhaft vorrechnen, wie wirtschaftlich die Methanherstellung ist und wie viel öffentliche Gelder damit eingespart werden.

Es kann kein Zweifel daran sein, dass die Städte und Großstädte in zunehmendem Maße die lebenden Substanzen der Mutterböden verschwenden, verderben und schließlich mit Hilfe großer Abwasserkanäle, die man immer noch Flüsse und Ströme nennt, ins Meer abfließen lassen oder sie in teuren Anlagen verbrennen. Wenn man einwendet, es sei viel billiger und rentabler, zu kompostieren, so begegnet man regelmäßig der Ausrede, man sei ja nicht sicher, dass man den Kompost nachher auch verkaufen könne. Nicht zu Unrecht; und so gebietet eine Unvollkommenheit die andere.

Es ist beschämend, dass in einer Zeit, die für die Herstellung von Autos, Fernsehern, Wolkenkratzern und Autobahnen die raffiniertesten Maschinen konstruiert hat, für die Aufbereitung der lebenden Substanzen aus dem biologischen Kreislauf kaum die primitivsten Einrichtungen entwickelt wurden. Ein intakter Substanzkreislauf ist immerhin die allererste, die wichtigste und die entscheidende Voraussetzung für den Fortbestand der Menschheit. Es wäre deshalb wohl doch an der Zeit, sich diesen Dingen mehr als bisher zu widmen.

# Richtlinien für die Humuswirtschaft

Es wird nützlich sein, die Richtlinien für die Humuswirtschaft übersichtlich zusammenzufassen, die im Laufe unserer Arbeit erkennbar und in der Praxis durchgeführt worden sind. Es soll dabei nicht verschwiegen werden, dass man theoretisch noch mancherlei fordern könnte, was sich praktisch erst realisieren lässt, wenn die allgemeine Entwicklung der Humuswirtschaft mehr entgegenkommt als bisher. Der Humusbauer muss sich heute noch mit Maschinen, Düngern, Saatgut und manchmal auch mit Menschen behelfen, die für den biologischen Landbau nicht voll tauglich sind; er muss sehr oft auch noch hinnehmen, dass seine hochwertigen Erzeugnisse wie alle anderen nach den quantitativen Kriterien des Großmarktes bewertet werden, in denen die biologische Qualität bestenfalls andeutungsweise mitsprechen darf.

Neuerdings kommt eine Sorge hinzu, die man vor 10 oder 15 Jahren noch nicht gekannt hat: Wie dem Verbraucher in zunehmendem Maße »biologische« Margarine, Kartoffeln, Gemüse und Zahnpasten angeboten werden, so gibt es auf dem Einkaufssektor alljährlich mehr »organische« Dünger, »biologisches« Saatgut, »natürliche« Garungsmittel und »für Mensch und Tier garantiert unschädliche« Pflanzenschutzmittel, denen kaum jemand auf den ersten Blick anzusehen vermag, was sie wirklich wert sind; mancher Neuling, der noch in den Kinderschuhen der Humuswirtschaft steckt, schenkt solchen Anpreisungen Gehör, und es ist nicht immer ganz leicht, ihn zu bewegen, sich lieber nicht mit Dingen zu befassen, die ihn von seiner eigentlichen Aufgabe abhalten. Die Humuswirtschaft ist ein biologisches System, das nicht mit diesem und jenem Hilfsmittel zustande kommt, sondern nur aus dem Begreifen des Ganzen heraus; die Methoden sind relativ einfach, denn das meiste muss die Natur selbst tun, man muss eben nur verstehen, sie dazu zu veranlassen. In diesem Sinne wollen wir versuchen, in großem Umriss die Grundsätze darzustellen, die als Hauptmerkmale biologischen Landbaues während unserer Tätigkeit für uns sichtbar geworden sind.

## Die Prinzipien der Bodenbearbeitung

Die Bodenbearbeitung, bisher als Mittel zur mechanischen Bodenlockerung, zum Aufschluss des Untergrundes und zwecks »Durchfrierens« der Krume allgemein üblich, könnte im biologischen Landbau wegfallen, wenn man die Kulturen auch anders anbringen könnte; sie ist im vollgaren Boden durchaus entbehrlich. Es kann kein Zweifel mehr daran sein, dass der Stoffwechsel des Bodens durch jeden Eingriff gestört wird und niemals zu Höchstleistungen kommt, wenn man immer wieder Bodendecke, Zell- und Plasmagare durcheinanderbringt und die Voraussetzungen für die Humusbildung beseitigt. Es ist also grundsätzlich geboten, jede irgendwie entbehrliche Bodenarbeit zu vermeiden.

Auf den Tiefpflug, die Bodenmeißelung und ähnliche gröbste Eingriffe kann man vollkommen verzichten; schwere Geräte wird man nach Möglichkeit nur aufs Land fahren, wenn die mechanische Schädigung gering ist, wie bei gefrorenem Boden, jedenfalls nicht zur Zeit der Hochgare. Wer den Boden als lebendes Wesen ansieht, wird die richtigen Methoden finden. Der Gärtner verfährt sinngemäß; er hat es leichter als der Ackerbauer, unnütze Bodenarbeit zu vermeiden.

Für die oberflächliche, verhältnismäßig unschädliche Bodenbearbeitung, wie sie zu Saat, Versetzen, Verziehen und Unkrautbekämpfung nötig sind, stehen zwar Geräte zur Verfügung, bedürfen aber noch der Vervollkommnung; eine zukünftige Zusammenarbeit von Maschinenindustrie und Humuswirtschaft wird lohnende Aufgaben vorfinden. Die meisten behelfen sich zur Zeit mit den Methoden, die für die Oberflächenbehandlung entwickelt wurden und teilweise seit langer Zeit üblich sind.

Maßgeblich für die weitere Entwicklung ist die Natur selbst und die Verhältnisse, die man in den tropischen und subtropischen Zonen antrifft; das gilt offenbar ganz besonders für die so genannten leichten Böden mit erhöhtem »Grundumsatz«. In den Mutterböden der warmen Zonen ist die Stoffwechseltätigkeit, sobald genügend Feuchtigkeit vorhanden ist, durchweg ähnlich hoch wie in den sandigen Böden der gemäßigten Zone in der warmen Jahreszeit; bei beiden muss also vermieden werden, den »Grundumsatz« durch tiefere Eingriffe in die Struktur noch weiter zu intensivieren.

Nur bei schweren Tonböden werden die Nachteile der Bodenbearbeitung durch die Vorteile der erhöhten Bodenatmung wettgemacht, bei ihnen lässt sich der von Natur aus träge Stoffwechsel durch die mechanische Lockerung normalisieren. Allerdings wird man anstreben, bei jeder Bodenbearbeitung, ob auf leichten oder schweren Böden, mit Rücksicht auf die lebenswichtige Schichtenbildung Geräte zu benutzen, die die Krume nicht umwenden, das heißt das Oberste zuunterst kehren, sondern Geräte, die den Boden lediglich aufreißen; man kann auf diese Weise auch die Pflugsohlenbildung vermeiden, die zur Abdichtung gegen den Untergrund führt. Im Gartenbau ist das ebenfalls möglich; man braucht nur die üblichen Gartengeräte nicht zum Umdrehen der Krume benutzen, sondern zum Lockern, wo es noch nötig ist.

Wer nicht weiß, ob sein Boden der mechanischen Tiefenlockerung bedarf oder nicht, muss es am Garezustand ablesen; ein Boden, der in mäßig feuchtem Zustand beim Einstechen feste Klumpen bildet, denen jedes Porensystem fehlt, bedarf noch der Lockerung, aber auch der organischen Ernährung, bis ein stabiles Porensystem entstanden ist. In den Zellzahlen der mikrobiologischen Bodenprüfung zeigt sich die ausreichende Garung bei leichten Boden-Arten durch die relative Höhe der Zellzahlen ① an, bei schweren Böden durch hohe Zellzahlen ① und ②; außerdem ist ausreichende Gare an der Gütewertung ablesbar; ist die biologische Qualität hoch, so hat der Boden auf jeden Fall einen physiologischen Stoffumsatz und stellt hochwertige Pflanzennahrung her.*

Allgemeingültige Regeln für die Bodenbearbeitung gibt es nicht; es gibt auf der Welt vielleicht nicht einmal zwei gleichartige Böden, deren biologisches Verhalten sich entspricht wie die Konstitution eineiiger Zwillinge. Es ist deshalb richtiger, dem Bauern wieder zu lehren, dass sein Boden lebt, dass jeder Boden sein eigenes, individuelles Leben hat und man mit ihm umgehen muss wie mit anderen Lebewesen, statt den Bauern mit Bearbeitungsvorschriften zu behelligen, die in einem Falle richtig, im anderen falsch kein können. Nur eine Regel ist immer richtig: Auf der Höhe der Zellgare, das heißt in den wärmsten Monaten muss der Boden möglichst in Ruhe gelassen werden, denn zu dieser Zeit bringt das Durchwühlen der Krume die größten Beschädigungen des Bodenorganismus und verhindert die Entwicklung optimaler biologischer Qualität. In der Zeit des »Winterschlafes« ist die Bodenarbeit zwar im Moment ungefährlich, soll aber auch nicht zur Umkehrung der Schichten führen.

Die Bodenbearbeitung während der Wachstumszeit hat einen weiteren, sehr wesentlichen Nachteil: Die Ausdehnung des Wurzelsystems, dessen Umfang erst in letzter Zeit besser bekannt geworden ist, geht weit über das Maß hinaus, das man sich bisher vorgestellt hat. Dabei handelt es sich nicht um die gut sichtbaren Wurzeln der Gewächse, sondern um ein fast mikroskopisch feines, unendlich vielgestaltiges, ständig auf und abgebautes System von Nährwurzeln, das jede Pflanze in unglaublich kurzer Zeit zu entwickeln vermag, wenn sie genügend Plasmagare vorfindet. Bei Böden, die grundsätzlich niemals bearbeitet werden (zum Beispiel im Obstbau unter Grasnarbe), geht dieses Feinwurzelsystem weit über den Umfang der oberirdischenPflanzenteile hinaus, bei Bäumen oft mehrere Meter weit, es dringt außerdem bis dicht unter die Oberfläche, da die stets gemiedene Zellgare bei unbearbeiteten Böden nur einige Millimeter dick ist, die Plasmagare also fast bis zur Oberfläche reicht. Wir haben uns das ganz ebenso auch bei Rüben, Kartoffeln, Ge-

*Sehr nützlich ist die Kenntnis der so genannten Zeigerpflanzen »Unkraut-Vegetation«; jeder Landbauberater sollte darüber orientiert sein (vgl. BOAS, Zeigerpflanzen, s. Lit.)

müse und anderen Kulturpflanzen vorzustellen. Es ist unvermeidlich, dass selbst ein oberflächliches Hacken, ein schonendes Durchfahren zwecks Unkrautbekämpfung auf dem Acker dieses weit verzweigte Nährsystem empfindlich stört; zwar wird der Schaden teilweise dadurch wettgemacht, dass das System rasch wieder aufgebaut werden kann, und auf nicht garen Böden wird natürlich durch das dauernde Hacken und Durchfahren die mangelhafte Bodenatmung verbessert, womit die Wirkungen der Bodenarbeit auf wenig belebten Böden erklärt werden. Die Vergleichsversuche zwischen dem Gedeihen mit und ohne Bodenarbeit bei wirklich garen und fruchtbaren Erden beweisen aber ganz unzweideutig, dass jede Störung des Wurzelsystems durch Bodenarbeit die Stoffwechselintensität der Gewächse erheblich herabsetzt, am auffälligsten bei Hackfrüchten, Obst- und Beerengewächsen.

Legen wir diese Grundsätze – Störung der natürlichen Schichtenbildung und des Feinwurzelsystems durch Bodenarbeit – den kulturellen Maßnahmen der Bearbeitung von Muttererden zugrunde, so ergibt sich von selbst, dass nicht ein einziger Eingriff in den Bodenorganismus ohne Folgen bleibt und unbedenklich wäre. Man wird zugeben, dass man sich bisher ganz allgemein am Bodenleben versündigt hat und für die Zukunft gewaltig umlernen muss. Der Anfang dazu wird gemacht, indem man sich die biologischen Grundsätze zu eigen macht; die Methoden ergeben sich dann meist von selbst und werden durch die Erfahrung vollkommen.

## Die Nährdecke und Flächenkompostierung

Wo immer es angeht, muss eine leichte, natürliche Bedeckung des Bodens angestrebt werden nach dem Vorbild der Natur, bei der man fruchtbaren Boden niemals ohne Bedeckung antrifft. Die Vergleichsversuche zwischen bedecktem und unbedecktem Boden beweisen, dass die organische Decke Voraussetzung für die optimale Bodengarung ist:

1. Die Bodendecke schirmt die direkte Bestrahlung ab, die der Mikrobenentwicklung enorm schadet und eine optimale Zellgare (Lebendverbauung) verhindert.
2. Die Bodendecke verhindert den mechanischen Schaden der Niederschläge an der in Bildung begriffenen Zellgare, indem sie den Aufprall der Regentropfen abfängt. Das ist bei Kulturböden mit ihrem erhöhten Stoffumsatz entscheidend wichtig, um die Atmung des Bodens nicht zu verhindern.
3. Die Bodendecke vermindert die Verdunstung ganz erheblich und sorgt deshalb für gleichmäßigen Ablauf der Garung; sie ist daher um so unentbehrlicher, je leichter der Boden ist.
4. Die Bodendecke lässt den mikrobiologischen Umbau der Abfallsubstanzen bis dicht unter die Oberfläche der Krume zu und fördert die Arbeit der Boden-Kleintiere ebenso wie die Zellgare.
5. Die Bodendecke gleicht die Bodentemperaturen aus, ohne die allmähliche Frühjahrserwärmung zu behindern; sie ist auch aus diesem Grunde umso wichtiger, je leichter der Boden ist, weil sie hektische Steigerungen des Stoffumsatzes verhindern hilft.
6. Die Bodendecke mit organischem Material stellt eine Dauerernährung für den Bodenorganismus dar; eine idealere Form der Bodenernährung gibt es nicht.
7. Die Anwendung organischen Abfallmaterials, gleich welcher Art, als Bodendecke vermeidet unter allen Umständen den irritierenden Einfluss garender Massen auf die Rhizosphäre mit allen ihren Folgen, insbesondere bezüglich der biologischen Qualität und der Pflanzengesundheit.

Es kann also nicht der geringste Zweifel daran sein, dass die organische Bodenbedeckung einen guten Teil der Probleme des Landbaues löst; wir haben alle Veranlassung, sie im Kulturbau zu realisieren, um seine Nachteile auszugleichen und ihn nach dem Vorbild natürlichen Wachstums zu gestalten. Im Prinzip muss nur eines vermieden werden: Die organische Decke darf nicht zur Oberflächenverdichtung führen, und sie darf auch nicht zu anaeroben Vorgängen, zu Fäulnis und Gärung führen; warum, ist erläutert worden. Man kann demnach als Bodendecke kein Material gebrauchen, das mechanisch abdichtet (Laub, Folien), und man darf die Decke nicht so dick anlegen, dass sie eine Art von Eigenkompostierung durchmachen kann und Nester von Fäulnis und Gärung zu bilden vermag. Dadurch werden nicht nur pathologische Verhältnisse der Garung produziert, sondern es wird auch die übermäßig starke Entwicklung gewisser Bodentiere (Schnecken) gefördert.

Man kann die Bodenbedeckung natürlich auch in Form eines Bewuchses darstellen, wie es durch Untersaaten und Zwischenfruchtbau praktisch geschieht, und selbstverständlich soll man anstreben, dass der Boden während der Vegetationsperiode immer Bewuchs hat. Die eigentliche, direkte, natürliche organische Bodendecke kann der Bewuchs aber nicht ersetzen, und es ist sehr wichtig, das zu wissen. Man wird trotzdem den natürlichen, spontanen Bewuchs der Acker und Gartenbeete durch das Unkraut erst beseitigen, wenn es eine gewisse Höhe erreicht hat, und das pedantische, ganz unnötige Durchfahren durch den Acker, wie es besonders bei der Hackfrucht praktiziert wird, lässt sich ohne Schaden auf ein Mindestmaß beschränken; es ist ebenso unsinnig, im Garten dafür zu sorgen, dass ja nichts anderes auf dem Boden steht wie die Kulturpflanzen, dass also der Boden ständig nackt liegt. Grundsätzlich ist das Unkraut dem Kulturpflanzenwuchs eher förderlich als hinderlich, ganz besonders im biologischen Landbau, bei dem wir die gegenwirkenden Naturkräfte zur Aktivierung der Umsätze und biologischen Funktionsleistungen benutzen.

Es ist auch nicht nötig, das Unkraut aus Angst vor seinen Samen zu beseitigen; man würde die Potenz der Natur gewaltig unterschätzen, wenn man glaubt, man könne damit die Ansiedlung von Unkraut verhindern – wo es fruchtbar ist, da findet die Natur Mittel und Wege, um »Unkraut« anzusiedeln. Es ist ebenso unnötig, Böden deshalb »durchzuarbeiten«, wie man sagt, weil man hofft, damit lästige Unkräuter zu beseitigen (Quecke, Hahnenfuß, Disteln, Winden und andere), oder den Boden gar zu »rigolen«. Der richtig ernährte Boden mit einer Gare, wie sie die Kulturpflanzen brauchen, ist grundsätzlich kein geeignetes Milieu für Unkräuter, die in der Natur zum Aufschließen unfruchtbarer Boden-Arten benutzt werden; insbesondere die Quecke ist dafür ein vorzügliches Beispiel, denn sie gedeiht nur dort, wo von einem einigermaßen ausreichenden Stoffwechsel noch nicht die Rede sein kann, und vermag einen Boden aufzuschließen, auf dem keine Kulturpflanze gedeihen könnte. Im hochgaren, fruchtbar gewordenen Boden überfrisst sie sich, degeneriert und verschwindet. Bei Tiefwurzlern darf man sicher sein, dass sie dort, wo man sie antrifft, nur gedeihen, weil der Untergrund noch nicht genügend aufgeschlossen ist (Disteln, Winden und andere); sorgt man durch die geeigneten Leguminosen-Arten für Untergrundaufschluss (perennierende Lupinen, Bokkhara-Klee, Lupinen und andere), so verschwinden sie von selbst.

Man kann also an sich den spontanen Unkrautbewuchs benutzen, um einen Teil der Vorteile, die die organische Bodendecke bietet, darzustellen, und man wird dies tun, wo immer es geht. Nur muss man bedenken, dass die Vorzüge der originären organischen Bodendecke (»Nährdecke«) unersetzlich sind. Es kommt also in der Humuswirtschaft immer und überall darauf an, sie zu verwirklichen.

Mit kompostiertem Material, Stadtkomposten oder organischen Handelsdüngern ist die Herstellung einer Bodendecke in natürlicher Stärke (0,5 bis 1,0 Zentimeter) mit den üblichen Düngerstreu-Geräten ohne weiteres möglich, nicht aber mit Materialien, die sich nicht streuen lassen (Stallmist, pflanzlicher Abfall, Küchenabfall und vieles andere). Da wir die Kompostierung aus schon bekannten Gründen vermeiden müssen, hat die Humuswirtschaft ein dringendes Bedürfnis nach Maschinen, die organische Abfälle in eine zum Ausstreuen geeignete Form bringen (Hammermühlen, Verreibemaschinen nach dem Vorbild der Stadtkompostmaschinen von *Dorr-Oliver*); die Entwick-lung solcher Maschinen in einer unterschiedlichen Verhältnissen angepassten Ausführung wäre eine lohnende, dankenswerte Aufgabe für die Maschinenindustrie. Es wird nur auf diese Weise möglich sein, die betriebseigenen Dünger in eine Form zu bringen, in der sie zu jeder Jahreszeit, besonders im Sommer, zur Ergänzung der Boden-Nährdecke benutzt werden können. Das ist nötig deshalb, weil die Nährdecke im Sommer ganz erheblich wichtiger ist als im Winter; sie verschwindet im Sommer zuweilen in acht bis zehn Tagen, wenn der Stoffumsatz auf der Höhe angelangt ist. Im Winter bleibt sie allerdings liegen, und erst im Frühjahr, wenn man Saat und Pflanzung anbringen will, zwingt ein nicht zerkleinertes Material zur Bodenbearbeitung; ist das Material aber zerkleinert, so bedarf es keines Pfluges oder Spatens, um das Saat- und Pflanzbett zuzubereiten.

Es sei erwähnt, dass man eine Boden-Nährdecke auch mit Hilfe des anfallenden Unkrautes darstellen kann; davon kann man insbesondere im Feldgemüsebau, aber auch in jedem Garten Gebrauch machen. Das an Ort und Stelle belassene Unkraut, das im Sommer auffallend rasch vom Boden verarbeitet wird, schützt den Boden und ernährt ihn, ohne zu stören; das Verfahren erspart außerdem eine Menge an Arbeit, besonders angenehm empfunden im Feldgemüsebau.

Das Anbringen einer organischen »Nährdecke« ist nicht identisch mit dem althergebrachten Begriff des »Mulchens«; beim Mulchen stellt man die physikalische Wirkung der Bodenbedeckung in den Vordergrund, eine Wirkung, die man folgerichtig auch mit anorganischen Materialien nachzuahmen versucht hat (»Mulchen« mittels Kunststofffolien oder organischen Materialien, die keine eigentliche Bodennahrung darstellen wie Stroh, Holzwolle, Sägemehl, Torf, Laub usw.). Die organische Nährdecke besteht prinzipiell aus natürlicher Bodennahrung, die alles mitbringt, was zur Darstellung der Zell- und Plasmagare nötig ist; man muss also die Nährdecke nicht verwechseln mit einer irgendwie gearteten »Bodenbedeckung«; diese letztere erfüllt keineswegs immer die Voraussetzungen der Nährdecke, die sich nur mit vollgültigen organischen Düngerstoffen darstellen lässt.

Es bleibt zu erwähnen, dass die organische Bodendecke auch im Gewächshaus und Pflanzbeet der Humuswirtschaft unentbehrlich ist. In der Praxis hat sich erwiesen, dass sie hier ebenso verwirklicht werden kann wie im normalen Garten- und Feldbau.

Nun ist die künstliche Nährdecke im Kulturbau, bei dem wir einen wesentlich höheren Stoffwechsel anstreben müssen als ihn die Natur betreibt, mikrobiologisch erheblich wirksamer als die Nährdecke der unberührten Natur; das hat gewisse Konsequenzen, und zwar ganz besonders beim Ausbringen von Saaten (Getreide, Rübensaat, Möhren, Karotten und vielen anderen). Es gibt Samen, die außerordentlich empfindlich sind gegen die Wirkstoffe der Zellgare; sie gehen in frischer Zellgare spärlich oder nicht auf. Es muss folglich vermieden werden, kürzere Zeit vor oder nach einer Saat eine frische Nährdecke anzubringen in der Meinung, man könne damit das Aufkeimen befördern – es wird behindert, und manche Enttäuschung über eine schlechte Keimung ist darauf zurückzuführen. Wenn irgendwo eine Getreide- oder Karottensaat nicht aufläuft, so denke man stets daran, dass auch eine frische Zellgare daran schuld sein kann. Im Garten mischt man am besten die Samen mit uralter Komposterde oder auch nur mit Sand, um optimale Keimung zu bekommen; eine etwa vorhandene, frischere Nährdecke zieht man auseinander, um den Kontakt zwischen Samen und Zellgare zu verhindern.

Die Bodendecke macht in tropischen und subtropischen Klimalagen deshalb Probleme, weil dort vielerorten längere Zeit, teilweise viele Monate lang kaum Regen fällt. Der Boden trocknet mitsamt seiner Nährdecke aus und die organischen Materialien verkrusten und verhärten unter einer täglich unerbittlich strahlenden Sommersonne. Man muss, wie die Erfahrung gelehrt hat, dort die Nährdecke nur zu Zeiten anbringen, in denen sie verdaut werden kann, keinesfalls kurz vor der sommerlichen Trockenperiode; man muss außerdem anstreben, die Wachstumszeiten so zu legen, dass sie möglichst außerhalb der Trockenperiode zur Ernte führen. Es hat sich bewährt, für die Sommer-Trockenzeit gut zerkleinertes, rein pflanzliches Material an den Boden zu bringen und es maschinell mittels der Bodenfräse in die obersten Zentimeter einzuarbeiten; der Boden übersteht die unfruchtbare Trockenheit auf diese Weise am besten. Am wichtigsten ist es aber, die Landschaft nach bewährten Vorbildern (Provence!) so zu gestalten, dass der Einfluss überstarker Sonneneinstrahlung, heißer Wüstenwinde und plötzlicher Wolkenbrüche, wie sie in subtropischen Gegenden vorkommen, weitgehend verhindert wird. Ähnlich wie auf den leichten Böden der gemäßigten Zone lassen sich auf jeden Fall die Forderungen biologischen Landbaues auch in Tropen und Subtropen verwirklichen.

## Optimale organische Düngung

Für die Anwendung aller organischen Dünger-Arten, die der Humuswirtschaft zur Verfügung stehen, sind zwei Grundsätze maßgebend, die sich im Laufe unserer Arbeiten als fundamental wichtig erwiesen haben:

1. Das Übertragen der vollen biologischen Leistung eines Düngers auf den Bodenorganismus ist nur möglich, wenn der Dünger nach seinem natürlichen Anfall so bald und so frisch als möglich an den Boden gebracht wird.

2. Kein frischer organischer Dünger darf in den Boden eingearbeitet werden, auch nicht nach Lagerung auf dem Boden über Winter. Solange ein Dünger noch imstande ist, Zellgare zu produzieren, kenntlich durch hohe Zellzahl ①, ist er nur als Nährdecke zu verwenden.

Aus diesen beiden Prinzipien ergibt sich die praktische Handhabung; je konsequenter und kompromissloser sie erfüllt werden, desto höher wird die Leistung des Bodenorganismus. Es kommt für die Praxis darauf an, diesen Forderungen so vollkommen wie irgend möglich zu entsprechen, weil nur so ein optimaler Stoffumsatz gewährleistet ist, der die Humuswirtschaft instand setzt, jede Treibdüngung zu entbehren und deren Wirkungen auch quantitativ zu übertreffen. Wer diesen beiden Forderungen nicht nachkommt, vermag bestenfalls, bei sonst richtigem Verfahren, hohe biologische Qualität zu produzieren, aber nicht zureichende Ertragsmengen; deshalb steht und fällt der biologische Landbau mit der optimalen Form organischer Düngung.

Kein organischer Dünger darf länger lagern als unbedingt erforderlich. Die Kompostierung, auch in idealer Form, muss vermieden werden, wo immer es geht, und das Material der »Flächenkompostierung« zugeführt werden. Dass dem die Entwicklung von Zerkleinerungsmaschinen dienlich ist, wurde schon erwähnt. Der Humusbauer und -gärtner muss versuchen, jeden Dünger sobald als möglich an den Boden zu bringen und darf ihn nicht einarbeiten. Es braucht nicht besonders betont zu werden, dass dieses Ideal im biologischen Landbau noch bei weitem nicht überall so vollkommen erreicht wird, wie es nötig wäre; der Zukunft bleibt noch viel Arbeit überlassen. Andererseits haben wir der Beispiele genug, dass man sehr wohl die genannten Forderungen erfüllen kann, und es scheint mir wichtiger, dass man sie in ihrer Bedeutung erkennt und anerkennt – man findet dann schon Mittel und Wege, um sie zu erfüllen.

Außerordentlich wichtig ist es für die Humuswirtschaft, besonders in den viehlosen Betrieben des Feldgemüsebaues, des Erwerbsgarten- und Gewächshausanbaues, dass sie diejenigen organischen Dünger (Stadtkomposte, Handelsdünger) ankauft, die ihr Geld wert sind; das kann man durch die mikrobiologische Prüfung in Kürze erfahren, und im viehlosen Betrieb, der absolut von seinen angekauften Düngern abhängig ist, ist die Düngerprüfung beinahe noch wichtiger als die Bodenkontrolle. Man sollte deshalb keine Mühe scheuen, die angekauften Dünger prüfen zu lassen; es hat sich erwiesen, dass selbst die Werte von Düngern schwanken, die unter dem gleichen Namen schon länger bekannt sind und denen man aufgrund guter Erfahrungen oder früherer Tests vertraut. Kein organischer Dünger kann in seinem Wert nachträglich »verbessert« werden, wie manche glauben; er ist beim Einkauf entweder gut oder er wird es nie; und kein Bodenorganismus kann besser funktionieren, als es ihm seine Ernährung, das heißt seine organischen Dünger erlauben. Es ist besser, wenn man sich vorher vergewissert, wofür man sein gutes Geld ausgibt; es kann sonst vorkommen, dass man Hunderte und Tausende für einen Dünger ausgibt, der den Namen »organisch« oder »biologisch« nicht verdient, und gar manchmal werden die Erscheinungen der Kunstdünger an der Pflanze durch einen organisch genannten Dünger produziert, der in Wirklichkeit nur ein Kunstdünger ist. Vorerst ist die Prüfung auch bei Stadtkomposten dringend notwendig, deren Leistung und Qualität leider sehr oft nicht optimal ist, weil man im Allgemeinen noch nicht über die Prinzipien informiert ist und an überholten Vorstellungen festhält; wohl auch deshalb, weil nicht selten die Stadtkompostherstellung von Technikern betrieben wird, die weder bäuerliche noch biologische Erfahrungen besitzen, zumal die Mehrzahl der offiziellen Berater wenig von der echten Humuswirtschaft verstehen. Wer also Stadtkompost ankaufen will, soll ihn vorher untersuchen lassen.

Die organische Düngung kann man, wie wir gesehen haben, übertreiben; besonders der Anfänger im biologischen Landbau neigt dazu, weil er gewöhnt war, seine Erträge nach dem Kunstdüngeraufwand zu bemessen – wer viel Kunstdünger kauft, hat höhere Erträge, so wurde ihm gelehrt. In der Humuswirtschaft ist das anders; sie ernährt die Pflanze, indem sie einen hochpotenten Bodenorganismus heranzüchtet. Ein Organismus aber wächst »organisch«; nicht anders als ein Kind, das man auch nicht durch Überernährung in einem Lebensjahr auf die Größe eines Fünfjährigen bringen kann. Ein ausgeraubter, humushungriger Boden ist zunächst sehr empfindlich gegen reichliche Ernährung; man kann ihn nur allmählich an höhere Umsätze gewöhnen, weil er die Voraussetzungen für eine physiologische »Verdauung« noch nicht besitzt. Es ist also richtig, ihn ähnlich zu ernähren wie einen Magenkranken, dem man viele kleine »Mahlzeiten« anstelle weniger großer gibt.

Diesem Prinzip ist an sich nichts hinzuzufügen, wer es kennt, weiß, was er zu tun hat. Ehe ein Boden nicht voll wiederbelebt ist, wird man sich bei jeder organischen »Mahlzeit«, das heißt Düngung überlegen, ob es nicht vielleicht noch zu viel ist, was man ihm zumutet. Die Düngermasse macht es nicht, sondern die kluge Einteilung und die Beschränkung auf mäßige Portionen. Man hat im Allgemeinen durchschnittlich mit drei bis vier Jahren zu rechnen, bis ein misshandelter Bodenorganismus gesund wird; bei leichten Böden kann es rascher gehen, bei schweren langsamer, niemals aber ist die Regeneration in einer einzigen Vegetationsperiode erreichbar; daran ändert die Überdüngung nicht das geringste, im Gegenteil; sie ist eher geeignet, die Belebung hinauszuzögern und verhindert insbesondere die Entwicklung hoher biologischer Qualität.

Es ist erfahrungsgemäß viel wichtiger, den ganzen Betrieb nach den Regeln der Humuswirtschaft auszurichten, als große Düngermassen anzuwenden. Auch beim Menschen kann ein einziger Apfel, der natürlich gewachsen und giftfrei ist, als Nahrung mehr wert sein als Dutzende von getriebenen und vergifteten Früchten; dem Bodenorganismus, dem bei voller Funktion alle Kräfte der Umwelt zur Verfügung stehen, vermag sie bei spärlicher, aber richtiger Ernährung in höhere Funktionsleistungen zu verwandeln als ein überfütterter Boden; und umgekehrt kann man die Funktion des Bodenorganismus nicht mit Düngern fördern, deren Nahrungswert quantitativ oder qualitativ gering ist, auch dann nicht, wenn man ihm um so mehr davon gibt. Wir haben bei unseren »Grundversuchen« gesehen, dass die biologische Qualität der Dünger wichtiger ist als ihre quantitative Zellbildungsleistung, wie sie in den Zellzahlen zum Ausdruck kommt.

In der Praxis sind diejenigen Humusbetriebe die leistungsfähigsten, deren Bodenwerte ohne Rücksicht auf ihre Höhe gleichmäßig über viele Jahre hinweg bestehen bleiben. Es gibt Bauern, deren Böden hier und da einmal hektisch hohe Zellzahlen und auffallend hohe biologische Qualitäten erreichen; wenn diese Werte nur vereinzelt auftreten, kann von einer idealen Humuswirtschaft noch nicht die Rede sein. Sieht man genauer nach, dann kommt der erfolgreiche Humusbauer, sofern es sich um einen Betrieb mit harmonischem Verhältnis zwischen Viehzahl, Nahrungs- und Futterkulturfläche handelt, sogar ganz mit seinen betriebseigenen Düngern aus und muss nicht zukaufen. Je besser die Humuswirtschaft, desto geringer wird der Aufwand (siehe unten). Man darf daraus den Schluss ziehen, dass mit der Wiederherstellung unseres Begriffsmodells »Kreislauf der lebendigen Substanzen« die Leistungsfähigkeit des Bodenorganismus so groß wird, dass er das Defizit auszugleichen vermag, das durch die Entnahme von lebenden Substanzen und ihren Verkauf entsteht; dann stimmt die Rechnung »Zufuhr = Entnahme« nicht mehr, und gerade hierin liegt die hohe Rentabilität der Humuswirtschaft begründet. Sobald die Leistung des Bodenorganismus optimal geworden ist, vermag er sich – gratis und franko – aus der Umwelt die elementaren und organischen Kräfte anzueignen, die der tote Boden niemals verwerten kann, Kräfte, deren Umfang man bisher gewaltig unterschätzt hat. Wer das bedenkt, wird von selbst wissen, wann sein Boden lebendig und gesund genug geworden ist; er wird aber allen den Forderungen, die der biologische Landbau stellt, erst dann das Gewicht beimessen, das ihnen zukommt, und wissen, dass keine einzige Handlung auf seinem Hof, sei es am Boden, an der Pflanze, am Tier oder am Menschen, bedeutungslos ist, sondern sich immer auch auf den Organismus »Mutte Erde« auswirkt.

Letzten Endes kommt es also wieder darauf hinaus, dass man die Humuswirtschaft nicht anhand von Vorschriften, Tabellen und Rezepten, schon gar nicht mit irgendwelchen Tips und Kniffen lehren und praktizieren kann, sondern nur mit dem Bewusstsein, dass der Bauernhof oder der Gartenbaubetrieb eine lebendige Einheit ist, deren Gedeihen von allen Kettengliedern des biologischen Substanzkreislaufs abhängt. Es ist dann weder unwichtig, wenn eine Kuh mit chemotherapeutischen Medikamenten behandelt wird, noch nebensächlich, wenn wir auch nur einmal eine Kultur mit einem Gift behandeln; es kann sein, dass wir der Höchstleistung irgendeines Gliedes der Lebensgemeinschaft für lange Zeit verlustig gehen, auch der Höchstleistung des Bodenorganismus. Zum Trost für viele, die sich bisher vergeblich um die optimale Bodenleistung abmühten, muss gesagt werden, dass es immer noch besser ist, biologische Qualität als Höchsterträge zu produzieren, und man darf ihnen außerdem sagen, dass sie vermutlich zum geringeren Teil selbst daran schuld sind, wenn die Höchstleistung noch nicht erreichbar ist, sondern die ganz anders geartete Umwelt, die es sehr schwer macht, die ideale Humuswirtschaft zu produzieren. Das soll aber nicht dazu veranlassen, die Grundsätze biologischen Landbaues außer acht zu lassen oder nur halb durchzuführen; wer unter den augenblicklichen Umständen die unvergleichbaren Vorteile der Humuswirtschaft haben will, muss auf alles achtgeben, was auf seinem Hof, in seinem Betrieb vor sich geht.

Bleibt zu erinnern, dass die Lagerung von Jauche und Gülle unter Luftabschluss vermieden werden muss, weil sie sonst Giftstoffe entwickelt, die man am penetranten Gestank erkennt; eine regelmäßig mit Luft versehene Jauche riecht nach Dünger, aber nicht unangenehm. Die Geräteindustrie kann sich verdient machen, wenn sie ein billiges Werkzeug für die Landwirtschaft entwickelt, um die Gruben zu durchlüften in der gleichen Art, wie man dies bei Aquarien macht; man wird erst dann gleichmäßig gute Güllen und Jauchen erzielen können und muss sich vorerst behelfen. Auch dann muss man bei der Anwendung auf dem Land bedenken, dass man es mit einer organischen Salzlösung zu tun hat, die Eigenschaften der Kunstdünger entwickeln, das heißt man soll sie nicht direkt zu Kulturen geben, sondern außerhalb der Hauptwachstumszeit, am wenigsten vor Ernte, Futterschnitt usw.

## Die Unterscheidung von Kunst- und Naturdüngern

Da hier von den Düngern die Rede ist, gehört eine Erklärung dazu, welche Dünger man als Kunstdünger zu betrachten hat, deren Gebrauch beim biologischen Landbau aus den ausführlich erörterten Gründen unterbleiben muss.

Es ist selbstverständlich, dass man keinen synthetischen Stickstoff verwendet, weil die Pflanze ihren Stickstoff aus dem biologischen Substanzkreislauf beziehen muss, wenn sie »in Ordnung« bleiben soll. Dieser »biologische« Stickstoff stammt entweder noch aus den Vorräten der Bodennahrung, das heißt aus den Düngern, oder er wird – und das zum größeren Teil – während der Tätigkeit des Bodens und der Pflanze aus den verfügbaren natürlichen Quellen (Luft, Regen, Samen, Sporen und vielen anderen) assimilliert; die Humuswirtschaft braucht sich um den Stickstoffkreislauf keine Sorgen zu machen.

Nun werden teilweise auch den organischen Düngern immer noch Analyseangaben beigegeben, aus denen hervorgeht, dass der Dünger einen bestimmten Prozentsatz an Stickstoff enthalte, zuweilen auch in Form der Angabe des »Gehaltes an organischer Substanz«. Alle solche Angaben sind irreführend; für den Wert eines Düngers sind diese Zahlen nicht bezeichnend, sondern allein seine Brauchbarkeit für den Lebensprozess des Mutterbodens. Es kommt vor, dass ein organischer Handelsdünger mit hohen Zahlenangaben bezüglich der chemischanalytischen Gehalte geringen biologischen Wert hat und umgekehrt. Dafür ist nur der biologische Versuch maßgebend, zum Beispiel in Form der mikrobiologischen Untersuchung nach unseren Verfahren. Die Gepflogenheit, auch organische Dünger mit Nährstoffangaben zu versehen, stammt aus den Gebräuchen der Agrikulturchemie und soll dem »Nährstoffdenken« den Gebrauch der chemischen Düngertabellen erleichtern. Man lege sie getrost beiseite, denn sie besagen im biologischen Landbau nichts oder nur Falsches.

Der synthetische Stickstoff, in den verschiedensten Formen auch als »Volldünger« mit Mineralsalzen zusammen angeboten, ist das Kernstück der Kunstdüngung und für die Humuswirtschaft nicht diskutabel. Wer ihn auch nur aushilfsweise gebraucht, kann eine optimale Bodenleistung niemals erreichen; der Stickstoffdünger dient dann nur als Ausrede, wo man in Wirklichkeit zu wenig von der Humuswirtschaft versteht. In Betrieben, die in den Genuss kontrollierter Gütebezeichnungen und -marken kommen, müssen sie verboten sein und ihr Gebrauch zum Entzug der Vergünstigung führen. Dieser Grundsatz wird in Zukunft eine hohe allgemeine Bedeutung erlangen, sobald der Umstellungsprozess im Landbau beginnt.

Künstlich hergestellter Harnstoff ist ebenfalls ein künstlicher Dünger und hat dieselben Wirkungen; der Harnstoffgehalt der Jauche ist nur deshalb etwas verträglicher für den Boden- und Pflanzenstoffwechsel, weil er nicht nur in Begleitung anderer Salze auftritt, die aus dem biologischen Kreislauf stammen, sondern deshalb, weil die Jauche auch lebende Substanzen enthält, die die Nachteile des von den Nieren produzierten Salzgemisches etwas ausgleichen.

Kunstdünger sind ferner alle künstlich veränderten Mineralien, die bearbeitet werden, um sie für die direkte Aufnahme in die Pflanze »verfügbar« zu machen (zum Beispiel Superphosphat). Gegenwärtig wird vielfach – unter dem Eindruck der enormen Verluste durch Auswaschung und der Pflanzenschäden – versucht, die »Verfügbarkeit« durch eine Mischung von Salzen zu strecken, die unterschiedliche Löslichkeit haben (wasserlöslich, zitronensäurelöslich usw.). Wir haben es da mit »abgemilderten« Kunstdüngern zu tun. Für die Humuswirtschaft ist eine solche Bemühung unnötig; sie braucht im Allgemeinen keinen Mineralersatz neben der normalen organischen Düngung. In den Betrieben, die unter unserer Mitwirkung arbeiten, werden keine Salzdünger benutzt. Eine Ausnahme bildet lediglich Kalimagnesia, die hier und dort benutzt werden darf, um bei alkalisch reagierenden Böden einen Ionenabtausch zu bewirken.

Ebenso wenig werden »verfügbare« Spurenstoff-Präparate benutzt, um etwa Mangelschäden auszugleichen. Solche Schäden werden als Zeichen dafür angesehen, dass der biologische Substanzkreislauf nicht in Ordnung ist, und man kann sie mit Sicherheit ausheilen, indem man ihn in Ordnung bringt. Sowohl der Mineralersatz als auch die Spurenstoffergänzung kann ohne weiteres mit Urgestein in Form von Gesteinsmehlen vorgenommen werden, weil jeder lebendige Boden imstande ist, sie zu verwerten, wenn irgendein Element gebraucht wird. Wir vermeiden damit jedes Dosierungs-Risiko.

Für den Abgleich anfänglicher Kalkmängel bei der Umstellung auf die Humuswirtschaft kann ebenso natürliches Kalksteinmehl wie Thomasmehl benutzt werden, das letzteres den Vorzug hat, auf unschädliche Weise Phosphorsäure in den Substanzkreislauf zu bringen, die zur Verfügung steht, wenn sie erforderlich ist, und die ungenützt liegen bleibt, wenn sie es nicht ist. Im allgemeinen sind die Mengen im biologischen Landbau aber recht gering, weil man da keinerlei Verluste in Kauf nehmen muss wie bei den mehr oder minder »verfügbaren« Kunstdüngern, und weil außerdem jeder Ersatz – von ganz seltenen Ausnahmen abgesehen – überflüssig wird, sobald der Abgleich der Bodenreaktionen durch die Humusbewirtschaftung erfolgt ist. Der vollkommene biologische Substanzkreislauf bedarf schließlich keines irgendwie gearteten Mineral- und Spurenstoffersatzes mehr.

## Bodentausch, Urgesteinsmehl und Symbiontenimpfung

Wir haben schon gehört, dass man die Nachteile der leichten, hungrigen Böden mit hoher Sandfraktion mit ihrer geringen Bindekraft dadurch mildern kann, dass man die Bindekraft durch Tonzufuhr erhöht. Es wird in fernerer Zukunft zur selbstverständlichen Gewohnheit werden, die Tongehalte der Böden gegenseitig abzugleichen, und es wäre merkwürdig, wenn die Technik nicht imstande wäre, die dabei anfallenden Transportaufgaben in rentabler Weise zu lösen.

Wer sich ausrechnet, wie viel Millionen Tonnen an Gebrauchsgütern, ja auch an Menschen alltäglich auf der Erde transportiert werden, dem wird es nicht utopisch erscheinen, dass man einmal die hohe Bedeutung des Bodentausches mit dem Ziel optimaler Bindekräfte auf allen landbaulich genutzten Flächen erkennen wird. Da die Humuswirtschaft absolut dafür garantieren kann, dass der leichteste Boden den zugeführten Ton festhält, und da andererseits die schweren Böden ihre wesentlichsten Probleme verlieren, wenn ihnen Sandböden zugeführt werden, dürfte gegen das Verfahren nichts mehr einzuwenden sein, sobald der biologische Landbau zum allgemeinen Modell für den Anbau wird. Allein die Erhöhung der Rentabilitäten wird den Aufwand rechtfertigen, und meist würde es sich nicht einmal um große Entfernungen handeln, die überwunden werden müssten. Wenn man sich bemüht, die Natur zu verbessern, dann kann man es hier einmal ausnahmsweise zum Nutzen für die Menschheit tun.

Im Augenblick ist das Urgesteinsmehl das souveräne Mittel, um den Tonkristallgehalt leichter Böden zu erhöhen; man benutzt es also nicht nur – wie beispiesweise auf ausreichend tonhaltigen Böden – zum Spurenstoffersatz, sondern auch zur Bindekraftvermehrung. Man soll sie auch auf Moor- und anmoorigen Böden benutzen, denn wenn auch die hohen Humingehalte solcher Boden-Arten zur Bindung der Substanzen aus dem Kreislauf geeignet sind und einen Vorrat an Pflanzennahrung gewährleisten, so haben wir doch den Eindruck, dass die Huminbindung etwas anderes ist als die Tonkristallbindung, obwohl sich das gegenwärtig noch nicht beweisen lässt.

Es steht aber nach unseren Testerfahrungen fest, dass die höchsten Vorratsmengen von lehmigen Böden gespeichert werden, nicht von Huminböden, und es scheint, dass nur die lehmigen Böden einer absolut stabilen Fruchtbarkeit fähig sind. Andererseits kann kein Zweifel daran sein, dass erst die Ansammlung eines gewissen Huminvorrates lehmige Rohböden zur vollen Fruchtbarkeit bringt, eine Ansammlung, die mit der konsequenten Humuswirtschaft von selbst eintritt; nur darf man den Umfang der Huminbildung nicht überschätzen. Die hohen Humingehalte anmooriger und mooriger Böden sind in Jahrhunderten zustande gekommen, und wenn wir heute trotz intensiver, jahrzehntelanger Kunstdüngung noch Humine in guten Böden antreffen, so deshalb, weil sie wohl ebenso langsam verbraucht werden, wie sie entstanden sind.

Als weitere, ergänzende Maßnahme ist die Einimpfung von Symbionten, das heißt von physiologischen Bakterien zu betrachten. Wenn wir ihren Sinn erfassen wollen, müssen wir uns vorstellen, dass es sich dabei um Bakterien-Arten handelt, die im gesamten Kreislauf der Substanzen vorkommen, vom Menschen bis zum Mutterboden. Die Einimpfung von bestimmten Symbionten an irgendeiner Stelle des Kreislaufes bedeutet, dass die biologische Qualität gefördert wird, und im Prinzip ist es ganz gleichgültig, an welcher Stelle die Bakterien in den Kreislauf eingeschleust werden. Bei der so genannten Symbioselenkung oder Symbiontentherapie an Mensch und Tier geschieht es an einer, bei der Behandlung von Boden, Düngern und Pflanzen an einer anderen Stelle des Kreislaufes; die Wirkung ist die gleiche, nur ist die Symbiontenzufuhr bei Mensch und Tier natürlich erheblich teurer als bei Boden und Pflanze, weil man dort mit kostspieligen Reinkulturen arbeiten muss, die wesentlich teurer sind als die heute gebräuchliche Kultur von Bakterien zu Landbauzwecken (»Symbioflor-Humusferment«). Und zur Symbiontentherapie braucht man einen Arzt oder Tierarzt, zur Dünger-, Boden- und Pflanzenbehandlung aber nicht, ja man kann die Kultur selbst herstellen. ein Liter Kultur für die Heilkunde kostet etwa 60 Euro, während ein Liter fertiger Lösung für den Landbau cirka 0,5 Cent kostet; so groß ist der Unterschied, obwohl es sich um ebenso hochwertige und leistungsfähige Bakterien handelt. Wer im biologischen Landbau von der Symbiontentherapie des Bodens Gebrauch macht, kommt ganz von selbst in den Genuss der physiologischen Bakterien, und da dies Verfahren mehr als die heilkundlichen dem natürlichen Vorgang der Bakterienergänzung von Mensch und Tier entspricht, dürfte die Wirkung um so »biologischer« sein.

In den von uns betreuten Betrieben wird von der Bakterienimpfung alljährlich Gebrauch gemacht; ihre Wirkungen sind unumstritten und kommen auch in den ermittelten Bakterienfloren recht deutlich zum Ausdruck, natürlich auch im Verhalten der Kulturen (Resistenz gegen Schädlinge und Krankheiten, erhöhte Blühfreudigkeit und Fruchtung, Geschmacks- und Geruchsverbesserung, Erhöhung des Chlorophyllgehaltes, Verminderung der Auswinterung von Getreide, erhöhte Keimung und vielen anderen).

Nur darf man nicht erwarten, dass man einen biologisch minderwertigen Boden mit einer einzigen Bakterienimpfung zu einem hochwertigen machen kann, die Wirkung also auch im nächsten Bodentest zu sehen bekommt; wer verstanden hat, dass die biologische Bodenqualität ein Resultat der Funktion des gesamten Substanzkreislaufs ist und nicht einzelner Faktoren, wird das nicht erwarten, sondern wissen, dass die volle Wirkung der Bakterienbeimpfung erst dann in Erscheinung tritt, wenn sie über den Kreislauf wieder zum Boden zurückkehrt, und das ist nicht in einem Jahr, geschweige denn in einem einzigen Sommer zu bewirken, sondern dauert ebenso lange wie der Kreislauf selbst. Aber es ist mit der Bakteriendüngung nicht anders als mit der organischen Düngung überhaupt; hier gibt es keine unmittelbaren Wirkungen, sie sind auch nicht erwünscht; wer organisch düngt, der düngt für die nächsten Jahre, nicht – wie bei der Kunstdüngung – zu einer bestimmten Kultur.

Die praktische Anwendung der Bakterientherapie der Mutter Erde muss man aus den Vorschriften entnehmen. Es sei nur berichtet, dass sie besonders vorteilhaft zur Vorbehandlung von Saat- und Setzgut benutzt werden kann, dessen Bakteriengarnitur in einem Boden der Humuswirtschaft unmittelbar zur Vermehrung in gerade der Zone kommt, die für die Wurzelsymbionten zuständig ist; es kann da nicht vorkommen, dass die Symbionten etwa in einer besonders kräftigen Zellgare unterdrückt werden.

In den Vorschriften der Präparate wird noch empfohlen, die Kultur vermittels der Jauche oder Gülle aufs Land zu bringen; wir möchten das nicht mehr empfehlen, weil viele Jauchen nicht uneingeschränkt dafür geeignet sind, denn wenn sie Fäulniskeime enthalten, dann können die Impfbakterien unterdrückt werden. Außerdem leben normalerweise keine Symbionten in den so genannten Harnwegen von Tier und Mensch, sondern nur auf allen anderen Schleimhäuten, und der Harn ist natürlicherweise kein Milieu für Symbionten, obwohl sie sich auch da vermehren, sofern die Jauchen in Ordnung, das heißt aerob vergoren sind.

Es ist sehr die Frage, ob man die Bakterienbehandlung der Böden des biologischen Landbaues einmal dann entbehren kann, wenn das Ideal der Humuswirtschaft erreicht ist. Man muss bedenken, dass der Mensch und seine Haustiere niemals natürlich leben und auch nicht mehr zur Urform ihres Daseins zurückkehren werden; jede Abwandlung dieser Urform aber bewirkt immer auch einen vermehrten Verbrauch biologischer Qualitäten, einen Schaden, den auch der beste Boden sicher nicht vollkommen auszugleichen vermag; ganz abgesehen davon, dass der unentbehrliche Teil der Hygiene niemals ohne die Anwendung von chemischen Wirksamkeiten auskommen wird, um das Leben einer ungeheuer angewachsenen Menschheit zu beschützen. Es werden also auch in Zukunft, trotz größter Vorsicht, mit den organischen Düngern und Stadtkomposten chemisch-synthetische Substanzen oder ihre Auswirkungen an den lebenden Substanzen zum Boden gelangen, die der biologischen Güte abträglich sind. Dann aber bedarf es bakterieller Hochleistungen, um solche Wirksamkeiten aufzufangen und die volle Qualität zu garantieren, und da die mit den Düngern aufgebrachten Symbiontenmodelle ebenfalls an Leistungsfähigkeit eingebüßt haben, weil ja die biologische Qualität sich stets in der Symbiontenflora ausdrückt, so wird es auch in alle Zukunft richtig sein, die Leistungsfähigkeit der Böden mit Hilfe der Bakterienzufuhr zu erhöhen, mit Bakterien also, die man mit bakteriologischen Mitteln auf ihre höchste Leistung bringen kann. Man ist dann nicht auf die von den Düngern mitgeführte Bakterien-Garnitur angewiesen und macht von der Möglichkeit Gebrauch, auf die natürlichste Weise leistungsstarke Symbionten einzuimpfen.

Man muss wohl nicht besonders hervorheben, welche Wirkungen damit im nachfolgenden biologischen Kreislauf an Pflanze, Tier und Mensch erzielt werden, nachdem über die Wirkungen der »Therapie mit lebender Substanz« (Symbioselenkung, Therapie mit Zellsubstanz, STRATH-Therapie, Heilkräuterwirkung usw.) genug bekannt ist. Der Landbau bietet da allemal die größten Chancen und hat die allgemeinste, verbreitetste Wirkung für sich; er trägt sozusagen mit seinen Produkten, voran der Milch, der Milcherzeugnisse, der Kartoffeln, des Obstes, Salates und Gemüse und anderem mehr die Symbionten (»Gesundheits-Erreger«, *Mommsen*) sozusagen in jedes Haus.

## Krankheiten und »Schädlinge«

An sich wäre zur so genannten Schädlings- und Krankheitsbekämpfung nicht viel zu sagen. Die Humuswirtschaft brauchte sich damit überhaupt nicht zu beschäftigen, wenn man ihr alle Voraussetzungen zum Gedeihen geben würde. Die absolute Schädlings- und Krankheitsresistenz ist kein landbauliches Problem allein, sondern ein zivilisatorisches; sie hängt ab vom Gleichgewicht zwischen Schädling und Nützling, und wenn die Voraussetzungen dafür geschaffen werden, so stellt es sich von selbst wieder her. Dazu gehört nicht nur, dass der Strom der lebenden Substanzen wieder über die kultivierte Erde zurückgeleitet wird, eine Forderung, die mit dem stetigen Wachstum der Großstädte immer dringlicher wird; dazu gehört auch die Wiedergeburt einer natürlichen Landschaft mit einem gesunden Verhältnis zwischen Wald, Heckengelände und Acker, das besonders das Kleinklima gestaltet und die Singvogel-Fauna fördert. Vorbilder findet man unter anderem in der Provence und in den Bemühungen der Russen um die Wiederbelebung von Steppen. Es ist ohnehin geboten, dass sich die Techniker um die Methoden natürlicher Wasserökonomie und großräumiger Bewässerung kümmern, um die unter Mitwirkung des Menschen entstandenen Wüsten wieder so fruchtbar zu machen, wie sie es einmal waren.

Selbst im gegenwärtigen Landbau, dem man noch lange nicht die idealen Voraussetzungen geschaffen hat, ist es viel wichtiger sich um die allgemeinen Voraussetzungen für die Schädlings- und Krankheitsresistenz zu kümmern, als nach immer neuen Rezepten für den biologischen Pflanzenschutz zu suchen. Im Vordergrund steht dabei das Beachten örtlicher Gegebenheiten für den Anbau; wer seinen Boden kennt, weiß ganz genau, welche Nutzpflanzen auf ihm gedeihen, und unter den heute gegebenen Verhältnissen ist es durchaus nicht mehr nötig, dass jeder alles anbaut; man arbeitet rentabler, wenn man das anbaut, was den geringsten Aufwand erfordert und am wenigsten Sorge um den Pflanzenschutz bereitet. Das gilt ganz besonders für den Obstanbau, der heute die meisten Gifte verbraucht; der Schädlingsbefall ist unter allen Umständen ein Zeichen für die verminderte biologische Qualität, und es ist durchaus nicht im Interesse des Verbrauchers, wenn ihm Obst geliefert wird, das nur unter hohem Aufwand für den »Pflanzenschutz« verkaufsfähig zum Kleinhandel gelangt, denn er bekommt da etwas geliefert, das nur Scheinqualität hat, das man sogar im Interesse der Volksgesundheit besser nicht zum Verkauf bringt. Man würde keinen Menschen als »gesund« bezeichnen, der nur unter ärztlicher und medikamentöser Dauerbehandlung am Leben bleibt, und man sollte solche Landbauprodukte ebenso wenig als »gesund« bezeichnen dürfen.

Nun erleichtert der biologische Landbau allerdings die Probleme sehr wesentlich; Pflanzen, die in der Kunstdüngerwirtschaft nicht ohne »Pflanzenschutz« auskommen, können ohne jede Hilfe gezogen werden, sobald die Bedingungen zum optimalen natürlichen Wachstum einigermaßen erfüllt sind. Wo das noch nicht möglich ist, hat entweder der Bodenorganismus noch nicht seine volle Leistungsfähigkeit, oder der Boden, der Unterboden, die Landschaft sind für diese Pflanze nicht geeignet; die erforderlichen Maßnahmen ergeben sich daraus von selbst. Man muss grundsätzlich darauf verzichten, mit aller Gewalt Hackfrüchte, Beeren-, Stein- oder Kernobst und vieles andere auf Böden und in Lagen zu züchten, die sich absolut nicht dafür eignen; allein damit ist ein Teil der Schädlings- und Krankheitsprobleme gelöst.

Leider hat der biologische Landbau ein weiteres Problem, das zum größeren Teil noch nicht gelöst ist: Die in den letzten Jahrzehnten hochgezüchteten oder erhalten gebliebenen Kulturpflanzen-Arten sind nach den Regeln der Kunstdüngung gezüchtet und vor allem auf die Verwertung synthetischen Stickstoffs »dressiert« worden. Es wäre besser, wenn die Pflanze von selbst die künstliche Ernährung ablehnen würde; sie tut es aber nicht, sondern stellt sich auf die widernatürliche Nahrung ein, wobei sie wichtige biologische Funktionen opfert, um am Leben zu bleiben, wie die Fruchtbarkeit und die Abwehrfähigkeit. Solche Kulturpflanzenzuchten sind zunächst für die Humuswirtschaft unbrauchbar, denn sie haben die lebendige Beziehung »Mutterboden – Pflanze«, die Fähigkeit des aktiven Nahrungserwerbs und der biologisch-funktionellen Nahrungsauswahl verloren, ja sie vertragen nicht einmal immer die symbiotischen Bodenbakterien, die von Natur ihre normalen Nahrungsvermittler sind. Die Humuswirtschaft ist also gezwungen, taugliche Sorten selbst zu entwickeln, sie bedarf ihrer eigenen Saatzucht; sie existiert aber vorerst nur in Anfängen, und von einer naturwissenschaftlichen Kontrolle dieser Bemühungen kann noch kaum die Rede sein.

Es handelt sich hier um eines der dringendsten Probleme, das einer großzügigen, weitblickenden Lösung bedarf. Das ist um so notwendiger, als viele Saaten in ihren Erbanlagen bereits den Keim der virösen und bakteriellen Verseuchung und der verminderten Resistenz gegen Krankheit und Schädling in sich tragen, so dass es schon einer recht vollkommenen Humuswirtschaft bedarf, um mit solchen Erbschäden fertig zu werden. Das gilt insbesondere für die Hackfruchtsaaten, allen voran die Kartoffel. Zwar hilft sich da mancher erfolgreiche, erfahrene Humusbauer, indem er eigene Saaten heranzieht, und in unseren eigenen Versuchen haben wir damit die besten Erfahrungen bei Kartoffeln, Rüben, Erbsen, Bohnen, Gurken und anderem gemacht; des öfteren habe ich bemerkt, dass sich Humusbauern bei Kartoffeln dadurch helfen, dass sie den größeren Teil des virusbefallenen Fleisches der Saat beseitigen und die herausgeschnittenen Keime setzen, um die Viruskrankheit loszuwerden – mit vollem Erfolg. Aber das ist keine Dauerlösung und erspart den Aufbau einer biologischen Saatzucht nicht. Wie sie zu handhaben ist, darf als wissenschaftlich geklärt betrachtet werden; man hat hauptsächlich nur die Aufgabe, diejenigen Anzuchten zu entwickeln, die im volllebendigen Boden und bei funktionstüchtigen biologischem Substanzkreislauf gedeihen. Unter fortlaufender, wissenschafllicher Kontrolle wäre das in relativ kurzer Zeit zu bewerkstelligen.

Allerdings sollte diese Aufgabe vordringlich in Angriff genommen werden; sie wird erleichtert durch die Erfahrung des biologischen Landbaues, dass die derzeit umlaufenden Kulturpflanzen-Arten grundsätzlich für die Umzüchtung auf die Humuswirtschaft geeignet sind und ihre volle biologische Funktion, das heißt ihre natürliche Resistenz gegen Viren, Bakterien und Insekten wiedererlangen können und frei werden von Mangelschäden.

Eine Aufzählung biologischer Bekämpfungsmethoden können wir uns hier ersparen; es gibt darüber genug Literatur. Solche Methoden der Bestäubung und Spritzung stellen auch im biologischen Landbau nur eine Nothilfe dar, keine endgültige Lösung. Eine Frucht, die – von ganz außergewöhnlichen Umständen abgesehen grundsätzlich und immer wieder von »Schädlingen« angegriffen und unbrauchbar gemacht wird, wird nicht dadurch biologisch besser, dass man die »Schädlinge« vertreibt; sie ist für den Nahrungskreislauf von vornherein ungeeignet und dient der Gesundheit und Fruchtbarkeit nicht. Es ist auch heute schon, trotz widrigster Umweltverhältnisse, möglich, resistente Kulturpflanzen zu ziehen, und wenn die Bemühungen der Agrikulturchemie um die Züchtung resistenter Arten nicht weit gekommen sind, so liegt das nicht an ihren Pflanzen, sondern ihren Böden.

Einen großen Vorteil hat der Landbau – bis zu einer gewissen Grenze auch die Viehzucht – für sich: Man kann hier die Aufgabe lösen, das erblich Kranke, das Lebensuntaugliche mit Stumpf und Stiel auszurotten, um die Grundgesundheiten wiederherzustellen; diese unglaubliche Chance hat die menschliche Heilkunde nicht, sie muss die Dinge nehmen, wie sie sind. Deshalb dürfen wir die Hoffnung haben, dass die Schädlings- und Krankheitsfrage im Landbau in nicht ferner Zeit ihre Dauerlösung mit den Mitteln des biologischen Landbaues findet.

# Resultate der Humuswirtschaft

Die Resultate einer planmäßig gelenkten Humuswirtschaft sind einmalig und unerhört. Für den durchschnittlichen Landbaufachmann sind sie nicht nur erstaunlich, sondern vollends unglaubhaft. Für uns sind die Ergebnisse keine große Überraschung, weil wir sie auch ohne Untersuchungen, Ziffern und Statistiken kennen; wir brauchen sie nicht, sie sind für diejenigen bestimmt, die noch kein Zutrauen zum biologischen Landbau haben und mit dem Entschluss ringen, sich umzustellen. Im Allgemeinen ist das Wissen um die gewaltige Kraft, die ungeheure biologische Potenz der Natur im Zeitalter der perfektionierten Menschentechnik verloren gegangen; kaum jemand ahnt noch, wieviel Leistung die Natur vollbringen kann, wenn man ihren Gesetzen folgt und versteht, sie für sich arbeiten zu lassen. Die Umgestaltung des Landbaues unter dem Einfluss der klassischen Naturwissenschaft ist so tiefgehend, dass man das Wirken natürlicher Kräfte nicht mehr zu sehen bekommt und vergessen hat.

Die Humuswirtschaft ist keine verbesserte Landbautechnik, schon gar nicht etwa eine Weiterentwicklung der Agrikulturchemie, sondern eine prinzipielle Abkehr von ihren Naturdeutungen und ihrer Methodik, eine Rückkehr zum Vertrauen auf die natürlichen Ordnungen, die allein imstande sind, uns Menschen vollkommen zu ernähren, unsere Gesundheit und Erbgesundheit zu erhalten oder wiederzufinden.

Es ist deshalb nicht nur für den Landbaufachmann alter Schule, sondern auch für den Bauern, der seine Lehre angenommen hat, außerordentlich schwer, sich in die Begriffe der kompromisslosen Humuswirtschaft hineinzudenken und zu begreifen, dass ihre Ergebnisse keineswegs zufällig oder erstaunlich sind; man möge daher mit der Kritik warten, bis man Gelegenheit hatte, sich zu orientieren. Wer den biologischen Landbau nicht jahrelang selbst erlebt und praktiziert hat, sollte sich kein Urteil erlauben, weil er ihn nicht kennt. Unsere statistischen Angaben möge man deshalb auch nicht etwa als Kernstück dieser Arbeit ansehen; sie stehen hier, um demjenigen Bauern Mut zu geben und Vertrauen zur Humuswirtschaft zu verschaffen, der sich aus dem materiellen Stoffdenken der vergehenden Epoche befreit hat und nach neuen Wegen sucht, die dem kommenden Zeitalter der Biologie angemessen sind. Wer biologisch denken kann, kommt nicht mehr in Gefahr, den Wert von Statistiken über lebendige Geschehnisse zu überschätzen.

## Entwicklung der Bodenwerte bei Umstellung

Wir bringen mit Tab. 25 (s. S. 232) einen Überblick über die Entwicklung unserer Untersuchungsergebnisse aus 16 durchschnittlichen Humusbetrieben, denen die Umstellung auf den biologischen Landbau im Laufe von 10 Jahren vollkommen gelungen ist. Es handelt sich um eine Auswahl, die nicht etwa Musterbetriebe aufführt, sondern einfach dadurch zustande kam, dass wir aus diesen Betrieben Testergebnisse zur Verfügung halten, deren Durchschnittswerte so genau wie möglich den Beobachtungen bei allen umgestellten Betrieben entsprachen. Darunter befinden sich Höfe, die aufausgesprochen leichten, und andere, die auf mittelschweren und schweren Böden arbeiten; werderen Test-Merkmale nach der Lektüre der vorangehenden Kapitel behalten hat, wird sie leicht wiedererkennen.

Das Studium dieser Werte ist in mehrfacher Hinsicht lehrreich. Die Zellzahlen ① und ② haben schon im zweiten bis vierten Jahr eine merkliche Anhebung erfahren, wenn auch nicht überall; besonders die Werte, die den Umfang der Plasmagare (Zellzahl ② = Mengenzahl) kennzeichnen, sind zum Teil schon auf Werten angekommen, wie wir sie für die Humuswirtschaft fordern. Nicht aber die biologische Qualität, die in den ermittelten Bakterienfloren und dem daraus errechneten »biologischen Index« zum Ausdruck kommen; im vierten Jahr ist die biologische Qualität

*Tab. 25:* Entwicklung der quantitativen und qualitativen mikrobiologischen Bodenwerte unter der Umstellung auf organischbiologische Wirtschaft (16 Testreihen aus umgestellten Betrieben).

| | Zellzahlen | pH | Bakterienflora | | | | | | Biol. Index |
|---|---|---|---|---|---|---|---|---|---|
| **A. Vor der Umstellung** | 30– 40 | 6,3 | 00 | 40 | 60 | 00 | 05 | 95 | 0,71 |
| | 28– 72 | 6,4 | 00 | 20 | 80 | 00 | 10 | 90 | 0,36 |
| | 26– 38 | 6,7 | 00 | 15 | 85 | 00 | 50 | 50 | 1,17 |
| | 38– 80 | 6,4 | 00 | 25 | 75 | 00 | 20 | 80 | 0,58 |
| | 28– 48 | 7,1 | 00 | 40 | 60 | 00 | 30 | 70 | 1,08 |
| | 22– 50 | 7,0 | 00 | 10 | 90 | 00 | 25 | 75 | 0,44 |
| | 19– 40 | 5,7 | 00 | 10 | 90 | 00 | 20 | 80 | 0,36 |
| | 26– 40 | 6,5 | 00 | 20 | 80 | 00 | 20 | 80 | 0,50 |
| | 38– 80 | 6,0 | 05 | 05 | 90 | 00 | 15 | 85 | 0,33 |
| | 32– 70 | 6,1 | 00 | 40 | 60 | 00 | 00 | 100 | 0,66 |
| | 37– 82 | 5,4 | 00 | 20 | 80 | 00 | 00 | 100 | 0,25 |
| | 26– 40 | 6,7 | 00 | 20 | 80 | 00 | 10 | 90 | 0,36 |
| | 35– 45 | 5,8 | 00 | 50 | 50 | 00 | 20 | 80 | 1,25 |
| | 48–103 | 6,7 | 00 | 30 | 70 | 05 | 15 | 80 | 0,79 |
| | 42– 60 | 6,0 | 00 | 10 | 90 | 00 | 00 | 100 | 0,11 |
| | 34– 94 | 7,4 | 00 | 00 | 100 | 10 | 00 | 90 | 0,33 |
| **B. Während der Umstellung (2.-4. Jahr)** | 30– 58 | 6,9 | 00 | 25 | 75 | 30 | 00 | 70 | 1,62 |
| | 52–136 | 7,2 | 00 | 05 | 95 | 30 | 10 | 60 | 1,72 |
| | 68–110 | 7,4 | 00 | 70 | 30 | 00 | 50 | 50 | 3,33 |
| | 21– 30 | 5,2 | 10 | 40 | 50 | 10 | 20 | 70 | 2,11 |
| | 54–152 | 7,1 | 00 | 20 | 80 | 00 | 00 | 100 | 0,25 |
| | 48– 92 | 7,2 | 00 | 20 | 80 | 10 | 00 | 90 | 0,58 |
| | 60–144 | 7,2 | 00 | 05 | 95 | 10 | 20 | 70 | 0,76 |
| | 50– 82 | 7,8 | 00 | 50 | 50 | 00 | 70 | 30 | 3,33 |
| | 32– 83 | 7,7 | 05 | 20 | 75 | 20 | 00 | 80 | 1,29 |
| | 30– 40 | 5,8 | 00 | 20 | 80 | 00 | 20 | 80 | 0,50 |
| | 22– 48 | 7,0 | 00 | 20 | 80 | 00 | 30 | 70 | 0,68 |
| | 32– 65 | 7,3 | 00 | 40 | 60 | 00 | 20 | 80 | 3,66 |
| | 28–106 | 7,4 | 00 | 30 | 70 | 20 | 45 | 35 | 0,68 |
| | 38– 90 | 6,9 | 00 | 10 | 90 | 00 | 10 | 90 | 0,22 |
| | 48– 62 | 6,0 | 00 | 10 | 90 | 00 | 10 | 90 | 0,22 |
| | 44– 80 | 5,9 | 00 | 30 | 70 | 00 | 10 | 90 | 0,54 |
| **C. Nach der Umstellung (6.-10. Jahr)** | 38–138 | 7,2 | 00 | 60 | 40 | 60 | 10 | 30 | 7,66 |
| | 50–142 | 7,1 | 00 | 100 | 00 | 20 | 20 | 60 | 11,33 |
| | 40– 65 | 7,1 | 00 | 60 | 40 | 40 | 40 | 20 | 9,33 |
| | 59–185 | 7,1 | 10 | 10 | 80 | 70 | 10 | 20 | 11,50 |
| | 62–118 | 7,2 | 00 | 100 | 00 | 00 | 50 | 50 | 11,00 |
| | 84–410 | 6,9 | 00 | 40 | 60 | 10 | 40 | 50 | 2,06 |
| | 98–132 | 6,8 | 00 | 60 | 40 | 30 | 40 | 30 | 5,83 |
| | 40–112 | 7,2 | 00 | 80 | 20 | 50 | 50 | 00 | 14,00 |
| | 28– 90 | 7,0 | 10 | 20 | 70 | 20 | 40 | 40 | 3,22 |
| | 24–118 | 6,6 | 00 | 50 | 50 | 20 | 60 | 20 | 7,00 |
| | 38–138 | 7,3 | 00 | 60 | 40 | 60 | 10 | 30 | 7,83 |
| | 62–175 | 7,4 | 00 | 60 | 40 | 40 | 30 | 30 | 6,50 |
| | 86–388 | 6,6 | 00 | 70 | 30 | 10 | 30 | 60 | 3,33 |
| | 32– 74 | 7,2 | 05 | 25 | 70 | 40 | 40 | 20 | 8,57 |
| | 46–108 | 7,2 | 00 | 80 | 20 | 25 | 25 | 50 | 6,00 |
| | 32– 80 | 7,3 | 00 | 80 | 20 | 60 | 20 | 20 | 10,83 |

bei der guten Hälfte der Betriebe noch recht gering (Index kleiner als 1,0), und auch die Bodenreaktionen schwanken als Zeichen dafür, dass das biologische Gleichgewicht nicht erreicht ist. Man kann also im vierten Jahr durchschnittlich noch nicht annehmen, dass der Bodenorganismus auf der Höhe seiner Leistungsfähigkeit angekommen ist. Lediglich die Zellzahlen ① und ② zeigen an, dass die Gesundung der Böden im Gange ist.

Im sechsten bis zehnten Jahr der Umstellung aber ist die volle Leistung erreicht; dann erreicht der biologische Index diejenigen Werte, die man fordern muss, wenn man die Bodenprodukte als »biologisch« im weitesten Sinne, als taugliche und gesunde Nahrung für Mensch und Tier bezeichnet. Es fällt besonders auf, dass die in die Gruppe I eingeordneten Hochleistungssymbionten, die nach Technik ④ herausgezüchtet werden, in keinem Boden mehr fehlen und zuweilen unter allen ermittelten Symbionten die häufigsten sind. Zugleich reguliert sich die elektrolytische Bodenreaktion (pH) als Zeichen des wiederhergestellten Ionengleichgewichtes, das für die Humuswirtschaft typisch ist. Die Zellzahlen vollends haben erfreuliche Größen erreicht. Es ist demnach der Versuch gelungen, die Gesundung des Bodenorganismus in nackten Zahlen sichtbar zu machen.

Es ist sehr auffallend, dass die makroskopisch sichtbaren Anzeichen der Gesundung viel früher erscheinen als die mikrobiologische Untersuchung erwarten lässt. Man müsste doch vermuten, dass die Wirkungen auf die Pflanzen- und Tiergesundheit keinesfalls vor dem 6., eher erst nach dem 10. Jahr der Umstellung zur Beobachtung kommen; das ist aber nicht der Fall, sondern tritt auffallend viel früher ein.

Wir haben die analoge Beobachtung bei dem Gesundungsprozess von Menschen gemacht, deren Bakterienfloren über einen langen Zeitraum fortlaufend untersucht wurden; es ist auch dort die Regel, daß die üblichen Gesundungs- und Heilungszeichen – zum Beispiel das Verschwinden einer speziellen, chronischen Krankheit – schon auftreten, wenn die Bakterienfloren die Heilung noch nicht anzeigen, und dort nimmt man an, dass solange Rückfallgefahr besteht, bis die Bakterienfloren physiologischen Charakters geworden sind; und diese Vermutung hat sich in praxi bestätigt. Wir dürfen ebenso bei der Humuswirtschaft, speziell bei der Umstellung annehmen, dass das stabile biologische Gleichgewicht, die volle Funktion des Substanzkreislaufs erst dann erreicht ist, wenn die Bodenprüfungen nicht nur ausreichend hohe Zellzahlen, sondern eine physiologische Bodenflora erweisen. Der Bauer aber kommt schon lange Zeit vorher in den Genuss der Vorzüge einer echten Humuswirtschaft.

## Vergleich der Boden- und Nutztierleistung

Eine eindrucksvolle Zusammenstellung bringt die Tab. 26 (s. S. 234). Bei den hier aufgeführten sieben Höfen handelt es sich um eine Auswahl, die gewissenhaft nach dem Grundsatz vorgenommen ist, einen objektiven Durchschnitt zu bekommen, der für die allgemeine Entwicklung unter der Umstellung auf die Humuswirtschaft kennzeichnend ist; es wurden also abermals keine Musterbetriebe ausgewählt, sondern durchschnittliche, und zwar nur solche, deren Umstellung in jeder Beziehung genau beobachtet worden ist.

Diese Statistik ist deshalb für uns besonders wertvoll, weil sie nach den Regeln des biologischen Ganzheitsexperimentes verfährt, indem sie die Leistungsfähigkeiten zweier Organismen miteinander in ihrer Entwicklung vergleicht, die an sehr verschiedenen »Stationen« des Substanzkreislaufes stehen, nämlich die Funktionstüchtigkeit des Bodenorganismus, gemessen an unseren Bodenprüfungsergebnissen, und die des Milchviehstalles, gemessen an der Milchleistung. Da finden sich Betriebe, denen es aus irgendwelchen, hier nebensächlichen Gründen noch nicht gelungen ist, optimale Bodenwerte zu erreichen, und man sieht, dass sie dann meist auch noch keine auffallende Mehrleistungen beim Milchvieh zu erwarten haben (wobei zu berücksichtigen ist, dass die Statistik nicht ausdrückt, wie hoch die Leistung vorher war). Dagegen hat der Hof Nr. 7 sowohl eine beträchtliche Steigerung seiner Bodenwerte zu verzeichnen als auch eine fast unglaubliche Zunahme der Milchleistung, nämlich auf mehr als das Doppelte.

Man darf also annehmen, dass die Entwicklung der Bodenleistung zugleich die Entwicklung der übrigen Leistungen eines Betriebes kennzeichnet, oder anders ausgedrückt: Die biologischen Funktionskapazitäten eines Bauernhofes oder eines Gartenbaubetriebes sind an der Entwicklung der mikrobiologischen Testzahlen aus Bodenproben zu ermessen. Freilich gehen diese Entwicklungen nicht parallel im Sinne einer mathematischen Berechnung und einer physikalischen Formel; wer das verlangt, würde offenbaren, dass er mit einem biologischen Forschungsgegenstand nicht umgehen kann. In Wirklichkeit sind solche Darstellungen ganz einmalig, weil es noch niemals diesen Forschungsgegenstand »Humuswirtschaft« oder »Umstellung auf die Humuswirtschaft« gegeben hat; hier ist praktisch auf das gesamte Werkzeug der Agrikulturchemie, das ihren Erfolgsstatistiken zugrunde liegt, verzichtet worden mit dem Erfolg, dass die Leistungen nicht abfallen, wie es jeder »normale« Diplomlandwirt annehmen müsste, sondern kontinuierlich ansteigen, ja zuweilen auf Werte, die weit über dem Durchschnitt liegen. Ich darf noch einmal betonen, dass es sich keineswegs um eine Auswahl von »Musterbetrieben« handelt, sondern um ganz normale, durchschnittliche Bauernhöfe, deren Entwicklung in jeder Beziehung den Beobachtungen entspricht, die wir bei der Umstellung von hunderten von Höfen gemacht haben.

*Tab. 26:* Vergleich der quantitativen und qualitativen Testzahlen aus zwei Stichjahren mit der durchschnittlichen Milchleistung pro Tier und Jahr.

| Nr. | Stichjahr a | Stichjahr b | Quant. Test Zunahme (a = 100%) | Qual. Test = Biolog. Index a | Qual. Test = Biolog. Index b | Milchleistung Kuh/Jahr/kg a | Milchleistung Kuh/Jahr/kg b | Zunahme (a = 100 %) |
|---|---|---|---|---|---|---|---|---|
| 1 | 1953 | 1961 | + 13% | 0,48 | 3,0 | 3600 | 4200 | + 17% |
| 2 | 1954 | 1961 | + 14% | 4,3 | 5,6 | 2800 | 3100 | + 11% |
| 3 | 1956 | 1961 | + 51% | 1,8 | 14,7! | 3500 | 6200 | + 77% |
| 4 | 1954 | 1961 | + 53% | 0,37 | 10,1 | 4500 | 5200 | + 16% |
| 5 | 1953 | 1961 | + 67% | 0,24 | 21,0! | 3400 | 4200 | + 24% |
| 6 | 1953 | 1961 | + 93% | 0,71 | 10,4 | 3500 | 4750 | + 36% |
| 7 | 1956 | 1961 | +152%! | 0,85 | 5,8 | 2300 | 5100 | +121%! |

Eine ähnliche Zusammenstellung finden wir in Tab. 27 (s. S. 235). Es handelt sich dabei um Landbaubetriebe mit Viehwirtschaft, bei denen uns die Zahlen aus zwei Stichjahren zur Verfügung stehen. Wir haben hier, auf je 100 Hektar kultivierter Landfläche berechnet, die jährlichen Milchmengen, die Milchleistungen der einzelnen Tiere und die Zahl der Kühe mit den von uns ermittelten Bodenwerten in Beziehung gesetzt. Dabei stellt sich heraus, dass die Zunahme der Gesamtleistung des Stalles (wobei andere Erlöse als die durch die Milch nicht berücksichtigt sind) der Zunahme der Testwerte recht gut entspricht (91,3 Prozent gegen 86,6 Prozent), ebenso die Zunahme der biologischen Qualitätszeichen um das 4,5fache. Es kommt also abermals zum Ausdruck, dass man die Leistungsfähigkeit des Milchviehstalles an den Bodenuntersuchungen und an der durchschnittlichen Entwicklung der ermittelten Werte ablesen kann.

Dazu sei ausdrücklich vermerkt, dass die höhere Leistung der Tiere nicht auf einen höheren Aufwand zurückgeführt werden kann. Die für den Futterbau benutzten Ackerflächen sind in keinem Falle vergrößert worden, und das als Wiese und Koppel benutzte Gelände ist genau das gleiche geblieben. Der Ertrag stieg vielmehr so an, dass anstelle von 89 Kühen (pro 100 Hektar) acht Jahre später 122 Kühe gehalten werden konnten, so dass das Gesamtergebnis einer Steigerung der Milchviehleistung um 91,3 Prozent sowohl durch die Steigerung der Milchleistungen der Tiere als auch durch die mengenmäßige Zunahme der Milchtiere zustande kam. Währenddessen ist der Aufwand an zugekauften Futtermitteln, Düngern und Tierarztkosten fortlaufend abgefallen; die stark erhöhte Betriebsleistung darf daher ohne Zweifel auf die Zunahme der natürlichen Bodenfruchtbarkeit bezogen und als Zeichen dafür gedeutet werden, dass es den Bauern gelungen ist, unser Begriffsmodell vom biologischen Substanzkreislauf zu verwirklichen.

Die Angaben entstammen der Buchführung der Betriebe und unseren eigenen Untersuchungsprotokollen. Die Ergebnisse wurden auf ganz normalen, bäuerlichen Betrieben erzielt, nicht auf besonderen Versuchshöfen. Sie entsprechen also weitgehend der Anforderung, die man an reproduzierbare, in breiter Praxis realisierbare Verfahren stellen muss. Unsere Techniken der Boden und Düngerkontrollen erlauben es jedem Bauern und Gärtner, seine Böden fortlaufend zu kontrollieren und sich beim Düngereinkauf beraten zu lassen. Wir sind nach so langer Erfahrung absolut sicher und uns mit jedem Kenner unserer Praxis darin einig, dass bei einer gut durchdachten, behutsam gelenkten Umstellung auf den biologischen Landbau keinerlei Risiko eingegangen wird, auch nicht für kurze Zeit; in keinem einzigen Fall ist bei hunderten von Betriebsumstellungen irgendein Rückschlag beobachtet worden, vielmehr pflegt die Rentabilität schon im ersten Umstellungsjahr wiederzukehren oder anzusteigen.

*Tab. 27:* Beziehungen zwischen Testzahlen und Milchmenge, Milchleistung und Milchviehzahlen (Milchmenge und Zahl der Milchkühe sind auf 100 Hektar Gesamtfläche der Betriebe berechnet).

| Stichjahr | 1953 | 1961 | Steigerung (Ausg.-Wert = 100%) |
|---|---|---|---|
| Milchleistung pro Kuh und Jahr in kg | 3319 | 4625 | + 39,4% |
| Zahl der Milchkühe auf je gleicher Fläche | 89 | 122 | +35,0% |
| Milchmenge in kg | 310050 | 594975 | + 91,3% |
| Zellzahlen i. D. auf Wiesen und Kunstwiesen | 14–46 | 38–74 | + 86,6% |
| Biol. Index (Qualität) | 0,76 | 3,45 | x 4,5 |

Die Umstellung geht nicht nur deshalb ohne Risiko vor sich, weil vom ersten Tag an der Gebrauch von Kunstdüngern und Schutzgiften unterbleibt, also erhebliche Kosten wegfallen; mit ihnen fallen ja auch Subventionen weg, und außerdem haben wir genug der Beispiele dafür, was geschieht, wenn der umstellende Bauer versucht, zunächst Kompromisse zu machen aus Furcht vor Verlusten: Die Bodenwerte steigen kaum an, die biologischen Qualitätszeichen bleiben aus, die Funktion des biologischen Substanzkreislaufs kommt nicht in Gang. Man muss und kann den Mut zur radikalen, totalen Umstellung haben und vermeidet gerade damit jedes Risiko. Wer Angst vor der Umstellung hat, soll besser warten, bis er sie verloren hat; die wachsende Zahl der Beispiele in Europa wird den Entschluss erleichtern helfen.

Die Ergebnisse im Feldgemüsebau und den Großgärtnereien entsprechen den Beobachtungen am normalen Landbau vollkommen. Der Boden darf erheblich höher beansprucht werden, Misswuchs, Krankheit und »Schädlinge« werden unwesentlich, und vielfach kommt der Gärtner so zeitig an den Markt, dass er bei Einsetzen der üblichen »Schwemmen« bereits verkauft hat. Interessanterweise bezieht sich das auch auf Betriebe, die Ziergewächse und Blumen anbauen; wo dagegen Schwierigkeiten (Tulpenzucht!) auftreten, sind sie leicht anhand der biologischen Bodentests zu erklären. Alle diejenigen, die zur natürlichen Bodenernährung übergegangen sind, haben erfahren, dass selbst die gewagtesten Hochzuchten vorbildliche, gleichwüchsige, auffallend blüh- und farbenfreudige Gewächse hervorbringen – abermals ein Beweis dafür, dass ausschließlich die falsche Pflanzenernährung am Ausfall biologischer Funktionsleistungen schuldig ist, dass praktisch jede Kulturpflanze unter natürlicher Ernährung und in hoher Bodenfruchtbarkeit zur vollen Leistung und Gesundheit gebracht werden kann.

## Die Kostensenkung in der Humuswirtschaft

Wir haben in Tab. 28 die Ausgaben für umgestellte Kulturflächen in normalen, durchschnittlichen Landbaubetrieben errechnet und mit den von uns ermittelten Durchschnittsergebnissen der biologischen Bodenprüfungen in Beziehung gesetzt. Eines Kommentars bedarf die Tabelle wohl nicht; sie demonstriert, dass die erhöhten Betriebsleistungen, auch die erhöhten Bodenleistungen, keineswegs durch vergrößerten Aufwand erkauft werden, im Gegenteil; sogar der Aufwand für organische Düngemittel ist während der Umstellung zurückgegangen. Besonders fällt auf, dass die biologische Schädlingsbekämpfung, die wir oben als »Nothilfe« gekennzeichnet haben, allmählich entbehrlich wird; die Ausgaben dafür sind um beinahe 80 Prozent verringert worden. Bei den restlichen veterinärmedizinischen Kosten handelt es sich fast nur noch um Honorare für gesetzlich vorgeschriebene Kontrollen und zwangsweise durchgeführte Maßnahmen. Die wesentlichste Beobachtung ist aber wohl die, dass in der gleichen Zeit, da die Rentabilität der Betriebe wegen der stark ansteigenden Betriebsleistungen schon während der Umstellungsjahre ansteigt, die Ausgaben insgesamt nicht ansteigen, sondern um rund ein Viertel abnehmen.

*Tab. 28:* Das Verhältnis zwischen Humusvermehrung, Ansteigen der biologischen und den Hauptbetriebskosten bei der Umstellung ackerbaulich genutzter Flächen auf biologisch-organische Wirtschaft (auf je 100 ha berechnet). Bei Beginn der Erhebungen waren 4/5 der Betriebe bereits seit einiger Zeit organisch bewirtschaftet, standen aber noch nicht unter Bodenkontrolle.

| Ausgaben für | 1952-1956 € | 1961 € | Kostensenkung Ausg. W. = 100% |
|---|---|---|---|
| Futtermittel | 29007,12 | 22945,25 | – 21,1% |
| Organ. Düngereinkauf | 4270,31 | 3261,79 | – 23,8% |
| Biolog. Spritzmittel | 1558,42 | 352,79 | – 77,9% |
| Tierärztl. Kosten | 1445,68 | 989,73 | – 31,7% |
| | 36281,53 | 27549,56 | – 24,0% |
| Humusmenge (quant. Test) | 19–57 | 46–98 | + 89,6% |
| Humusgüte (biol. Index) | 1,15 | 9,93 | x 8,6 |

## Die Rentabilitätsstatistik

Wir haben nach den bisher aufgeführten, statistischen Angaben schon zu erwarten, dass die allgemeine Leistungssteigerung der Landbaubetriebe durch Übergang zur Humuswirtschaft zu einem Anstieg der Rentabilität führt; und das ist, wie die Zahlen der Tab. 29 unmissverständlich aussagen, tatsächlich der Fall, und zwar in einem Umfang, der für den Nichteingeweihten unbegreiflich ist. Es ist den Betrieben durch die Umstellung, ja schon während der Umstellung gelungen, den Wert des lebenden und toten Inventars auf nahezu das Doppelte zu steigern, einer Entwicklung, die dem Anstieg der ermittelten Bodenleistungen und biologischen Qualität durchaus entspricht. In der gleichen Zeit sind die Betriebe fast ohne Ausnahme restlos entschuldet worden und damit in den Genuss absoluter Unabhängigkeit und Krisenfestigkeit gekommen. Was das für den Landbau bedeutet, lässt sich kaum überschätzen. Der in üblicher Weise, unter anderem für Steuerzwecke errechnete Gewinn ist dementsprechend, wie man sieht, ebenfalls auf das Doppelte angestiegen.

Man wird verständlich finden, dass wir die Lösung der landwirtschaftlichen Gegenwartsprobleme, nicht nur der Probleme landbau-technischer, biologischer und medizinischer Art, sondern auch der volkswirtschaftlichen und politischen Zukunftsaufgaben in der Umstellung auf die Humuswirtschaft sehen. So umfassend ein echtes biologisches Ganzheitsbeispiel jeden Lebensvorgang im biologischen Substanzkreislauf der menschlichen Wirkungsbereiche einbezieht, so umfassend vermag es auch die Probleme zu lösen. Das aber ist nur der Fall, wenn man sich die Begriffe des biologischen Landbaues in ihrer Ganzheit zu eigen macht und ihre Konsequenzen ohne jeden Kompromiss realisiert.

*Tab. 29:* Leistungssteigerung von Landbaubetrieben durch Umstellung auf organisch-biologische Wirtschaft unter Kontrolle durch mikrobiologische Tests (auf 100 Hektar berechnet). Bei dem größeren Teil der hier erfassten Betriebe war die Umstellung bereits vorher erfolgt, der Anstieg der Rentabilität also nicht in voller Höhe erfassbar.

| Stichjahr | 1953 | 1961 | Steigerung (Ausg. W. = 100 %) |
|---|---|---|---|
| Fläche in Hektar | 100,00 | 110,20 | + 11,0% |
| Bodenzellzahlen (i. D.) | 19–57 | 46–98 | + 89,6% |
| Biolog. Index (Qualität) | 1,15 | 9,93 | x 8,6 |
| Lebendes Inventar | 105078,15 € | 151930,38 € | + 44,6% |
| Totes Inventar | 63425,76 € | 155696,05 € | +144,6% |
| | 168503,91 € | 307626,43 € | + 83,1% |
| Gesamteinnahmen (-erlöse) | 127357,69 € | 205200,35 € | + 61,3% |
| Gesamtausgaben | 36281,53 € | 27549,56 € | + 24,0% |
| Gewinn | 91076,17 € | 177650,79 € | + 94,9% |

## Das Wunder der Humuswirtschaft

Mit langjährigen Beobachtungen der Umstellung von Bauernhöfen auf die Humuswirtschaft haben wir im Jahre 1949 begonnen und seitdem dieses Ereignis in den verschiedensten Variationen bei hunderten von bäuerlichen Betrieben miterlebt. Daran hatten wir insofern teil, als unsere

Untersuchungen jeweils die Anfangssituation durch die Prüfung aller zugehörigen Böden erfasst haben, aus der sich in jedem Einzelfall ableiten ließ, was zu tun sei. Nachfolgende Reihentests, meist zweimal jährlich, später einmal im Jahr, manchmal auch nur alle zwei Jahre vorgenommen, gaben das Material zur Kritik der Methoden ab, führten zu einer Reihe von Korrekturen und schließlich zu einem fest umrissenen Bild von der Praxis des biologischen Landbaues.

Wir haben begründet, warum es nach unserer Auffassung keinen Kompromiss zwischen künstlicher und natürlicher Pflanzenernährung, zwischen chemischem und biologischem Landbau geben kann. Das Kernstück der Kunstnahrung ist der synthetisierte Stickstoff, der in den biologischen Kreislauf eingeschleust wird, den Bodenorganismus umgeht und der Pflanze die aktive Nahrungssuche erspart; ohne künstlichen Stickstoff verliert die Kunstdüngung den größeren Teil ihrer Wirksamkeit und würde indiskutabel. Im Mittelpunkt der Bemühung des biologischen Landbaues steht die vollkommene Ernährung des Bodenorganismus und der Verzicht auf jeden Eingriff in die Beziehungen Boden-Pflanze, so dass die Pflanze sich ihre Nahrung aus den Produkten des Bodenorganismus selbst aussuchen muss; sie tut das mit einem von ihr selbst gelenkten Lebensvorgang, der keine künstliche Einmischung verträgt, wenn er in voller biologischer Ordnung verlaufen soll.

Es gibt also keine Möglichkeit, etwa die Kunstdüngerwirtschaft durch die Humuswirtschaft zu ergänzen, und die Humuswirtschaft muss restlos auf alle die Praktiken verzichten, die von der Agrikulturchemie in vielen Jahrzehnten entwickelt wurden, um die erzeugte Pflanzenmasse zu vermehren und das Wachstum künstlich anzutreiben. Wir haben uns im Laufe unserer Arbeit am Boden oft genug gefragt, ob sich nicht in irgendeiner Weise dieser oder jener »Nährstoff«, den die chemische Industrie zur Verfügung stellt, im biologischen Landbau verwenden ließe, eingedenk dessen, wie sehr uns jede Kompromissbereitschaft die Arbeit erleichtern würde, weil man ja an altbekannte, gewohnte Begriffe anknüpfen könnte; schließlich auch deshalb, weil wir uns viele Erschwernisse durch Widersacher und ihre feindseligen Angriffe hätten ersparen können. Aber am Ende jeder Untersuchung und jeder Überlegung stand das Eingeständnis, dass es keine Zwischenlösungen gibt.

Die Wissenschaft hat der objektiven Wahrheitsfindung zu dienen und kann nur so zum Wohl der Menschen wirken. Wer erkannt hat, dass jeder künstliche Eingriff in den biologischen Substanzkreislauf zum Schaden der Substanz selbst geschieht, der darf nichts anderes fordern als den Verzicht darauf. Die naturwissenschaftliche Überzeugung von Wahrheiten steht über den Meinungen des Tages und allen menschlichen Institutionen.

Es gibt nun heutzutage sehr viele Bauern, Gärtner und Landbaufachleute, die davon überzeugt sind, dass die Kunsternährung der Pflanze mit allen ihren Folgen in eine Sackgasse führt und sie schließlich zu Sklaven des Systems macht. Die unaufhörlichen Korrekturen an diesem System, der Trias »Kunstdüngung – Giftkampf – Saatgutwechsel«, werden von Jahr zu Jahr häufiger, der Aufwand immer größer, so dass die Landwirtschaft heute als unrentabel aufgegeben würde, wenn man die industriell-volkswirtschaftlich üblichen Maßstäbe anlegen würde. Es ist nur natürlich, dass diese Situation nicht von Ministern und amtlichen Fachleuten, auch nicht von der Agrikulturchemie zuerst erkannt wird, sondern vom »kleinen Mann«, der das alles bezahlen muss – mit Geld, Schweiß, Sorge und Nervenkraft. Bauersmann und Gärtner aber haben nicht was sie brauchen, um sich aus ihrer Abhängigkeit zu befreien und einen neuen Weg zu gehen; sie kennen keinen solchen Weg, und was ihnen bisher an biologischem Landbau vorpraktiziert wurde, ist wenig geeignet, sie zur Nachahmung zu veranlassen. Es bleibt dann bei untauglichen Versuchen und Halbheiten, deren wir übergenug zu sehen bekommen haben.

Der Einzelne ist – dessen sind wir heute ganz sicher – überhaupt nicht in der Lage, den richtigen Weg zu finden und ihn, allein auf einsamer Flur, zu gehen; wer es versucht hat, hat meist aufgeben müssen, weil er es falsch machte, und wenn er es richtig gemacht hat, dann wurde er von der Allmacht seiner Widersacher erdrückt. Es liegt im Wesen der echten und vollkommenen Humuswirtschaft, dass sie ihre Existenzberechtigung und ihre Überlegenheit nur nachweisen kann, wenn sie kompromisslos auf jeden Eingriff in alle die Lebensvorgänge verzichtet, die im »Organismus« eines Bauernhofes ablaufen. Erst dann kann man auf die Treibdüngung verzichten, die giftige Schädlingsbekämpfung, die Chemotherapie an den Pflanzen, Tieren und am Boden entbehren und den Betrieb – auch nach industriellen und volkswirtschaftlichen Maßstäben – rentabel gestalten. Wer den Versuch macht, aus Furcht vor dem Risiko, vor Ernteausfall und Minderertrag vorerst noch diese und jene Praktik der Kunstdüngerwirtschaft beizubehalten, muss damit rechnen, dass er niemals von ihnen loskommt; eine einzige Stickstoffgabe, eine einzige Spritzung, eine einzige Giftbehandlung im Viehstall verhindert, dass der biologische Substanzkreislauf in Gang kommt, dass seine Funktionen diejenige biologische Qualität erreichen, die nötig ist, wenn alle an den Nahrungen tätigen Organismen, vom Boden bis zum Menschen, ihre Aufgabe am Ganzen wie am Einzelnen erfüllen sollen.

Für Menschen, die man jahrzehntelang zum »Kurzschlussdenken« erzogen hat, denen man beigebracht hat, es gebe ohne Kunstdünger keine Erträge, man könne nur ernten, was man an Mineraldünger streue, die Menschheit lebe von dem, was ihr die »Schädlinge« übrig lassen, man müsse die Natur verbessern und ihr nachhelfen, weil die Menschheit täglich größer werde und was der Argumente mehr sind – für solche Menschen, denen jedes biologische Ganzheitsdenken systematisch aberzogen worden ist und die nicht wissen können, dass sich auch die Wissenschaft irren kann, ist es außerordentlich schwer, das Wesen der Humuswirtschaft in seinem Kern zu begreifen. Das aber ist notwendig im wahrsten Sinne des Wortes; erst dann wird sich der Bauer, der Viehzüchter, der Saatzüchter, der Gärtner dessen bewusst, dass jede seiner Handlungen am Boden, Pflanze, Tier und Mensch Einfluss hat, nicht nur auf das Einzelne, sondern auf das Ganze. Eher geschieht das Wunder der Humuswirtschaft nicht.

## Geistiges Rüstzeug

Wer alles, was im Vorangegangenen gesagt ist, aufmerksam angesehen hat, hat oft genug bemerken können, dass die ideale, optimale biologische Leistung einer Kette von Lebewesen erst zustande kommt, wenn alle Kettenglieder Gelegenheit zur vollen Funktion haben; und er hat bemerkt, dass sich die Größe dieser biologischen Leistung nicht aus ihren Faktoren errechnen lässt, ja sie lässt sich nicht einmal voraussagen – es ist, als ob ein Funke hineingesprungen sei, der das Wunder höchster Funktionsleistung in Gang setzt, jener Götterfunke, von dem die Dichter sagen, dass es ohne ihn kein Menschenglück gebe.

Es wird niemals, auch in aller Zukunft, einen Menschen geben, der mit naturwissenschaftlichen Mitteln imstande wäre, das Wunder des Lebens willkürlich zustande zu bringen, es aus dem Chaos des Materiellen zu erschaffen. Der Götterfunke ist nicht künstlich zu erzeugen, er kommt von selbst oder er kommt nicht. Es wird höchste Zeit, dass wir uns dessen wieder so bewusst werden, wie es unsere Vorväter waren; das ist nicht leicht im Zeitalter technischer Perfektion, die aus der Macht des Menschen über die Materie geboren ist, das erfordert eine totale Kehrtwendung, die man nicht kommandieren kann wie auf einem Kasernenhof; sie wird nur möglich, wenn jeder, der Bauer, der Arbeiter, der Lehrer, der Arzt, der Minister und der Naturwissenschaftler zurückfinden zur Ehrfurcht vor dem Wunder des Lebens, zur Bescheidenheit vor der Größe der Schöpfung, zu dem Bewusstsein, dass der Mensch nur ein kleines Kettenglied im biologischen Kreislauf ist und auf Gedeih und Verderb mit ihm verbunden.

Das wird hier nicht gesagt, um große Worte zu machen, sondern ganz allein nur deshalb, weil es anders eine weitere Entwicklung der menschlichen Lebensordnung, eine Befreiung von überholten Vorstellungen, eine Loslösung aus den Verflechtungen der gegenwärtigen Organisationen nicht geben kann. Es ist eine sehr reale Tatsache, dass man mit Rezepten, Vorschriften, Tabellen,

Statistiken, Rentabilitätsberechnungen und gut gemeinten Ratschlägen allein keine Verwaltung, keine Heilkunde, keinen Landbau und keine Volksbildung zustande bringen kann, die den Aufgaben gewachsen wäre, die mit Riesenschritten auf die Menschheit zukommen. Was wir brauchen, ist das geistige und seelische Rüstzeug im Kampf um das kommende, das biologische Zeitalter; ist das Bild des lebendigen Ganzen, das allein ein biologisches Denken zu lehren vermag.

Wenn das irgendwo deutlich ist, dann im biologischen Landbau. Wer glaubt, man könne ihn ins Leben rufen, indem man auf die Kunstdünger verzichtet, die Flächenkompostierung praktiziert, keine Gifte mehr nimmt und organische Dünger einkauft, der irrt sich. Man kann alte für den Boden gegebene Vorschriften erfüllen und kommt doch nicht zur Humuswirtschaft. Hier hört nicht nur die Gültigkeit der Kunstdünger- und Spritztabellen auf, hier hört jede Tabelle auf. »Am Anfang war das Denken.« Mit dem Begriff des Ganzen, mit dem Bild der ganzen Schöpfung im Kopf und im Herzen sind die Kulturtaten der Menschen geschaffen worden, und anders wird auch der Landbau der Zukunft, Angelpunkt alles lebendigen Geschehens im Bereich des Menschen, nicht Wirklichkeit werden.

Es gibt in der ganzen Welt nur eine einzige Landbauorganisation, die mit dem Fundament dieser einfachen Wahrheiten, ohne jede mystische oder weltanschauliche Verbrämung und mit den einfachsten Mitteln ihre Arbeit begonnen hat: Mit dem lebendigen Beispiel uneigennützigen Einsatzes, mit der persönlichen Arbeit am Boden und an der Gesundheit von Pflanzen und Tieren, mit dem Aufbau der Schulung von Bauer, Bäuerin, Bauernsohn und Bauerntochter, mit dem gemeinsamen Studium alles dessen, was der Aufgabe dienlich ist, zuerst aber mit der Überzeugung, dass man nur im Geist und in der Seele jene übermenschlichen Kräfte findet, die man braucht, um das Gestern zu überwinden und das Morgen zu gewinnen. Erst vor dieser Überzeugung schweigen die Tagesbedürfnisse, die den Menschen der technischen Perfektion hin- und herhetzen, auf dass er nicht sehe, wie krank er ist an Leib und Seele und wie sehr er der innersten Erneuerung bedarf. Nur eine Menschengemeinschaft, die auf solchem Fundament zusammenfindet, ist fähig, die kompromisslose Abwendung von eingewurzeltem Kurzschlussdenken zu praktizieren und die Durststrecken zu überwinden, die jeder Pionier einer besseren Zukunft durchwandern muss; nur hier findet der einzelne den Schutz den er braucht, um den Aufgaben einer totalen Umstellung gewachsen zu sein, und das Beispiel, das ihm ein Bild dessen vermittelt, was er erringen will.

Wir sind überzeugt, dass dieses Beispiel in die Geschichte eingehen wird, wenn einmal die Geschicke der Menschheit nicht mehr mit den kleinen »Richtigkeiten« der überlieferten Naturwissenschaft, sondern mit den großen Wahrheiten der Wissenschaften an sich gelenkt werden. Wir sind glücklich darüber, dass uns der führende Kopf dieser beispielhaften Arbeitsgemeinschaft, *Dr. Hans Müller* (Schweiz), vor 18 Jahren um die Mitarbeit an den wissenschaftlichen Problemen des biologischen Landbaues gebeten hat und hoffen, zu dem Gelingen des großen Werkes beigetragen zu haben. Die meisten unserer Untersuchungen und Erkenntnisse verdanken wir dieser Organisation; hier hatten wir Gelegenheit, jede, aber auch jede Möglichkeit spezieller Formen des biologischen Landbaues und alle seine Voraussetzungen kennen zu lernen, unsere Untersuchungsmethoden weiterzuentwickeln und schließlich die gewonnenen Erkenntnisse in ihrer praktischen Realisation zu beobachten. Hier hatten wir das Instrument, dessen der zukünftige Naturwissenschaftler bedarf, um Wahrheiten zu erfahren: Das biologische Ganzheitsexperiment in einer Gestaltung, wie sie der Wissenschaftler selten zur Verfügung hat, ein Experimentierfeld, das sich künstlich niemals aufbauen ließe. Bauernhöfe, die den biologischen Landbau nicht um der Wissenschaft willen betreiben, sondern um der menschlichen Kultur willen, die sie zu ihrem Teil aus den Irrungen der Vergangenheit herausführen wollen, eine Arbeitsgemeinschaft jener Klügsten unter den Bauern, die die Zeichen der Zeit begriffen haben und noch biologisch denken können. Auch hier hat der Götterfunke gezündet, von dem die Rede war, und auch hier wird die biologisch-funktionelle Leistung Ereignis, so sehr, dass sie um sich greift und schließlich auch uns jenen Rückhalt bietet, ohne die unsere Arbeit wohl kaum bis heute weitergeführt worden wäre.

## Über die Einheit der Wissenschaften

Das Schwergewicht unserer Arbeit liegt nicht auf ihrer Rechtfertigung, sondern auf den täglichen Anforderungen, die die Praxis an uns stellt; sie hat uns wenig Zeit gelassen, statistisches Material zu sammeln und auszuwerten. Die Humuswirtschaft wird sich nicht deshalb weiterentwickeln, weil sie statistisch als bessere Landbaumethode bewiesen würde oder zu ihrer Entwicklung solcher Rechnungen bedürfte; sie ist Sache des ganzen Menschen, seines Denkens, seiner Überzeugung, seiner Haltung zum Leben als Ganzes, nicht der beweisbaren Methode.

Die Humuswirtschaft entwickelt sich organisch, ihrem Wesen gemäß. Noch niemals ist eine Menschheitsepoche mit ihren eigenen Methoden überwunden worden; die Methode des eben ablaufenden, chemisch-technischen Zeitalters ist die Zahl, die Quantifikation, die Messung und die Statistik. Das allein sind ihre Werkzeuge, nicht das biologische Denken, es sei denn das Denken in Kausalitäten. Damit ist das biologische Zeitalter nicht zu gewinnen.

Wenn unsere Darstellung der wissenschaftlichen Mitarbeit am Aufbau der Humuswirtschaft den Eindruck erweckt haben sollte, dass wir mit den Mitteln der überlieferten Naturwissenschaft versuchen, das Wesen der Humuswirtschaft in Quantitäten, in Zahlen auszudrücken, so haben wir uns nicht genug verständlich gemacht. Es kommt nicht auf die Zahlen an, sondern nur auf das, was sie andeuten von einem Geschehen, das ewig unsichtbar und unzählbar bleiben wird. Wenn wir eine Viehherde zählen oder die tägliche Milchmenge in einem Litermaß messen, so ist das noch keine chemisch-physikalische Analyse, sondern lediglich der Versuch, eine biologische Größe in Maßen auszudrücken, die unserer Vorstellung zugänglich sind. Bei unseren mikrobiologischen Methoden wird nicht eine einzige Analyse vorgenommen, sondern es werden nur ganze und möglichst wenig beeinflusste Lebensvorgänge in Gang gebracht, um ihre Merkmale sichtbar zu machen.

In Wirklichkeit sind die kausal-analytische Forschung einerseits und die biologische Ganzheitsforschung andererseits keine Konkurrenten und schließen einander nicht aus, ganz im Gegenteil, sie ergänzen einander. Während die eine versucht, die Geheimnisse des Lebens in seinen »Teilen« und Teilabläufen zu studieren, um die kleinen Zusammenhänge aufzufinden, versucht die andere, sie im unversehrten Ganzen zu ergründen, um die großen Zusammenhänge aufzufinden. Notwendig bleibt die eine Art von Naturwissenschaft auf das Auffinden einzelner Kausalitäten beschränkt, während die andere das große Gesamtbild der lebendigen Schöpfung zu erfassen vermag, vorausgesetzt, dass sie dieses Bild begründen kann und sich nicht in die uferlose Spekulation verliert.

Es wird also letzten Endes richtig sein, wenn sich beide Arten der Naturforschung gegenseitig anerkennen und nicht dagegen wehren, einander zu korrigieren. Um bei unserem Gegenstand zu bleiben: Kein vernünftiger Mensch wird bezweifeln, dass die Einzelbefunde der Agrikulturchemie richtig sind; das biologische Ganzheitsforschen wird sie klugerweise benutzen, um sich zu korrigieren, denn hier handelt es sich ja um »gesichertes Wissen«. Falsch sind daran lediglich ihre biologischen Deutungen, und sie sind sogar so falsch, dass es jedem Ganzheitsexperiment auf Anhieb gelingt, ihre Ungültigkeit zu beweisen.

Umgekehrt hat es die biologische Ganzheitsforschung sehr nötig, den Wahrheitswert ihrer umfassenden Deutungen anhand der gesicherten Befunde der kausal-analytischen Forschung zu prüfen und zu korrigieren, wo immer dies möglich ist; sie würde sonst den gleichen Fehler machen, den die überlieferte Naturwissenschaft nicht hat vermeiden können, indem sie Methoden der Zivilisation gelehrt hat, die im Einzelnen zu nützen scheinen, das Ganze aber – und damit letzten Endes auch das einzelne – zerstören. Als Beispiel: Die Giftanwendung im Landbau nützt dem einzelnen Gewächs und dem einzelnen Bauern, zerstört aber auf die Dauer nicht nur die unteilbare Gesundheit alles Lebendigen, sondern schließlich auch das einzelne Gewächs und die Lebensarbeit des einzelnen Bauern. Derartige Fehler kann die Ganzheitsforschung niemals machen; sie kann im Einzelnen irren, aber da sie stets vom unversehrten Ganzen, seiner biologischen Leistung und seiner »Grundgesundheit« ausgeht, können ihre Direktiven für die menschlichen Ordnungen niemals im Grundsätzlichen irrig sein, sie können höchstens im Einzelfall versagen.

Wir wundern uns deshalb nicht darüber, wenn dieses oder jenes Resultat unserer Kontrollmethoden einmal unwahrscheinlich aussieht; wir scheuen uns nicht, es in Zweifel zu ziehen. Auch solche Befunde sind nur kleine »Richtigkeiten«, ein Versuch, das Unbegreifliche auf unsere kleine, menschliche Denkebene herabzuziehen, um uns verständlich zu machen. Wir versehen jeden Deutungsversuch in Gedanken mit einem Fragezeichen, solange er sich nicht am großen Ganzen bestätigt hat. Nur haben unsere Verfahren den großen Vorzug, dass sie sich unbeeinflusster, natürlicher Lebensvorgänge bedienen, von denen der einfachste mehr Wahrheiten aussagt als die komplizierteste Analyse.

Seinerzeit hat der berühmte Chemiker, der Schwede *J. J. Berzelius*, an seinen Freund *J. v. Liebig* im Dezember 1840 geschrieben, »dass ich mit Deiner Meinung nicht übereinstimme, dass Kohlensäure, Ammoniak und Wasser die eigentlichen und ausschließlichen Nahrungsstoffe der Pflanze sind, und dass der Erdboden keine andere Rolle hat, als diese hervorzubringen«, und er hat bezweifelt, dass »allein die unbelebte Natur, das Mineralreich, der Pflanze die benötigten Nährstoffe zu liefern vermag«. Heute, nachdem mit *Planck*, *de Broglie*, *Heisenberg*, *Rutherford* und *Einstein* unsere gesamte Auffassung von Materie und ihrer »Kausalität« in Fluss gekommen ist, kann man nicht einmal mehr mit Sicherheit sagen, ob nun das Eigentliche an der lebenden Substanz wirklich Substanz oder nur biologisch-funktionelle Potenz ist; es scheint vielmehr, dass die der Amöbe wie dem Großorganismen wesensgleich innewohnende Eigenschaft, gegen den Strom der unbelebten Natur zu schwimmen und die Erscheinung »Leben« zu produzieren, nicht materieller Natur ist, sondern organisatorisch tätiger Gedanke, der die Kräfte des Weltalls in seinem Sinne zu ordnen vermag.

Wie dem auch sei – noch immer haben über 100 Jahre kausal-analytischer Forschung der Biologie nicht genügt, um sich ihrer engen Grenzen bewusst zu werden, und noch immer wird nicht ernstlich daran gezweifelt, dass man der Natur ihr letztes Geheimnis mit der stofflichen Forschung entreißen könne. Wahrhaft große Geister der Naturwissenschaft haben versucht, die Forschung vor Irrwegen zu bewahren. Unterdessen wartet die Menschheit immer noch auf die Direktiven für eine Lebensordnung, die ihr die Grundgesundheit zurückgibt; aber die kleinen »Richtigkeiten« lassen sich rasch auswerten, große Wahrheiten nicht.

Wer Bescheidenheit und Ehrfurcht vor der Schöpfung fordert, ist unbequem; noch steht im Kurs, wer sie mit tausend Kniffen zu ersparen weiß. Es war immer so mit den Menschen, und trotzdem haben sie immer wieder eine neue Zeit geboren, wenn auch unter Schmerzen; sie schikken sich jetzt an, das biologische Zeitalter heraufzuführen. Die Geburtshelfer sind am Werk. Ihnen zu helfen, ist derzeit das Größte, was man an der Menschheit tun kann, denn eines ist gewiß: Die Menschheit wird das biologische Zeitalter gewinnen, oder sie wird nicht mehr sein.

# Nachwort

Man wird sagen, die Skepsis gegenüber Kunstdünger ist gut und schön, wovon aber sollen das Edaphon, die Pflanzen und schließlich Tier und Mensch leben? Wir haben ja nicht genug »Naturdünger«! Dazu ist einiges zu bemerken.

Zum Ersten ist das, was einmal Naturdünger war, heutzutage so gut wie ausnahmslos Spezialabfall. Naturdünger waren einmal Laub, Holz, Pflanzen- und Tierreste, Gletschermilch, Vulkanstaub und Wüstenstaub, Waldbrandasche von natürlichen Waldbränden zusammen mit dem Edaphon der Luft. Wind und Regen verteilten das, was fliegen konnte, über alle Länder und Seen.

Heute ist alles belastet, vergiftet mit bis zu 100 000 synthetisch, also künstlich hergestellten chemischen Stoffen und deren Derivaten*, also Naturdünger in Form von unbelasteter anorganischer und organischer Substanz gibt es nicht (mehr) und wird es auch nicht mehr geben, bevor nicht die gesamte chemische Industrie niedergelegt oder allerstärkstens eingeschränkt wird. Es gibt nur noch Spezialabfall, von dem neuerdings ein Teil recycelt wird, was zur Anhäufung der Verunreinigungen führt. Deshalb kann man wirklich behaupten, Kunstdünger sei der reinste Dünger den wir haben.

Nun kann aber Kunstdünger eine lange Reihe existenzieller Grundvoraussetzungen für den Fortbestand der Humussphäre nicht erfüllen. Das ist aber für die heutige Agrikultur ohne Bedeutung, weil nur wenige »Experten« diese lebenswichtigen Grundbedingungen erkannt haben und die meisten sie überhaupt nicht als existent wahrnehmen. Sie sind aber konkret vorhanden, ob man sie überhaupt alle erforscht hat, ist sehr zweifelhaft. Diejenigen aber, die wir erkennen können, sind derart bestimmend für den Fortbestand der Biosphäre und damit auch für den Fortbestand der Menschheit, dass wir früher oder später gezwungen werden, uns ihnen zu fügen.

Eine dieser Grundbedingungen scheint die Idee vom »Kreislauf der lebenden Substanz« zu beschreiben. Diese Idee ist mindestens 120 Jahre alt (*Bechamp* 1875). Sie taucht ab und zu auf, verschwindet aber wieder in den Büchern der Wissenschaften. Für die (noch) Lebenden wurde sie zuletzt um 1950 deutlich ans Licht des Bewusstseins größerer Kreise geführt durch *Dr. Hans Peter Rusch* und *Dr. Hans Müller* und die organisch-biologische Agrikultur. Obwohl diese die Grundlage der heutigen »ökologischen« Richtung darstellt, ist sie bis zur Unkenntlichkeit verfälscht oder ganz vergessen. Einen erneuten Versuch, die Allgemeinheit wieder auf sie aufmerksam zu machen, unternimmt der Verleger und Herausgeber *Kurt Walter Lau* mit diesem Hauptwerkes von *Dr. Hans Peter Rusch.*

*Rusch's* Forschungen führten ihn 1974 zu folgender Schlussfolgerung: »Die Auffassungen vom Stoffwechsel haben sich im Laufe der Jahrzehnte bis heute grundlegend gewandelt. Wer heute noch von einer totalen Aufspaltung aller Nahrungssubstanz bis zum Mineralsalz redet, hat entweder die ganze, ereignisreiche Zwischenzeit verschlafen, oder er verfolgt gewisse, merkantile Zwecke, die mit echter Wissenschaft nichts mehr zu tun haben.« (Mineralisation der lebenden Substanz)

Seit dieser Zeit hat die Mikrobiologie, die Zellbiologie und die Molekularbiologie weitere Fortschritte gemacht, welche die Auffassung vom Kreislauf der lebenden Substanzen unzweifelhaft ausbauen. Die technologische Agrikultur aber hat seitdem die gleichen ökonomischen Zwecke verfolgt und die meisten Wissenschaftler müssen zweckdienlichst beide Augen zugedrückt haben.

---

* Derivate = chemische Verbindungen, die sekundär aus diesen entstehen durch de novo-Synthese

Seit *Rusch* seine Bemühungen abschließen musste ist die Erkenntnis der Endocytose bei Pflanzen zu unserem Verständnis hinzugekommen. (*B. Rateaver* 1993, 1994). Diese zeigt, dass Pflanzen Großmoleküle und ganze Mikroorganismen über den Prozess der Endocytose*, als lebendes Protoplasma in ihr eigenes Zellprotoplasma aufnehmen und dort zu zelleigenen Stoffen und Funktionen umsetzen. Damit ist auch erst die Möglichkeit gegeben, Lebensinformationen, wie qualitative Eigenschaften unserer Lebensmittel, in einem Kreislauf weiterzugeben, was mit toten Kunstdüngersalzen nicht zu erklären ist. Leider werden hierdurch auch alle technisch manipulierten Gene mit ihren Informationen im Kreislauf der lebenden Substanzen weitergegeben und können sich auf diese Weise vollständig unkontrollierbar, weil lebend selbstständig, verbreiten.

Das alles bedeutet für die landwirtschaftliche Praxis, dass Pflanzen sich direkt vom Edaphon, dem Plankton des Erdbodens, das die Humussphäre aufbaut und in Ordnung hält, ernähren. Schon *Rauol H. Francè* (1911) und *Annie Francè & Harrar* (1950, 1957) haben deutlich darauf hingewiesen, das ohne Edaphon kein Kunstdüngersalz biologisch im Humus festgehalten und verarbeitet werden kann.

Damit bekommt die »Düngerfrage« ihre bedeutsame Funktion zurück, die der Kreislauf der lebenden Substanzen ihr zu Beginn als Hypothese, sodann als Theorie und nun endlich als praktisch anwendbares Faktum zuweist. Pflanzen ernähren sich mit lebenden Mikroorganismen. Das bedeutet, Pflanzen ernähren sich, indem sie lebendes Protoplasma »fressen«, auf gleicher Ebene mit allen Lebewesen, die wir als »Tiere« von den »Pflanzen« aussortiert haben. Damit verlieren die Pflanzen ihre Sonderstellung als Primärproduzenten und sie schließen damit den Kreislauf der lebenden Substanzen. Nur Leben erzeugt Leben. (*Müller* 1983)

Die von den Pflanzen benötigten Mikroorganismen findet man in der Luft und damit auch in dem Luftedaphon ausgesetzten Wasserkulturen, also in allen Pflanzenkulturen. Nur in extremsten Laborversuchen kann man eine Infusion ausschalten, dort entdeckt man jedoch die Remutation von Chloroplasten und Mitochondrien zu selbstständigen Mikroorganismen, die mit großer Wahrscheinlichkeit der Pflanze behilflich sind bei ihrer Ernährung (*H. Schanderl* 1947, 1964, 1970). Die landläufigen »Beweise«, dass Pflanzen sich von NPK ernähren, also alle die technologischen Hydrokulturen, die uns heute unser Gemüse heranziehen, erweisen sich als hochgradige Infusorienkulturen. Damit ist nicht nur das Wasser als chemisch-totstofflich definierte Substanz existenziell für die Pflanzen, sondern gleichbedeutend der lebensstoffliche Inhalt an Plankton und Edaphon, das dieses Wasser zu beherbergen und zu ernähren im Stande ist.

Daraus ergibt sich für die Praxis, dass Mikrobenkulturen in der Agrikultur unter umfassender mikrobiologischer Leitung äußerst nahrungsreich und gesundheitsfördernd eingesetzt werden können, was außer vielen historischen Beispielen nicht zuletzt der umfassende Einsatz von *Teruo Higas* heute angewandtem EM zeigt (*Higa* 1994, 2000).

Darüber hinaus liefert jedes Wasser, das nicht verrohrt, chemisch vergiftet (»gereinigt«) und unter unmäßigem Druck versetzt ist, einen natürlichen Zuschuss an lebendem Plankton und Edaphon. Diese sind gleichsam die Erneuerer, die versuchen, alles Wasser von Beistoffen zu reinigen, indem sie diese auffressen und in ihren Körpern verarbeiten. Die Menge dieser Mikroorganismen kann mit Sicherheit unter kundiger mikrobiologischer Leitung beträchtlich gesteigert werden, so dass man hier eine berechtigte Hoffnung aussprechen kann: Vielleicht wird es möglich sein, die restlichen ein Prozent Edaphon in unseren Industrieböden wieder zu erhöhen. In äußerst fruchtbaren Urwaldböden hat *Annie Francè-Harrar* noch 1950, 1957, 40 Prozent Edaphon gefunden!

* Endocytose = Stoffaufnahme in einer Zelle durch Einstülpung des Plasmalemmas. Die so gebildeten Einschlüsse lösen sich ab und wandern nach innen.

Das Edaphon steht heute in ständigem verzweifelten Überlebenskampf mit allen chemischen Einsatzmitteln und dem brutalen Einsatz schwerster Maschinerie. Mit 4,5-mal größerem Fremdenergieeinsatz haben wir in den vergangenen 50 Jahren gerade eben 1,5-mal mehr Nahrungsenergie herausgewirtschaftet (*NLVF 111* 1980 und »Ökologie und Landbau« 2 000). Das ermöglicht uns heute mit allen angewandten technologischen Mitteln Nahrung für ein bis zwei Menschen pro Hektar zu produzieren. »Vorhistorische« Agrikulturen in China, Ägypten, Mexiko, [...] ernährten fünf Menschen pro Hektar (*Smil* 1997) und es liegen klar dokumentierte Beweise vor, dass ein Mensch sich, von 330 Quadratmeter Gartenareal ein Jahr lang ernähren kann (*Hitschfeld* 1984, 1995).
Das alles legt den Gedanken nahe, ob wir mit dem übermäßigen technologischen Zwang die wahren Betreiber der Humussphäre dem Exodus zutreiben. Denn es besteht überhaupt kein Zweifel daran, dass die Infusorien, das Edaphon und das Plankton in den Weltmeeren ebenso wie in den Böden diesen Planeten den lebenden Arbeitsstock stellen, der die Zirkulation aller Stoffe betreibt sowie die Erosionssicherung des Erdbodens durch den Wasserhaushalt und den Strukturaufbau regelt und nun letztendlich, wie wir dargestellt haben, die lebendige Nahrung für alle Pflanzen ausmacht. Das reine Lebensgewicht der »Bevölkerung« der Humussphäre, das Lebensgewicht des Edaphons also in der Mutter Erde, beträgt nach »The Gaia Atlas of Planet Management« (1985) durchschnittlich 635 Kilogramm pro 1 000 Quadratmeter , während nur 1,8 Kilogramm Menschen auf und von der Erde leben (*Gaia* 1985).

Die Endosymbiontentheorie von *Lynn Margulis* (1999) zusammen mit der Gaia-Theorie von *James Lovelook* liefern klare Annahmen dafür, dass die gesamte Biosphäre nicht todstofflich chemisch, sondern nur lebensstofflich biologisch in ihrem vielleicht einmaligen Gleichgewicht gehalten wird.

Das bedeutet, dass es die Lebewesen in und auf der Erde sind, vor allem die unzähligen Mikroorganismen, alle Tiere und Pflanzen, die einen einstmals toten Planeten, auf dem alles der Entropie, dem Zerfall untergeordnet ist, der Syntropie zuleiten. *Teruo Higa* beschreibt zum erstenmal diese Idee der Gegenwelt zu einer auf Zerstörung hinauslaufenden Entropie in Form der revitalisierenden Syntropie (*Higa* 2000, 2002).

Brusand, Norwegen, im Frühjahr 2004

*Herwig Pommeresche*

**Quellen**


*Bechamp, J.:* Mikrocymas. 1875. (zitiert in H. Schanderl, Stuttgart 1947)

*Francé, R. H.:* Das Leben im Ackerboden. Stuttgart 1922.

*Francé-Harrar, A.:* Die letzte Chance. Für eine Zukunft ohne Not. München 1950.

*Francé, R. H.:* Das Leben im Boden und Das Edaphon. Untersuchungen zur Ökologie der bodenbewohnenden Mikroorganismen 1911 und 1995, Holm.

*Francé-Harrar, A.:* Humus, Bodenleben und Fruchtbarkeit. München 1957.

*Gaia:* 1985, 1988, Norsk utgave: Universitetsforlaget AS 1987. The Gaia Atlas of Planet Management ... 1985 Gaia Books Limited, London.

*Higa, T.:* Eine Revolution zur Rettung der Erde. Mit Effektiven Mikroorganismen (EM) die Probleme unserer Welt lösen. Xanten 1994 und 2000.
*Higa, T.:* Die wiedergewonnene Zukunft. Xanten 2000 und 2002.
*Hitschfeld, O.:* (1984) 1995. Der Kleinsthof. Ein sicherer Weg aus der Krise.
Xanten 2003.

*Margulis, L. und Sagan D.:* Garden of Microbial Delights. A practical guide to the subvisible world. Dubuque, lowa, Kendall/Hunt. 1993.
*Margulis, L. und Sagan, D.:* Leben. Vom Ursprung zur Vielfalt. Heidelberg, Berlin 1995 und1999.
*Margulis, L.:* Die andere Evolution. Heidelberg, Berlin 1998 und 1999.

*Müller, Hans:* 1983. Nur Leben erzeugt Leben. Video Vortrag: »Bodenkultur – Neue Wege der Landwirtschaft«, Österreich 1983. 60 Min. (Archivfilme: Lebensgemeinschaft im Garten.Inst. für Weltkunde, Hamburg. Leben im Boden. Inst. für Film und Bild, München.) Entleihbar bei SHB/Wien und Landesbildstellen.

*NLVF 111:* Energibruk ved produksjon av matvarer i norsk jordbruk. Oslo; Norges landbruksvitenskaplige forskningsräd 1980.

*Ökologie und Landbau:* Heft 116, 4/2000, Biomasse-Umweltfreundlicher Energieträger?
*Ökologische Planung:* Unterricht, Information, Dipl. Ing. Herwig Pommeresche, Architekt Permaculture Designer: Tlf. + 47 5143 92 37 N - 4363 BRUSAND herwig.pommeresche@c2i.net

*Rateaver, B. u. G.:* Organic Method Primer Update. (Mit s.w. Fotodokumentation der Endozytose bei Pflanzen.) The Rateavers. 9049 Covina Street, San Diego, CA 92126. 1993.
*Rateaver, B. u. G.:* The Organic Method Primer. The Basics. (s.o.). 1994.
*Rusch, Hans Peter:* Kultur & Politik, 29, 3/1974, S. 12-17.

*Schanderl, H.:* Botanische Bakteriologie und Stickstoffhaushalt der Pflanzen auf neuer Grundlage. Stuttgart 1947.
*Schanderl, H.:* Bakterien einmal in anderer Sicht. Boden und Gesundheit. 1964. Zeitschrift für angewandte Ökologie. Nr. 45, S. 10- 12. Langenburg/Württ.
*Schanderl, H.:* Wie lange noch Knöllchenbakterien? Boden und Gesundheit. 1970. Nr.66, S, 7-10.
*Schanderl, H.:* Bodenbakterien in neuer Sicht. Über das Entstehen von Bakterien aus pflanzlichen Zellen. Boden und Gesundheit. 1970. Nr. 68, S. 7-10.
*Smil, V.:* Cycles of Life. Civilization and the Biosphere. S. 116. New York; Scientific American Library 1997.

## Abbildungen

1. ........ 110
2. ........ 112
3. Hammelblutkörperchen in Selbstauflösung: Vor dem Auflösen der Zellen formiert sich die lebende Substanz zu extrazellulär lebensfähigen Gebilden um, hier zu kokkoiden Bakterien, die später züchtbar werden (entnommen aus »Das Gesetz von der Erhaltung der lebendigen Substanz« [*Santo-Rusch*] in Wien. med. Wschr. 101 [1951], 37/38) ........ Tafel 1
4. Selbstauflösung von Makromyceten in Hammelblut; man erkennt die verschiedenen Stadien der Umwandlung in eine große Anzahl selbstständig lebensfähiger Kurzstäbchen-Bakterien, die nach Ablauf bestimmter Fristen kultivierbar werden (entnommen aus »Das Gesetz von der Erhaltung der lebendigen Substanz« [*Santo-Rusch*] in Wien. med. Wschr. 101 [1951], 37/38) ........ Tafel 1
5. Selbstauflösung von roten Blutkörperchen des Menschen; es handelt sich um eine Phasenkontrastaufnahme, mit der mögliche Täuschungen durch Farbenbehandlung des Materials ausgeschlossen werden (entnommen aus »Das Gesetz von der Erhaltung der lebendigen Substanz« [*Santo-Rusch*] in Wien. med. Wschr. 101 [1951], 37/38) ........ Tafel 1
6. Kaolinitkristalle (Schönbacher Ton). Elektronenmikroskopische Aufnahme, die mit frdl. Genehmigung des Verlages Th. Steinkopff-Dresden entnommen ist aus *Laatsch, W.*: Dynamik der mitteleuropäischen Mineralböden, 4. Aufl. 1957 ........ Tafel 1
7. Bringt man Aufschwemmungen von Erden auf eine Bakterien-Nährplatte, auf der infolge besonderer Zutaten nur Wurzelsymbionten der Pflanze wachsen, so erhält man je nach Güte der Erde keine bis viele Bakterienkolonien (die Punkte in den Sektoren sind die gewachsenen Kolonien) ........ Tafel 1
8. und 9. Die biologische Güte eines Kulturbodens kann am Wuchs abgelesen werden. Abb. 8: Sehr ungleicher Wuchs, mindere Bodenqualität. *Abb. 9:* Fast gleichmäßiger Wuchs, höhere Bodenqualität. Der Vergleich wurde durch den mikrobiologischen Test bestätigt ........ Tafel 1
10., 11. und 12. Drei Beispiele aus dem biologischen Feldgemüsebau (Salat, Schwarzwurzel, Bohnen, Paprika, Sellerie). Aus diesen Schlägen wird kein Unkraut mehr herausgeschafft, sondern unmittelbar zur Bodenbedeckung (»Nährdecke«) benutzt ........ Tafel 2
13. Praxis der Bodenbedeckung im Gemüsebau. Kohl in einem Hausgarten ........ Tafel 2
14. und 15. Ziegel des so genannten Brikolare-Verfahrens (Presstrocknung nach *Caspari-Meyer*), Aufnahmen aus einer Versuchsanlage. *Abb. 14.* Ziegel frisch aus der hydraulischen Presse (s. Text, S. 213); *Abb. 15:* Die Ziegel beginnen nun zu verpilzen und sterilisieren sich selbst ........ Tafel 2
16. Ein Beispiel für viele aus der Praxis der vergleichsweisen Prüfung organischer Substrate (Nährlösungen, Bodenextrakte, Düngersubstanz, Bakterienkulturen und viele andere) mit Hilfe der Auskeimung und Entwicklung von Lupinensamen; hier wurden verschiedene Arten von Bodenbakterien-Stämmen vergleichsweise geprüft Tafel 3
17. Fünf Gewächshaus-Erden, geprüft auf ihr Verhalten bei der Keimung (hier: Kressesamen): Eine Gewächshauserde, die nicht umgesetzte, organische Materie, das heißt viel zelluläre Gare enthält, hemmt die Keimung um so mehr, je mehr sie davon enthält. Die Samen werden nur aufgestreut (abgezählt!) und normal feucht gehalten Tafel 3
18. und 19. Aufnahmen aus ersten Freiland-Vergleichsversuchen; der einzige Unterschied zwischen beiden Schlägen besteht darin, dass dem auf *Abb. 19* abgebildeten Feldstück physiologische Wurzelbakterien (Rhizosphären-Symbionten) zugeführt wurden, auf dem *Abb. 18* abgebildeten Feld aber nur die bakterienfreie Nährlösung, um den Nährstoffeinfluss auszuschalten ........ Tafel 3
20. und 21. Benachbarte Kartoffelfelder. *Abb. 20:* Das wie üblich gespritzte Feld eines Kunstdüngerbauern, *Abb, 21:* ein biologisches Feld, zur gleichen Stunde aufgenommen ........ Tafel 3
22. und 23. Benachbarte Futterklee-Schläge. *Abb. 22:* Kunstdünger-, *Abb. 23:* biologische Wirtschaft. Aufnahmen Ende Juni, *Abb. 22* nach einem Schnitt, *Abb. 23* vor dem dritten Schnitt. Bei Leguminosen kommt der Unterschied in der Erschöpfbarkeit des Bodens besonders deutlich zum Ausdruck ........ Tafel 4
24. Im Weinbau können Mauerterrassen vielfach entbehrt werden (Aufnahme *Dr. F. Caspari*); links im Bild: Die Stützmauern wurden entfernt und die erste Lebendverbauung durch eine Decke aus Heidelberger Stadtkompost bewirkt ........ Tafel 4
25. Weinberge, links eines Kunstdüngerbauern, rechts eines biologischen Bauern, nebeneinander: Links übliche Spritzung, rechts keine Spritzung notwendig ........ Tafel 4

## Tabellen

1. Vergleich der Lagerfähigkeit, des Lager- und Kochschwundes bei Hackfrüchten aus Kunstdüngung und Humuswirtschaft ... 82
2. Zellzahlen nach Technik ① und ② aus drei Substraten nach Aufschwemmung in unterschiedlichen, isotonischen Salzlösungen ... 135
3. Zellzahlen aus Erden eines Grundversuchs im Vergleich zu Wachstum und Keimung ... 138
4. Zellzahlen ② aus Ackererden bei Ansatz mit verschiedenen KH in unterschiedlicher Konzentration ... 152
5. Zellzahlen und biologischer Index stark unterschiedlicher Erdproben ohne und mit Hitzesterilisation (plus 30 Grad Celsius bei 2,5 bar im ström. Dampf), ohne und mit Beimpfung (Esch. coli) der sterilisierten Fraktonen. Die Proben wurden nach der Behandlung 14 Tage feucht gelagert (Zimmertemperatur) ... 153
6. Zellzahlen ① und ② aus den Schichten eines Grundversuchs (Beginn Mai) unter überstarker Düngerauflage und ihre Entwicklung während drei Jahren ... 157
7. Zellzahlen pro 0,1 Millimeter aus sechs Betrieben im Jahre 1961, nach den angegebenen Erträgen geordnet. . 159
8. Empirische Richttabelle für die Auswertung der relativen Zellzahlen nach Technik ① und ② ... 160
9. Vergleich der Rentabilitätssteigerungen bei sieben Landbaubetrieben mit der Zunahme ihrer quantitativen Bodentests (Ausgangswerte = 100 Prozent) ... 161
10. Entwicklungen der Zellzahlen ... 165
11. Die Düngewirkung von Stallmist auf die Zellzahlen beim Einpflügen, Haufen- und Flächenkompostierung . . 166
12. Doppelrubrik ... 190
13. Zellzahlen und Florabild aus vier Substraten, von der gleichen Person zu verschiedenen Zeiten viermal unter Chiffre (blind) angesetzt und ausgewertet. Das Endurteil war in allen Fällen das gleiche ... 192
14. Technik der makro-mikroskopischen Einordnung in drei Gütegruppen von Bakterien, die nach Technik ③ ④ auf ENDO-Agar anwachsen, anhand typischer und häufiger Beispiele ... 194/195
15. Biologisch-funktionelles Verhalten der in Tab. 14 aufgeführten, von ENDO-Agar entnommenen Bakterien-Kolonien aus Bodenproben ... 196/197
16. Bodenreaktion (pH) lt. elektrischer Messung aus zehn Landbaubetrieben (Durchschnitt aller geprüften Böden des Betriebes) während der Umstellung ... 201
17. Bewegungen der Säure-Basen-Relation (pH) während der Behandlung von quantitativ und qualitativ stark unterschiedlichen Erden nach Technik ① und ② ... 201
18. Darstellung der unterschiedlichen Wirkung bakteriostatisch beziehungsweise mutagen wirksamer Substanzen auf frische Kulturen von Esch. coli (Ausgangslösung = 1:1000) ... 204
19. Darstellung der Abwertung der Bakterienflora auf ENDO-Agar aus einer qualitativ hochwertigen Pflanzerde nach Behandlung mit zell-giftigen Substanzen ... 205
20. Bakterienflora und Index vor und nach dem Tiefeinpflügen frischer organischer Massen anhand von zehn Beispielen aus Routinekontrollen ... 205
21. Koloniezahl auf ENDO-Agar nach Verimpfung des Darminhaltes von Regenwürmern aus Ackererden mit niedrigen und hohen Zellzahlen nach Technik ① und ② ... 208
22. Beziehungen zwischen Regenwurmbesatz und Bakterienflora beziehungsweise biologischem Index. Die Befunde wurden auf normalen Äckern im Rahmen der Routinekontrolle erhoben ... 209
23. Vergleich der Wirkung von acht verschiedenen organischen Handelsdüngern unterschiedlicher Wertigkeit auf Versuchsparzellen. Düngung je 20 kg/ar als Bodendecke ... 213
24. Reihentests über Sommer an Garten- und Stadtkomposten zum Vergleich der Anfangs- und Endwerte aus Routineprüfungen. Die Gartenkomposte wurden durch uns geführt; die Stadtkomposte entstammen zwei städtischen Anlagen ... 215
25. Entwicklung der quantitativen und qualitativen mikrobiologischen Bodenwerte unter der Umstellung auf organisch-biologische Wirtschaft (16 Testreihen aus umgestellten Betrieben) ... 232
26. Vergleich der quantitativen und qualitativen Testzahlen aus zwei Stichjahren mit der durchschnittlichen Milchleistung pro Tier und Jahr ... 234
27. Beziehungen zwischen Testzahlen und Milchmenge, Milchleistung und Milchviehzahlen (Milchmenge und Zahl der Milchkühe sind auf 100 Hektar Gesamtfläche der Betriebe berechnet) ... 235
28. Das Verhältnis zwischen Humusvermehrung, Ansteigen der biologischen und den Hauptbetriebskosten bei der Umstellung ackerbaulich genutzter Flächen auf biologisch-organische Wirtschaft (auf je 100 Hektar berechnet). Bei Beginn der Erhebungen waren vierfünftel der Betriebe bereits seit einiger Zeit organisch bewirtschaftet, standen aber noch nicht unter Bodenkontrolle ... 236
29. Leistungssteigerung von Landbaubetrieben durch Umstellung auf organisch-biologische Wirtschaft unter Kontrolle durch mikrobiologische Tests (auf 100 Hektar berechnet). Bei dem größten Teil der hier erfassten Betriebe war die Umstellung bereits vorher erfolgt, der Anstieg der Rentabilität also nicht in voller Höhe erfassbar ... 237

## KURVEN

1. Die Wirkung organischer Frühjahrsdüngung auf die Zellzahlen ① bei einem schweren und einem leichten Boden ... 133
2. Zellzahlen ① in mittelschwerem Boden unter dem Einfluss organischer Düngung ... 133
3. Die Wirkung organischer Frühjahrsdüngung auf die Zellzahlen ② bei einem schweren und einem leichten Boden ... 163
4. Zellzahlen ② unter dem Einfluss organischer Düngung auf mittelschwerem Boden ... 163

# Literatur

*Albert, W.:* Basalt und Diabas in der Forstwirtschaft. Forstarchiv 1938, 4.
*Albrecht, W. M.:* Soil organic matter and Jon availibility for Plants. Soil science 51 [1941], 6.
–: Über den vielfältigen indirekten Nutzen des Kalziums im Boden. Boden und Gesundheit 1961, 41: 5.
*Andres, O.:* Niederländische Kompostwirtschaft als Vorbild. Mitt. d. deutsch. Landwirtschafts-Gesellsch. 1964, 5.
–: Hausmüll und Klärschlamm – Kompostierung oder Verbrennung? Der Landkreis 1964,1/2.

*Balters, W.:* Was sagen Wissenschaft und Praxis zur Dynamik der Lebendigen? Homot. Journ. Aurelia-Verlag, Baden-Baden 1962, 3.
*Bartsch, H. u. Dreidax, F.:* Der lebendige Dünger. Demeter-Schriftenreihe Bd. 6. Krailling. H. G. Müller-Verlag.
*Beach, R.:* Bodendüngung und Bodengesundheit (Dokument a. d. US-Senat). cit. n. Wendepunkt 15. Jg. H. 8.
*Bertalanffy, L. v.:* Neue Wege biologisch-medizinischen Denkens. Arztl. Mitt. 1961, 42: 2389.
*Bircher-Benner, M.:* Vom Wesen u. d. Organisation der Nahrungsenergie. Stuttgart 1936. Hippokrates-Verlag.
*Biskind, M. S.:* DDT-Poisoning and the elusive »Virus X«. Amer. J. of Digest Disease 16 [1949], 3: 79 ff.
–: Statement on clinical Intoxication from DDT and other new J. of Insurance Medicine 6 [1951], 2/5 (Insecticides).
*Blank, H.:* Handbuch der Bodenlehre. Berlin 1931. J. Springer-Verlag.
*Blasius, W.:* Die Klages'sche Lebenslehre als Ergänzung der naturwissenschaftlichen Lehre vom Leben. Ztschr. f. Menschenkunde 27 [1963], 4.
*Boas, Fr.:* Zeigerpflanzen. Hannover 1958. Verlags-Ges. f. Ackerbau.
*Burkhardt, H.:* Das Bild d. Menschen i. Licht d. Anthropologie uns. Zeit, Ärztl. Mitt. 1963, 16: 904.

*Caspari, F.:* Kapillartrocknung für Müll-Klärschlammgemische. Städtehygiene 1962, 8.
–: Vom Alter der Pflanzenkrankheiten. Gesundheitsspiegel 1963.
–: Fruchtbarer Garten, 4. Aufl. München 1963. Wirtschaftsverlag M. Klug.

*Dechent, H. v.:* Justus von Liebig. Weinheim/Bergstraße 1953. Verlag Chemie.
*Dessauer, F.:* Quantenbiologie. Berlin 1954. Springer-Verlag.
*Dombrowski, H.:* Crenapaläontologie, ein neuer Zweig der Quellenforschung. Heilbad und Kurort 1962, 3.

*Eberhardt, F.:* Die Glukoseausscheidung der Pflanzenwurzeln. Z. Bot. 43 [1955]: 405.

*Federow, M. W.:* Biolog. Bindung d. atmosphärischen Stickstoffs. Jena 1960. VEB Gustav-Fischer Verlag.
*Francé-Harrar, A.:* Humus, Bodenleben und Fruchtbarkeit. München 1957. Bayer. Landwirtschaftsverlag.
*Franz, H. und Jelem, H.:* Untersuchungen z. forstamtlichen Standortverbesserg. Mitt. d. forstl. Bundesversuchsanstalt Mariabrunn 1956, 53.

*Frauchiger, E.:* Die Bedeutung d. Seelenkunde v. Klages f. Biologie und Medizin. Bern 1947. Verlag H. Huber.

*Gebser, J.:* Abendländische Wandlung. Frankfurt a. M./Zürich 1956. Ullstein-Verlag, Nr. 127 u. Europa-Verlag AG.
*Glimstedt, G.:* Bakterienfreie Meerschweinchen. Act. pathol. et microbiolog. scand. Kopenhagen, Supl. XXX (1936).

*Hawker, L. E. et al:* Einführung in die Biologie der Mikroorganismen. Stuttgart 1960. Georg Thieme Verlag.
*Herrlinger, A.:* Arzneimittelmissbrauch. Die Barmer Ersatzkasse 16 [1951], 1.
*Hornsmann, E.:* – sonst Untergang. Verlagsanstalt Rheinhausen 1951.
*Howard, L. E.:* Die biologische Kettenreaktion. Krailling. H. G. Müller-Verlag.
*Jordan, P.:* Das Bild der modernen Physik. Frankfurt a. M. 1957. Ullstein-Verlag. Nr. 161.

*Kellog, Ch. E.:* Conflicting doctrines abour Soils. The scientific Monthly 16 [1948], 6.
*Klages, L:* Vom Wesen des Bewußtseins, 4. Aufl. München 1955. J. A. Barth.
*Kötschau, K.:* Johannes Müllers Bedeutung für die Wissenschaft. Studium generale 13 [1960], 2.
–: Medizin am Scheidewege. Ulm/Do. 1960. Karl F. Haug Verlag.
*Koch, W. Fr.:* Das Überleben bei Krebs und Viruskrankheiten. Ulm/Do. 1966. Karl F. Haug Verlag.
*Kollath, W.:* Sinn und Aufgabe einer Ernährungslehre vom Natürlichen. Diaita 7 [1961], 5.
–: Einheit der Heilkunde. Stuttgart 1942. Hippokrates-Verlag.
*Kolle, W.* u. al.: Die Bedeutung d. normalen Darmbakterien f. d. Menschen. Hdbch. d. pathogenen Mikroorganismen, 2. Aufl., Bd. 6, 468 ff. (1913).
*Kubiena, W. L.:* Entwicklungslehre des Bodens. Wien 1948. Springer-Verlag.
–: Bestimmungsbuch u. Systematik der Böden Europas. Stuttgart 1950.
Ferdinand Enke-Verlag.
*Kühnelt, W.:* Bodenbiologie. Wien 1950. Verlag Herold
*Küster, E.:* Die keimfreie Züchtung von Säugetieren usw. Zbl. Bakt. Bd. 54 Beiheft, S. 55 (1912).
*Kumpf, A.:* Lymphsystem und Lymphatismus, S. 103 ff., 321 ff., 413 ff., München 1963. Verlag J. A. Barth.

*Laatsch, W.:* Dynamik der mitteleuropäischen Mineralböden. 4. Aufl. Dresden und Leipzig 1957. Th. Steinkopff.
–: Bodenfruchtbarkeit. Schriftenreihe d. landw. Fakultät Kiel 1949, 1.
*Lebek, G.* et al.: Resistenzübertragung von Kolibakt. auf Salmonellen in vivo. Med. Klinik 1963, 4:131.
*Lederberg, J.:* Les Prix Nobel 1958: 170; Science 1960: 131, 269; Angewandte Chemie 1959: 71 473.
Ergebnisse und Probleme der Genetik. Bakterielle Gene. Triangel 5 [1961], 2: 107; An gewandte Chemie 1959: 71, 473
*Lenzner, K.:* Gift in der Nahrung. 3. Aufl. Freiburg i. Br. 1956. Hyperion-Verlag.
*Lüers, H. und Röhrborn, G.:* Genetische Schäden durch Chemotherapeutika. Wissen u. Praxis H. 22. Berlin 1961. Dr. G. Lüttke-Verlag.

*Martin, P.:* Qual. u. quantit. Untersuchungen üb. d. Ausscheidung organ. Verbind. a. d. Keim wurzeln usw. Die Naturwiss. 43 [1956], 10: 229.
*Meyer-Abich:* Naturphilosophie auf neuen Wegen. 1956, Piper-Verlag.
*Meyer, L.:* Die Entwicklung d. pflanzl. Agrikulturchemie seit J. Kühn usw. Kühn-Archiv Bd. 50, 1938: 229 ff.
*Mitscherlich, E. A.:* Bodenkunde i. ihr. Beziehung z. Physiologie d. Pflanze Biodynamics Vol. 8 Nr. 4 Quotations and Abstracts (1950).
*Mommsen, H.:* Die Behandl. d. Anfangszustände chron. Krankh. m. physiol. Bakterien. Verh. D. Ges. f. inn. Med. 63. Kongr. 1957: 140.

*Nicol, H.:* Der Mensch und die Mikroben. Hamburg 1956. Rowohlt-Verlag.

*Oberth, H.:* Stoff und Leben. Remagen. Otto Reichl-Verlag.
*Ostertag, A.:* Naturschutz und Technik. Ztschr. f. Ganzheitsforschg. Neue Folge 8. Jg., Wien (1964)

*Pfannenstiel, W.:* Biologie der Krankheitsabwehr. Naturwiss. Rundschau 15 [1962], 11: 417 ff.
*Pfeiffer, E.:* Feeding Experiments with Mice usw. Soil and Health Fondation Bulletin, Allentown Pa. (1949).
*Picton, J. L.:* Thoughts on feeding. London 1956. Faber and Faber.
*Pons, W.:* Steht uns der Himmel offen? Entropie-Ektropie-Ethik. Wiesbaden 1960. Kraußkopf-Verlag.
*Popitz, F.:* Die Symbolik des menschl. Leibes. Stuttgart 1956. Hippokrates-Verlag.
*Portmann, A.:* Neue Wege der Biologie. München 1960. R. Piper u. Co.-Verlag.

*Rohde, G.:* Stalldünger und Bodenfruchtbarkeit. Berlin 1956. Deutscher Bauernverlag.
–: Welche Probleme eröffnen sich d. d. Futterverpilzung usw. Humboldt-Univ. Berlin 1955. Inst. f. Acker u. Pflanzenbau.
*Rondoni, P.:* Schweiz. med. Wschr. 1948, 18: 419.
*Rovira, A. D.:* Abscheidung v. Kohlehydraten d. d. Pflanzenwurzel. Plant and Soil 7 [1956]: 178
*Rusch, H. P.:* Naturwissenschaft von morgen. 1. Aufl. Zürich, E. Hartmann-Verlag. 2. Aufl. München 1964. Verlag M. Klug.
–: Klin-bakt. Versuche z. Frage d. physiol. Bakteriensymbiose, Verhandl. Deutsch. Gesellsch. f. inn. Med. 63. Kongr. 1957: 140 ff.
–: Über Erhaltung und Kreislauf lebendiger Substanz. Zschr. f. Ganzheitsforschung 4 [1960], 11.
–: Der lebende Garten, Vaterland-Schriftenreihe, 2. Aufl. Heiligenhaus 1963, 5.
–: Über Symbiose, biologische Ordnung und makromolekulare Substanz, in »Symbiose und Symbionten«, herausgegeben von H. Mommsen. München 1964. Verlag M. Klug.
–: Die Wirkung der tierischen Komponente im Dünger. Großhöchstetten/Schweiz 1963. Kultur u. Politik.

*Sauerlandt, W.:* Grundlagen der Bodenfruchtbarkeit. Lüneburg 1948, Mettau-Kinau-Verlag Nachf.
*Schanderl, H.:* Botan. Bakteriologie u. Stickstoffhaushalt d. Pflanzen usw. Stuttgart 1947. Verlag Eugen Ulmer.

*Schleich, C. L.:* Aus Asklepios Werkstatt. Berlin 1922. Ernst Rowohlt-Verlag.
–: Vom Schaltwerk der Gedanken. Kreislauf d. Lebendigen usw. Berlin 1921. S. Fischer-Verlag.
*Schroedinger, E.:* Was ist Leben?, 2. Aufl. München 1951. L. Lehnen-Verlag.
*Schuphan, W.:* Gesundheitliche Schäden durch Pflanzenschutzmittel? Der Landarzt 39 [1963], 28: 1217.
–: Aktuelle Pflanzenschutzprobleme in ihrer möglichen Auswirkung auf die Gesundheit von Tier und Mensch usw. Qualitas plantarum et Mat. geget. 10 - XII [1963], 4.
Schwinn, A.: Sind Weinreben d. sinnvolle biol. Maßnahmen gesund z. halten? Lebendige Erde 1950, 3/4.
*Sekera, F.:* Die Wiederbelebung des Bodens. Deutsch. landwirtsch. Presse 1950, 17/19.
–: Gesunder und kranker Boden. 4. Aufl. Graz. L. Stocker-Verlag.
*Sekera, M.:* Gesunder und kranker Boden. 4. Aufl. Graz. L. Stocker-Verlag.
*Spohn, E.:* Aufbereitung von Stadtabfällen. Aufbereitungstechnik 3 [1962], 8: 366.
*Stanley, W. M.:* Beziehungen zwischen Virus und Krebs. Naturwiss. Rundschau 10 [1957], 11.
*Strathmeyer, W.:* Arznei über die lebende Zelle. In: »Symbiose und Symbionten«, Herausgeber H. Mommsen. München 1964. Verlag M. Klug.

*Tropp, C.:* Das Schicksal der menschlichen Ernährung usw. Hippokr. 22 [1951], 17.
–: Über den Urstoff Wasser (Physikal. Strukt. u. Biologie). Arzneipfl.-Therap. u. Ernäh rungshygiene 1962, 4.
–: Sind rückverdünnte Obstsäfte den Natursäften gleichwertig? Arzneipfl.-Therapie u. Ernährungshygiene 1963, 3.

*Verworn, M.:* Lehrbuch der allgemeinen Physiologie 7. Aufl. 1922. Widmung an Joh. Müller.
*Vogel, F.:* Boden und Landschaft. Landwirtsch. Bildberatung. München 1957.
*Vogt W.:* Die Erde rächt sich. Nürnberg 1950. Nest-Verlag.
*Voisin, A.:* Schadet die Mineraldüngung der Gesundheit d. Menschen? Mündl. Med. Wchr. 103 [1961], 20: 1041; 21: 1094; 2 2: 1144.
–: Boden und Pflanze, Schicksal für Tier und Mensch. München 1959. Bayer. Landwirtschaftsverlag.
*Volkheimer, G. et al.:* Zur Resorption korpuskulärer Elemente d. d. Darmschlhaut. Das deutsch. Gesundheitswesen 16 [1961], 34-45.
–: Nachweis von Stärke im Organismus n. oraler Stärkeeinnahme. Das deutsch. Gesundheitswes. 15 [1960], 25.

*Weidel, W.:* Gene und biochemische Reaktionen. Naturwiss. Rundschau 3 [1950], 2/3.
*Winkler, U.:* Der Erbfaktorenaustausch bei Bakterien. Umschau 59 [1959], 7/19.
*Wollmann, E.* et al.: La sexualité des bacteries. Paris 1959. Masson.

*Sir Albert Howard*

# *Mein landwirtschaftliches Testament*

Durch das vorliegende Buch möchte der Autor auf die Zerstörung des Bodens des »Kapitals der Erde«, wie er ihn nennt, aufmerksam machen; er bespricht einige Folgen dieses nicht mehr zu übersehenden Vorganges und empfiehlt Methoden, durch die die verlorene Fruchtbarkeit wiedergewonnen und aufrecht erhalten werden kann. Die Erfahrungen seiner 40jährigen Tätigkeit, die in der Hauptsache der landwirtschaftlichen Forschung in Westindien, Indien und Britannien gewidmet war, halfen dem Verfasser bei der Lösung dieser wichtigen Aufgabe.

**ISBN 3-922201-01-6**

## *Mein landwirtschaftliches Testament*

Von Sir Albert Howard. Ca. 288 Seiten. Zahlreiche Schwarz-weiß-Fotos und Skizzen. Hardcover.
ISBN 3-922201-01-6. € 22,00 [D]

Erhältlich über jede Buchhandlung, Internet oder zzgl. Versand direkt beim
**NATÜRLICH GÄRTNERN**-Medienladen, Postfach 11 39, D-46500 Xanten,
Telefon: 0 28 01/7 17 01, Telefax: -7 17 03, E-Mail: info@olv-verlag.de, Internet: www.olv-verlag.de.